普通高等教育“十二五”规划教材

畜禽系统解剖学

冯新畅　主编

中国林业出版社

内 容 简 介

本书是在全国高等农林院校畜禽解剖学课程改革后，根据大纲要求，组织部分院校具有丰富教学经验、工作在第一线的教师共同完成的。

全书分两大部分，第一部分的家畜解剖学是以牛、羊、马、猪为主要研究对象，用系统解剖学和比较解剖学的方式，先对某一个器官进行一般性描述，进而比较不同家畜该器官的特点，第二部分的家禽解剖学的特点是以鸡为研究对象，比较水禽的一些特殊结构。

为了便于学生参考使用原版书籍和双语教学的需要，所有重要的名词首次出现都有相同的英文或拉丁词汇。严格遵循“少而精”的原则，内容合适，重点突出，图文并茂。

本书主要面向全国动物医学、动物科学、动物检疫、野生动物学等高等院校的本科和专科学生，也可作为畜牧兽医科技人员参考书。

图书在版编目（CIP）数据

畜禽系统解剖学/冯新畅主编．—北京：中国林业出版社，2014.6

普通高等教育“十二五”规划教材

ISBN 978-7-5038-7452-9

Ⅰ.①畜…　Ⅱ.①冯…　Ⅲ.①畜禽－动物解剖学－系统解剖学－高等学校－教材　Ⅳ.①S852.1

中国版本图书馆 CIP 数据核字（2014）第 079566 号

中国林业出版社·教材出版中心

策划编辑：杜建玲　　**责任编辑：**高红岩

电话：83221489　　**传真：**83220109

出版发行　中国林业出版社（100009　北京市西城区德内大街刘海胡同 7 号）
E-mail:jiaocaipublic@163.com　电话:(010)83224477
http://lycb.forestry.gov.cn
经　　销　新华书店
印　　刷　北京昌平百善印刷厂
版　　次　2014 年 6 月第 1 版
印　　次　2014 年 6 月第 1 次印刷
开　　本　850mm×1168mm　1/16
印　　张　19.25
字　　数　465 千字
定　　价　35.00 元

《畜禽系统解剖学》编写人员

主　　编　冯新畅

副 主 编　徐永平　赫晓燕　黄丽波　李福宝

编　　者　（按姓氏笔画排序）

白志坤（东北农业大学）

冯新畅（东北农业大学）

刘玉堂（东北林业大学）

杨　隽（黑龙江八一农垦大学）

陈正礼（四川农业大学）

张巧灵（吉林大学）

肖传斌（河南农业大学）

邱建华（山东农业大学）

李福宝（安徽农业大学）

徐永平（西北农林科技大学）

黄丽波（山东农业大学）

赫晓燕（山西农业大学）

主　　审　范光丽（西北农林科技大学）

尹逊河（山东农业大学）

前言

畜禽的形态结构是每一个从事畜牧兽医类工作的人士必须了解和掌握的基本理论和基本知识。《畜禽系统解剖学》是动物医学、动物科学、野生动物学及生物学类各专业必修的重要专业基础课，一直受到学生和教师的重视。

根据目前农业院校缩减学时的需要，在编写上力求“少而精”，突出重点，达到动物医学本科教学的基本要求，动物科学专业和专科学校可适当削减内容。

全书分为两大部分，第一部分以牛、羊、马、猪、狗为基本研究对象，采用系统解剖和比较解剖的方法，对基本形态结构进行描述，并尽可能对比各种动物的结构特点，在循环系统和神经系统基本以大动物为主。全书按照系统分为3个组，其中体壁组包括骨学、骨连结、肌学和被皮系统；内脏组包括消化系统、呼吸系统、泌尿系统和生殖系统；整体组包括心血管系统、淋巴系统、神经系统、感觉器官和内分泌系统。第二部分以鸡为研究对象，对禽类的解剖结构特点进行描述。

本书由冯新畅教授担任主编，徐永平、赫晓燕、黄丽波和李福宝担任副主编。编写分工如下：绪论由冯新畅编写，李福宝校对；第1章骨学由赫晓燕编写，冯新畅和白志坤校对；第2章骨连结由张巧灵编写，白志坤校对；第3章肌学由邱建华编写，黄丽波校对；第4章被皮系统由陈正礼编写，刘玉堂和杨隽校对；内脏学总论部分和第5章消化系统的前部由肖传斌编写，后部由李福宝编写，互相校对；第6章呼吸系统由陈正礼编写，杨隽校对；第7章泌尿系统由杨隽编写，刘玉堂校对；第8章生殖系统由刘玉堂编写，陈正礼校对；第9章心血管系统由白志坤和冯新畅编写，互相校对；第10章淋巴系统由白志坤编写，张巧灵校对；第11章神经系统由黄丽波编写，尹逊河校对；第12章感觉器官和第13章内分泌系统由张巧灵编写，冯新畅校对；家禽解剖学特征由徐永平编写，范光丽校对。徐永平和白志坤对所有图做了审验，最后由冯新畅统稿。

特邀西北农林科技大学范光丽教授和山东农业大学尹逊河教授担任主审，两位老师对书稿提出了很多宝贵意见，在此谨向二位老师致以由衷的感谢！

全体同仁齐心协力，通力合作，最终完成了该书的编写工作，向各位老师的辛勤努力和付出表示感谢！

由于时间和水平的原因，书中可能有不妥甚至错误之处，真诚希望读者在使用中提出批评指正，以便再版时修改。

编　者

2014年2月

目　录

第一篇　体壁组

第二篇 内脏组

第四篇　禽类解剖学特征

绪　论

1. 畜禽解剖学的概念

畜禽解剖学是研究正常家畜、家禽机体形态和结构的科学，是生物科学的一个分支。生物科学中的动物科学包括两个主要方面：研究动物体的形态、结构和发生发展规律的科学，称为形态学；研究动物所表现的正常生命现象及其规律性的科学，称为生理学。

解剖学根据不同的研究方法和技术，又分为宏观解剖学(大体解剖学)、微观解剖学(组织学)和发育解剖学(胚胎学)3 部分。

(1) 宏观解剖学

宏观解剖学又称大体解剖学，是借助刀、剪、锯等解剖器械，采用切割的方法，通过肉眼观察(有时也借助解剖显微镜)，来研究动物体各部的形态和结构。由于研究的目的不同，又有以下区分：

①系统解剖学　按各系统来描述器官的形态结构和位置以及相互关系，将动物体分为骨、骨连结、肌肉、被皮、消化、呼吸、泌尿、生殖、心血管、淋巴、神经、内分泌和感觉器官 13 个系统。

②局部解剖学　按畜体的各个部位来研究局部的结构，可能牵涉到几个系统，对临床医学，特别是外科手术意义重大。

③比较解剖学　采用比较的方法来研究家畜同类器官的形态结构。另外，在生物学上研究器官进化的科学也属于这一类。

④X 射线解剖学　利用 X 光的穿透原理和动物组织密度的不同来研究畜体形态结构。

⑤超声解剖学　利用声波遇到不同介质的反射，收集返回的声波来研究畜体形态结构。目前被认为是对机体侵害最小的方法。

此外，还有神经解剖学、机能解剖学和实验解剖学等。

(2) 微观解剖学

微观解剖学即组织学(包括细胞学)，是采用切片、染色等技术，借助于显微镜和电子显微镜来研究动物体各部微细结构。

(3) 发育解剖学

发育解剖学也就是胚胎学，采用宏观和微观的技术研究个体(胚胎)发育的科学，也就是研究从受精开始到个体形成整个胚胎发育过程中的形态、结构变化规律及其与环境条件的关系。

由此可见，解剖学与生物科学关系很密切，通过解剖学的研究，对动物体的形态结构有了越来越全面而深刻的了解，不仅丰富解剖学本身的内容，同时也推动了生物科学的发展。

解剖学对于生理学有着极其重要的意义。如果我们不学习解剖学，不了解各种器官的形态结构，就不可能理解它的生理机能，也就学不好生理学。解剖学对于医学科学也有特别重要的意义。恩格斯曾经说过："当解剖学和生理学有了发展的时候，医学才能得到发展。"畜禽解剖学作为兽医专业的重要专业基础课，道理也就在这里。只有在正确认识和掌握健康畜禽各部的形态、结构和位置关系的基础上，才能进一步研究它们的生理机能和病理变化，从而对畜禽进行合理的饲养、管理和使役；有效地控制畜禽的繁殖、发育和生长；及时地做好各种疾病的预防和治疗工作，以促进畜牧业生产的发展，达到畜禽保护和畜禽繁衍的目的。

2. 解剖学的学习目的和方法

畜禽解剖学是畜牧兽医及相关学科的一门重要的专业基础课，只有深刻地掌握这门课，才能为后续课程的学习打下良好的基础。恩格斯说："没有解剖学，就没有医学"，可见该课对于从事动物医学的重要性。对于后续课程学习要明确几个关系：与组织学等是宏观和微观的关系，对生理学而言属于结构和功能的关系，相对于病理学是正常和异常的关系，对于临床专业课等就是基础和应用的关系。

学好解剖学其实并不难，要建立几个观点：首先，要从进化发展的观点来理解其形态结构，同时还要把结构和功能相结合，有什么样的结构就会有什么样的功能，需要什么样的功能就会有什么样的结构；此外，局部和整体也是不可分的，某一个器官在一个生命活动中都起着重要的作用；最后，也是最重要的，就是理论和实践的结合，图片、标本和模型的观察对学习解剖学至关重要，可以加深对理论知识的验证和理解，且对记忆有很好的帮助。

3. 畜禽有机体的构成

(1)细胞

细胞是构成畜禽有机体的具有生命特征的基本结构和机能单位。畜禽身体尽管结构复杂，机能多样，但主要是由细胞构成的；除细胞外，尚有细胞产生、位于细胞之间的细胞间质。各种细胞由于机能和所处的环境不同，虽然在形态、结构和大小等方面有着很大的差别，但它们都是由细胞膜、细胞质和细胞核3部分构成的。

(2)组织

组织是构成动物体各器官的基本成分，由起源相同、机能和形态相似的细胞群以及分布于它们之间的细胞间质组成。按形态和机能不同，可分为上皮组织、结缔组织、肌(肉)组织和神经组织四大类基本组织。

①上皮组织 简称上皮，由一层或数层排列紧密的细胞和少量的细胞间质组成。上皮组织在体内分布很广，覆盖在身体的外表面或衬在体内各管(消化管、血管等)、腔(胸腔、腹腔等)、囊(胆囊等)和窦(额窦、上颌窦等)的内表面，具有保护、吸收、分泌和感觉等机能。

②结缔组织　由少量的细胞和大量的细胞间质组成，是体内分布极广，形态、机能多样的一类组织，包括血液、淋巴、疏松结缔组织、致密结缔组织、网状组织、脂肪组织、软骨组织和骨组织等，具有营养、防卫、联结、支持、运输等机能。

③肌(肉)组织　主要由肌细胞(肌纤维)组成。肌细胞细而长，其特点是细胞质中含有细丝状的肌原纤维，是肌(肉)组织能够收缩和舒张运动的物质结构基础。根据肌细胞的形态结构和机能，可分为骨骼肌、平滑肌和心肌3种。骨骼肌直接或间接附着于骨骼上，属随意肌，收缩快而有力；平滑肌分布于内脏器官和血管等处，属不随意肌，收缩缓慢而持久；心肌为心脏所特有，属不随意肌。

④神经组织　由神经细胞和神经胶质细胞组成。神经细胞(又称神经元)具有接受刺激和传导兴奋的机能，是神经系统的基本结构和机能单位。神经胶质细胞简称神经胶质，是神经系统的辅助部分，起着支持、营养和保护等作用。

(3)器官

器官是由几种不同的组织，按照一定形式互相结合而构成的。各器官都有一定的形态结构，在体内占一定的位置，并执行其特殊的机能。如心和肺，是两个不同的器官，它们各有一定的形态位置和结构。心脏收缩可驱使血液循环，肺的活动则参与气体交换。

(4)系统

系统是由若干个形态、结构不同，而机能相似的器官组成。在同一个系统内，各个器官精巧分工，密切配合，共同完成该系统的基本机能。畜禽身体由运动、消化、呼吸、泌尿、生殖、心血管、淋巴、神经、内分泌、感觉器官和被皮等系统组成。体内各器官、系统之间有着密切的联系。它们在机能上互相影响，互相配合，构成统一的有机体，倘若一部分发生变化，就会影响其他有关部分的机能活动。不仅如此，畜禽有机体与其所生活的周围环境也是统一的，有机体的形态、结构和机能都受生活环境的影响。

4. 家畜体表各部名称

为了便于说明家畜身体的各部分，可将畜体划分为以下若干部(图0-1)。各部的划分和命名主要以骨作基础。

(1)头部

头部包括颅部和面部。

①颅部　位于颅腔周围。又可分为枕部(在头颈交界处、两耳根之间)、顶部(马在颅腔顶壁，牛在两角根之间)、额部(在顶部之前、两眼眶之间)、颞部(在耳和眼之间)、耳部(包括耳及耳根)。

②面部　位于鼻腔和口腔的周围。又可分为眼部(包括眼和眼睑)、眶下部(在眼眶前下方、鼻后部的外侧)、鼻部(包括鼻孔、鼻背和鼻侧)、咬肌部(指咬肌所在部)、颊部(指颊肌所在部位)、唇部(包括上唇和下唇)、颏部(在下唇腹侧)和下颌间隙部(在下颌骨之间)。

(2)躯干

躯干包括颈部、背胸部、腰腹部、荐臀部和尾部。

①颈部　又分以下几部。

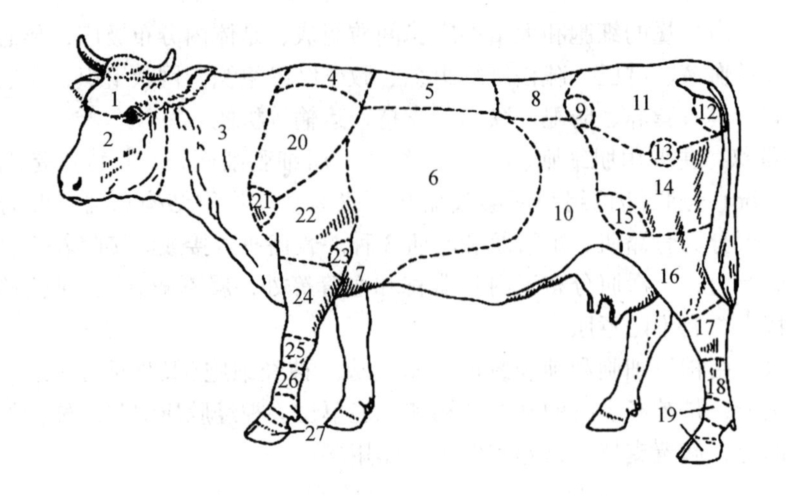

图 0-1 体表各部名称

1. 颅部 2. 面部 3. 颈部 4. 鬐甲部 5. 背部 6. 胸侧部(肋部) 7. 胸骨部 8. 腰部 9. 髋结节 10. 腹部 11. 荐臀部 12. 坐骨结节 13. 髋关节 14. 股部 15. 膝关节 16. 小腿部 17. 跗部 18. 跖部 19. 趾部 20. 肩带部 21. 肩关节 22. 臂部 23. 鹰嘴 24. 前臂部 25. 腕部 26. 掌部 27. 指部

颈背侧部：位于颈的背侧，前端接头的枕部，后端达鬐甲的前缘。

颈侧部：位于颈部两侧。颈侧部有颈静脉沟，在臂头肌和胸头肌之间，沟内有颈静脉。

颈腹侧部：位于颈部腹侧，前部为喉部，后部为气管部。

②背胸部 又分为以下几部。

背部：为颈背侧部的延续，主要以胸椎为基础。前部为鬐甲部，后部为背部。

胸侧部：又称肋部，以肋骨为基础，其前部被前肢的肩带部和臂部所覆盖，后方以肋弓与腹部为界。

胸腹侧部：又分前、后两部。前部在胸骨柄附近至颈基部之间，称为胸前部；后部自两前肢之间向后达剑状软骨，称为胸骨部。

③腰腹部 分为腰部和腹部。

腰部：以腰椎为基础，为背部的延续。

腹部：为腰椎横突腹侧的软腹壁部分。

④荐臀部 分为荐部和臀部。

荐部：以荐骨为基础，是腰部的延续。

臀部：位于荐部两侧。

⑤尾部 位于荐部之后，可分尾根、尾体和尾尖。

(3) 四肢

①前肢 又分肩带部(肩部)、臂部、前臂部和前脚部(包括腕部、掌部和指部)。

②后肢 又分大腿部(股部)、小腿部和后脚部(包括跗部、跖部和趾部)。

5. 解剖学常用的方位术语

为了正确描述畜体各器官的位置，需要了解如何定位和定位时常用的一些术语。

(1) 3 个基本切面(图 0-2)

①矢状面　是与畜体长(纵)轴平行而与地面垂直的切面。其中，把畜体等分成左、右对称两半的叫正中矢状面；与正中矢面相平行的所有切面均称为矢状面。

②横切面　是与畜体长轴相垂直的切面，把畜体分成前、后两部分。与器官长轴相垂直的切面也称横切面。

③额面(水平面)　为与地面平行而与矢状面和横切面相垂直的切面，可将畜体分成背、腹两部分。

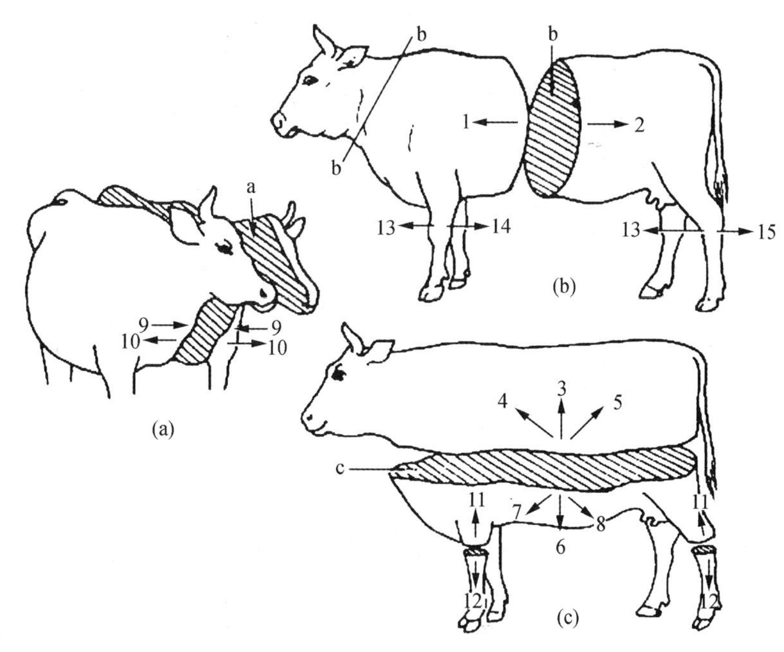

图 0-2　3 个基本切面及方位确定

(a)正中矢面　(b)横断面　(c)额面

1. 前　2. 后　3. 背侧　4. 前背侧　5. 后背侧　6. 腹侧　7. 前腹侧　8. 后腹侧　9. 内侧　10. 外侧　11. 近端　12. 远端　13. 背侧(四肢)　14. 掌侧　15. 跖侧

(2) 方位术语

①用于躯干的术语

前(颅侧)与后(尾侧)：近头端的为前，近尾端的为后。

背侧与腹侧：额面上方的部分为背侧，额面下方的部分为腹侧。

内侧与外侧：离正中面较近的一侧为内侧，较远的一侧为外侧。

内与外：在腔体和管状器官里面的为内，在外面的为外。

浅与深：离体表近的为浅，远的为深。

②用于四肢的术语

近端与远端：近躯干的一端为近端，离躯干较远的一端为远端。

背侧、掌侧和跖侧：前脚和后脚的前面为背侧；前脚的后面为掌侧，后脚的后面为跖侧。

桡侧与尺侧：前肢前臂部的内侧称桡侧，外侧称尺侧。

胫侧和腓侧：后肢小腿部的内侧为胫侧，外侧为腓侧。

有时为了确切描述有关方向，常用复合术语，如背内侧、背外侧等。

（冯新畅 编写　李福宝 校）

第一篇

体壁组

家畜的体壁由骨、骨连结、骨骼肌和被皮系统组成。其中，骨、骨连结和骨骼肌组成有机体的运动系统和基本体型。骨是坚硬的器官，全身骨借骨连结形成骨骼，构成身体的支架。骨骼肌附着在骨骼上，跨越一个或多个关节，骨骼肌收缩时以骨为杠杆、关节为枢纽，牵引骨的位置发生相对移动而产生运动。骨骼肌是运动系统的主动部分，而骨和骨连结是运动系统的被动部分。被皮系统被覆于体表，构成有机体内与外的分界，具有保护、感觉、调节体温、分泌、吸收、排泄废物以及储存营养物质等作用。

第1章 骨学

1.1 概述

骨(bone)主要由骨组织构成。骨在家畜体内具有多种重要的作用，除构成畜体的支架、决定畜体的体形、保护体内器官、支持体重、形成运动杠杆外，骨组织还是体内最大的“钙磷库”，与钙、磷代谢有密切的关系，同时骨髓还有造血功能。

1.1.1 骨的结构

骨由骨膜、骨质、骨髓和血管神经构成(图1-1)。

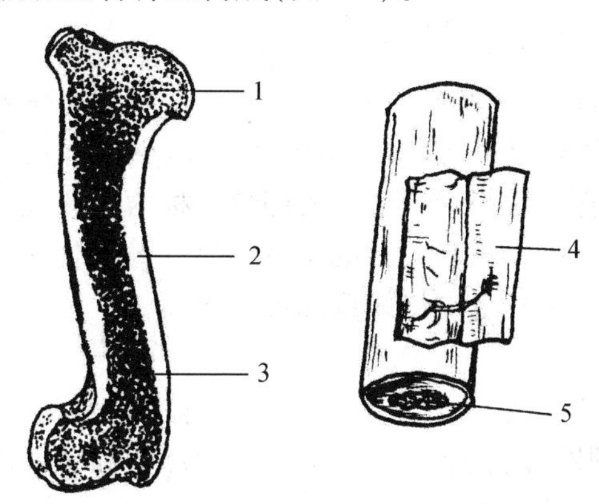

图1-1 骨的构造

1. 骨松质 2. 骨密质 3. 骨髓腔 4. 骨膜 5. 骨髓

(1)骨膜

骨膜(periosteum)被覆于骨的内、外表面，为结缔组织膜。包裹于整个骨表面(除关节面以外)的称骨外膜(periosteum)；衬在骨髓腔内面的称骨内膜(endosteum)。骨外膜呈粉红色，分为两层，外层为纤维层，富含胶原纤维、血管、淋巴管及神经，在腱和韧带附着的地方，骨膜显著增厚，腱和韧带的纤维束穿入骨膜，有的深入骨质内，骨外膜对骨起固定、保护、营养和感觉作用。内层为成骨层，富有细胞，在幼龄期活跃，直接参与骨的生长，到成年期则转为静止状态，但它终生保持分化能力，骨折时能参与骨质的再生和修补。骨内膜为一薄层结缔组织，其中的细胞有造血功能。

(2)骨质

骨质是骨的基本成分，分骨密质和骨松质。骨密质(compact bone)位于骨的表面，构成长骨的骨干、骺和其他类型骨的外层，致密而坚实。骨松质(spongy bone)位于骨的深层，呈海绵状，由许多交织成网的骨小梁构成。骨小梁的排列方向与该骨所受的压力和张力的作用方向一致。骨密质和骨松质的这种配置，使骨既坚固又轻便。

(3)骨髓

骨髓(bone marrow)位于长骨的骨髓腔和骨松质的腔隙内，分红骨髓(red bone marrow)和黄骨髓(yellow bone marrow)。红骨髓主要由造血组织和血窦构成。胎儿及幼龄动物全是红骨髓，有造血功能，随动物年龄的增长，骨髓腔内的红骨髓逐渐被黄骨髓所代替。黄骨髓主要是脂肪组织，具有储存营养的作用。当机体大量失血或贫血时，黄骨髓又能转化为红骨髓而恢复造血机能。骨松质中的红骨髓终生存在。

(4)血管与神经

每一骨都有丰富的血管和神经分布。小的血管从骨膜经骨面的小孔进入骨内，较大的血管称为滋养动脉，穿过骨的滋养孔分布于骨髓。骨的神经一般随血管行走。

1.1.2 骨的种类

家畜全身各骨由于机能不同而有不同形态，分为长骨、短骨、扁骨和不规则骨 4 种类型。

(1)长骨

长骨(long bone)呈长管状。骨的中部较细为骨体或骨干，主要由骨密质构成，内有骨髓腔，充满骨髓。骨的两端膨大，称骨端或骨骺(epiphysis)，其光滑面称为关节面，为一层骨密质，表面覆以关节软骨。骺与骨干连接的部分，称为干骺端，幼年时，两者之间以软骨相隔，称为骺软骨板，与骨的生长有关；成年后，骺软骨板骨化，骨干与骺融合成为一体。

长骨分布于四肢游离部，具有支持体重和形成运动杠杆的作用。

(2)短骨

短骨(short bone)一般为略呈立方形的小骨块，分布于承受压力较大而运动又较复杂的部位，如前肢的腕骨和后肢的跗骨等，有支持、分散压力和缓冲震动的作用。

(3)扁骨

扁骨(flat bone)呈板状，表面是骨密质，中间是骨松质。扁骨可围成体内各种腔，支持和保护重要器官，如头部的颅骨、胸部的胸骨和肋等；或为骨骼肌提供广阔的附着面，如肩胛骨等。

(4)不规则骨

不规则骨(irregular bone)形状不规则，功能较复杂，具有支持、保护和供肌肉附着等作用。一般构成畜体中轴，如椎骨等。有些不规则骨内因具有含气的腔，称为含气骨，如额骨、上颌骨、蝶骨和颚骨等。

1.1.3 骨的表面形态

骨的表面由于供肌肉的附着和牵引、血管神经的通过及与附近器官的接触，而形成各种突起、凹陷和孔洞等结构。

(1)骨面突起

骨面上突然高起的部分称为突(process);基底较广、逐渐高起的称隆起(eminence);粗糙的隆起称粗隆(tuberosity);突出较小且有一定范围的称结节(node);较尖锐的突起称棘(spine)或棘突(spinous process);薄而锐的长形隆起称嵴(crista);长而细小的突出称线(line)。

(2)骨面凹陷

大的凹陷称窝(fossa);小的称凹(fovea)或小凹(foveola);长形的凹陷称沟(sulcus);浅的凹陷称压迹(impression);骨边缘的缺损称切迹(incisura)。

(3)骨的空腔

骨内的腔洞称腔(cavity)、窦(sinus)或房(antrum);长形的腔洞称管(canal)或道(meatus);腔或管的开口称为口(aperture)或孔(foramen);不整齐的口称裂孔(hiatus)。

(4)骨端的膨大

呈球状突出者称头(caput),头下略细的部分称颈(neck);膨大成横圆柱状且表面有关节面的称髁(condyle)。

1.1.4 骨的化学成分和物理特性

骨是体内最坚硬的组织,具有相当大的坚固性和显著的弹性,骨的这种物理特性与骨的形态、内部结构和化学成分有关。骨由无机物和有机物两种化学成分组成。有机物主要是骨胶原,决定骨的弹性和韧性。无机物主要是磷酸钙、碳酸钙、氟化钙等,决定骨的坚固性。骨化学成分中无机物和有机物的比例随家畜的年龄和饲养条件而发生改变。幼畜骨中有机物较多,不易发生骨折,但容易弯曲变形。老年家畜则相反,骨中无机物多,易发生骨折。妊娠母畜骨内钙质被胎儿吸收,使母畜骨质疏松而易发生骨软症。乳牛在泌乳期,如饲料成分比例失调,也可发生上述情况。

1.1.5 全身骨的划分

家畜全身各骨(图1-2~图1-5)可分为中轴骨和四肢骨。中轴骨包括躯干骨和头骨。四肢骨包括前肢骨和后肢骨。

1.2 躯干骨

躯干骨由椎骨、肋和胸骨组成。

1.2.1 椎骨

椎骨(vertebra)按其从前向后分布的部位分为颈椎、胸椎、腰椎、荐椎和尾椎,所有椎骨由软骨、关节和韧带顺次连接形成脊柱(vertebral column),构成畜体的中轴。脊柱内有椎管,容纳并保护脊髓。脊柱具有支持头部、悬吊内脏、支持体重、传递推动力等作用,并构

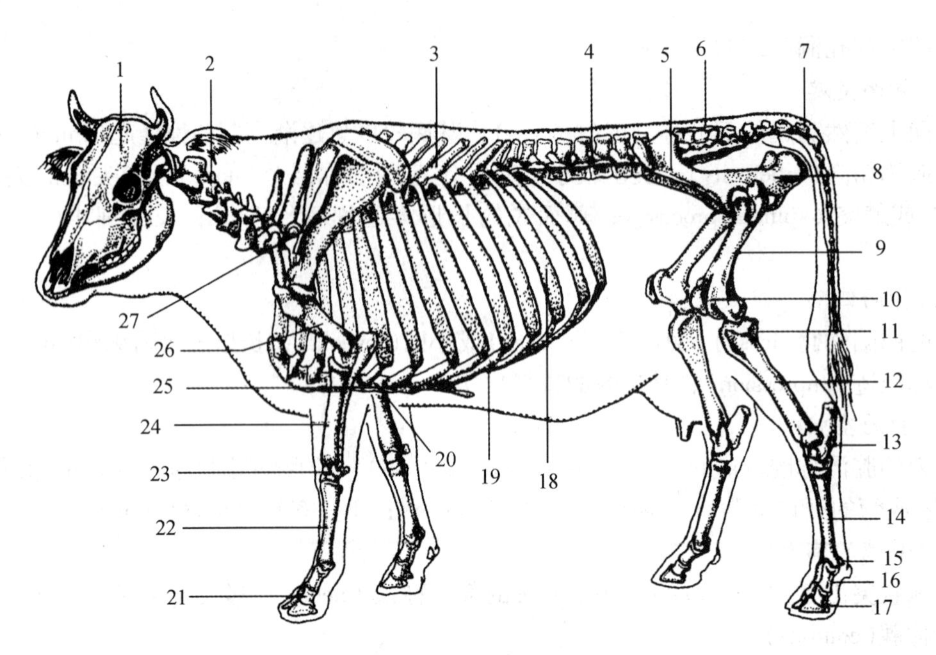

图 1-2 牛的全身骨骼

1. 头骨 2. 颈椎 3. 胸椎 4. 腰椎 5. 髂骨 6. 荐骨 7. 尾椎 8. 坐骨 9. 股骨 10. 髌骨(膝盖骨) 11. 腓骨 12. 胫骨 13. 跗骨 14. 跖骨 15. 近籽骨 16. 趾骨 17. 远籽骨 18. 肋骨 19. 肋软骨 20. 胸骨 21. 指骨 22. 掌骨 23. 腕骨 24. 桡骨 25. 尺骨 26. 肱骨 27. 肩胛骨

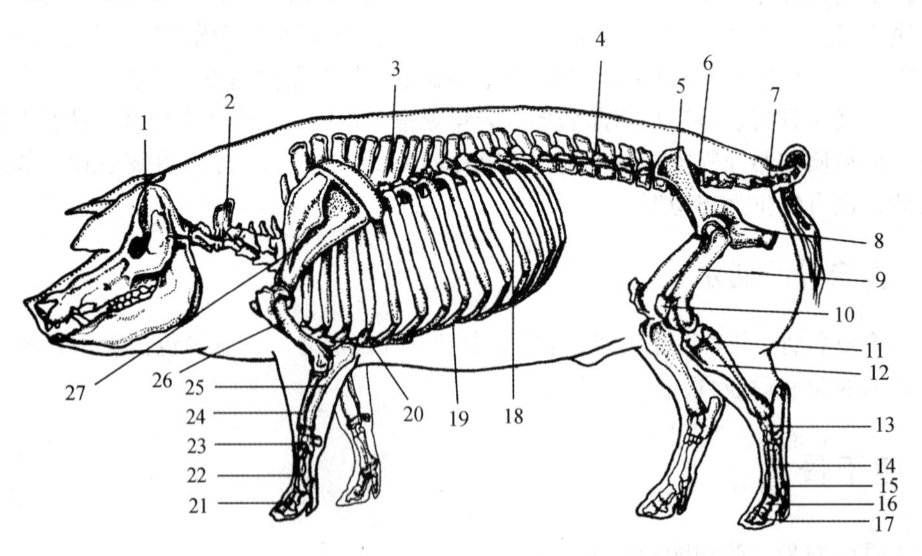

图 1-3 猪的全身骨骼

1. 头骨 2. 颈椎 3. 胸椎 4. 腰椎 5. 髂骨 6. 荐骨 7. 尾椎 8. 坐骨 9. 股骨 10. 髌骨(膝盖骨) 11. 腓骨 12. 胫骨 13. 跗骨 14. 跖骨 15. 近籽骨 16. 趾骨 17. 远籽骨 18. 肋骨 19. 肋软骨 20. 胸骨 21. 指骨 22. 掌骨 23. 腕骨 24. 桡骨 25. 尺骨 26. 肱骨 27. 肩胛骨

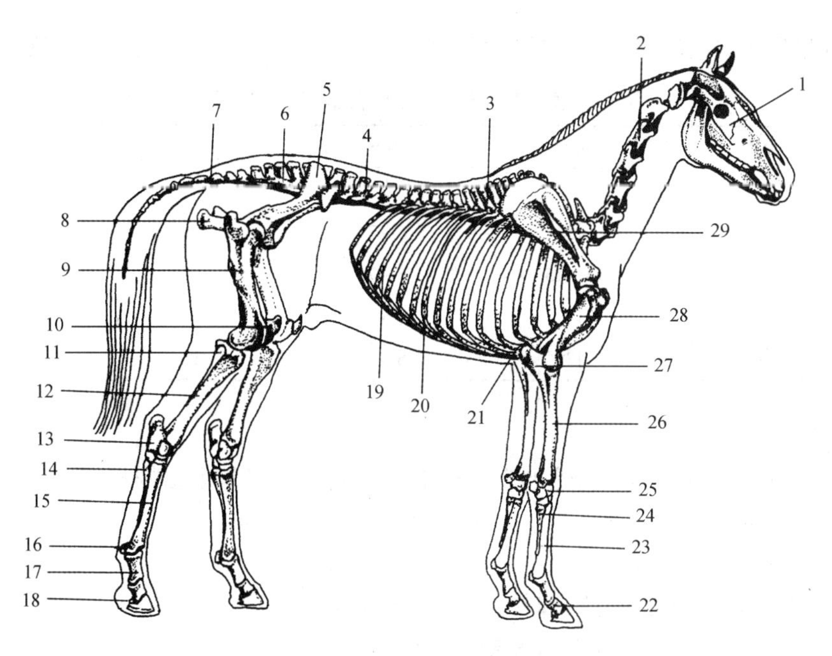

图 1-4 马的全身骨骼

1. 头骨 2. 颈椎 3. 胸椎 4. 腰椎 5. 髂骨 6. 荐骨 7. 尾椎 8. 坐骨 9. 股骨 10. 髌骨(膝盖骨) 11. 腓骨 12. 胫骨 13. 跗骨 14. 小跖骨 15. 大跖骨 16. 近籽骨 17. 趾骨 18. 远籽骨 19. 肋骨 20. 肋软骨 21. 胸骨 22. 指骨 23. 大掌骨 24. 小掌骨 25. 腕骨 26. 桡骨 27. 尺骨 28. 肱骨 29. 肩胛骨

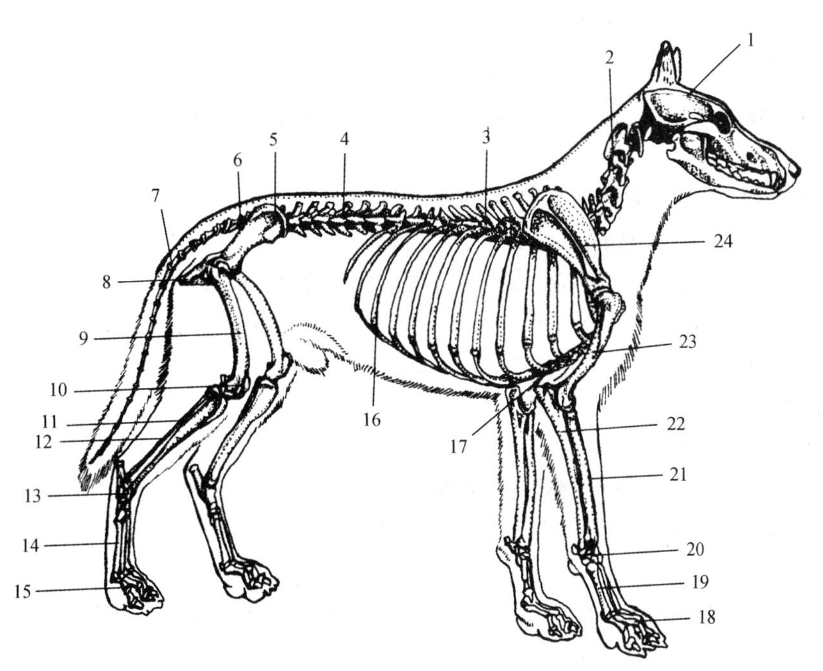

图 1-5 犬的全身骨骼

1. 头骨 2. 颈椎 3. 胸椎 4. 腰椎 5. 髂骨 6. 荐骨 7. 尾椎 8. 坐骨 9. 股骨 10. 髌骨(膝盖骨) 11. 腓骨 12. 胫骨 13. 跗骨 14. 跖骨 15. 趾骨 16. 肋骨 17. 胸骨 18. 指骨 19. 掌骨 20. 腕骨 21. 桡骨 22. 尺骨 23. 肱骨 24. 肩胛骨

成胸腔、腹腔及盆腔的支架。不同的家畜，构成脊柱的各段椎骨的数目不一致(表1-1)。

表1-1 各种家畜椎骨数目比较

	颈椎	胸椎	腰椎	荐椎	尾椎
牛	7	13	6	5	18~20
羊	7	13	6~7	4	3~24
猪	7	14~15	6~7	4	20~23
马	7	18	6	5	14~21
犬	7	13	6~7	3	20~22

1.2.1.1 椎骨的一般构造

各部椎骨由于机能不同，虽然形态和构造有所差异，但基本结构相似，均由椎体、椎弓和突起组成(图1-6)。

(1)椎体(vertebral body)

椎体位于椎骨的腹侧，呈短圆柱形，前面略凸称椎头(vertebral head)，后面稍凹称椎窝(vertebral fossa)。相邻椎骨的椎头与椎窝由椎间软骨相连结。

(2)椎弓(vertebral arch)

椎弓是椎体背侧的拱形骨板。椎弓与椎体之间形成椎孔(vertebral foramen)，所有的椎孔依次相连，形成椎管(vertebral canal)，容纳脊髓。椎弓基部的前后缘各有一对切迹。相邻椎弓的切迹合成椎间孔(intervertebral foramen)，供血管、神经通过。

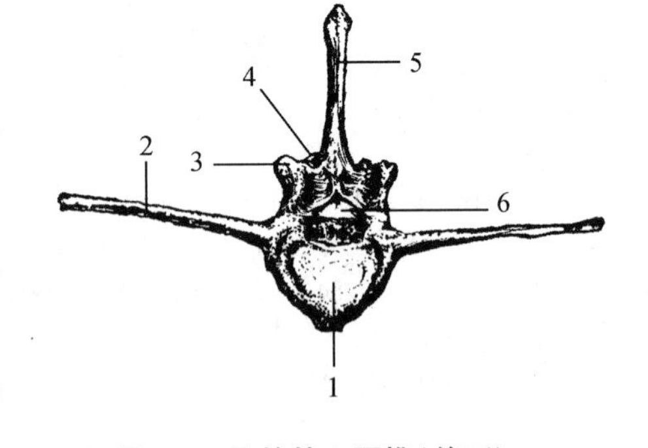

图1-6 马的第3腰椎(前面)

1. 椎头 2. 横突 3. 前关节突 4. 后关节突 5. 棘突 6. 椎孔

(3)突

突有3种，从椎弓背侧向上方伸出的一个突起，称棘突(spinous process)。从椎弓基部向两侧伸出的一对突起，称横突(transverse process)，横突和棘突是肌肉和韧带的附着处。从椎弓背侧的前后缘各伸出一对关节突(articular process)。前关节突(cranial articular process)的关节面向前向上，后关节突(caudal articular process)的关节面向后向下，相邻椎弓的前、后关节突成关节。

1.2.1.2 各段椎骨的特点

(1)颈椎(cervical vertebrae)

颈椎构成颈部的骨质基础。各种家畜颈部长短不同，但颈椎均为7枚。第3~6颈椎形态相似。第1和第2颈椎由于适应头部多方面的运动，形态比较特殊。第7颈椎是颈椎向胸椎的过渡类型。

第1颈椎又称寰椎(atlas)(图1-7)，呈环形，由背侧弓和腹侧弓构成。两弓的前面有较深的前关节窝，与枕骨的髁成关节。后面形成鞍状关节面，与第2颈椎成关节。寰椎的两侧是一对宽骨板，称寰椎翼，其外侧缘可以在体表摸到。翼的前部有两个孔，内侧的为椎外侧孔，与椎管相通；外侧的为翼孔，通寰椎窝。马、犬的寰椎在翼的后部有一横突孔，牛、猪的寰椎无横突孔，犬的寰椎翼宽大，无翼孔。

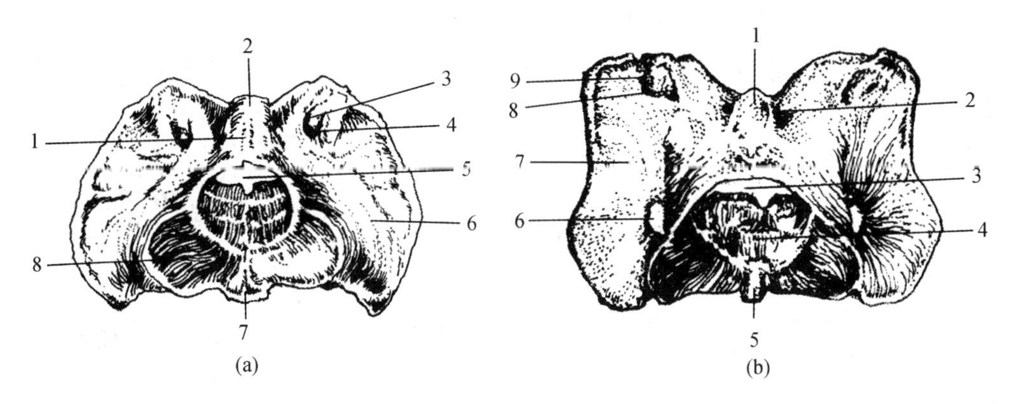

图1-7 寰 椎

(a)牛的寰椎

1. 背侧弓 2. 背结节 3. 椎外侧孔 4. 翼孔 5. 椎孔 6. 寰椎翼 7. 腹结节 8. 腹侧弓

(b)马的寰椎

1. 背结节 2. 背侧弓 3. 椎孔 4. 腹侧弓 5. 腹结节 6. 横突孔 7. 寰椎翼 8. 椎外侧孔 9. 翼孔

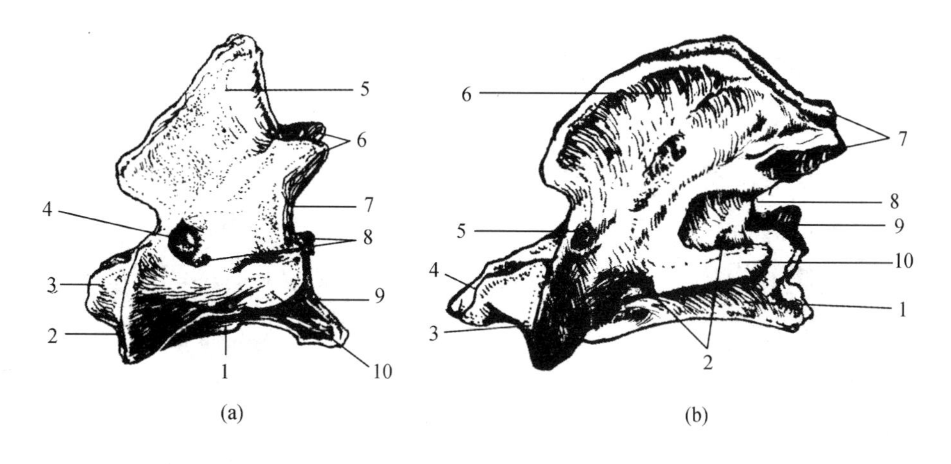

图1-8 枢 椎

(a)牛的枢椎

1. 椎体 2. 鞍状关节面 3. 齿突 4. 椎外侧孔 5. 棘突 6. 后关节突 7. 椎后切迹 8. 横突孔 9. 椎窝 10. 腹侧嵴

(b)马的枢椎

1. 椎体 2. 横突孔 3. 鞍状关节面 4. 齿突 5. 椎外侧孔 6. 棘突 7. 后关节突 8. 椎后切迹 9. 椎窝 10. 横突

第2颈椎又称枢椎(axis)(图1-8)，椎体前端形成发达的齿突，伸入寰椎的椎孔内，齿突周围是鞍状关节面，与寰椎的后关节面形成关节。椎弓无椎前切迹，前方形成大而圆的椎外侧孔。棘突发达呈宽板状。无关节前突，横突仅有一支，伸向后方，基部有横突孔。牛的横突粗大。猪的枢椎小，齿突呈圆柱状，横突较小。马的枢椎较长，横突较小。犬的枢椎的齿突较长，横突细长。

第3~5颈椎(图1-9)椎体发达，其长度与颈部长度相适应。牛的较短，马的较长，猪的最短。椎头和椎窝明显。腹侧嵴明显。椎孔较宽大。前、后关节突发达。马的棘突不发达，牛、猪、犬的棘突由前向后逐渐突出明显(不很发达)。横突分前后两支，横突的基部有横突孔。各颈椎横突孔连成横突管，供血管神经通过。猪的椎体短而宽，缺腹侧嵴。犬的椎体上下扁，腹侧嵴不明显。

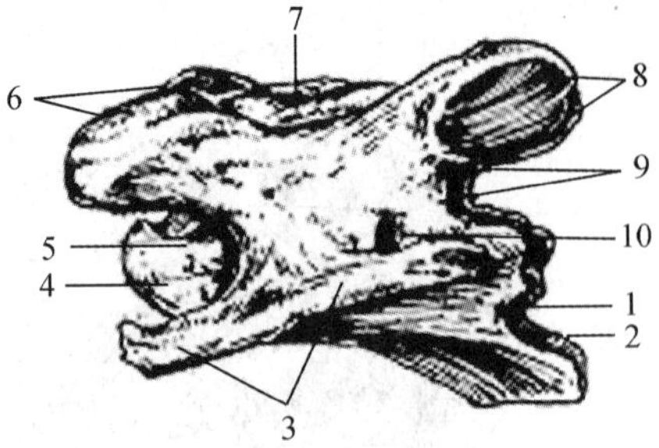

第6颈椎(图1-10)的椎体略短，无腹侧嵴。棘突较发达。牛的横突的背侧支窄而短，向外侧伸出，腹侧支宽而厚，呈四边形，向腹侧伸出。马的横突分3支。猪、犬的第6颈椎与牛的相似。横突的基部有横突孔。所有的横突孔依次相连，形成横突管，供椎动、静脉和神经通过。

图1-9 马第4颈椎(侧面)

1. 椎体 2. 椎窝 3. 横突 4. 椎头 5. 椎前切迹 6. 前关节突 7. 棘突 8. 后关节突 9. 椎后切迹 10. 横突孔

第7颈椎(图1-11)椎体短而宽，椎窝两侧有一对小关节面(后肋凹)，与第一肋骨成关节。横突短而粗，无横突孔。棘突较发达。

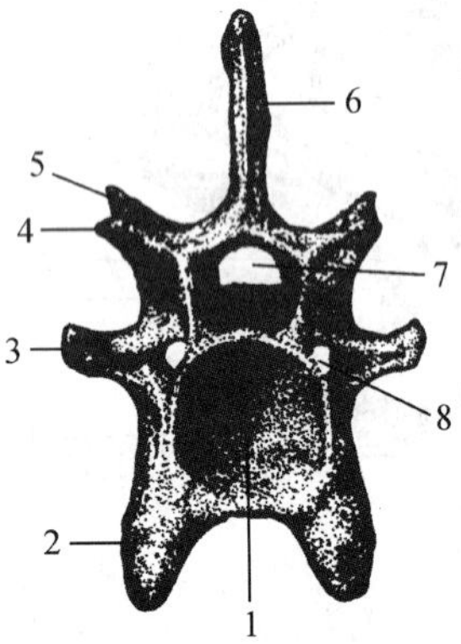

图1-10 牛第6颈椎(后面)

1. 椎窝 2. 横突腹侧支 3. 横突背侧支 4. 后关节突 5. 前关节突 6. 棘突 7. 椎孔 8. 横突孔

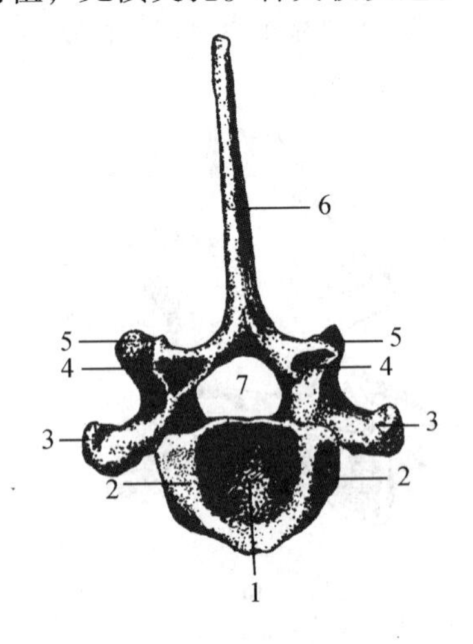

图1-11 牛第7颈椎(后面)

1. 椎窝 2. 后肋凹 3. 横突 4. 后关节突 5. 前关节突 6. 棘突 7. 椎孔

(2)胸椎

胸椎(thoracic vertebrae)(图1-12、图1-13)位于背部，牛、羊13枚，猪14～15枚，马18枚，犬、猫13枚，兔12枚。与颈椎相比，胸椎椎体较短。椎头与椎窝的两侧均有与肋骨头成关节的前、后肋凹(最后胸椎无后肋凹)，相邻胸椎的前、后肋凹形成肋窝，与肋骨头成关节。棘突发达。横突短，游离端有小关节面，与肋结节成关节。关节突小。在椎弓基部的前、后两端有前、后切迹，相邻胸椎的切迹合成椎间孔。

牛的第2～6胸椎棘突最高，马的第3～5胸椎棘突最高，猪的前3枚胸椎棘突最高，较高的一些棘突是构成鬐甲的基础。牛、猪在椎弓的根部还有椎外侧孔。猪从第3胸椎开始，横突背侧有逐渐向前上方突出的乳突，最后5、6枚胸椎的乳突移向前关节突的背外侧；第

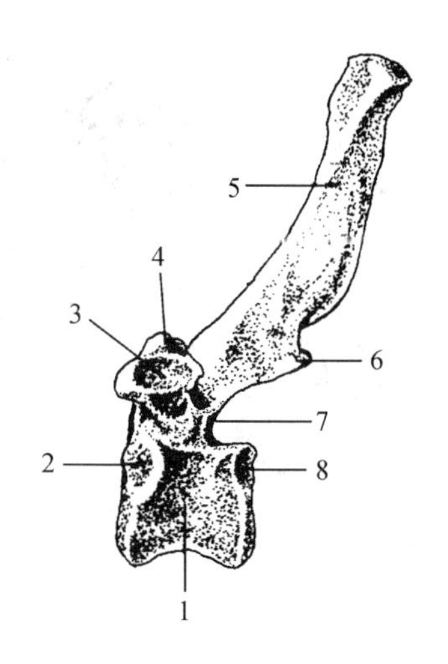

图 1-12 犬的胸椎(侧面)

1. 椎体 2. 前肋凹 3. 横突肋凹 4. 乳突 5. 棘突
6. 后关节突 7. 椎后切迹 8. 后肋凹

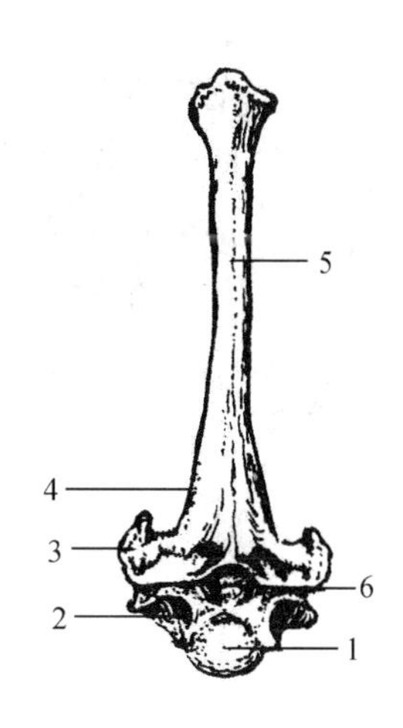

图 1-13 马的胸椎(前面)

1. 椎头 2. 前肋凹 3. 横突 4. 前关节突
5. 棘突 6. 椎孔

12(偶见第 11)胸椎棘突垂直，称为直椎；后 4 枚胸椎的横突肋凹与前肋凹合并或消失。犬的胸椎椎体宽，上下扁，最后 2 ~3 枚胸椎无后肋凹；第 11 胸椎为直椎；前关节突与横突间有乳突，后 3 个胸椎的后关节突与横突间有副突。

(3)腰椎

腰椎(lumbar vertebrae)(图 1-6)构成腰部的基础，并形成腹腔的支架。牛和马 6 枚，驴、骡常为 5 枚，猪和羊有 6 ~7 枚，犬、猫和兔 7 枚。椎体的长度与胸椎相似。棘突较发达，高度与后位胸椎相等。横突发达，呈长而扁的板状，伸向外侧，牛第 3 ~6 腰椎横突最长，马第 3 ~5 腰椎横突最长，猪第 3 ~4 腰椎横突最长，发达的横突可扩大腹腔顶壁的横径。除最前和最后的横突外，都可以在体表触摸到。关节突连结较牢固。在马第 4 腰椎横突后缘和第 5、6 腰椎横突前后缘有卵圆形关节面与相邻横突成关节。猪的腰椎乳突发达。犬的腰椎发达，是脊柱中最强大的椎骨，这与犬腰部活动比其他家畜灵活有关，横突不如牛的发达，呈板状伸向前下方，乳突和副突发达。

(4)荐椎(sacral vertebrae)

荐椎是构成骨盆腔顶壁的基础并连接后肢骨。牛、马 5 枚，猪、羊、兔 4 枚，犬和猫 3 枚。成年时荐椎愈合成一整体，称荐骨(sacrum)(图 1-14)，以增加荐部的牢固性。荐椎的横突相互愈合，前部宽并向两侧突出，称荐骨翼。翼的背外侧有粗糙的耳状关节面，与髂骨成关节。第一荐椎椎头腹侧缘较突出，称荐骨岬。荐骨的背面和盆面的孔，分别称荐背侧孔和荐盆侧孔，是血管神经的通路。

牛的荐骨较大，腹侧面凹，向背侧隆突，愈合较完全；棘突顶端愈合形成粗厚的荐骨正中嵴，翼后部横突愈合成薄锐的荐外侧嵴，关节突愈合成荐中间嵴。马的荐骨呈三角形，棘突未愈合，翼的前面有卵圆形关节面(牛和猪无此关节面)。牛、马的荐骨均有 4 对荐背侧孔和 4 对荐盆侧孔。猪的荐骨愈合较晚且不完全，棘突不发达，常部分缺如，荐骨盆面的弯曲度较牛为小。犬的荐骨盆部特凹，棘突顶端常分离。

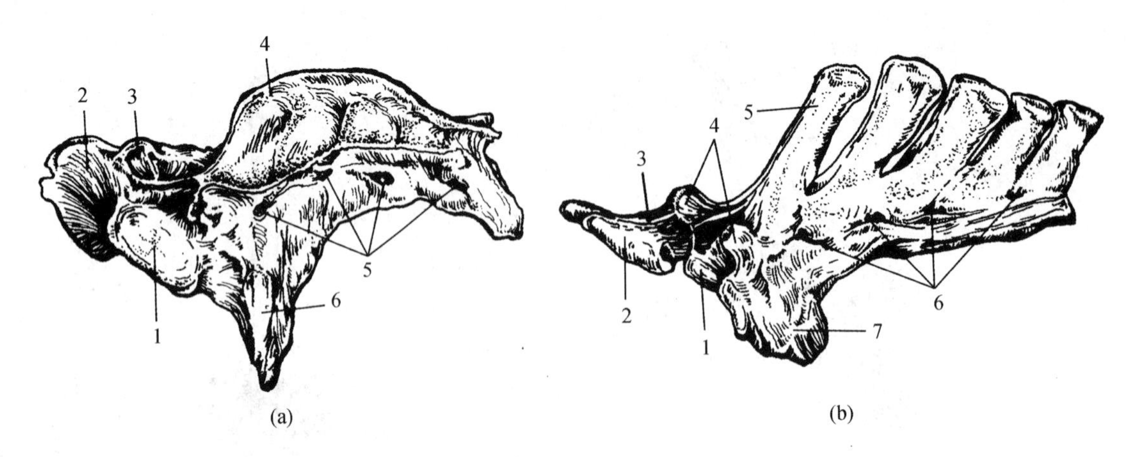

图1-14 荐 骨

(a)牛的荐骨(侧面)

1. 椎头 2. 荐骨翼 3. 前关节突 4. 荐骨正中嵴(棘突) 5. 荐背侧孔 6. 耳状关节面

(b)马的荐骨(侧面)

1. 椎头 2. 对腰椎的卵圆形关节面 3. 荐骨翼 4. 前关节突 5. 棘突 6. 荐背侧孔 7. 耳状关节面

(5)尾椎(caudal vertebrae)

尾椎数目变化较大，牛有18～20枚，羊有3～24枚，猪有20～23枚，马有14～21枚，犬有20～30枚，兔有16枚。除前几枚尾椎具有一般椎骨的特征外，其余均退化。

1.2.2 肋

肋(rib，costal)(图1-15)左右成对，构成胸廓的侧壁和呼吸运动的杠杆。

肋的对数与胸椎的数目一致。肋由肋骨和肋软骨两部分构成。

1.2.2.1 肋骨

肋骨(rib bone，costal bone)位于肋的背侧，为弓形的长骨。椎骨端前方有肋骨小头，与两相邻胸椎的肋凹形成的肋窝成关节；肋骨小头的后方有肋结节，与胸椎横突成关节。肋骨的胸骨端与肋软骨相连。在肋骨后缘的内侧有血管、神经通过的肋沟。牛的肋骨较宽，马的肋骨较细，猪的肋骨较宽，犬的肋骨较细而弯曲。相邻肋骨之间的间隙，称为肋间隙(intercostal space)。

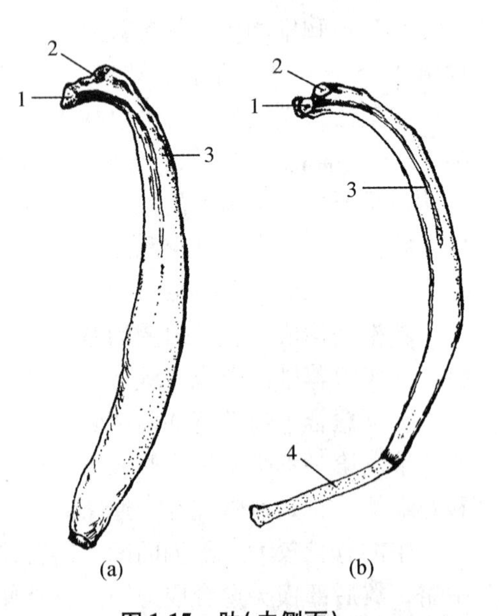

图1-15 肋(内侧面)

(a) 牛的第8肋 (b) 马的第8肋

1. 肋骨小头 2. 肋结节 3. 肋沟 4. 肋软骨

1.2.2.2 肋软骨

肋软骨(rib cartilage，costal cartilage)位于肋的腹侧，由透明软骨构成，前几对肋的肋软骨直接与胸骨相连，称真肋或胸骨肋；其余肋的肋软骨则由结缔组织顺次连接形成肋弓，这种肋称为假肋或弓肋。有的肋的肋软骨末端游离，称为浮肋。牛有13对肋，真肋8对，假肋5对；马有18对肋，真肋8对，假肋10对；猪有14～15对肋，7对真肋，余为假肋，最后1对有时为浮肋；犬有13对肋，9对真肋，3对假肋，1对浮肋。

1.2.3 胸骨和胸廓

胸骨(sternum)(图1-16)位于胸底部，由6～8枚胸骨片借软骨连接而成。胸骨的前部为胸骨柄，中部为胸骨体，在胸骨片间有与胸骨肋成关节的肋凹。胸骨的后端有上下扁圆形的剑状软骨。

各种家畜胸骨的形状不同，与胸肌发育的程度有关。牛的胸骨有7枚，胸骨较长，缺柄软骨，胸骨体上下压扁，无胸骨嵴。猪的胸骨有6枚，胸骨与牛相似，但胸骨柄明显突出。

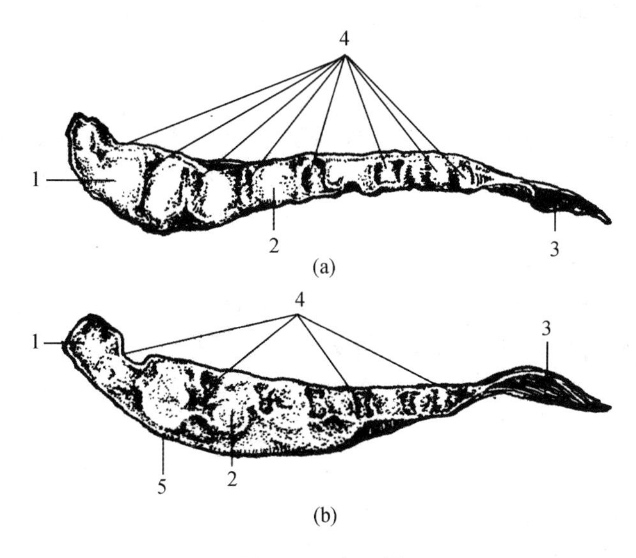

图1-16 胸 骨

(a)牛的胸骨 (b)马的胸骨

1. 胸骨柄 2. 胸骨片 3. 剑状软骨 4. 肋凹 5. 胸骨嵴

马的胸骨有6～8枚，胸骨呈舟状，近端有柄软骨，胸骨体前部左右压扁，有发达的胸骨嵴，后部上下压扁。犬的胸骨有8枚，胸骨柄较钝，最后胸骨节的剑状突前宽后窄，后接剑状软骨。

胸廓(thorax)是由背侧的胸椎、两侧的肋骨和肋软骨以及腹侧的胸骨组成的骨性支架。家畜的胸廓为平卧的截顶圆锥状。胸廓前部的肋较短，并与胸骨连接，坚固性强但活动范围小，适应于保护胸腔内器官和连接前肢。胸廓后部的肋长且弯曲，活动范围大，形成呼吸运动的杠杆。胸廓前口较窄，由第1胸椎、第1对肋和胸骨柄围成。胸廓后口较宽大，由最后胸椎、最后1对肋、肋弓和剑状软骨构成。

牛的胸廓较短，胸前口较高。胸廓底部较宽而长，后部显著增宽。

猪的肋骨长度差异较小，且弯曲度大，因此，胸廓近似圆筒形。

马的胸廓较长，前部两侧扁，向后逐渐扩大。胸前口为椭圆形，下方狭窄；胸后口相当宽大，呈倾斜状。

犬的胸廓略呈圆筒形，其背腹径大于横径，胸前口呈椭圆形。

1.3 头骨

头骨位于脊柱的前端，由枕骨与寰椎相连。头骨主要由扁骨和不规则骨构成，其中多数是成对的，不成对的单骨也是左右对称的。头骨分颅骨和面骨两部分。

1.3.1 颅骨

颅骨(cranium)(图1-17～图1-31)位于后上方，构成颅腔和感觉器官——眼、耳和嗅觉器官的保护壁。颅骨包括4枚位于正中线上的单骨即枕骨、顶间骨、蝶骨和筛骨，与位于正中线两侧的3对对骨即顶骨、额骨和颞骨。

1.3.1.1 枕骨

枕骨(occipital bone)位于颅后部，构成颅腔后壁的全部(水牛、猪、马、犬)或部分(牛)及底壁的一部分。枕骨下方正中有枕骨大孔，前通颅腔，后接椎管。枕骨由基部、侧部和鳞部组成。基部即枕骨体，构成颅腔底壁的后半部分，前与蝶骨体相接，基部侧缘与鼓泡间形成的裂缝为岩枕裂，裂的后部有颈静脉孔。侧部位于枕骨大孔两侧及背侧的一部分。其中在枕骨大孔两侧的卵圆形关节面，称为枕髁(occipital condyle)，与寰椎构成寰枕关节。髁的外侧有粗大的颈静脉突，其基部与枕髁间为髁腹侧窝，内有舌下神经孔。鳞部位于侧部的背侧，主要构成颅腔的后壁。鳞部的外表粗糙，背侧缘有一明显的线状隆起为项嵴或项线。

牛的枕骨构成颅腔后壁的下半部分和底壁的后半部分。骨体短而宽，项嵴位于项面，不明显。但水牛和羊的枕骨构成颅腔的整个后壁，项嵴明显。

猪的枕骨较高，项嵴特别突出，为头骨最高点。项面凹，颈静脉突长。

成年马枕骨的项嵴明显。项面中央具有粗糙的项结节(枕外结节)，为项韧带索状部的附着点。颈静脉突长而扁，在颈静脉突与枕髁之间有舌下神经孔。

犬的枕骨呈顶向上的三角形。颈静脉突不如牛、马、猪的发达。

1.3.1.2 顶间骨

顶间骨(interparietal bone)是一块小骨，位于左、右顶骨和枕骨之间，常与相邻骨结合，故外观不明显。构成颅腔顶壁(猪、马、犬、水牛、羊)或后壁(牛)。脑面有枕内结节(枕内隆凸)，隔开大脑和小脑。

牛的顶间骨、顶骨和枕骨出生前即已愈合。

犬的顶间骨在胚胎期与枕骨结合形成顶间突。

1.3.1.3 顶骨

顶骨(parietal bone)为对骨，位于枕骨和额骨之间，构成颅腔的顶壁(猪、马、犬、水牛、羊)或后壁(牛)，并参与形成颞窝。

牛的顶骨的左右侧部分伸入颞窝构成颞窝内侧壁的后上部，颞窝深，位于颅腔的外侧

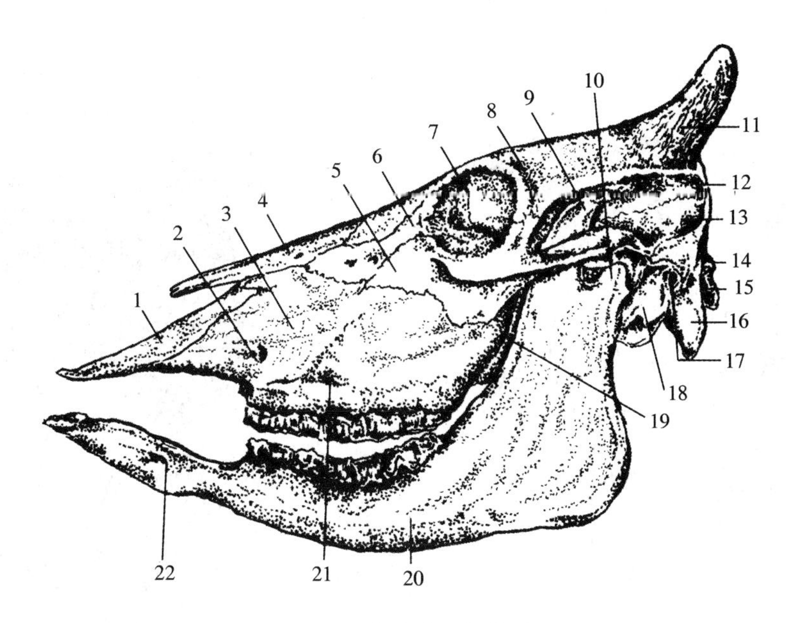

图 1-17 牛的头骨(侧面)

1. 切齿骨 2. 眶下孔 3. 上颌骨 4. 鼻骨 5. 颧骨 6. 泪骨 7. 眶窝 8. 额骨 9. 下颌骨冠状突 10. 下颌骨髁突 11. 角突 12. 顶骨 13. 颞骨 14. 枕骨 15. 枕髁 16. 颈静脉突 17. 外耳道突 18. 颞骨岩部 19. 腭骨 20. 下颌骨 21. 面结节 22. 颏孔

面，顶骨内有额窦的后延部分。

猪的顶骨不甚发达。

马的顶骨为蚌壳状隆起的成对的扁骨。

犬的顶骨外面隆突呈四边形，两侧顶骨的顶间缘内嵌有顶间突。

1.3.1.4 额骨

额骨(frontal bone)为对骨，位于顶骨的前方，鼻骨的后方，外侧接颞骨。额骨参与构成颅腔和鼻腔的顶壁，两侧额骨向外侧伸出眶上突，构成眼眶的上界。突的基部有眶上孔。突的前方为眶窝，突的后方为颞窝。额骨内外骨板以及与筛骨之间形成额窦。

牛的额骨特别发达，呈四方形，构成颅腔整个顶壁和鼻腔顶壁的后部分，约占背面的一半。后缘与顶骨之间形成的额隆起，为头骨的最高点。有角牛的额骨后部有角突。眶上突向两侧伸出与颧弓相连形成完整的眼眶上界。颧突的基部有一条浅沟，称眶上沟，沟内有 2 ~ 3 个眶上孔，经眶上管开口于眼眶内。

猪的额骨平坦或稍凹，眶上突短，未达颧弓，没有形成完整的眼眶上界。颧弓特别强大，两侧扁。有 2 个眶上孔，孔前方有眶上沟。

马的额骨较平坦而宽广，眶上突与颧弓相连形成完整的眼眶，眶上突基部有眶上孔。无角突。

犬的额骨背面正中纵凹。眶上突短，与颧弓不接触，无完整的眼眶上界。无眶上孔。眶窝后部直接与颞窝相连。

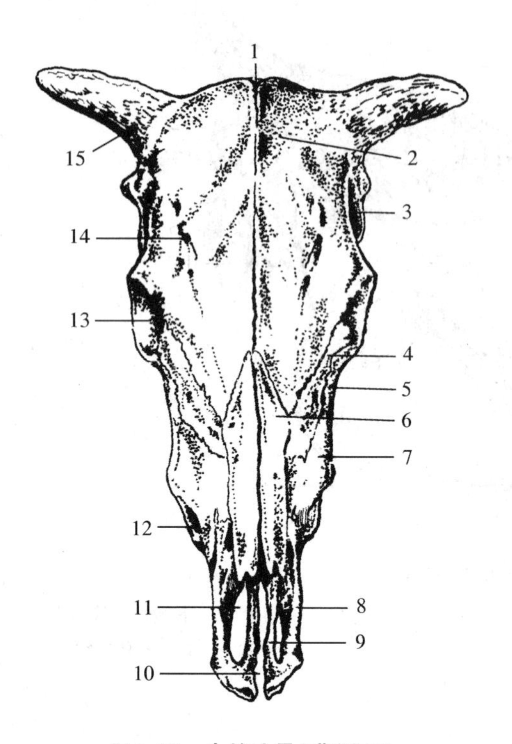

图 1-18 牛的头骨(背侧面)

1. 额隆起 2. 额骨 3. 颞骨 4. 泪骨 5. 颧骨 6. 鼻骨 7. 上颌骨 8. 切齿骨 9. 切齿骨腭突 10. 切齿裂 11. 腭裂 12. 眶下孔 13. 眶窝 14. 眶上孔 15. 角突

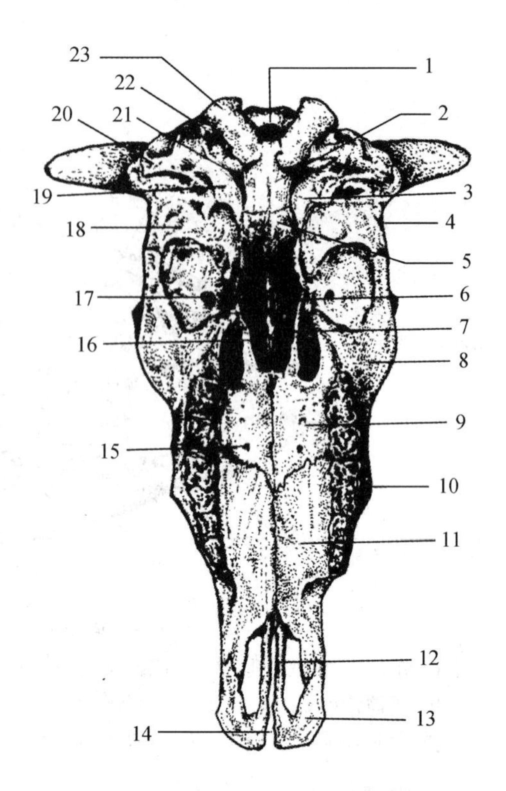

图 1-19 牛的头骨(底面)

1. 枕骨大孔 2. 枕骨 3. 岩颞骨 4. 鳞颞骨 5. 蝶骨 6. 犁骨 7. 翼骨 8. 颧骨 9. 腭骨 10. 上颌骨 11. 上颌骨腭突 12. 切齿骨腭突 13. 切齿骨 14. 切齿裂 15. 腭前孔 16. 鼻后孔 17. 眼窝上孔 18. 颞髁 19. 鼓泡 20. 外耳道突 21. 破裂孔 22. 茎突 23. 枕髁

1.3.1.5 颞骨

颞骨(temporal bone)为对骨，位于枕骨的前方，顶骨的外下方，构成颅腔的侧壁。颞骨分为鳞部、岩部和鼓部。鳞部为构成颅腔侧壁的板状骨，与额骨、顶骨和蝶骨相接，向外伸出颧突并转向前方，与颧骨颞突合成颧弓。颧突腹侧有髁状关节面，称为关节结节或颞髁，与下颌骨成关节。岩部位于鳞部和枕骨之间，蝶骨外侧，构成内耳的骨质支架，其腹侧有连结舌骨的茎突。鼓部位于岩部的腹外侧，且形成突向腹外侧的鼓泡，鼓泡内中空为鼓室，与骨性外耳道相通。

牛颞骨的岩部较小。鼓部发达，鼓泡大而扁。

猪颞骨的颧突较短，但上下宽而两侧扁，外耳道突长，朝向上方。鼓泡大。

马颞骨的鳞部为蚌壳状隆起的扁骨。岩部不规则，骨质外耳道较大。鼓泡比牛的小，鳞部和岩部不发生愈合。

犬颞骨的颧突宽大而特别向外弯曲。鼓泡大，表面圆而光滑。

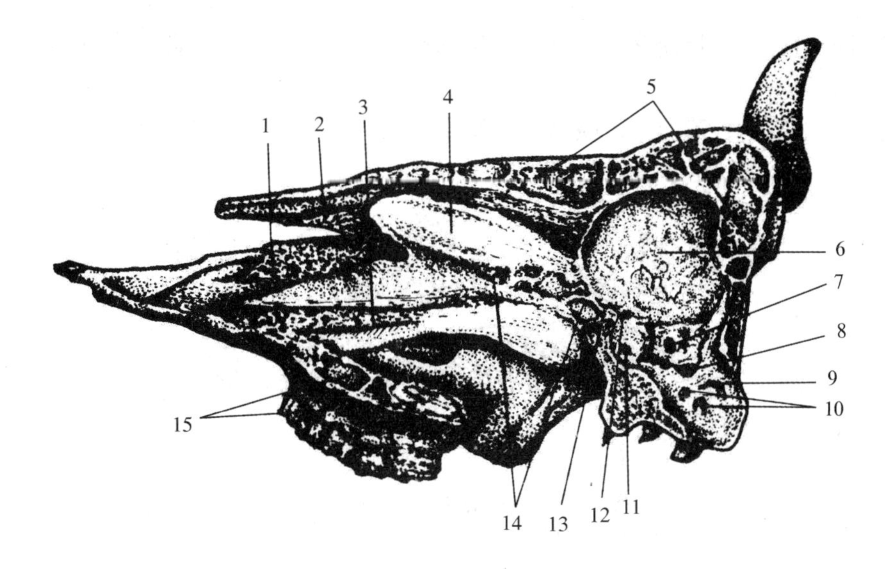

图 1-20 牛的头骨(正中矢面)

1. 下鼻甲骨 2. 上鼻甲骨 3. 犁骨 4. 筛骨的筛鼻甲 5. 额窦 6. 颅腔 7. 内耳道 8. 破裂孔 9. 髁管孔 10. 舌下神经孔 11. 卵圆孔 12. 眶圆孔 13. 视神经沟 14. 蝶窦 15. 腭窦

1.3.1.6 蝶骨

蝶骨(sphenoid bone)构成颅腔底壁的前部，形如蝴蝶，由1蝶骨体、2对翼(眶翼、颞翼)和1对翼突组成。前与筛骨、腭骨和犁骨相连，侧面与颞骨相接，后接枕骨基部。蝶骨体位于正中，呈短棱柱状。蝶骨体后缘与枕骨及颞骨之间形成不规则的破裂孔。眶翼由骨体前部两侧向上伸延，参与构成眼眶内侧壁。颞翼由骨体后部向背外侧伸出，参与构成颅腔外侧壁。翼突在骨体前部两侧，为颞翼向前下方伸出的突出，形成鼻后孔的侧壁。在眶翼基部有4个孔，自上而下顺次为筛孔、视神经孔、眶孔和圆孔。

牛的蝶骨体短，眶翼大，翼突宽，眶孔和圆孔合成眶圆孔。

猪的蝶骨与牛的相似。

马的蝶骨体较长而略扁平。

犬的蝶骨体扁平，前窄后宽。翼突发达，有前、后两对。

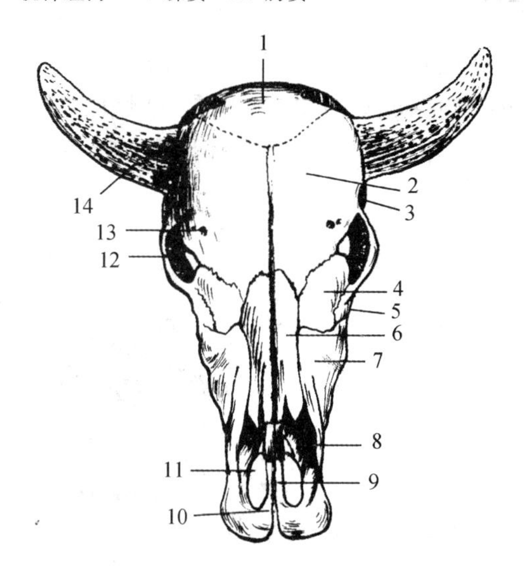

图 1-21 水牛的头骨(背侧面)

1. 顶骨 2. 额骨 3. 颞骨 4. 泪骨 5. 颧骨 6. 鼻骨 7. 上颌骨 8. 切齿骨 9. 切齿骨的腭突 10. 切齿裂 11. 腭裂 12. 眶窝 13. 眶上孔 14. 角突

1.3.1.7 筛骨

筛骨(ethmoid bone)位于颅腔的前壁，位于颅腔和鼻腔之间，参与构成颅腔、鼻腔及鼻旁窦的一部分。筛骨由垂直板、筛板和1对筛骨迷路组成。垂直板位于正中，前端与鼻中隔软骨连接，构成鼻中隔后部。筛板位于鼻腔与颅腔之间，垂直板的两侧，板上有许多小孔，为嗅神经纤维的通路。筛骨迷路又称侧块，呈圆锥形，位于垂直板两侧，由许多卷曲的薄骨板(筛鼻甲)构成。

犬的筛骨特别发达，筛板大，嗅窝深，垂直板长，筛骨迷路特别发达，突入额窦内。

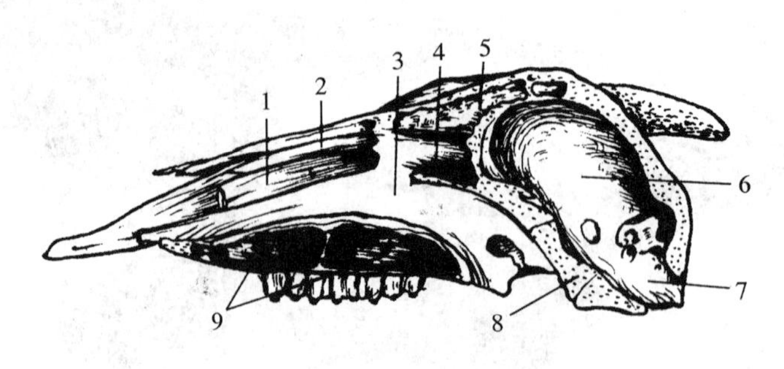

图1-22 水牛的头骨(正中矢面)

1. 下鼻甲骨 2. 上鼻甲骨 3. 犁骨 4. 筛骨垂直板 5. 额窦
6. 颅腔 7. 枕骨大孔 8. 蝶骨 9. 腭窦

1.3.2 面骨

面骨(facial bone)(图1-17～图1-31)位于前下方，构成口腔、鼻腔、咽、喉和舌的支架，包括成对的鼻骨、泪骨、颧骨、上颌骨、切齿骨、腭骨、翼骨、上鼻甲骨、下鼻甲骨及不成对的犁骨、下颌骨和舌骨共12种21块骨。

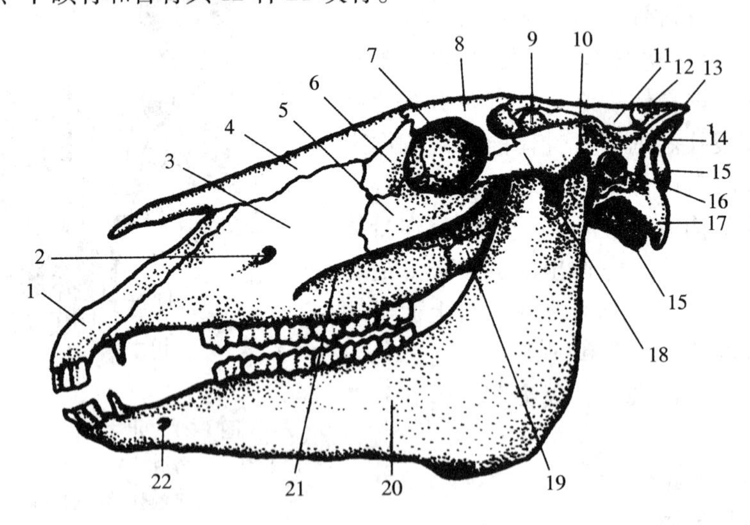

图1-23 马的头骨(侧面)

1. 切齿骨 2. 眶下孔 3. 上颌骨 4. 鼻骨 5. 颧骨 6. 泪骨 7. 眶窝 8. 额骨 9. 下颌骨冠状突
10. 下颌骨髁突 11. 顶骨 12. 顶间骨 13. 项嵴 14. 枕骨 15. 枕髁 16. 外耳道突 17. 颈静脉突
18. 颧弓 19. 腭骨 20. 下颌骨 21. 面嵴 22. 颏孔

1.3.2.1 鼻骨

鼻骨(nasal bone)为对骨，位于额骨前方，构成鼻腔顶壁的大部。鼻骨前端尖而游离，与切齿骨鼻突形成鼻切齿骨切迹或鼻颌切迹。

牛的鼻骨与马相比，短而窄，前后几乎等宽。

猪的鼻骨较长，背面凹。

马的鼻骨后宽而前窄，前端尖称鼻棘。

犬的鼻骨前宽后窄，背侧面正中纵凹，前端形成凹形的鼻切迹。

1.3.2.2 泪骨

泪骨(lacrimal bone)为对骨，位于上颌骨的后背侧，与额骨、鼻骨、上颌骨、颧骨相接，构成眼眶的前内侧壁。泪骨可分为眶面、鼻面和颜面面。颜面面和眶面之间以眶缘为界。眶面内有漏斗状的泪囊窝，窝内有通向鼻腔的鼻泪管入口。

牛的泪骨较大。

猪的泪骨颜面面凹，眶缘有2个泪孔，眶面无泪囊窝。

马的泪骨与周围骨界限明显。

犬的泪骨很小。

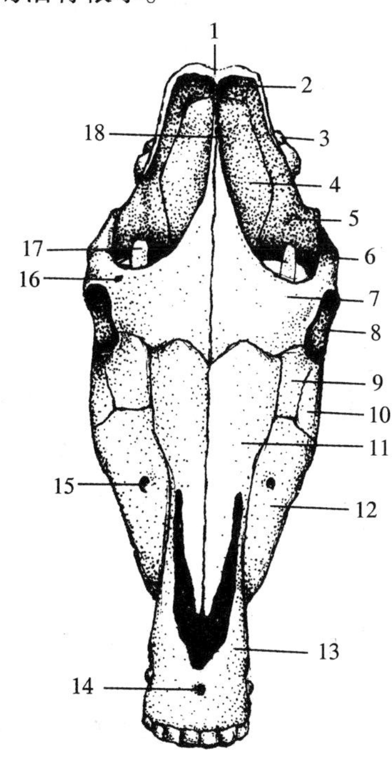

图1-24 马的头骨(背侧面)

1. 项嵴 2. 枕骨 3. 岩颞骨 4. 顶骨 5. 鳞颞骨 6. 颧弓 7. 额骨 8. 眶窝 9. 泪骨 10. 颧骨 11. 鼻骨 12. 上颌骨 13. 切齿骨 14. 切齿孔 15. 眶下孔 16. 眶上孔 17. 下颌骨冠状突 18. 项嵴

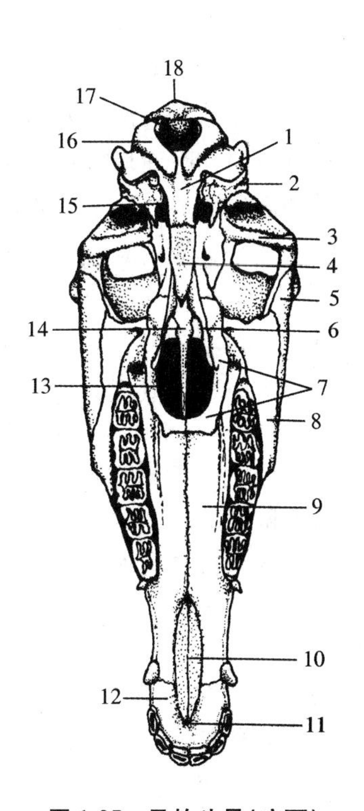

图1-25 马的头骨(底面)

1. 枕骨体 2. 岩颞骨 3. 颞髁 4. 蝶骨 5. 颧骨 6. 翼骨 7. 腭骨 8. 上颌骨 9. 上颌骨的腭突 10. 切齿骨的腭突 11. 切齿孔 12. 切齿骨 13. 鼻后孔 14. 犁骨 15. 破裂孔 16. 枕髁 17. 枕骨大孔 18. 项嵴

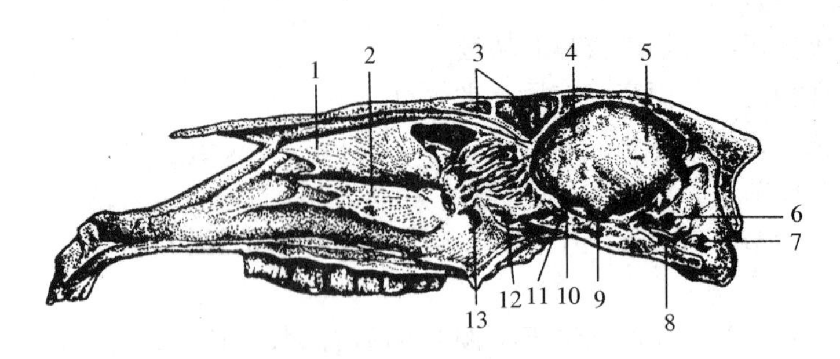

图 1-26 马的头骨(正中矢面)

1. 上鼻甲骨 2. 下鼻甲骨 3. 额窦 4. 筛骨 5. 颅腔 6. 内耳道 7. 舌下神经孔 8. 破裂孔 9. 神经沟 10. 视神经沟 11. 蝶窦 12. 腭窦 13. 蝶腭孔

1.3.2.3 颧骨

颧骨(zygomatic bone)为对骨，位于泪骨腹侧，构成眼眶的底壁，可分为颜面面、眶面、鼻腔面和颞突。颜面面有纵走的面嵴。颧骨有两个明显的突起：额突朝向背侧，与额骨的颧突相连构成眼眶上界；颞突伸向后方，与颞骨的颧突相连构成颧弓。

牛的颧骨表面较宽，额突发达，颧弓短，面嵴不明显。

猪颧骨颜面面和眶面均较小，颞突特别发达。

马颧骨的面嵴明显，与上颌骨的面嵴相延续。

犬的颧骨扁平，颞突发达，额突短小。

1.3.2.4 上颌骨

上颌骨(maxilla)为对骨，位于面部的两侧，几乎与所有面骨相接。上颌骨分为骨体和腭突。骨体位于鼻骨的腹侧，颧骨和泪骨的前方，构成鼻腔的侧壁；外侧面有面嵴和眶下孔，面嵴与颧骨的面嵴相延续。上颌骨的腹侧缘为齿槽缘，有 6 枚(牛、马、犬)或 7 枚(猪)臼齿齿槽。腭突是骨体内侧下部向正中矢面伸出的水平骨板，构成硬腭的骨质基础，将口腔和鼻腔隔开。

牛的上颌骨短而宽，面嵴不明显，面嵴前端的面结节发达。眶下孔在第 1 前臼齿背侧，有时为两个。腭突宽而短。

猪的上颌骨表面纵凹，面嵴短，面嵴前方的眶下孔大而圆，犬齿齿槽大，外面有嵴状隆起。腭突长。

马的上颌骨较长，面嵴明显，面结节发达，面嵴向前延伸到第 3 臼齿相对处，眶下孔位于面嵴的前上方。公马的上颌骨腹侧有犬齿齿槽。

犬的上颌骨无面嵴和面结节。每侧上颌骨臼齿齿槽的前方有 1 枚犬齿齿槽。上颌骨内有小的上颌隐窝，与鼻腔相通。

1.3.2.5 切齿骨

切齿骨(incisive bone)又称颌前骨，对骨，位于上颌骨的前方。每侧切齿骨由骨体、腭突和鼻突组成。骨体位于前端，除反刍动物外，骨体上有切齿齿槽。腭突是骨体呈水平方向向后伸出的骨板，与上颌骨腭突的前端相接，构成硬腭前部的骨质基础。鼻突为骨体向后上方伸延的部分，构成鼻腔前部的骨质壁。鼻突与鼻骨前部的游离缘共同形成鼻切齿骨切迹或鼻颌切迹。

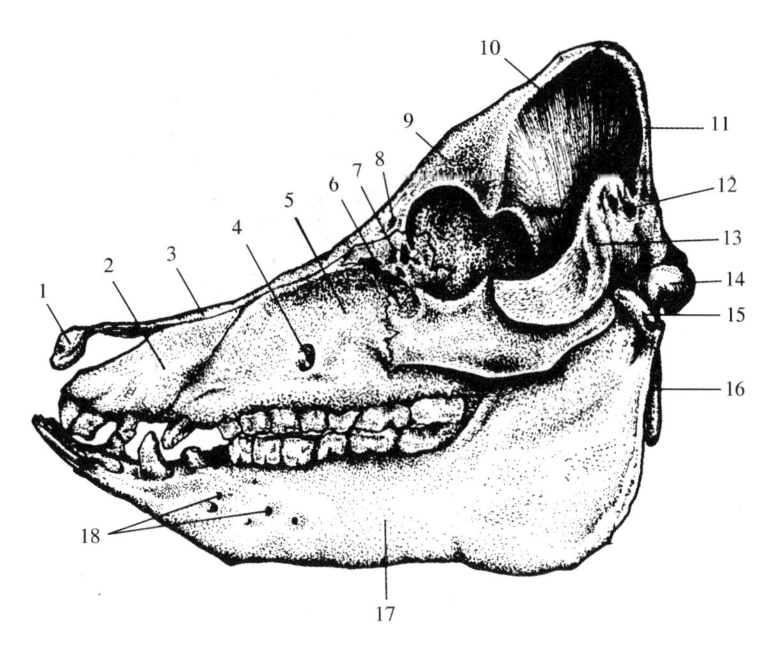

图1-27 猪的头骨(侧面)

1. 吻骨 2. 切齿骨 3. 鼻骨 4. 眶下孔 5. 上颌骨 6. 颧骨 7. 泪骨 8. 眶上孔 9. 额骨 10. 顶骨 11. 枕骨 12. 外耳道突 13. 颞骨 14. 枕髁 15. 下颌关节突 16. 茎突 17. 下颌骨 18. 颏孔

牛的切齿骨骨体薄，无切齿齿槽。鼻切齿骨切迹明显。腭裂宽。

猪的切齿骨骨体较粗厚，前端有3个切齿齿槽，鼻突大，腭突窄而长，腭裂宽大而呈椭圆形。

猪切齿骨前部的上方，有一呈三角形的小骨，称吻骨，是吻突的骨质基础。

马的切齿骨骨体粗厚，前端腹侧有3个切齿齿槽，两侧骨体完全愈合并围成骨质鼻颌管孔。

犬的每侧切齿骨上有3枚切齿齿槽，鼻突狭长，腭突较短。

1.3.2.6 腭骨

腭骨(palatine bone)为对骨，位于上颌骨内侧的后方，构成鼻后孔侧壁及硬腭后部的骨质基础，分为水平部和垂直部。水平部在上颌骨腭突的后方，与上颌骨的水平部和切齿骨的腭突形成硬腭的骨质基础。垂直部形成鼻后孔侧壁的大部分。

牛的腭骨水平部较宽大，约占硬腭全长的1/4。

猪腭骨水平部占硬腭全长的1/5～1/4。

马腭骨水平部不发达。

犬的腭骨水平部宽大，几乎占据硬腭的1/3，正中缝后端尖突，垂直部发达。

1.3.2.7 翼骨

翼骨(pterygoid bone)是成对的狭窄的薄骨板，位于鼻后孔的两侧。

1.3.2.8 犁骨

犁骨(vomer)是单骨，位于鼻腔底面的正中，将鼻孔分为左、右两半。前部背侧呈沟

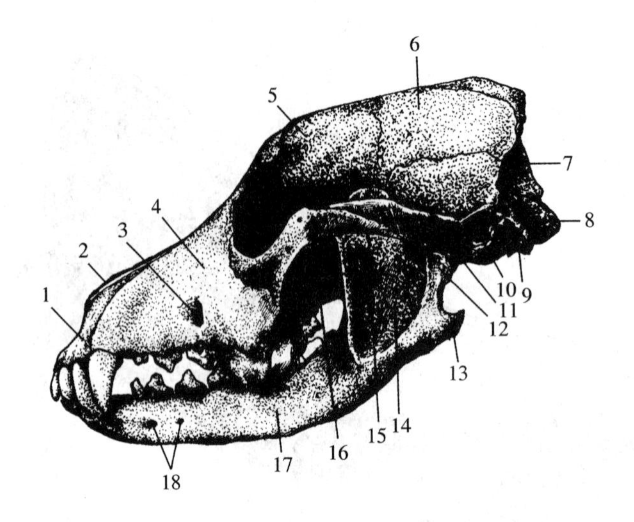

图 1-28 犬的头骨(侧面)

1. 切齿骨 2. 鼻骨 3. 眶下孔 4. 上颌骨 5. 额骨 6. 顶骨 7. 枕骨 8. 枕髁 9. 颈静脉突 10. 外耳道 11. 颞骨的颧突 12. 下颌髁 13. 角状突 14. 咬肌窝 15. 冠状突 16. 颧骨的颞突 17. 下颌骨 18. 颏孔

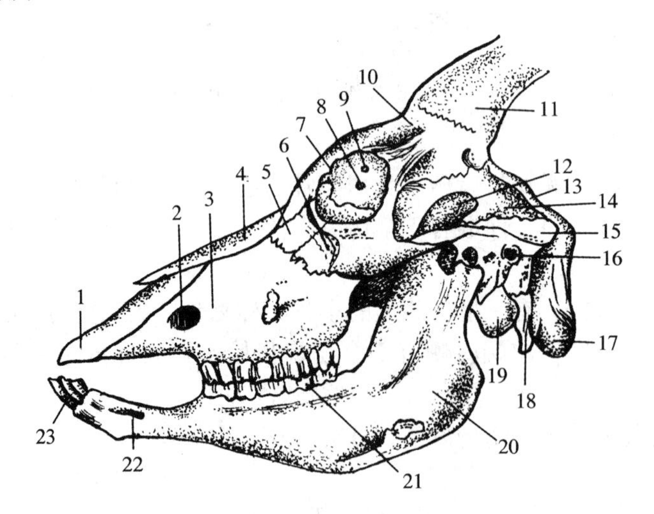

图 1-29 羊的头骨(侧面)

1. 切齿骨 2. 眶下孔 3. 上颌骨 4. 鼻骨 5. 泪骨 6. 颧骨 7. 眶窝 8. 筛孔 9. 眶上管孔 10. 额骨 11. 角突 12. 下颌骨冠状突 13. 顶骨 14. 颞骨 15. 颞骨颧突 16. 外耳道 17. 枕髁 18. 颈静脉突 19. 鼓泡 20. 下颌骨 21. 臼齿 22. 颏孔 23. 切齿

状，容纳筛骨垂直板及鼻中隔软骨。

牛犁骨的后部不与鼻腔的底壁接触，故鼻后孔不分两个。但水牛犁骨发达，伸至鼻后孔正中，将其分为左右两半。

犬的犁骨后部与牛相似，与鼻腔底壁不接触，左、右鼻腔相通。

1.3.2.9 鼻甲骨

鼻甲骨(turbinal bone)是两对卷曲的薄骨片。附着在鼻腔两侧壁上。上、下鼻甲骨将每侧鼻腔分为上、中、下3个鼻道。

1.3.2.10　下颌骨

下颌骨(mandible)是头骨中最大的骨，构成下颌。分为下颌骨体和下颌支两部分。有齿槽的部分为骨体，略呈水平位，前部为切齿齿槽，后部为臼齿齿槽。公马、猪、犬等家畜在切齿齿槽与臼齿齿槽之间有犬齿齿槽。在切齿部与臼齿部交界处附近的外侧有一颏孔。骨体之后没有齿槽的部分为下颌支，内、外侧面的翼肌窝和咬肌窝分别供翼肌和咬肌附着，内面有下颌孔。下颌支上端有两个突起，后方的髁突(下颌髁)与颞骨成关节；前方有高且顶端尖而弯曲的突起称为冠状突，供颞肌附着。两侧下颌骨之间形成下颌间隙。

牛的下颌骨不如马发达，两侧下颌体切齿部终身不愈合，每侧下颌体前方有4个切齿齿槽。颏孔在切齿齿槽后方。

猪的下颌骨强大，左右切齿部愈合牢固。颏孔一般有3～5个，较小。冠状突较短，几乎与髁突等高。

马的下颌骨较牛的发达，下颌骨体厚而短，下颌支比牛的发达。颏孔位于犬齿齿槽后下方。

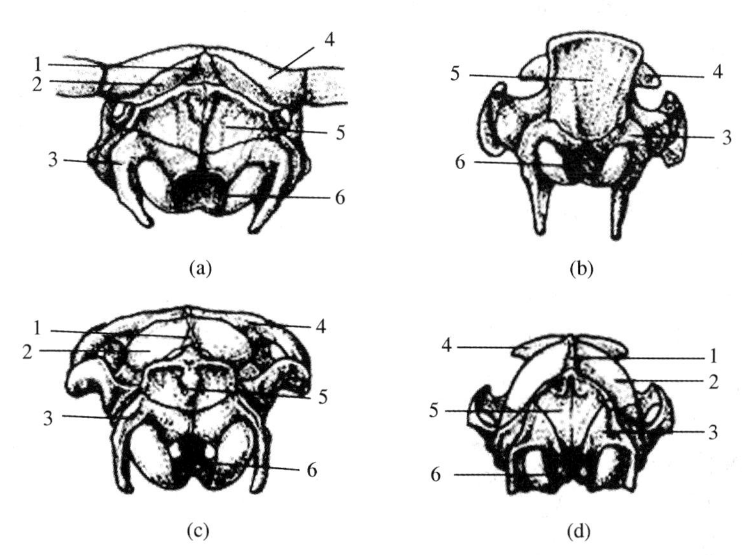

图1-30　牛、猪、马、犬头骨项面(后面)

(a)牛头骨　(b)猪头骨　(c)马头骨　(d)犬头骨

1. 顶间骨　2. 顶骨　3. 枕骨侧部　4. 额骨　5. 枕骨鳞部　6. 枕骨基底部

犬的下颌骨体不完全愈合，下颌支后角形成角状突。翼肌窝大而深。

1.3.2.11　舌骨

舌骨(hyoid bone)(图1-31)位于两下颌支之间，由几枚小骨片组成，构成舌、咽、喉的支架。舌骨包括底舌骨(舌骨体)和舌骨支。横位于前下方的底舌骨正中向前伸出舌突，供舌根附着。舌骨支包括甲状舌骨、角舌骨、上舌骨和茎突舌骨。甲状舌骨从底舌骨的两端向后伸出，与喉的甲状软骨相连结。角舌骨从底舌骨两端突向前上方，与上舌骨成关节。上舌骨再与茎突舌骨成关节，茎突舌骨的背侧支与颞骨岩部的茎突相连，腹侧支供茎舌骨肌附着。

猪舌骨的舌突无或不明显。

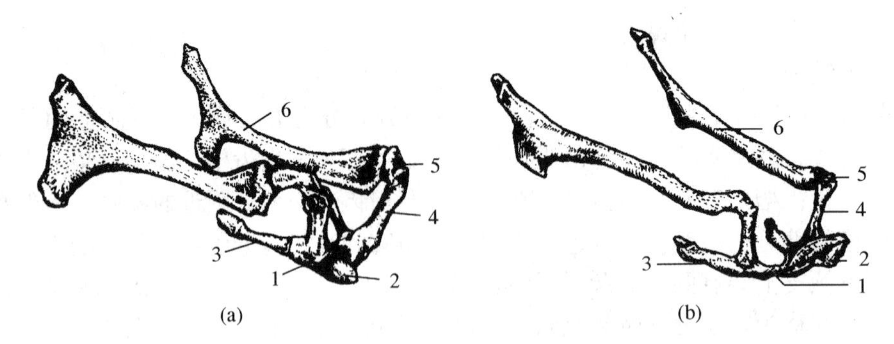

图1-31 舌 骨

(a)牛的舌骨 (b)马的舌骨

1. 底舌骨 2. 舌突 3. 甲状舌骨 4. 角舌骨 5. 上舌骨 6. 茎突舌骨

1.3.3 副鼻窦

副鼻窦为头骨内外骨板之间含气腔体的总称，它们直接或间接与鼻腔相通，故也称鼻旁窦(paranasal sinus)。副鼻窦有减轻头骨质量、温暖和湿润吸入的空气、对眼球和脑有保护作用以及对发声起共鸣等作用。副鼻窦内面衬有黏膜，与鼻腔黏膜相连续，鼻黏膜发炎时可波及副鼻窦，引起副鼻窦炎。副鼻窦共有4对，即上颌窦、额窦、蝶腭窦和筛窦。在兽医临床上较重要的有额窦(frontal sinus)和上颌窦(maxillary sinus)。

1.3.3.1 牛的副鼻窦(图1-32，图1-33)

(1)上颌窦

上颌窦主要位于上颌骨、泪骨和颧骨内，前方至面结节，背侧界约在眶下孔与眼眶背侧缘的连线上，后方伸入泪骨中，腹侧界为颧弓下缘至面结节的连线。窦的底壁不规则，最后3~4枚臼齿的齿根突入其中。上颌窦有孔与腭窦和鼻腔相通。

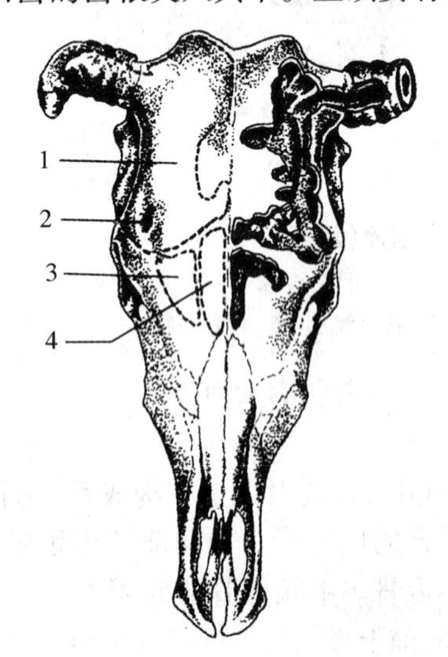

图1-32 牛的副鼻窦(背侧观)

1. 额后窦与角窦 2. 眶上孔 3. 横向侧额窦 4. 延髓内侧前额窦

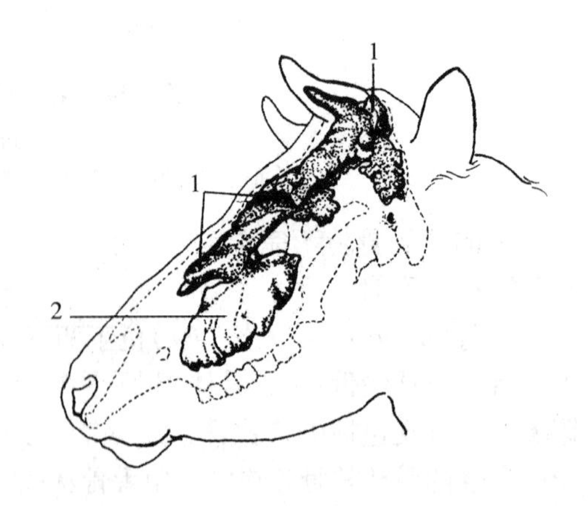

图1-33 牛的副鼻窦(侧面观)

1. 额窦 2. 上颌窦

(2)额窦

额窦很大，伸延于整个额骨、颅顶壁和部分后壁，并与角突的腔(角窦)相通。正中有一中隔，将左、右两窦分开。窦的前界达两眼眶前缘的连线，两侧伸入眶上突。每侧额窦又可分为大的额后窦和小的额前窦。额后窦位于眼眶后缘至角突后缘间，其前端有一小管通鼻腔后部，后外侧角有大孔与角窦相通。额前窦主要位于两眼眶之间，有小孔与鼻腔相通。额窦的大小有明显的年龄差异，初生犊牛几乎无额窦，随年龄增长额窦逐渐增大，成年牛的额窦发育完全。

1.3.3.2 马的副鼻窦(图1-34，图1-35)

(1)上颌窦

上颌窦位于上颌骨、颧骨、泪骨和鼻甲骨内的长方形空腔。窦随年龄增长而逐渐增大。成年马的上颌窦前到眶下孔和面嵴之间的连线，后至眶上突根前缘，背侧界为眼内侧角到眶下孔之间的连线，腹侧界到齿槽突。上颌窦被一斜板分为前、后两窦，均与鼻腔相通，后窦还以一孔与额窦相通。

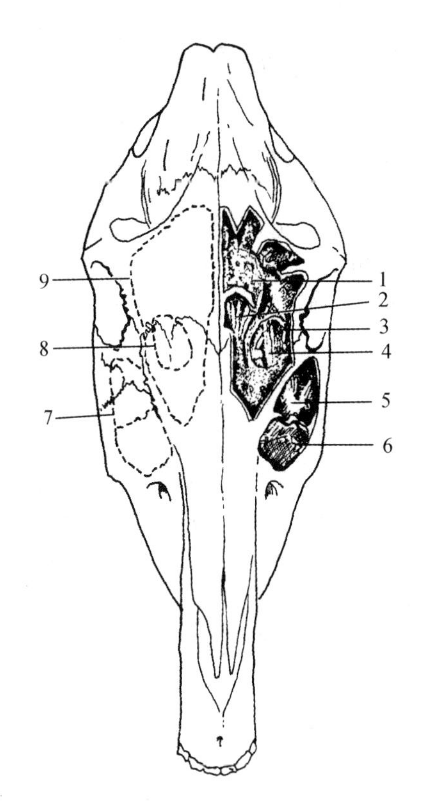

图1-34 马的上颌窦和额窦(背侧面观)

1. 额窦 2. 筛骨侧块 3. 卵圆孔 4. 眶下管 5. 上颌窦的后窦 6. 上颌窦的前窦 7. 上颌窦的投影 8. 卵圆孔的投影 9. 额窦的投影

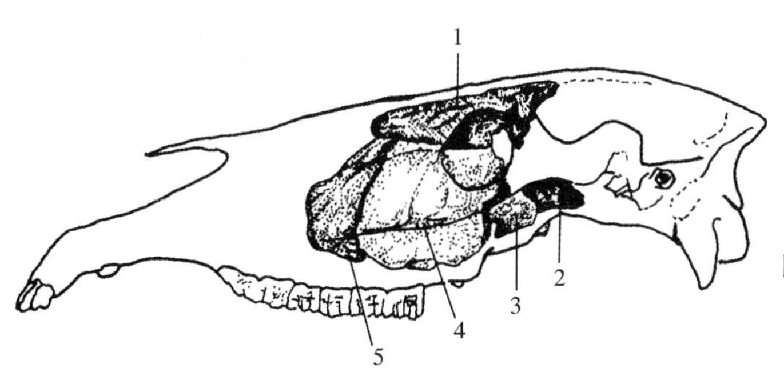

图1-35 马的上颌窦和额窦(侧面，铸型)

1. 额窦 2. 蝶窦 3. 腭窦 4. 上颌窦的后窦 5. 上颌窦的前窦

(2)额窦

马的额窦不如牛的发达，主要位于额骨内，分布于两额骨颧突及两眼眶之间的区域内。向前可入伸到鼻骨与上鼻甲后半部之间。

1.3.3.3 猪和犬的副鼻窦

成年猪额窦发达，从额骨延伸至顶骨、枕骨内。

犬的副鼻窦不发达，额窦仅限额骨内。

1.4 四肢骨

1.4.1 前肢骨

家畜的前肢骨由肩带骨、肱骨、前臂骨和前脚骨组成(图 1-36 ~ 图 1-42)。完整的肩带骨包括肩胛骨、乌喙骨和锁骨，家畜仅保留肩胛骨，其他两骨退化。前臂骨包括尺骨和桡骨。前脚骨则由腕骨、掌骨、指骨和籽骨组成。

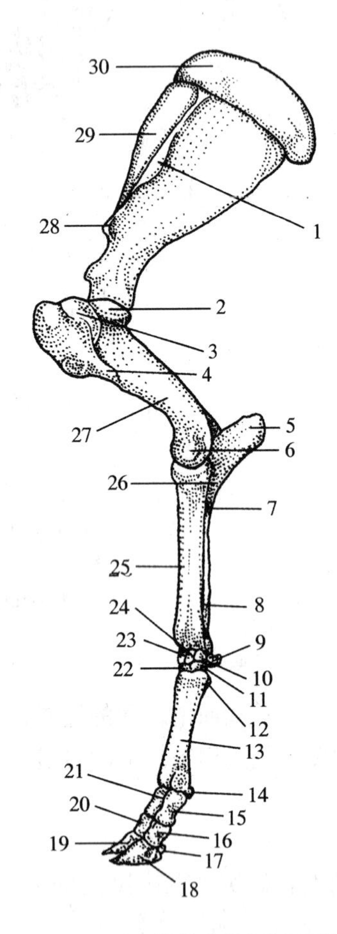

图 1-36 牛的前肢骨(外侧面)

1. 肩胛冈 2. 肱骨头 3. 外侧结节 4. 三角肌粗隆 5. 鹰嘴 6. 肱骨髁 7. 近前臂骨间隙 8. 远前臂骨间隙 9. 副腕骨 10. 尺腕骨 11. 第 4 腕骨 12. 第 5 掌骨 13. 第 3、4 掌骨 14. 近籽骨 15. 第 4 指近指节骨 16. 第 4 指中指节骨 17. 远籽骨 18. 第 4 指远指节骨 19. 第 3 指远指节骨 20. 第 3 指中指节骨 21. 第 3 指近指节骨 22. 第 2、3 腕骨 23. 桡腕骨 24. 中间腕骨 25. 桡骨 26. 尺骨 27. 肱骨 28. 肩峰 29. 肩胛骨 30. 肩胛软骨

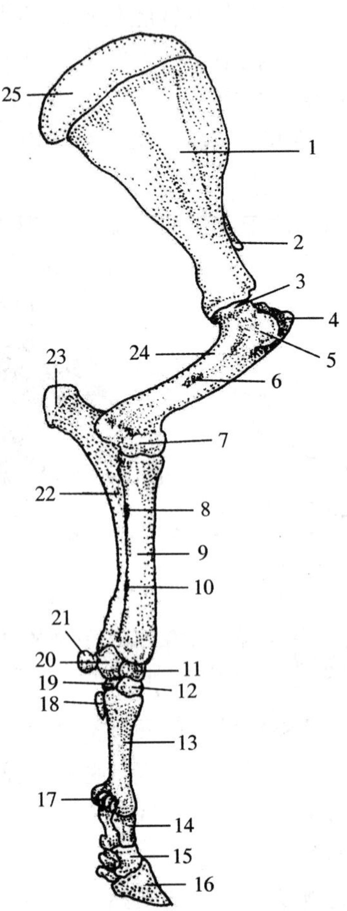

图 1-37 牛的前肢骨(内侧面)

1. 肩胛骨 2. 肩峰 3. 肱骨头 4. 外侧结节 5. 内侧结节 6. 大圆肌粗隆 7. 肱骨髁 8. 近前臂骨间隙 9. 桡骨 10. 远前臂骨间隙 11. 桡腕骨 12. 第 2、3 腕骨 13. 第 3、4 掌骨 14. 第 3 指近指节骨 15. 第 3 指中指节骨 16. 第 3 指远指节骨 17. 近籽骨 18. 第 5 掌骨 19. 第 4 腕骨 20. 尺腕骨 21. 副腕骨 22. 尺骨 23. 鹰嘴 24. 肱骨 25. 肩胛软骨

1.4.1.1 肩胛骨

肩胛骨(scapula)为三角形扁骨，斜位于胸廓两侧的前上部，由后上方斜向前下方。其外侧面有一条纵向的隆起，称肩胛冈，冈的前上方为冈上窝，后下方为冈下窝。背侧缘附有肩胛软骨。远端较粗大，有一浅的关节窝，称关节盂，与肱骨头成关节。关节盂前上方的突出称盂上结节或肩胛结节，是臂二头肌的起点。结节内侧有一突起称为喙突，是乌喙骨的遗迹。肩胛骨内侧面的上部有两个粗糙的锯肌面，供腹侧锯肌附着，中、下部的凹窝称肩胛下窝。

牛的肩胛骨较长。上端较宽，下端较窄。肩胛冈发达，较偏前方，冈下端伸出一尖的突起，称为肩峰。

猪的肩胛骨短而宽，前缘凸。肩胛冈为三角形，冈的中部弯向后方，冈结节大。

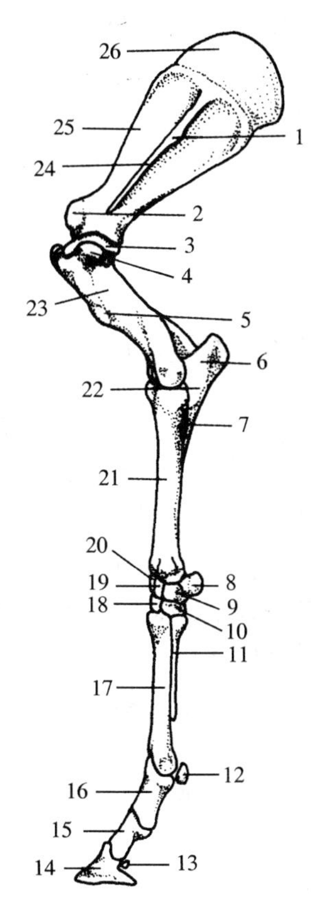

图 1-38 马的前肢骨(外侧面)

1. 冈结节 2. 盂上结节 3. 肱骨头 4. 外侧结节 5. 三角肌粗隆 6. 鹰嘴 7. 前臂骨间隙 8. 副腕骨 9. 尺腕骨 10. 第4腕骨 11. 第4掌骨 12. 近籽骨 13. 远籽骨 14. 远指节骨 15. 中指节骨 16. 近指节骨 17. 第3掌骨 18. 第3腕骨 19. 中间腕骨 20. 桡腕骨 21. 桡骨 22. 尺骨 23. 肱骨 24. 肩胛冈 25. 肩胛骨 26. 肩胛软骨

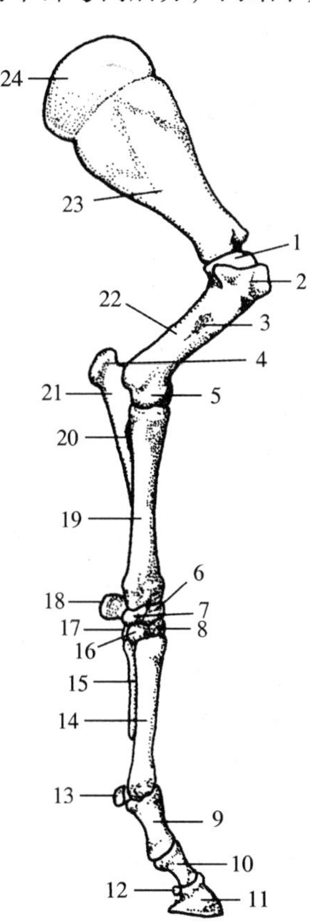

图 1-39 马的前肢骨(内侧面)

1. 肱骨头 2. 内侧结节 3. 大圆肌粗隆 4. 鹰嘴结节 5. 肱骨内侧髁 6. 桡腕骨 7. 中间腕骨 8. 第3腕骨 9. 近指节骨 10. 中指节骨 11. 远指节骨 12. 远籽骨 13. 近籽骨 14. 第3掌骨 15. 第2掌骨 16. 第2腕骨 17. 第1腕骨 18. 副腕骨 19. 桡骨 20. 前臂骨间隙 21. 尺骨 22. 肱骨 23. 肩胛骨 24. 肩胛软骨

马的肩胛骨呈长三角形。肩胛冈平直，游离缘粗厚，冈的中部增厚，形成一长而厚的粗糙区，称为肩胛冈结节。肩胛软骨呈半圆形。

犬的肩胛骨由肩胛骨和锁骨组成，乌喙骨退化。肩胛骨呈长椭圆形，肩胛冈发达，下部肩峰呈沟状，前缘隆突。锁骨退化为三角形薄片或完全退化。

1.4.1.2　肱骨

肱骨(humerus)为长骨。斜位于胸廓两侧的前下部，由前上方斜向后下方。分骨干和近、远两端。骨干呈扭曲的圆柱状，后外侧面形成螺旋形的臂肌沟，外侧有三角肌粗隆，内侧有大圆肌粗隆。近端的前部有两个突起，外侧的称外侧结节或大结节，内侧的称内侧结节或小结节，两结节之间为结节间沟或肱二头肌沟。近端的后部有一球状关节面称肱骨头，与肩胛骨的关节盂成关节。远端有两个髁状关节面，分别称为内侧髁和外侧髁，与桡骨成关节。内、外侧髁的上方各有内、外侧上髁。髁的后面有一深的鹰嘴窝，尺骨鹰嘴的肘突伸入其中。

牛的肱骨比马的短，但较粗。三角肌粗隆与大圆肌粗隆均不明显。近端粗大，外侧结节发达，前部弯向内侧，结节间沟偏于内侧，无中间嵴。

猪的肱骨，与牛的相似，外侧结节大，三角肌粗隆小，缺大圆肌粗隆。

马的肱骨三角肌粗隆较大，大圆肌粗隆明显。外侧结节较内侧结节稍大。结节间沟宽，由一中间嵴分为两部分。

犬的肱骨较牛的细长、扭曲，三角肌粗隆小。结节间沟内无中间嵴。

1.4.1.3　前臂骨

前臂骨(forearm bone)为长骨，由桡骨和尺骨组成，位于前臂部，几乎与地面垂直。桡骨(radius)发达，位于前内侧，主要起支持作用，近端关节面与肱骨内、外侧髁成关节，背面内侧有桡骨粗隆。远端有滑车状关节面与近列腕骨成关节。尺骨(ulna)位于后外侧，近端发达，向后上方突出形成鹰嘴，其顶端粗糙为鹰嘴结节，鹰嘴前缘的中下部有一钩状的肘突，伸入肱骨的鹰嘴窝内。肘突下方的半月形关节面与肱骨远端成关节。尺骨骨干和远端的发育程度因家畜种类而异。桡骨和尺骨之间的间隙称前臂骨间隙。

牛的前臂骨：桡骨较短而宽，尺骨鹰嘴发达，骨干与远端较细，远端较桡骨稍长。成年牛尺骨骨干与桡骨愈合，有上、下两个前臂骨间隙。

猪的前臂骨：桡骨短，略呈弓形。尺骨发达，比桡骨长，近端粗大，鹰嘴特别长。桡骨和尺骨以骨间韧带紧密连结。

马的前臂骨：桡骨发达，骨干稍向前凸。尺骨显著退化，仅近端发达，远端退化消失，骨干除前臂骨间隙处外，均与桡骨愈合。

犬的前臂骨：桡骨弯曲而前后压扁，尺骨较桡骨长，自上而下逐渐变细。前臂骨间隙狭长。

1.4.1.4　前脚骨

前脚骨由腕骨、掌骨、指骨和籽骨构成(图1-40～图1-42)。

(1)腕骨

腕骨(carpus)位于前臂骨和掌骨之间，由两列短骨组成。近列腕骨4枚，由内向外依次为桡腕骨、中间腕骨、尺腕骨和副腕骨。不同家畜远列腕骨的数目不一样，一般由内向外依次为第1、2、3、4腕骨。近列腕骨的近侧面为凸凹不平的关节面，与桡骨远端成关节。近、远列腕骨的各腕骨之间均有关节面，彼此成关节。远列腕骨的远侧面与掌骨成关节。整个腕骨的背侧面较隆突，掌侧面凸凹不平。副腕骨向后方突出。

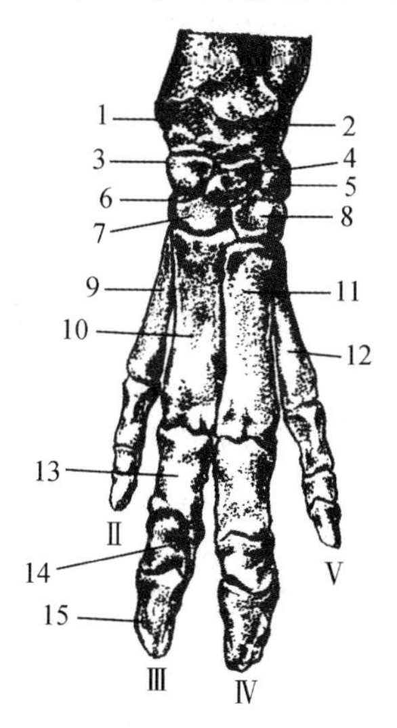

图1-40 猪的前脚骨(背侧面)

Ⅱ. 第2指 Ⅲ. 第3指 Ⅳ. 第4指 Ⅴ. 第5指
1. 桡骨的远端 2. 尺骨的远端 3. 桡腕骨 4. 中间腕骨 5. 尺腕骨 6. 第2腕骨 7. 第3腕骨 8. 第4腕骨 9. 第2掌骨 10. 第3掌骨 11. 第4掌骨 12. 第5掌骨 13. 第3指近指节骨 14. 第3指中指节骨 15. 第3指远指节骨

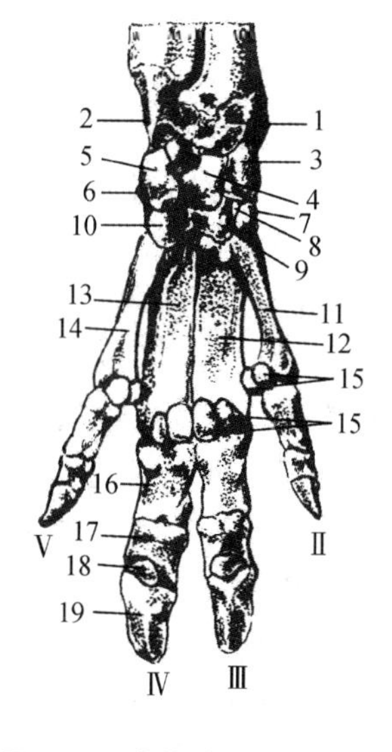

图1-41 猪的前脚骨(掌侧面)

Ⅱ. 第2指 Ⅲ. 第3指 Ⅳ. 第4指 Ⅴ. 第5指
1. 桡骨的远端 2. 尺骨的远端 3. 桡腕骨 4. 中间腕骨 5. 尺腕骨 6. 副腕骨 7. 第1腕骨 8. 第2腕骨 9. 第3腕骨 10. 第4腕骨 11. 第2掌骨 12. 第3掌骨 13. 第4掌骨 14. 第5掌骨 15. 近籽骨 16. 第4指近指节骨 17. 第4指中指节骨 18. 远籽骨 19. 第4指远指节骨

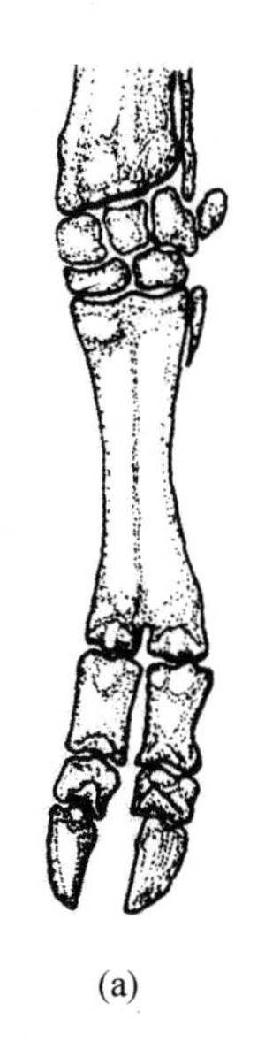
(a)

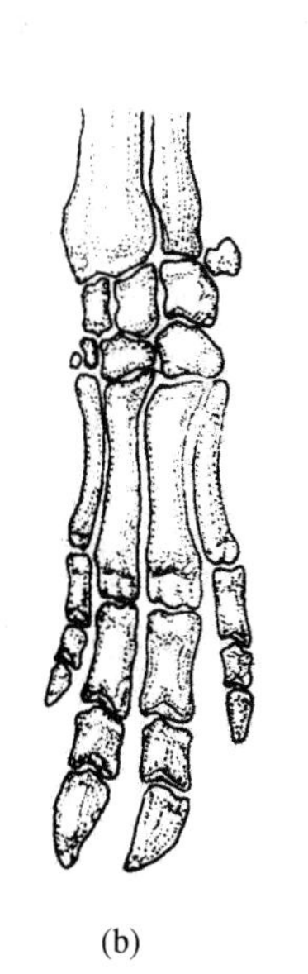
(b)

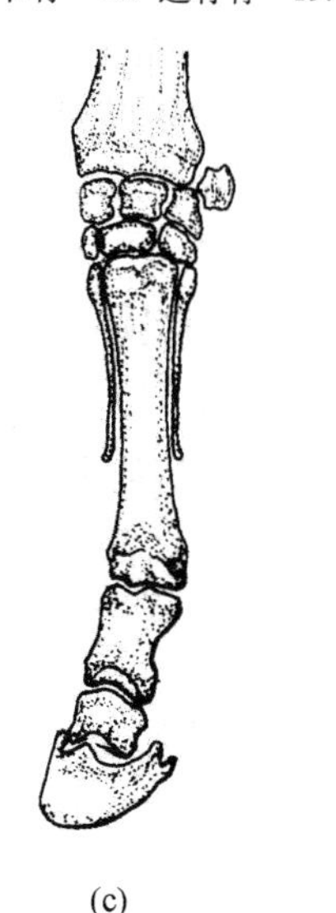
(c)

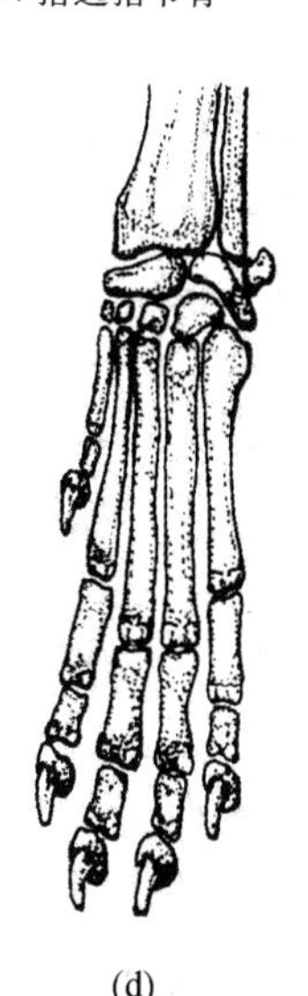
(d)

图1-42 牛、猪、马、犬前脚骨比较(背侧面)

(a)牛前脚骨 (b)猪前脚骨 (c)马前脚骨 (d)犬前脚骨

牛的腕骨有6枚，近列腕骨4枚。远列腕骨2枚，第1腕骨退化，内侧1枚为第2和第3腕骨愈合而成，外侧为第4腕骨。

猪的腕骨有8枚。近列和远列均有4枚。第1腕骨很小。

马的腕骨有7枚。近列腕骨4枚。远列腕骨3枚，由内向外依次为第2、3、4腕骨。第1腕骨小，不常有。

犬的腕骨有7枚，近列3枚，从内向外依次为：桡腕骨与中间腕骨愈合为1枚、尺腕骨、副腕骨，远列4枚即第1、2、3、4腕骨。

(2)掌骨

掌骨(metacarpal bone)位于掌部，为长骨，近端接腕骨，背面内侧有掌骨粗隆。远端接指骨。有蹄动物的掌骨有不同程度的退化。

牛有3枚掌骨。第3、4掌骨发达，近端和骨干愈合，远端分开，称大掌骨。骨干短而宽，近端关节面与远列腕骨成关节，远端较宽，形成两个滑车关节面，分别与第3、4指的系骨和近籽骨成关节。第5掌骨为一圆锥形小骨，称小掌骨，附于第4掌骨的近端外侧。

猪有4枚掌骨，由内向外依次为第2、3、4、5掌骨。第3、第4掌骨发达，第2和第5掌骨较小。近端与远列腕骨相连，远端各连一指骨。

马有3枚掌骨，第3掌骨发达，又称大掌骨，其方向与地面垂直，呈半圆柱状。近端略粗大，有关节面与远列腕骨成关节。远端略宽，形成滑车关节面，与系骨近端和两个近籽骨成关节。第2和第4掌骨是远端退化的小掌骨，近端较粗大，有关节面与远列腕骨成关节，向下逐渐变细，由韧带连接于第3掌骨的内、外侧。

犬有5枚掌骨，即第1、2、3、4、5掌骨，其中第3、4掌骨为大掌骨，其他为小掌骨。

(3)指骨和籽骨

指骨(digital bone)和籽骨(sesamoid bone)位于指部。各种家畜指的数目不同，一般每一指包括3节：第1指节骨称近指节骨（系骨），第2指节骨称中指节骨（冠骨），第3指节骨称远指节骨（蹄骨）。此外，每一指还有2枚近籽骨和1枚远籽骨，近籽骨位于掌骨和系骨连接处的掌侧，远籽骨位于冠骨和蹄骨连接处的掌侧，它们是肌肉的辅助器官。

牛有4个指，即第2、3、4、5指。其中第3和第4指发达，称主指。每指有3节，即系骨、冠骨和蹄骨。第2和第5指较小，又称悬指。每个悬指仅有2枚指节骨，即冠骨和蹄骨，不与掌骨成关节，仅以结缔组织相连于系关节的掌侧。每个指的系骨较短而狭窄，近端厚，远端较小。冠骨与系骨相似，但较短。蹄骨近似三棱锥状，与牛的蹄匣相似。每主指各有2枚近籽骨，共4枚，呈三角锥状。每主指各有1枚远籽骨，呈横向四边形。悬指无籽骨。

马只有第3指，系骨是前后扁而短的长骨。冠骨与系骨相似，但较短。蹄骨外形与马的蹄匣相似。近籽骨有2枚，为形状相似的锥形短骨。远籽骨1枚，呈舟状。

猪有4指，每指都具有3节指节骨。第3和第4指发达，为主指，指骨的形态与牛相似。第2和第5指较短而细，称为副指。第3、4指各有1对近籽骨和1枚远籽骨，第2、5指仅各有1对近籽骨。

犬有5个指。除第1指有2节指节骨外，其他指均有3节指节骨。籽骨有掌侧籽骨9枚，背侧籽骨4~5枚。

1.4.2 后肢骨

家畜的后肢骨由盆带骨(髋骨)、股骨、髌骨(膝盖骨)、小腿骨和后脚骨组成(图1-43~图1-49)。髋骨由髂骨、坐骨和耻骨组成。小腿骨包括胫骨和腓骨。后脚骨则由跗骨、跖骨、趾骨和籽骨组成。

1.4.2.1 髋骨

髋骨(hip bone)又称盆带骨，为不规则骨(图1-43)。由背侧的髂骨、腹侧的坐骨和耻骨愈合而成。三骨愈合处形成深的杯状关节窝，称髋臼，与股骨头成关节。髋臼上方为坐骨棘。

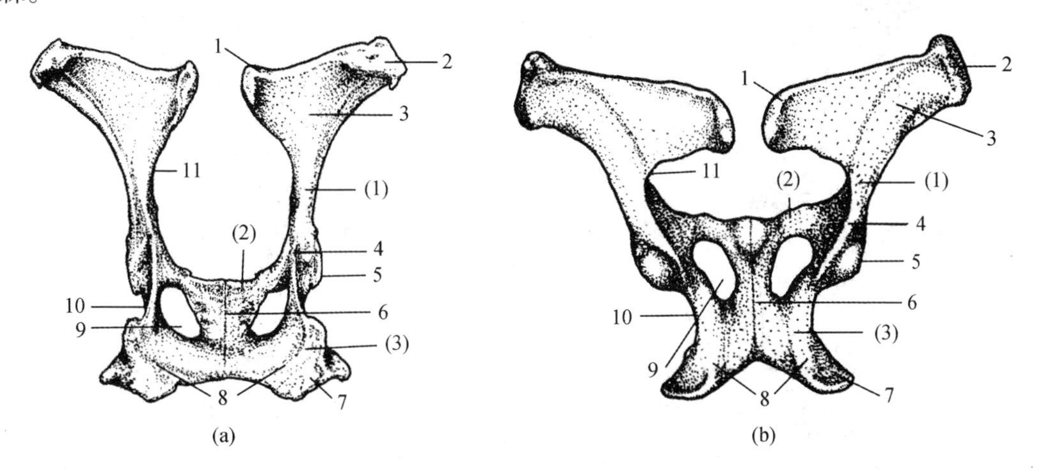

图1-43 髋骨(背侧面)

(a)牛髋骨(背侧面) (b)马髋骨(背侧面)

(1)髂骨 (2)耻骨 (3)坐骨

1. 荐结节 2. 髋结节 3. 髂骨臀肌面 4. 坐骨嵴 5. 髋臼 6. 骨盆联合 7. 坐骨结节 8. 坐骨弓 9. 闭孔 10. 髂骨外侧缘 11. 髂骨内侧缘

(1)髂骨(ilium)

髂骨位于前上方。前部宽而扁，呈三角形，称髂骨翼。后部窄，略成三边棱柱状，称髂骨体。髂骨翼的外侧角粗大，称髋结节；内侧角称荐结节。翼的外侧面称臀肌面，内侧面称骨盆面。在骨盆面上有粗糙的耳状关节面，与荐骨翼的耳状关节面成关节。翼的内侧缘凹，为坐骨大切迹，向后延续参与形成坐骨棘。髂骨体内侧缘有腰小肌结节，为腰小肌的止点。

(2)坐骨(schium)

坐骨位于后下方，是一不正的四边形扁骨，构成骨盆底壁的后部。后外侧角粗大，称坐骨结节。两侧坐骨的后缘形成弓状，称坐骨弓。前缘与耻骨围成闭孔，背侧缘有坐骨嵴。内侧缘与对侧坐骨相接，形成骨盆联合的后部。外侧部参与髋臼的形成，其背侧缘凹，形成坐骨小切迹。

(3)耻骨(pubis)

耻骨较小，位于前下方。构成骨盆底的前部，并构成闭孔的前缘，内侧部与对侧耻骨相接。

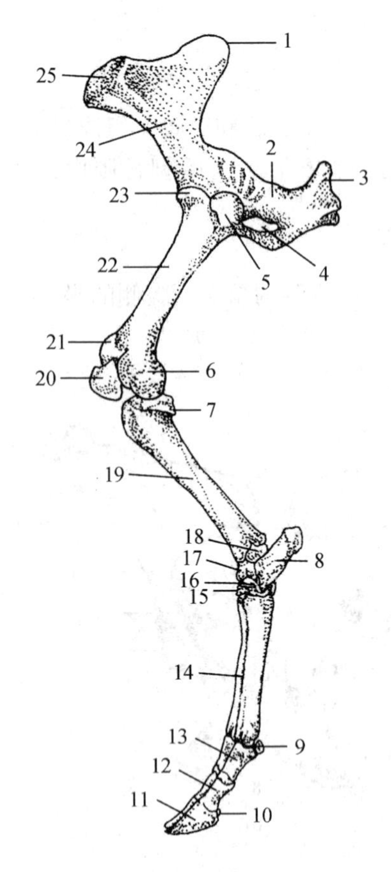

图 1-44 牛的后肢骨(外侧面)

1. 荐结节 2. 坐骨 3. 坐骨结节 4. 闭孔 5. 大转子 6. 股骨髁 7. 腓骨头 8. 跟骨 9. 近籽骨 10. 远籽骨 11. 第4趾远趾节骨 12. 第4趾中趾节骨 13. 第4趾近趾节骨 14. 第3、4跖骨 15. 第2、3跗骨 16. 中央、第4跗骨 17. 距骨 18. 踝骨 19. 胫骨 20. 髌骨 21. 股骨滑车 22. 股骨 23. 股骨头 24. 髂骨 25. 髋结节

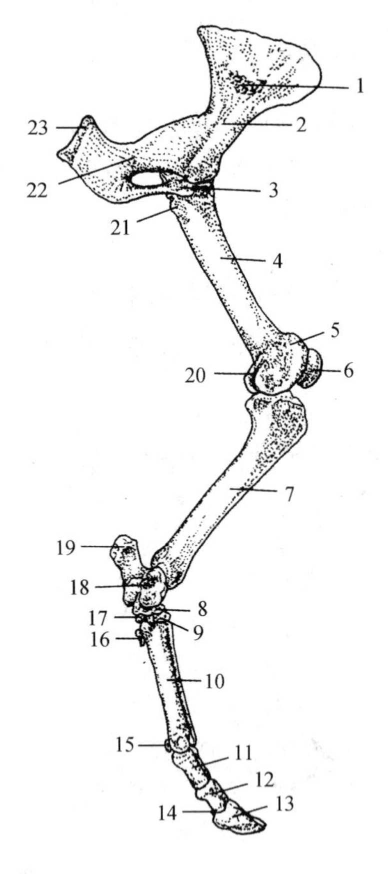

图 1-45 牛的后肢骨(内侧面)

1. 耳状关节面 2. 髂骨 3. 耻骨 4. 股骨 5. 股骨滑车 6. 髌骨 7. 胫骨 8. 中央、第4跗骨 9. 第2、3跗骨 10. 第3、4跖骨 11. 第3趾近趾节骨 12. 第3趾中趾节骨 13. 第3趾远趾节骨 14. 远籽骨 15. 近籽骨 16. 第2跖骨 17. 第1跗骨 18. 距骨 19. 跟骨 20. 股骨内侧髁 21. 小转子 22. 坐骨 23. 坐骨结节

骨盆(pelvis)是由两侧的髋骨、顶壁的荐骨和前3~4个尾椎、两侧的荐结节阔韧带所构成的前宽后窄的圆锥形腔。骨盆的大小和形状因性别而异。母畜的骨盆比公畜的大而宽。

牛髋骨的左右髂骨接近平行，髋结节大而突出，荐结节不突出，左右荐结节的距离比马大。骨盆面成一深凹。闭孔较大。坐骨粗大，坐骨弓狭窄而深，坐骨结节粗大呈三角形。髋臼比马的小。

猪的髋骨长而窄，左右两侧互相平行。坐骨棘特别发达。坐骨大切迹和坐骨小切迹大小相同。骨盆底的后部较低而平，有利母猪分娩。

马髋骨的髂骨翼比牛的大，髋结节粗厚，坐骨棘略低。坐骨的骨盆面较牛的平直，坐骨结节较小，坐骨弓较浅。

犬髋骨的髂骨体较扁，坐骨棘不甚明显，左右髋骨平行。缺腰小肌结节。

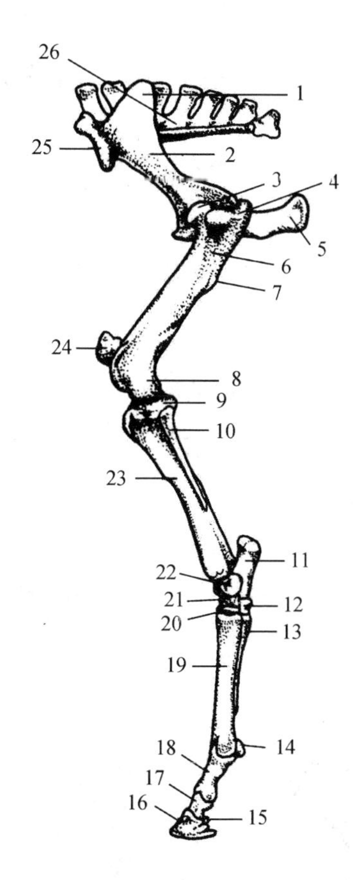

图1-46 马的后肢骨(外侧面)
(连接有荐骨)

1. 荐结节 2. 髂骨 3. 股骨头 4. 大转子 5. 坐骨结节 6. 股骨 7. 第3转子 8. 股骨外侧髁 9. 胫骨外侧髁 10. 腓骨 11. 跟骨 12. 第4跗骨 13. 第4跖骨 14. 近籽骨 15. 远籽骨 16. 远趾节骨 17. 中趾节骨 18. 近趾节骨 19. 第3跖骨 20. 第3跗骨 21. 中央跗骨 22. 距骨 23. 胫骨 24. 髌骨 25. 髋结节 26. 荐骨

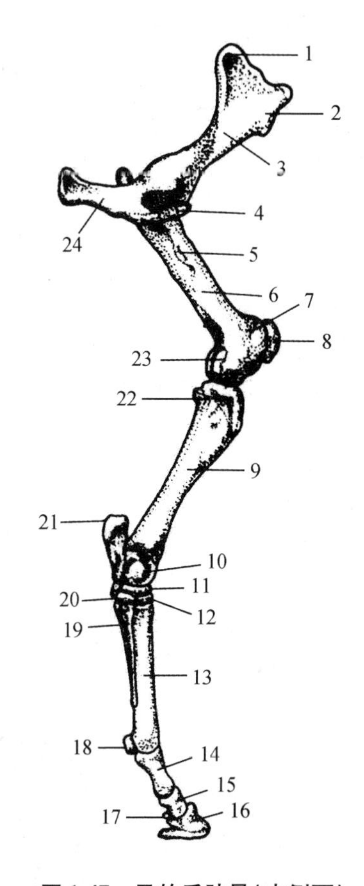

图1-47 马的后肢骨(内侧面)

1. 荐结节 2. 髋结节 3. 髂骨 4. 耻骨 5. 小转子 6. 股骨 7. 股骨滑车内侧嵴 8. 髌骨 9. 胫骨 10. 距骨 11. 中央跗骨 12. 第3跗骨 13. 第3跖骨 14. 近趾节骨 15. 中趾节骨 16. 远趾节骨 17. 远籽骨 18. 近籽骨 19. 第2跖骨 20. 第4跖骨 21. 跟结节 22. 胫骨内侧髁 23. 股骨内侧髁 24. 坐骨结节

1.4.2.2 股骨

股骨(femur)为畜体最大的管状长骨，位于股部，由髋臼斜向前下方。骨干呈圆柱状，内侧缘靠近端有一粗厚的突起，称小转子。外侧缘与小转子相对处有一突起为第3转子。近端内侧有一球形的关节面，称股骨头，头上有头凹，供圆韧带附着；股骨头与骨体连结处缩细为股骨颈。股骨头外侧有粗大而高的突起为大转子，大转子与股骨头间有深的凹陷，称为转子窝，供肌肉附着。远端粗大，前方由两个嵴形成滑车关节面，与髌骨成关节，滑车关节面的内侧嵴较高大。后方为内、外侧髁，与胫骨成关节。在两髁间有深的髁间窝，而髁内、外侧上方有供肌肉、韧带附着的内、外侧上髁。外侧髁与滑车外侧嵴之间有伸肌窝。在外侧髁的外侧有腘肌窝，为腘肌的起点。

牛的股骨的骨干不如马的发达，内侧的小转子为一粗结节状，无第3转子。股骨头较小，其关节面向外侧伸延，转子窝大而深。

猪的股骨基本与牛的相似，但较粗短。大转子与股骨头同高。无第3转子。滑车关节面的内、外侧嵴大小相同。

马的股骨骨干的前面圆而光滑，后面的近侧部平坦。小转子明显，呈嵴状。第3转子发达呈板状。骨干下部靠远端有一深的髁上窝。股骨头直，向内侧并略向前方。大转子发达且被一切迹分为前、后两部，后部很高。转子窝不如牛的深。

犬的股骨的骨干向前隆突。大转子小，比股骨头低，无第3转子。股骨头发达，滑车关节面的内、外侧嵴大小相同。

1.4.2.3 髌骨

髌骨(patella)又称膝盖骨，是体内最大的一块籽骨，位于股骨远端前方，与其滑车关节面成关节。髌骨呈楔状，顶端向下，底面朝上。前面隆凸、粗糙，后面是关节面。

1.4.2.4 小腿骨

小腿骨位于小腿部，由前上方斜向后下方，包括胫骨和腓骨。胫骨(tibia)发达，位于内侧，是小腿的主要负重部分。胫骨为长骨，骨干呈三面棱柱状。近端粗大，有内、外髁，与股骨的髁成关节，两髁间有髁间隆起。髁的前方为粗厚的胫骨粗隆，向下延续为胫骨嵴。远端有滑车关节面，与胫跗骨成关节。腓骨(fibula)位于胫骨外侧，与胫骨间形成小腿间隙，发育程度因家畜而不同(图1-48)。

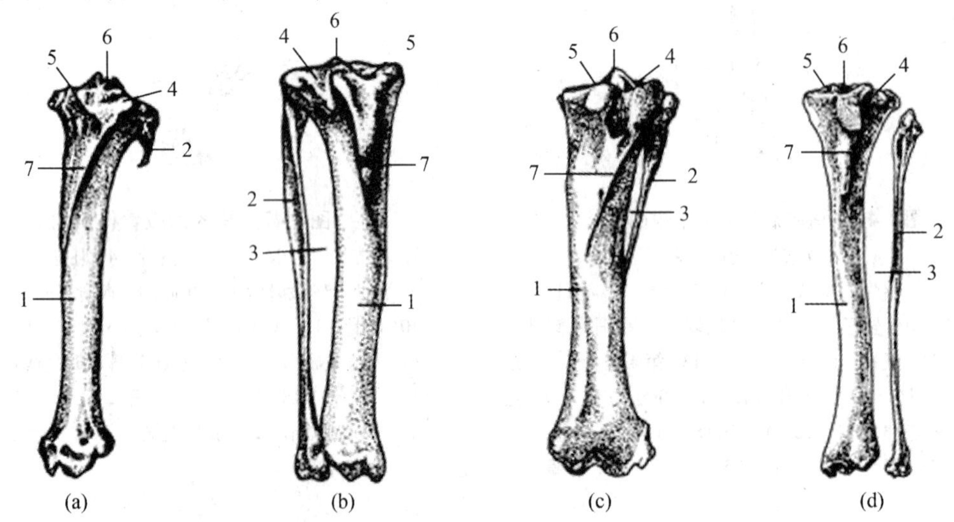

图1-48 牛、猪、马、犬小腿骨比较

(a)牛小腿骨 (b)猪小腿骨 (c)马小腿骨 (d)犬小腿骨

1. 胫骨 2. 腓骨 3. 小腿骨间隙 4. 外侧髁 5. 内侧髁 6. 髁间隆起 7. 胫骨嵴

牛的胫骨发达，近端外侧髁显著，向外侧突出。腓骨退化，仅近端有一短突起，与胫骨愈合。远端形成一块小的踝骨，与胫骨远端外侧成关节。骨体消失。

马的胫骨发达，近端外侧有一小关节面与腓骨头连结。腓骨为一退化的小骨，近端扁圆，称腓骨头，与胫骨近端外侧成关节。骨体向下逐渐变尖细。

猪的小腿骨，胫骨骨干稍弯向内侧，胫骨外髁的后面，有与腓骨相连结的关节面。腓骨较发达，与胫骨等长，其近端与远端部与腓骨相连接。远端还形成外侧踝。

犬的胫骨较粗大，呈“S”状弯曲。腓骨与胫骨等长，近端和远端稍膨大。

1.4.2.5 后脚骨

后脚骨由跗骨、跖骨、趾骨和籽骨构成。

(1)跗骨

跗骨(tarsal bone)由数枚短骨构成，位于小腿骨与跖骨之间。各种家畜跗骨的数目不同(图1-49)，一般分为3列。近列有2枚，内侧的为胫跗骨，又称距骨；外侧的为腓跗骨，又称跟骨。距骨有滑车状关节面，与胫骨远端成关节。跟骨有向后上方突出的跟结节。中列只有1块中央跗骨。远列由内向外依次为第1、2、3、4跗骨。

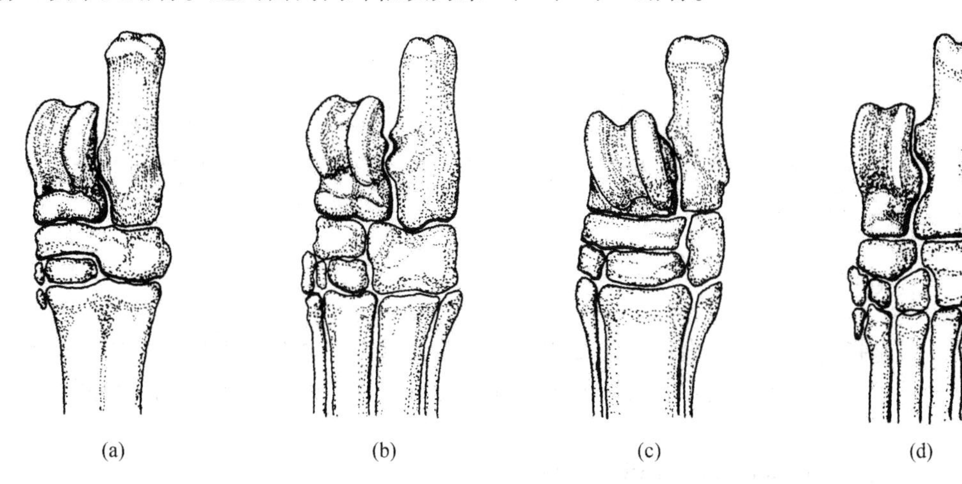

图1-49 牛、猪、马、犬的跗骨比较(背侧面)

(a)牛跗骨 (b)猪跗骨 (c)马跗骨 (d)犬跗骨

牛的跗骨有5枚。近列为距骨和跟骨。距骨近端和远端均为滑车状关节面。跟骨长而窄。中央跗骨与第4跗骨愈合为1块，呈板状。第1跗骨很小，位于后内侧。第2与第3跗骨愈合。

马的跗骨有6枚。近列为距骨和跟骨，距骨的近端和背侧有两个斜嵴形成滑车；跟骨长而左右压扁，跟结节大。中列为扁平的中央跗骨，呈不规则的四边形。远列内后方为第1和第2跗骨愈合成的不规则小骨，中间为扁平的第3跗骨，外侧为较高的第4跗骨。

猪有7枚跗骨。近列同马、牛，距骨的近端和远端均形成滑车；跟结节发达。中列有中央跗骨。远列有4枚，为第1、2、3、4跗骨。

犬的跗骨有7枚。近列为距骨和跟骨，距骨的近端为滑车。中列为中央跗骨。远列为第1、2、3、4跗骨。

(2)跖骨、趾骨和籽骨

跖骨(metatarsal bones)、趾骨(phalanges of toes)和籽骨(sesamoid bone)分别与前肢相应的掌骨、指骨和籽骨相似，但较前肢的细长。

牛的第2跖骨为一退化的小跖骨，呈小盘状，附着于大跖骨的后内侧。

马的蹄骨较前肢的小，底面凹入较深，壁面与地面的角度比前肢的略大。

犬的第1跖骨细小，有的品种缺如。无第1趾骨。

(赫晓燕 编写 冯新畅、白志坤 校)

第 2 章

骨连结

2.1 概述

骨与骨之间借纤维结缔组织、软骨或骨相连结，称为骨连结。按骨连结的形式不同可分为直接连结和间接连结两种。

2.1.1 直接连结

直接连结是指骨与骨之间借纤维结缔组织或软骨及骨直接相连，其间无间隙，运动范围极小或完全不能活动。根据连结组织不同，可分为纤维连结、软骨连结和骨性结合 3 种类型。

2.1.1.1 纤维连结(articulationes fibrosae)

骨与骨之间借纤维结缔组织相连，形成纤维连结。其间无间隙，连结比较牢固，一般无活动性或仅有少许活动，常有两种连结形式。

①韧带连结　连结两骨的纤维结缔组织比较长，呈条索状或膜状，富有弹性，称为韧带(ligaments)或膜，如椎骨棘突之间的棘间韧带、胫骨与腓骨下端的胫腓骨间韧带、前臂骨中尺骨和桡骨之间的骨间膜等。

②缝　两骨之间借很薄的纤维结缔组织(缝韧带)相连，无活动性，这种连结往往随年龄的增加，可出现结缔组织骨化，如颅的冠状缝、矢状缝等。

2.1.1.2 软骨连结(articulationes cartilagineae)

骨与骨之间借软骨相连，基本上不能活动，可起缓冲震荡的作用，可分两种。

①透明软骨结合　两骨间借透明软骨连结，常为暂时性的结合，是胚胎时软骨骨骼的存留部分，同时作为所连结骨的增长区，如骺软骨、蝶骨枕骨间软骨结合等。这种连结到一定年龄即骨化形成骨性结合。

②纤维软骨结合　两骨间借纤维软骨连结，多位于畜体中轴承受压力之处，坚固性大而弹性低，如椎体之间的椎间盘、耻骨联合等。这种连结在正常情况下终生不骨化。

2.1.1.3 骨性结合

两骨之间借骨组织相连，一般由纤维连结或透明软骨结合骨化而成。骨性结合使两骨融合为一块，如长骨的骨干与骨骺的结合、各荐椎之间的结合等。

2.1.2 间接连结

间接连结又称关节(articulation)或滑膜连结(articulationes synoviales)，是骨连结的最高

分化形式，也是骨连结中较普遍的一种形式。骨与骨的相对面之间不直接连结，相对骨面间有滑膜包围的腔隙，充以滑液，活动度大。关节的结构有基本结构和辅助结构(图2-1)。

2.1.2.1 关节的基本结构

关节的基本结构有关节面、关节囊、关节腔和血管神经，这些结构为每一个关节所必备。

(1)关节面(articular surface)

关节面是构成关节各相关骨的接触面，通常被覆一薄层关节软骨，有减少摩擦和缓冲震动的作用。每一关节至少包括两个关节面，一般为一凸一凹，凸者称关节头，凹者称关节窝。

(2)关节囊(articular capsule)

关节囊是由致密结缔组织构成的囊，附于关节面周围的骨面并与骨膜融合，像"袖套"把构成关节的各骨连结起来，密闭关节腔。关节囊的松紧和厚薄因关节的不同而异，活动较大的关节，关节囊较松弛而薄，反之亦然。关节囊可分为内、外两层，内层为滑膜层，由疏松结缔组织构成，呈淡红色，薄而光滑，附着于关节软骨的周缘，能分泌滑液，有营养软骨和润滑关节的作用；外层为纤维层，由致密结缔组织构成，富有血管和神经。纤维层厚而坚韧，有保护作用，其厚度与关节的功能关系密切，负重大而活动性较小的关节纤维层厚而紧张，运动范围大的关节纤维层薄而松弛。

(3)关节腔(articular cavity)

关节腔是由关节软骨和关节囊滑膜层共同围成的密闭腔隙，腔内有少量滑液，关节腔内呈负压，对维持关节的稳定性有一定的作用，同时有利于关节的运动。

(4)关节的血管、淋巴管和神经

关节的动脉主要来自于附近动脉的分支，在关节周围形成动脉网，再分支到骨骺和关节囊。关节囊各层都有淋巴管网，关节软骨无淋巴管。神经也来自附近神经的分支，在滑膜内及其周围有丰富的神经纤维分布，并有特殊感觉神经末梢，如环层小体和关节终球。

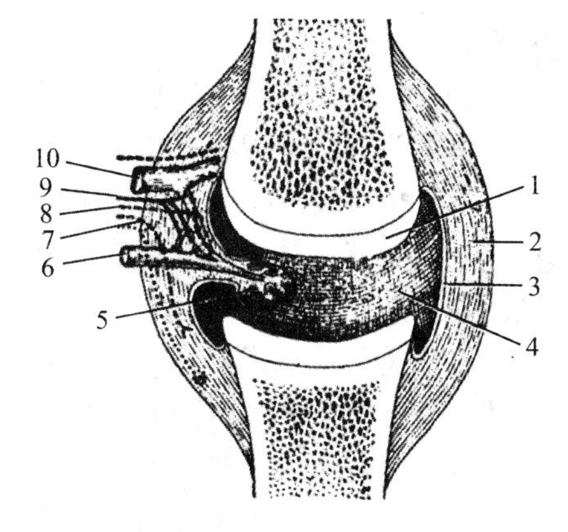

图2-1 关节构造模式图

1. 关节软骨 2. 关节囊的纤维层 3. 关节囊的滑膜层 4. 关节腔 5. 滑膜绒毛 6. 动脉 7、8. 感觉神经纤维 9. 植物性神经(交感神经节后纤维) 10. 静脉

2.1.2.2 关节的辅助结构

关节除具备上述基本结构外，某些关节为适应特殊功能的需要而分化出一些特殊结构以增加关节的灵活性，增强关节的稳固性。

(1)韧带

韧带是连于相邻两骨之间的致密纤维结缔组织束，可加强关节的稳固性，并对关节的运动有限定作用。分囊内韧带和囊外韧带，囊外韧带位于关节囊外，在关节两侧的，称内外侧副韧带，囊内韧带位于关节囊内，但它并不是位于关节腔内，而是夹于关节囊的纤维层和滑膜层之间，同时滑膜层折转将囊内韧带包围，如髋关节的圆韧带。位于骨间的称为骨间韧带。

(2)关节内软骨

关节内软骨为存在于关节腔内的纤维软骨，有关节盘、关节唇两种：

①关节盘(articular disc) 是位于两关节面之间的纤维软骨板或致密结缔组织，其周缘附着于关节囊内面，将关节腔完全或不完全地分为两部分。关节盘可使两关节面更为适合，减少冲击和震荡，有增加运动形式和扩大运动范围的作用，如颞下颌关节的关节盘和膝关节中的半月板等。

②关节唇(articular labrum) 是附着于关节窝周缘的纤维软骨环，可加深关节窝，增大关节面，有增加关节稳固性的作用，如髋臼周围的缘软骨。

(3)滑膜襞(synovial fold)和滑膜囊(synovial bursa)

有些关节的滑膜面积大于纤维层，以致滑膜重叠卷折，并突向关节腔而形成滑膜皱襞，有的内含有脂肪和血管，则形成滑膜脂垫。在有些关节，滑膜从纤维层缺口或薄弱处膨出，充填于肌腱与骨面之间，则形成滑膜囊，可减少肌肉活动时与骨面之间的摩擦。

2.1.2.3 关节的类型

①根据组成关节的骨的数目，可将关节分为单关节和复关节。

单关节：仅由两块骨连结形成，如肩关节等，或者两种骨连结而成，如肘关节。

复关节：由两块以上的骨组成，如腕关节；或由两块骨间夹有关节盘构成，如股胫关节。

②根据关节运动轴的数目，可将关节分为单轴关节、双轴关节和多轴关节。

单轴关节：是指在一个平面上围绕一个轴运动的关节。家畜的四肢关节除肩关节和髋关节外均为单轴关节，只能围绕横轴做屈伸运动，其关节面适应于一个方向的运动。

双轴关节：是指可以围绕两个运动轴进行活动的关节，如寰枕关节，既能做屈伸运动，又能左右摆动。

多轴关节：是指具有3个方向的运动轴，可做多种方向的运动，如屈伸、内收、外展及旋转，这种关节的关节面大多呈球、窝状，如肩关节、髋关节。

③根据关节面形状及所产生的运动分类，一般可分为以下4种。

平面关节：这种关节的关节面平坦，运动时一关节面在另一关节面上滑动。

球窝关节：这种关节由球状关节面和相适应的关节窝构成，这种关节均为多轴关节，如肩关节、髋关节。

屈戌关节：这种关节多由两髁或一椭圆形和相适应的关节窝构成，大多为单轴关节或双轴关节，如肘关节、指关节和寰枕关节。

车轴关节：这种关节其运动限于一骨绕另一骨的纵轴做旋转运动，如寰枢关节。

2.1.2.4 关节的运动

关节的运动与关节的形状及相关韧带的排列有着密切的关系，家畜关节的运动一般可分为4种。

①屈伸运动 是关节沿横轴进行的运动，运动时两骨的骨干相互接近，关节角度缩小的称为屈，反之，关节角度变大的称为伸。

②滑动 是最简单的一种运动，相对关节面的形态基本一致，一个关节面在另一个关节

面上轻微滑动，如股膑关节。

③内收和外展运动　是关节沿纵轴进行的运动，运动时骨向正中失面接近的为内收运动，相反，使骨远离失状面的为外展运动。

④旋转　是指骨环绕垂直轴运动时的运动，向前内侧旋转时称为旋内运动，相反则称为旋外运动。

2.2　躯干骨的连结

躯干骨的连结分为脊柱连结和胸廓关节。

2.2.1　脊柱连结

脊柱连结可分为椎体间连结、椎弓间连结、寰枕关节和寰枢关节。

2.2.1.1　椎体间连结

①相邻两椎骨的椎头与椎窝，借纤维软骨构成的椎间盘相连结（除寰枕关节和寰枢关节外）。椎间盘的外围是纤维环，中央为柔软的髓核（是脊索的遗迹）。因此，椎体间的连结既牢固又允许有小范围的运动。椎间盘越厚的部位，运动的范围越大。家畜颈部、腰部和尾部的椎间盘较厚，因此这些部位的运动较灵活。

图 2-2　椎体间连接

1. 棘上韧带　2. 棘间韧带　3. 椎间盘　4. 椎体

②背侧纵韧带　位于椎管底部，椎体的背侧，由枢椎至荐骨，在椎间盘处变宽并附着于椎间盘上。

③腹侧纵韧带　位于椎体和椎间盘的腹面，并紧密附着于椎间盘上，由胸椎中部开始，终止于荐骨的骨盆面（图 2-2）。

2.2.1.2　椎弓间连结

椎弓间连结包括椎弓板之间的连结和各突起之间的连结，除了相邻椎骨的关节突构成关节突关节外，其余均由韧带连结。关节突关节有关节囊，能做滑行运动。颈部的关节突发达，关节囊宽松，活动性较大。椎弓间关节除一些短韧带（如相邻棘突之间的棘间韧带、横突间韧带和椎弓板之间的黄韧带）外，最主要的是棘上韧带（图 2-3、图 2-4）。

①棘上韧带（lig. supraspinale）　位于棘突顶端，由枕外隆凸起，向后延伸至荐骨。在颈部特别发达，形成强大的项韧带。项韧带是由弹性组织构成，呈黄色。其构造可分为索状部和板状部。索状部呈圆索状，起于枕外隆凸，沿颈部上缘向后，附着于第 3、第 4 胸椎的棘突，向后延续为棘上韧带。板状部起于第 2、3 胸椎棘突和索状部，向前下方止于第 2 ~ 6 颈椎的棘突。板状部由左、右两叶构成，中间由疏松结缔组织连接。索状部也是左右两条，沿中线相接。项韧带的作用是辅助颈部肌肉支持头部。

牛的项韧带很发达，其板状部前半部为双层，后半部为单层，不分叶。

马的项韧带不及牛的发达，在索状部的下方有两个滑膜囊。一个为寰椎囊，位于寰椎背侧弓背侧；另一个为棘上韧带下囊，多位于第 3、第 4 胸椎棘突的背侧。

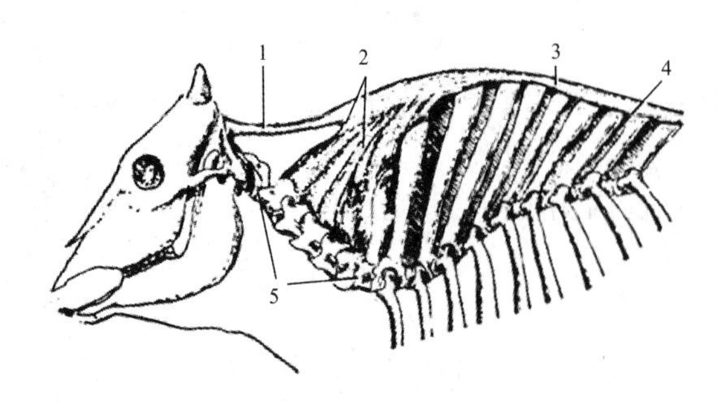

图 2-3 牛的项韧带

1. 项韧带的索状部 2. 项韧带的板状部 3. 棘上韧带 4. 棘间韧带 5. 颈椎

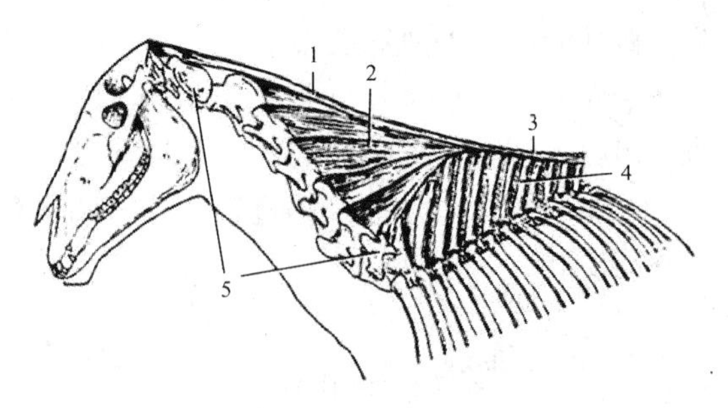

图 2-4 马的项韧带

1. 项韧带的索状部 2. 项韧带的板状部 3. 棘上韧带 4. 棘间韧带 5. 颈椎

猪的项韧带不发达。

②横突间韧带和棘间韧带 是位于相邻椎骨横突、棘突之间的短韧带，均由弹性纤维构成。腰部无横突间韧带。

马的第5、第6腰椎横突之间及第6腰椎横突与荐骨翼之间还附加有关节囊。

脊柱的运动是许多椎间运动的总和，虽然每一个椎间的活动范围有限，但整个脊柱仍能做范围较大的屈伸和侧运动。

由于为适应头部多方面的运动，脊柱前端与枕骨间形成寰枕关节和寰枢关节。

2.2.1.3 寰枕关节(articulatio atlanto-occipitalis)

寰枕关节由寰椎的前关节凹与枕髁形成，关节囊宽大，左右两滑膜囊彼此不通，为双轴关节，可做屈、伸运动和小范围的侧运动。此关节除有宽大的关节囊外，还有一对外侧韧带，连接于寰椎翼和枕骨颈静脉突之间。

2.2.1.4 寰枢关节(articulatio atlantoaxialis)

寰枢关节由寰椎的后鞍状关节面与枢椎的齿突及两侧的鞍形关节面构成的单轴关节，可沿枢椎的纵轴做旋转运动。寰枢关节除有关节囊外，其韧带有覆膜、寰枢腹侧韧带、棘间韧带和纵韧带。覆膜也称为寰枢背侧韧带，呈膜状，位于关节囊的背侧。寰枢腹侧韧带连于寰椎腹侧结节和枢椎腹侧嵴之间。棘间韧带连于寰椎背侧弓与枢椎棘突之间。纵韧带也称为齿突韧带，短而结实，呈扇形，在椎管间连于齿突和寰椎腹侧弓之间。

2.2.2 胸廓的连结

胸廓的连结包括肋椎关节和肋胸关节。

2.2.2.1 肋椎关节

肋椎关节是肋骨与胸椎形成的关节，肋椎关节运动时，主要为旋转运动，可使肋前后移动从而产生呼吸运动。具体表现为：向前运动时，使肋骨向前向外，胸腔扩大，产生吸气运动；向后转动时，使肋骨向后向内，胸腔缩小，产生呼气运动。胸廓前部的肋椎关节活动性小，胸廓后部的活动性大，包括肋头关节和肋横突关节。

肋头关节由肋头上两个卵圆形小关节面与相邻两椎骨体的前后构成。

肋横突关节由肋结节关节面与胸椎的横突肋凹构成。

两个关节各有关节囊和短韧带。其韧带包括肋头辐状韧带、肋头间韧带、肋横突韧带

(图2-5)。肋头辐状韧带连接于肋骨颈和椎体及椎间盘之间；头间韧带位于背侧纵韧带之下，连于左右两肋骨头之间；肋横突韧带连于肋骨结节和胸椎横突之间。

2.2.2.2 肋胸关节

肋胸关节是胸肋骨的肋软骨与胸骨两侧的肋窝形成的关节，具有关节囊和韧带，为单轴关节，可做旋转运动。

2.2.2.3 肋软骨关节

肋软骨关节见于偶蹄兽，存在于第2～11(牛)或第2～4(猪)的肋骨和肋软骨之间。

马还有1条胸骨内固有韧带，位于胸骨背侧，起至第1对肋胸关节后面，向后延伸至剑状软骨。

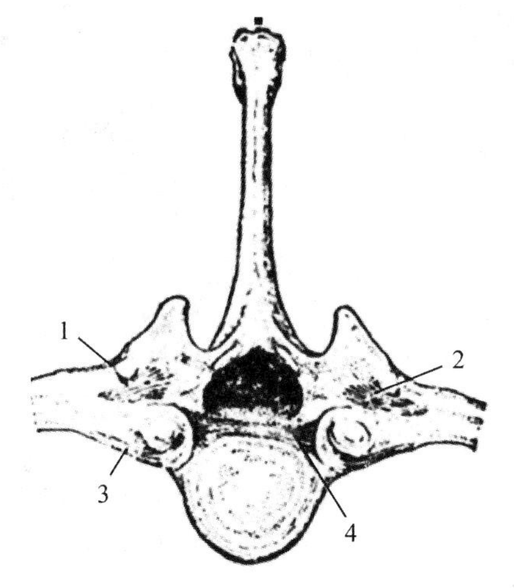

图2-5 马的肋椎关节(前面观)

1、2. 肋横突韧带 3. 隔肋头辐状韧带
4. 肋头间韧带

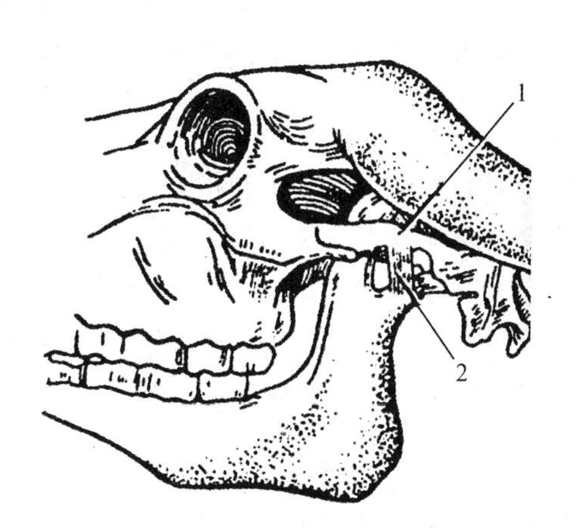

图2-6 水牛颞下颌关节

1. 颞骨颧突 2. 侧副韧带

2.3 头骨的连结

头骨大部分为不动连结，多借缝、软骨或骨直接相连，彼此之间结合较为牢固。主要形成缝隙连结；有的形成软骨连结，如枕骨和蝶骨的连结。只有颞下颌关节(articulatio temporomandibularis)具有活动性(图2-6)。

颞下颌关节由颞骨的关节结节与下颌骨的髁状突构成。两关节面间夹有椭圆形的关节盘，将关节腔分为互不相通的两部分。关节囊的外侧有外侧韧带和侧副韧带以加固关节的连结，牛无后韧带。在马还有由弹性纤维构成的后韧带。

一对颞下颌关节同时活动，属于联合关节，是联动的，可进行开口、闭口和较大范围的侧运动。此外，舌骨也具有一定的活动性。

马的头骨连结基本上与牛的相似，其区别仅为颞下颌关节的后外侧，有由弹性纤维构成的后韧带。

2.4 四肢骨的连结

2.4.1 前肢骨的连结

前肢的肩胛骨与躯干骨间不形成关节，二者以肩带肌连结。其余各骨间均形成关节，由上向下依次为肩关节、肘关节、腕关节和指关节；指关节又分系关节、冠关节和蹄关节。肩关节为多轴关节，其余均为单轴关节，主要进行屈、伸运动。

2.4.1.1 肩关节(articulatio humeri)

肩关节由肩胛骨远端的关节盂和肱骨头构成的多轴单关节(图2-7)，关节角顶向前。关节囊宽松，没有侧副韧带，由两侧强大的肌腱代替其作用。肩关节虽为多轴关节，但由于两侧肌肉和皮肤的限制，主要进行屈、伸运动，而内收和外展运动范围较小。关节囊内面的滑膜层具有长绒毛。

马的肩关节基本上与牛的相似。

猪的肩关节囊与臂二头肌腱下黏液囊相通。

犬的肩关节关节角顶向前，关节囊松大，无侧副韧带，故肩关节活动性较大，为多轴关节。虽然受内外侧肌肉的限制，主要进行曲屈运动，但犬仍能做一定程度的内收、外展及外旋运动。

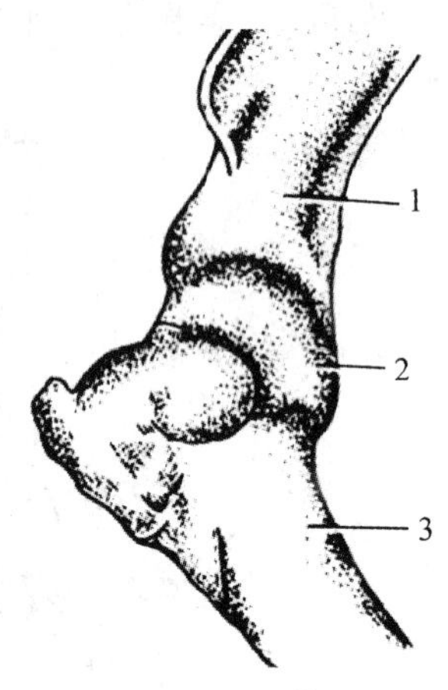

图2-7 牛肩关节

1. 肩胛骨 2. 关节囊 3. 臂骨

2.4.1.2 肘关节(articulatio cubiti)

肘关节由臂骨远端和前臂骨近端的关节面构成，为单轴单关节(图2-8)，可做屈、伸运动。关节角顶向后，关节角度为150°左右。关节囊前壁厚、后壁薄而宽呈袋头伸入鹰嘴窝中。在关节囊的两侧有内、外侧副韧带，同时受鹰嘴和臂二头肌的限制，不能充分伸展。桡骨和尺骨借骨间韧带连结起来，成年家畜逐步骨化为骨性结合。但两骨间仍有两个间隙，即前臂近骨间隙和前臂远骨间隙。

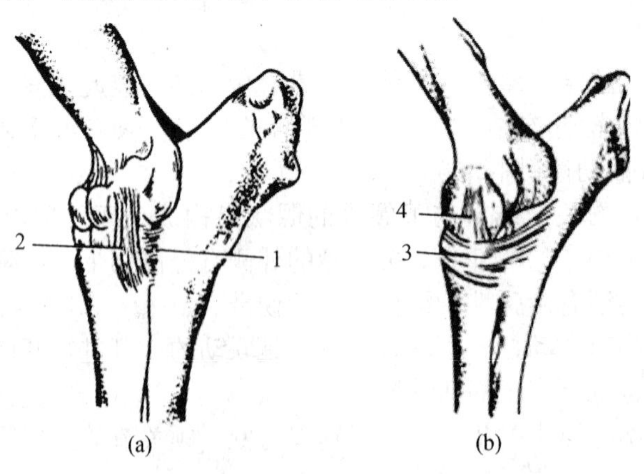

图2-8 牛肘关节

(a)外侧观 (b)内侧观

1. 骨间韧带 2. 内侧副韧带 3. 骨间韧带 4. 外侧副韧带

马的肘关节基本上与牛的相似。

犬的肘关节基本上与牛的相似，但桡骨和尺骨的骨体间，由很长的前臂骨间膜连结，以限制前臂过分地转动。

2.4.1.3 腕关节(articulatio carpi)

腕关节由桡骨远端、腕骨和掌骨近端构成，为复关节，包括桡腕关节、腕间关节和腕掌关节(图2-9)。根据运动来看，关节角顶向前，关节角度几乎成180°。关节囊的纤维层背侧面较薄而宽松，掌侧面特别厚而紧。关节囊的滑膜层形成3个囊，桡腕关节的最宽松，关节腔最大，活动性也最大；腕间关节的次之；腕掌关节的关节腔最小，活动性也最小。腕间囊在第3、第4腕骨之间，与腕掌囊相通。腕关节有一对长的内、外侧副韧带，还有一些短的骨间韧带，连接于上、下列腕骨、桡骨和掌骨间的短韧带为列间韧带，连于同一列腕骨之间的为骨间韧带。由于关节面的形状，骨间韧带和掌侧关节囊的限制，腕关节只能向掌侧屈曲。

马腕关节的背侧面无背侧韧带，而腕骨间韧带较牛的多。

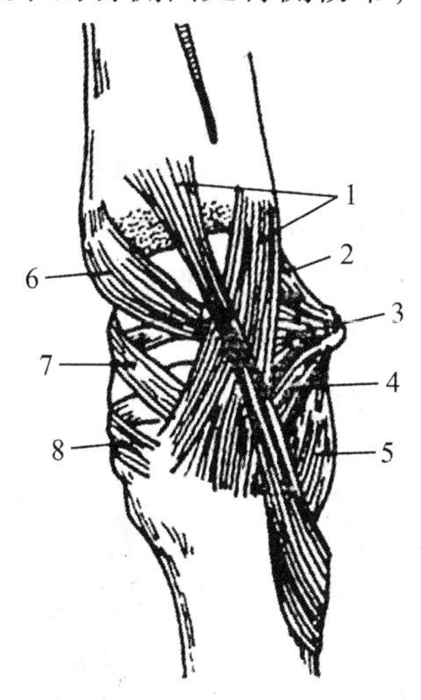

图2-9 牛腕关节(外侧观)

1. 深浅腕外侧副韧带 2. 副腕骨尺骨韧带 3. 副尺腕骨韧带 4. 副腕骨与第4腕骨韧带 5. 副腕骨与第4掌骨韧带 6. 腕桡背侧韧带 7. 腕间背侧韧带 8. 腕掌背侧韧带

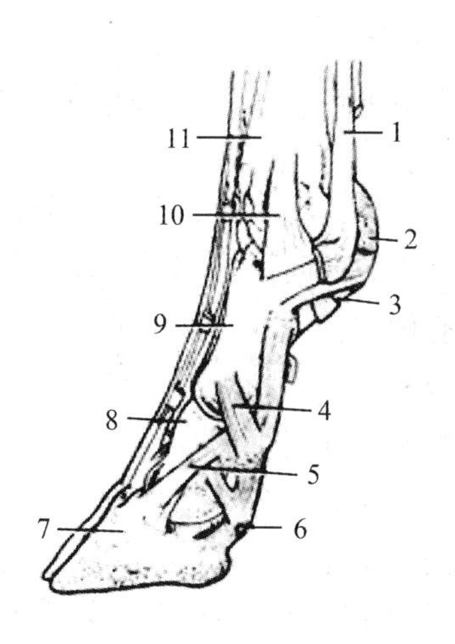

图2-10 牛指关节(侧面)

1. 悬韧带 2. 近籽骨 3. 近籽骨交叉韧带 4. 近指节间关节侧副韧带 5. 远指节间关节侧副韧带 6. 远籽骨 7. 远指节骨 8. 中指节骨 9. 近指节骨 10. 近指节间关节侧副韧带 11. 掌骨

2.4.1.4 指关节

家畜的指关节在正常站立时呈背屈状态或过度伸展状态，包括系关节、冠关节和蹄关节(图2-10)。

(1) 系关节

系关节又称为掌指关节(articulationes metacarphalangeae)或球节，是由掌骨远端、系骨近端和一对近籽骨构成的单轴关节。关节角大于180°，约220°。关节囊背侧壁强厚，掌侧壁较薄，侧副韧带与关节囊紧密相连。掌指关节除侧副韧带外，还有较发达的籽骨韧带。籽骨韧带连结近籽骨和掌骨、近指节骨及中指节骨，有加固掌指关节，防止过度背侧屈曲的作用。籽骨韧带包括籽骨侧副韧带、籽骨间韧带、指节骨籽骨韧带、籽骨上韧带和籽骨下韧带。

悬韧带(籽骨上韧带)：是由骨间中肌腱质化而形成的，位于掌骨的掌侧，起于大掌骨的近端，下端分为两支，大部分止于近籽骨，少部分转向背侧，并入指伸肌腱。

籽骨下韧带：是系骨掌侧的强厚韧带，起于近籽骨，止于系骨的远端和冠骨近端。分为3层：浅层为籽骨直韧带，起于近籽骨，止于中指节骨；中层为籽骨斜韧带，起于近籽骨，止于近指节骨；深层为籽骨交叉韧带，起于近籽骨，交叉后止于近指节骨。

籽骨侧韧带：在掌指关节两侧，连于近籽骨和掌骨及近指节骨之间。

籽骨间韧带：连于两近籽骨之间，表面光滑，形成供指屈肌腱通过的沟。

(2)冠关节

冠关节又称为近指节间关节(articulationes interphalangeae proximale manus)，由系骨的远端和冠骨近端的关节面组成的单轴关节，有关节囊、内外侧副韧带和掌侧韧带。关节囊和侧副韧带紧密相连，仅能做小范围的屈伸运动。

(3)蹄关节

蹄关节又称为远指节间关节(articulationes interphalangeae distale manus)，是由冠骨的远端、蹄骨的近端和远籽骨组成的单轴关节。关节囊的背侧和两侧强厚，掌侧较薄，侧副韧带短而强，位于蹄软骨下，只能进行屈、伸运动。蹄关节韧带较多，除侧副韧带外，有与籽骨相关的韧带，同时还有指节间轴侧韧带、背侧韧带和指间远韧带。

牛有两主指，指关节包括一对掌指关节、一对近指节间关节和一对远指节间关节，均为单轴关节。由于两主指的关节并列在一起而有以下特点：①指间近韧带，又称指间近交叉韧带，连于两近指节骨之间；② 籽骨间韧带，将两个关节的4枚近籽骨连在一起；③ 籽骨交叉韧带，连于近籽骨与对侧近指节骨近端之间；④ 指间远韧带，起于中指节骨近端，止于对侧远籽骨，沿有少数纤维止于同侧的中指节骨和远籽骨；⑤ 第3指的外侧韧带和第4指的内侧韧带均称为指节侧副韧带；⑥ 籽骨直韧带不存在；⑦ 籽骨上韧带和悬韧带，起于大掌骨近端掌侧，在大掌骨中部分出地腱板，与指浅屈肌健共同构成指深屈腱通过的腱管，其他部分在掌骨远端分为3支，内外侧支再分为两支，分别止于相应的近籽骨和背侧的伸肌腱；中支除止于籽骨间韧带外，并通过指间隙又分为两支，分别止于第3和第4指背侧的伸肌腱。

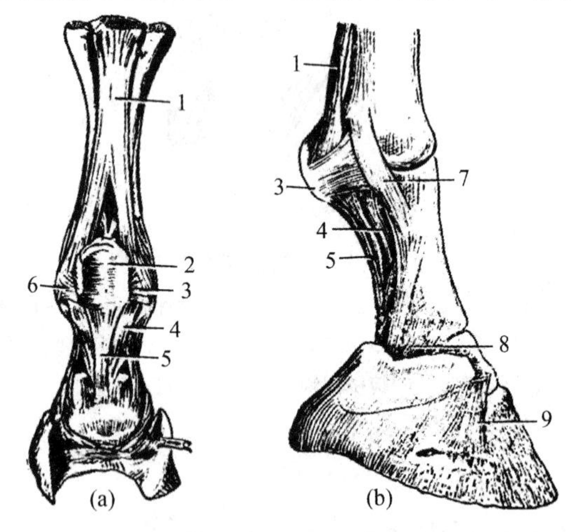

图2-11 马的指关节

(a)掌侧面 (b)侧面

1. 骨间中肌 2. 籽骨间韧带 3. 籽骨侧韧带 4、5. 籽骨下韧带 6. 籽骨侧韧带 7. 掌指关节侧副韧带 8. 近指节间关节侧副韧带 9. 远指节间关节侧副韧带

马只有一指，指关节包括掌指关节、近指节间关节和远指节间关节(图2-11)。这3个关节与牛每一主指的相应关节在结构上基本相似，仅有籽骨韧带有差异。马无指间指节骨籽骨韧带和指间韧带。籽骨上韧带强大，于掌骨的下1/3处分为两支，大部分分别止于相应的近籽骨，一部分经掌指关节的内外侧斜向下方至近指节骨的背侧，连接指总伸肌腱。籽骨下韧带分为3层，浅层为籽骨直韧带，中层为籽骨斜韧带，深层为籽骨交叉韧带。

2.4.2　后肢骨的连结

家畜的后肢在推动身体前进方面起主要作用。因为髋骨与荐骨由荐髂关节牢固连结起来，以便把后肢肌肉收缩时产生的推动力，沿脊柱传至前肢。后肢游离部的关节有髋关节、膝关节、跗关节和趾关节，趾关节也包括系关节、冠关节和蹄关节。后肢各关节与前肢各关节相对应，除趾关节外，各关节角的方向相反，这种结构适应支持，当家畜站立时保持姿势的稳定。后肢各关节除髋关节外，均有侧副韧带。

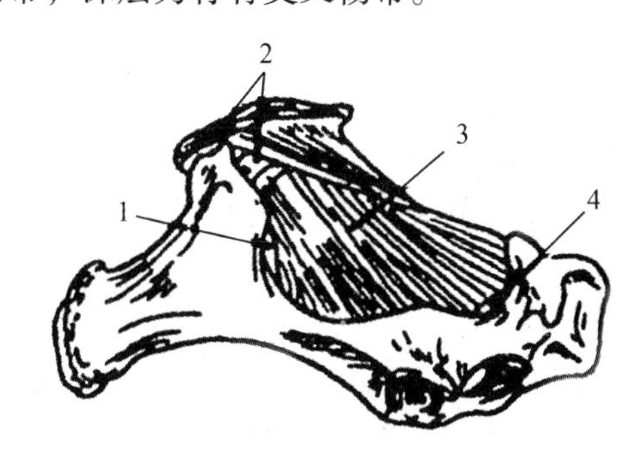

图2-12　牛的骨盆韧带(左侧面)

1. 坐骨大孔　2. 荐髂背侧韧带　3. 荐结节阔韧带　4. 坐骨小孔

2.4.2.1　荐髂关节(articulatio sacroiliaca)

荐髂关节由荐骨翼与髂骨的耳状关节面构成，关节面不平整，周围有短而强的关节囊，且在关节囊的周围有呈放射状的荐髂腹侧韧带。因此，家畜的荐髂关节几乎完全不能活动。

在荐骨和髂骨之间还有一些强固的韧带，荐髂背侧韧带、荐髂外侧韧带和荐结节阔韧带(图2-12)。其中，荐结节阔韧带最大，为一四边形的宽广韧带，构成骨盆的侧壁，背侧附着于荐骨翼后部背外侧面和第1、第2尾椎的横突，腹侧附着于坐骨棘和坐骨结节；其前缘与髂骨间形成坐骨大孔，下缘与坐骨之间形成坐骨小孔，供血管、神经通过。

荐髂背侧韧带可分两条：一条呈索状，起自髂骨荐结节至荐骨棘突顶端，另一条厚，呈三角形，起自髂骨荐结节及髂骨翼内侧缘前部，止于荐骨翼后部背外侧面并与荐结节阔韧带合并。

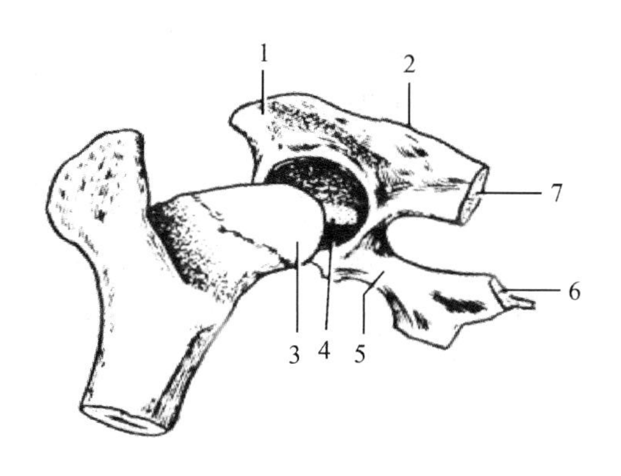

图2-13　水牛的髋关节(外侧面)

1. 坐骨棘　2. 髂骨　3. 股骨头　4. 圆韧带　5. 耻骨体　6. 耻骨断端　7. 坐骨断面

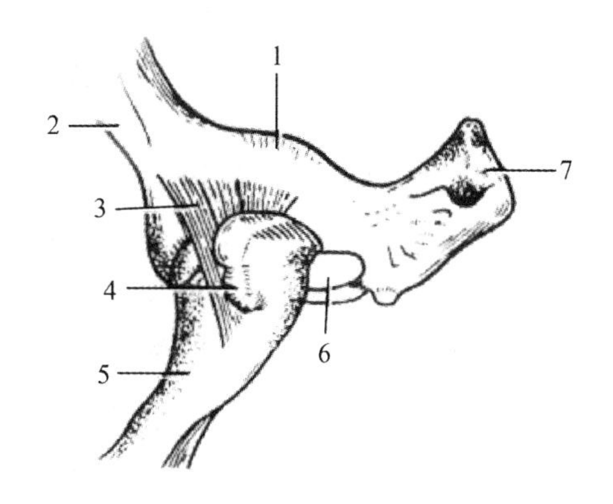

图2-14　水牛的髋关节(内侧面拉开)

1. 坐骨棘　2. 髂骨体　3. 髂骨韧带　4. 大转子　5. 股骨　6. 闭孔　7. 坐骨结节

2.4.2.2 髋关节(articulatio coxae)

髋关节由髋臼和股骨头构成，为多轴关节(图2-13、图2-14)。关节角顶向后，在站立时关节角约为115°。关节囊宽松。髋关节能进行多方面运动，但主要是屈、伸运动；在关节屈曲时常伴有外展和外旋，在伸展时伴有内收和旋内。其主要韧带有：股骨头韧带、股骨副韧带和髋臼横韧带。股骨头韧带(lig . capitis ossis femoris)也称圆韧带，为位于股骨头与髋臼之间的一条短而强的韧带；股骨副韧带，为马、骡、驴等动物特有，来自腹直肌的耻前腱，沿耻骨腹面向两侧连于股骨头。髋臼横韧带为髋臼边缘的纤维软骨跨于髋臼切迹之上的部分。

2.4.2.3 膝关节

膝关节为复关节，包括股胫关节和股髌关节。关节角顶向前，关节角约为150°，为单轴关节。

(1)股胫关节(articulatio femorotibialis)

股胫关节是由股骨远端的一对关节髁和胫骨近端以及插入其间的两个半月板构成的复合关节。关节囊的前壁薄，后壁稍厚。除有一对侧副韧带外，关节中央还有交叉的十字韧带，连结股骨与胫骨。此外，半月板还有一些短韧带，与股骨和胫骨相连。半月板一方面使关节面相吻合，此外还可减轻震动。股胫关节主要是屈伸运动，在屈曲时可做小范围的旋转运动。

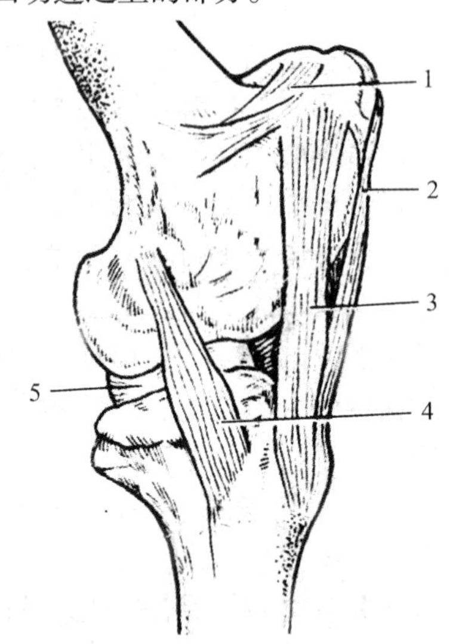

图 2-15 膝关节韧带(内侧面)

1. 股髌内侧副韧带 2. 髌中间韧带 3. 髌内侧韧带 4. 股胫内侧副韧带 5. 半月板

(2)股髌关节(articulatio femoro-patellaris)

股髌关节由髌骨和股骨远端滑车关节面构成。关节囊宽松。髌骨除以股髌内外侧韧带连于股骨远端外，在其前方还有3条强大的髌直韧带，连于胫骨近端的胫骨隆起上。膝关节韧带见图2-15～图2-17。髌直韧带与关节囊之间填充着脂肪。股髌关节的运动，主要是髌骨在股骨滑车上滑动，通过改变股四头肌作用力的方向，而伸展髌关节。

2.4.2.4 跗关节(articulatio tarsi)

跗关节又称飞节，是由小腿骨远端、跗骨和跖骨近端构成的复关节(图2-18、图2-19)。关节角顶向后，关节角约153°。为单轴关节，仅能做屈伸运动。跗关节包括胫跗关节、跗间关节和跗跖关节。关节囊前壁宽松，后壁紧而强厚，紧密附着于跗骨，滑膜形成4个囊，即胫距囊、近跗间囊、远跗间囊和跗跖囊，其中以胫距囊最大，并向内侧突出。在跗关节内、外侧有侧副韧带，在背侧和跖侧也各有韧带，即跗跖侧韧带、跗背侧韧带和一些短韧带，它们起到限制跗关节的活动并加固连结。跗跖侧韧带位于跟骨跖外侧，连于跟骨和第3、第4跗骨及第3、第4跖骨近端之间。跗背侧韧带连于距骨内侧面和中央跗骨、第3跗骨及第2、第3跖骨近端之间。

2.4.2.5 趾关节

趾关节包括系关节、冠关节和蹄关节。其构造与前肢指关节相同。

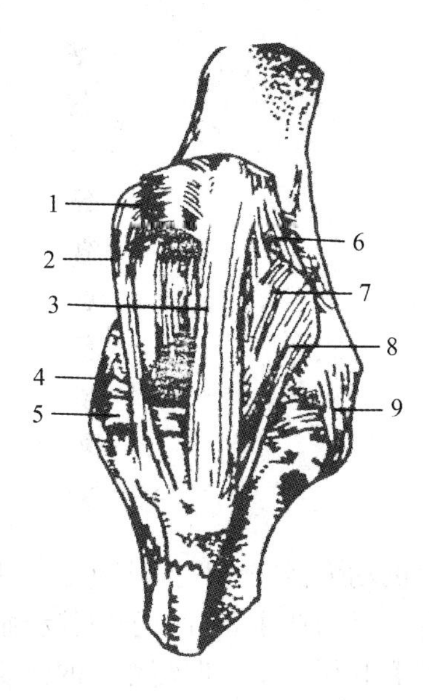

图 2-16 膝关节韧带(背侧面)

1. 股内侧肌断端 2. 髌内侧韧带 3. 髌中间韧带 4. 股胫内侧副韧带 5. 半月板 6. 股髌外侧副韧带 7. 髌外侧韧带 8. 臀股二头肌腱 9. 股胫外侧副韧带

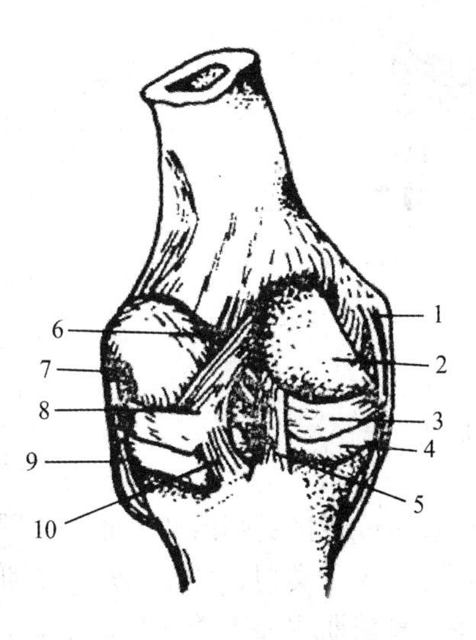

图 2-17 膝关节韧带(跖侧面)

1. 股胫内侧副韧带 2. 股骨内侧髁 3. 半月板 4. 胫骨内侧髁 5. 后交叉韧带 6. 前交叉韧带 7. 肌腱断端 8. 外侧半月板后韧带(上支) 9. 股胫外侧副韧带 10. 外侧半月板后韧带(下支)

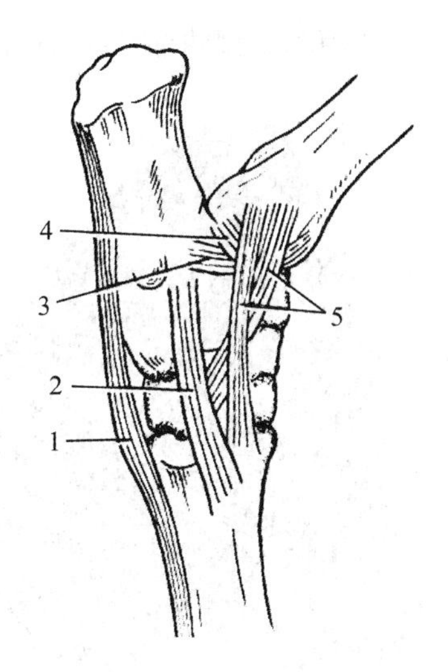

图 2-18 跗关节(外侧面)

1. 跖侧长韧带 2. 短外侧副韧带跟跖部 3. 短外侧副韧带胫距部 4. 短外侧副韧带胫跟部 5. 长外侧副韧带

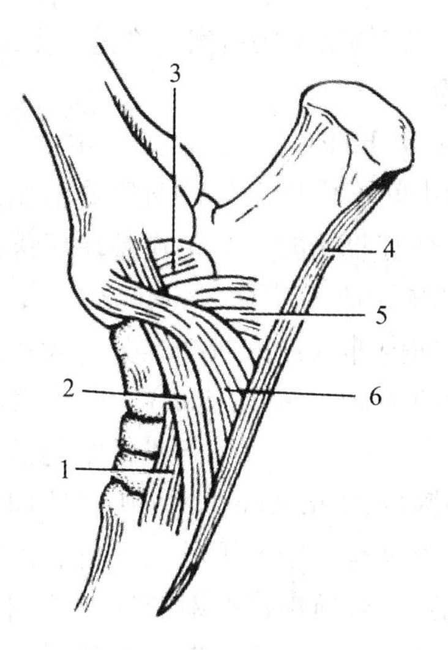

图 2-19 跗关节(内侧面)

1. 距中央远侧跖骨韧带 2. 长内侧副韧带 3. 短内侧副韧带胫距部 4. 跖侧长韧带 5. 短内侧副韧带胫跟部 6. 短内侧副韧带中央跗骨部

(张巧灵 编写 白志坤 校)

第3章

肌　学

3.1　概述

肌肉(muscle)能接受刺激产生收缩，是机体活动的动力器官。根据其形态、机能和位置等不同，可分为3种类型，即平滑肌、心肌和骨骼肌。平滑肌主要分布于内脏和血管；心肌分布于心脏；骨骼肌主要附着在骨骼上，它的肌纤维在显微镜下呈明暗相间的横纹结构，故又称横纹肌。骨骼肌是高度分化的器官，在神经系统支配下，接受刺激后能进行有规律地收缩，实现各种运动，以适应内外环境的变化，维持正常的生命活动。本章介绍畜体全身各部的主要骨骼肌。

3.1.1　肌器官的构造

组成运动器官的每一块肌肉，都是一个复杂的器官，由肌腹和肌腱两部分组成(图3-1)。

3.1.1.1　肌腹

肌腹(muscle belly)是肌器官的主要部分，位于肌器官的中间，由许多骨骼肌纤维借结缔组织结合而成，具有收缩能力。包在整块肌肉外表面的结缔组织称为肌外膜(epimysium)。结缔组织常带有脂肪向内伸入，把肌纤维分为大小不同的肌束，称为肌束膜(perimysium)。肌束膜再向肌纤维之间伸入，包围着每一条肌纤维的结缔组织，称为肌内膜(endomysium)。肌膜是肌肉的支持组织，使肌肉具有一定的形状。血管、淋巴管和神经随着肌膜进入肌肉内，对肌肉的代谢和机能调节有重要意义。当动物营养良好的时候，在肌膜内蓄积有脂肪组织，使肌肉横断面上呈大理石状花纹，此种肉质柔嫩多汁，是品质最好的肉。

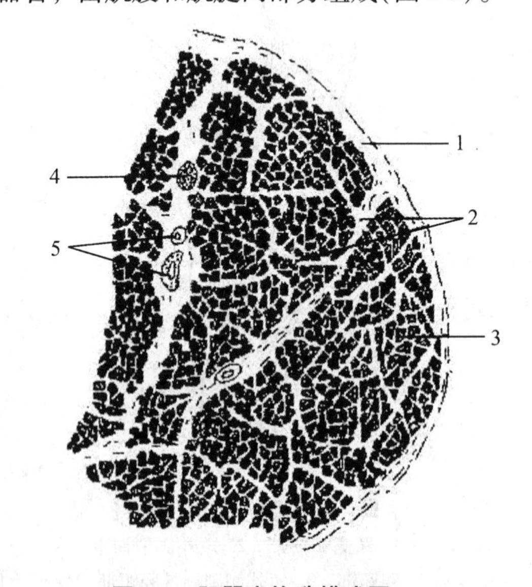

图3-1　肌器官构造模式图

1. 肌外膜　2. 肌束膜　3. 肌内膜　4. 神经　5. 血管

3.1.1.2　肌腱

肌腱(muscle tendon)位于肌腹的两端，由规则的致密结缔组织构成。在四肢多呈索状，在躯干多呈薄板状，又称腱膜。腱纤维借肌内膜直接连接肌纤维的两端或贯穿于肌腹中。腱不能收缩，但有很强的韧性和张力，不易疲劳。其纤维伸入骨膜和骨质中，使肌肉牢固附着于骨上。

3.1.2 肌肉的分类

肌肉由于位置和机能不同，而有不同的形态，一般可分为下列4类(图3-2)。

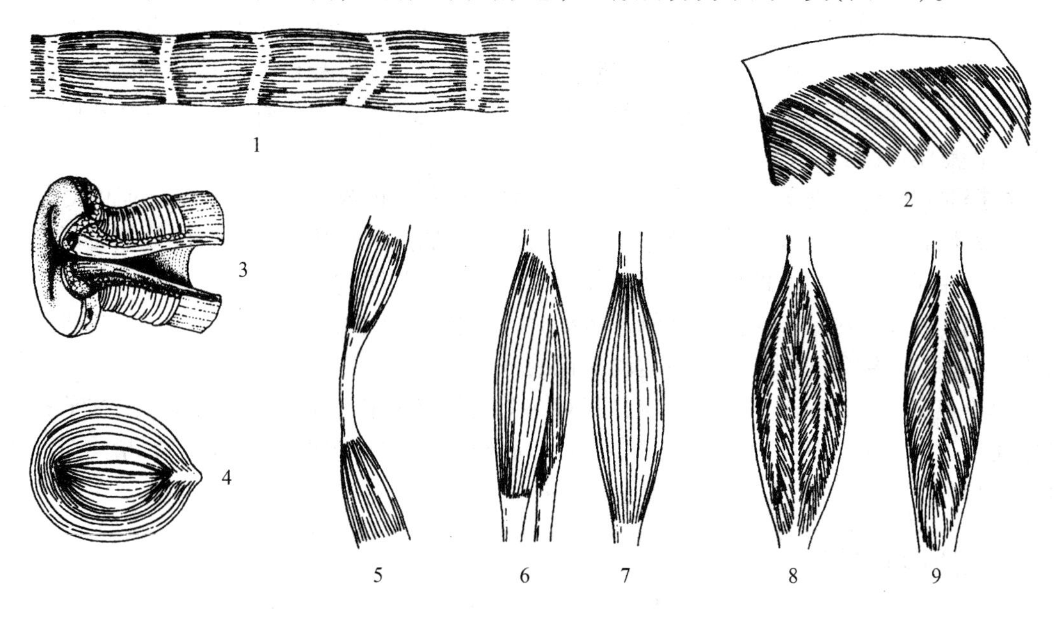

图3-2 骨骼肌的类型

1. 板状肌(腱在中间) 2. 板状肌(形成腱膜) 3. 括约肌 4. 环形肌 5. 二腹肌 6. 二头肌 7. 纺锤形肌 8. 多羽肌 9. 单羽肌

(1)板状肌

板状肌(wide muscle)呈薄板状，主要位于腹壁和肩带部。其形状大小不一，有扇形、锯齿形和带状等。板状肌可延续为腱膜，以增加肌肉的附着面和坚固性。

(2)多裂肌

多裂肌(multifidus muscle)多数沿脊柱两侧分布，具有明显的分节性。各肌束独立存在，或互相结合成一大块肌肉。多裂肌收缩时，只能产生小幅度的运动。

(3)纺锤形肌

纺锤形肌(spindle-shaped muscle)呈纺锤形，主要分布于四肢。中间膨大的部分是肌腹，两端多为腱质。起端是肌头，止端是肌尾。有些肌肉有数个肌头或肌尾。纺锤形肌收缩时，可产生大幅度的运动。

(4)环形肌

环形肌(circular muscle)呈环形，多环绕在自然孔的周围，形成括约肌，收缩时可缩小或关闭自然孔。

此外，畜体内还有一些其他形态的肌肉，如仅有一个肌尾而有数个肌头的臂三头肌、股四头肌，由一中间腱分为两个肌腹的二腹肌，以及由一段肌纤维和一段腱纤维交错构成的具有腱划的腹直肌等。

3.1.3 肌肉的起止点和作用

肌肉一般都借着腱附着在骨、筋膜、韧带和皮肤上，中间跨越一个或几个关节。肌肉收缩时，肌腹变短或粗，使其两端的附着点互相靠近，牵引骨发生相对位移而产生运动。肌肉的不动附着点称起点(origin)，活动附着点称止点(insertion)。四肢肌肉的起点一般都靠近躯干或四肢的近端，止点则远离躯干或四肢的远端。肌肉的起点和止点，随着运动条件改变可以互相转化，即原来的起点变为活动附着点，而止点则变为不动附着点。在自然孔周围的环形肌起止点难以区分。

根据肌肉收缩时对关节的作用，可分为伸肌、屈肌、内收肌和外展肌等。肌肉对关节的作用与其位置有密切关系。伸肌分布在关节的伸面，通过关节角顶，当肌肉收缩时可使关节角变大。屈肌配布于关节的屈面，即关节角内，当肌肉收缩时使关节角变小。内收肌位于关节的内侧，外展肌则位于关节的外侧。运动时，一组肌肉收缩，作用相反的另一组肌肉就适当放松，并起一定的牵制作用，使运动平稳的进行。

起止点之间越过一个关节的肌肉，只对一个关节起作用，如冈上肌只能伸肩关节；起止点之间越过多个关节的肌肉，则可对多个关节起作用，如指深屈肌，不仅能屈指关节，而且可以屈腕关节和伸肘关节。

3.1.4 肌肉的命名

肌肉一般是根据其作用、结构、形状、位置、肌纤维方向及起止点等特征来命名的。如按形状命名的有三角肌、锯肌等；按位置命名的有肋间肌、胸肌、颞肌等；按结构命名的有二头肌、三头肌、二腹肌等；按功能命名的有伸肌、屈肌、内收肌、外展肌、咬肌等；按起止点命名的有臂头肌、胸头肌等；按肌纤维方向命名的有直肌、斜肌、横肌等。但大多数肌肉是结合数个特征而命名的，如指外侧伸肌、腕桡侧屈肌、股四头肌、腹外斜肌等。

3.1.5 肌肉的辅助器官

肌肉的辅助器官包括筋膜、黏液囊、腱鞘、滑车和籽骨。

3.1.5.1 筋膜

筋膜(fascia)为覆盖在肌肉表面的结缔组织膜，又分为浅筋膜和深筋膜。

(1)浅筋膜

浅筋膜(superficial fascia)位于皮下，又称皮下筋膜，由疏松结缔组织构成，覆盖于整个肌系的表面，各部厚薄不一。头及躯干等处的浅筋膜中含有皮肌。营养好的家畜浅筋膜内蓄积大量脂肪，形成皮下脂肪层。浅筋膜有连接皮肤与深部组织、保护、储存脂肪及参与维持体温等作用。

(2)深筋膜

深筋膜(deep fascia)在浅筋膜的深层，由致密结缔组织构成。直接贴附于浅层肌群表面，并深入肌肉之间，附着于骨上，形成肌间隔。深筋膜在某些部位(如前臂和小腿部等)

形成包围肌或肌群的筋膜鞘，或者在关节附近形成环韧带以固定腱的位置，深筋膜还在多处与骨、腱或韧带相连，作为肌肉的起止点。总之，深筋膜成为整个肌系附着于骨骼上的支架，为肌肉的工作提供了有利条件。在病理情况下，深筋膜一方面能限制炎症的扩散，另一方面，有些部位邻近肌肉的深筋膜之间形成筋膜间隙，又成为病变蔓延的途径。

3.1.5.2 黏液囊

黏液囊(bursa mucosa)是密闭的结缔组织囊。由外层的纤维膜和内层的滑膜构成，囊内含有少量滑液(图3-3)。黏液囊多位于肌、腱、韧带及皮肤等结构与骨的突起部之间，分别称为肌下、腱下、韧带下及皮下黏液囊，有减少摩擦的作用。在关节附近的黏液囊，有的与关节腔相通，亦称滑膜囊(synovial bursa)。多数黏液囊是恒定的，即出生时就存在，也有的黏液囊是生后由于摩擦而形成的。在病理情况下，黏液囊可因液体增多而肿胀。

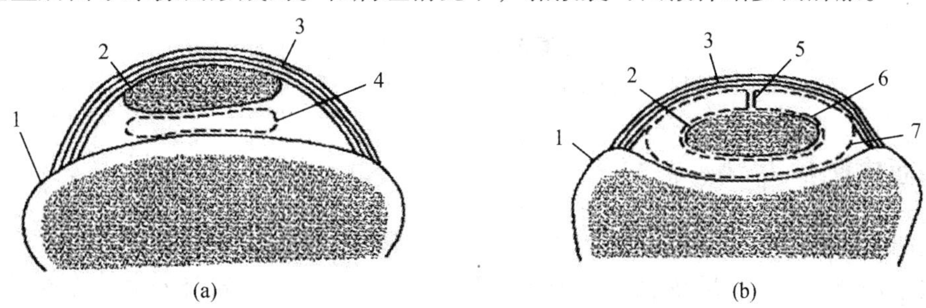

图3-3 黏液囊和腱鞘结构模式图

(a)黏液囊 (b)腱鞘

1. 骨 2. 腱 3. 纤维膜 4. 滑膜 5. 腱系膜 6. 滑膜腱层 7. 滑膜壁层

3.1.5.3 腱鞘

腱鞘(tendon sheath)呈管状，多位于腱通过活动范围较大的关节处，由黏液囊包裹于腱外而成[图3-3(b)]。鞘壁的内(腱)层紧包于腱上，外层以其纤维膜附着于腱所通过的管壁上。内外两层通过腱系膜相连续，两层之间有少量滑液，可减少腱活动的摩擦。腱鞘常因发炎而肿大，称为腱鞘炎。

3.1.5.4 滑车和籽骨

①滑车(trochlea) 为骨的滑车状突起，上有供腱通过的沟，表面覆有软骨，与腱之间常垫有黏液囊，以减少腱与骨之间的摩擦。

②籽骨(sesamoid bone) 为位于关节角的小骨，有改变肌肉作用力的方向及减少摩擦的作用。

3.2 皮肌

皮肌(cutaneous muscle)为分布于浅筋膜中的薄层肌，大部分紧贴在皮肤的深面，仅极少部分附着于骨(图3-4)。皮肌的作用是颤动皮肤，以驱逐蚊蝇及抖掉水珠和灰尘等。

皮肌并不覆盖全身。根据皮肌所在部位，将其分为面皮肌、颈皮肌、肩臂皮肌和躯干皮肌。

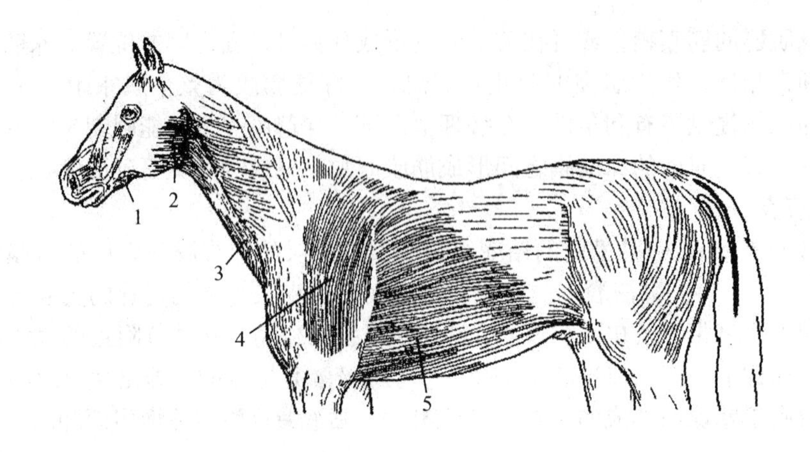

图 3-4 马的皮肌

1. 唇皮肌 2. 面皮肌 3. 颈皮肌 4. 肩臂皮肌 5. 躯干皮肌

3.2.1 面皮肌

面皮肌(cutaneous muscle of face)薄而不完整，覆盖于腮腺，咬肌及下颌间隙，并分出一明显的肌带伸至口角，称唇皮肌，可向后牵引及掣口角。牛的额部还有宽大的额皮肌(cutaneous muscle of forehead)，起于枕部筋膜和角基部，肌纤维斜向前外方，与眼轮匝肌相融合，有使额部皮肤起皱及提举上眼睑的作用。

3.2.2 颈皮肌

牛无颈皮肌。马的颈皮肌(cutaneous muscle of neck)位于颈腹侧部，起自胸骨柄，起始部最厚，斜向前外方展开，渐次变薄，消失于浅筋膜中，部分肌束伸至腮腺的表面。犬的颈皮肌发达，又称为颈阔肌，是完全可以分离的宽大的肌肉，它分浅、深两层：浅层薄，肌纤维由鬐甲走向前下方；深层较厚而宽，由颈背侧部斜向前下方，延续为面皮肌。

3.2.3 肩臂皮肌

肩臂皮肌(cutaneous omobrachial muscle)覆盖于肩臂部，牛的较窄。肌纤维由鬐甲向下延伸至肩端，上端附着于皮肤，下端连于前臂筋膜，后部斜向后上方而与躯干皮肌连续。

3.2.4 躯干皮肌

躯干皮肌(cutaneous muscle of trunk)亦称胸腹皮肌，覆盖于胸腹壁两侧的大部分。肌纤维纵行，前部分成浅、深两部：浅部连于肩臂皮肌；深部与胸深后肌及背阔肌融合，并以薄腱附着于肱骨内侧结节。后部进入膝褶，连接臀股筋膜。上缘变薄，紧贴于皮肤。下缘伸展至脐部附近。

3.3 前肢肌

前肢肌按部位分为肩带肌、肩部肌、臂部肌、前臂部肌和前脚部肌。

3.3.1 肩带肌

肩带肌为连接前肢与躯干的肌肉，多数为板状肌。起于躯干骨，止于肩胛骨或臂骨和前臂骨筋膜。可分为背侧肌群和腹侧肌群。

3.3.1.1 背侧肌群

背侧肌群位于躯干的背侧，有5块(马是4块)肌肉，包括位于肩胛骨背侧浅层的斜方肌和深层的菱形肌、前方的臂头肌和肩胛横突肌(马无此肌)与后方的背阔肌(图3-5～图3-9)。

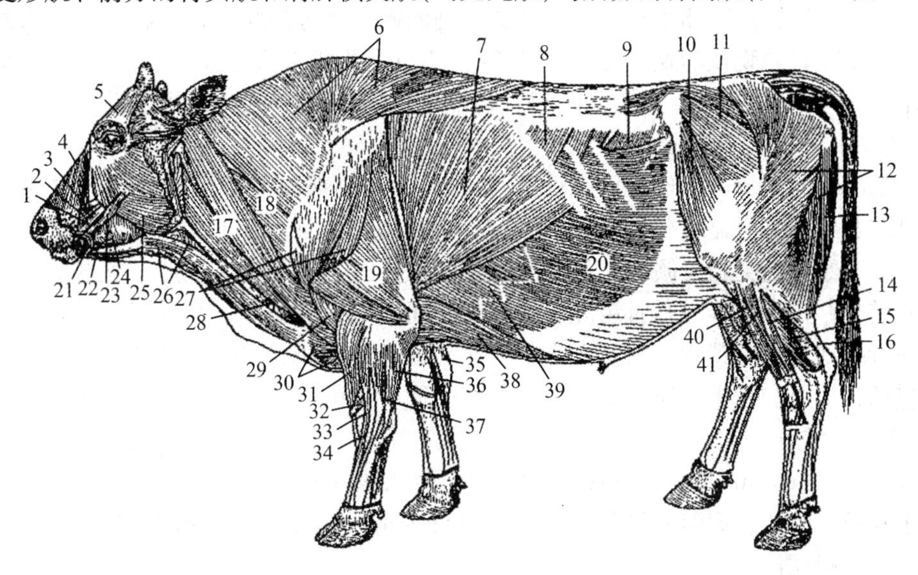

图3-5 牛体浅层肌

1. 上唇降肌 2. 犬齿肌 3. 上唇固有提肌 4. 鼻唇提肌 5. 额皮肌 6. 斜方肌 7. 背阔肌 8. 后背侧锯肌 9. 腹内斜肌 10. 阔筋膜张肌 11. 臀中肌 12. 臀股二头肌 13. 半腱肌 14. 趾外侧伸肌 15. 趾深屈肌 16. 跟腱 17. 臂头肌 18. 肩胛横突肌 19. 臂三头肌 20. 腹外斜肌 21. 口轮匝肌 22. 下唇降肌 23. 颧肌 24. 颊肌 25. 咬肌 26. 胸头肌 27. 三角肌 28. 颈外静脉 29. 臂肌 30. 胸浅肌 31. 腕桡侧伸肌 32. 腕斜伸肌 33. 指内侧伸肌 34. 指总伸肌 35. 腕尺侧屈肌 36. 腕外侧屈肌 37. 指外侧伸肌 38. 升胸肌 39. 胸腹侧锯肌 40. 腓骨第3肌 41. 腓骨长肌

(1)斜方肌

斜方肌(trapezius muscle)呈倒三角形，位于肩颈上部浅层，犬和马的较薄，可分为颈、胸两部；牛的较厚，两部之间无明显分界。颈斜方肌起于项韧带索状部，斜向后下方止于肩胛冈；胸斜方肌起于第3～10胸椎棘突，向前下方止于肩胛冈。此肌有提举、摆动和固定肩胛骨的作用。

(2)菱形肌

菱形肌(rhomboid muscle)位于斜方肌深面，较小，牛和马的菱形肌分颈、胸两部。颈菱形肌呈长菱形，起于项韧带索状部，肌纤维向后纵行(在马)或斜向后下方(在牛)，止于肩胛软骨内侧面；胸菱形肌呈四边形，起于第3~7胸椎棘突，肌纤维向下止于肩胛软骨内侧面。犬的分头、颈、胸3部分，分别起于枕嵴、项韧带索状部和第4~6胸椎棘突，均止于肩胛骨上缘内侧面和肩胛软骨。具有提举肩胛骨和伸头颈的作用。在斜方肌和菱形肌之间形成肩胛上间隙，如鞍伤感染，可以蔓延到间隙内，成为蓄脓场所。

(3)背阔肌

背阔肌(broadest muscle of back)呈三角形，位于胸侧壁上部，肌纤维由后上方斜向前下方，部分被躯干皮肌和臂三头肌覆盖。牛的背阔肌宽，除起于腰背筋膜外，还起于第9~12肋骨、肋间外肌和腹外斜肌表面的筋膜，止点分3部分：前部止于大圆肌腱；中部止于臂三头肌长头内面的腱膜；后部止于肱骨小结节。马的起于腰背腱膜，止于肱骨内侧的大圆肌粗隆。犬的起于腰背筋膜及后两个肋骨，在肩后部与皮肌相混，也止于肱骨内侧的大圆肌粗隆。其作用为向后上方牵引肱骨，屈肩关节，牵引躯干向前，在牛还可协助吸气。

(4)臂头肌

臂头肌(brachiocephalic muscle)呈长带状，位于颈侧部皮下，构成颈静脉沟的上界。牛的臂头肌前宽后窄，明显地分为上、下两部，上部为锁枕肌，起于枕嵴和项韧带；下部为锁乳突肌，起于颞骨乳突和下颌骨，两部会合止于肱骨嵴。马的臂头肌起于枕骨、颞骨和前4个颈椎的横突，止于肱骨三角肌粗隆。犬的臂头肌在肩关节前方，两部汇合处有一横向腱质板，称锁骨腱划，内有锁骨。锁骨腱划将臂头肌划分为后下部的锁臂肌和前上部的锁颈肌，后者又包括锁枕肌和锁乳突肌。主要作用是牵引肱骨向前，伸肩关节；提举和侧偏头颈。

(5)肩胛横突肌

肩胛横突肌(omotransverse muscle)前部位于臂头肌深面，后部位于颈斜方肌与臂头肌之间。起于寰椎翼，止于肩峰部筋膜。有牵引前肢向前，侧偏头颈的作用。马无此肌。

3.3.1.2 腹侧肌群

腹侧肌群位于肩胛骨和肱骨的内侧。本肌群有两块肌肉，包括位于肩胛骨内面的腹侧锯肌和胸骨腹侧的胸肌(图3-5~图3-9)。

(1)胸肌

胸肌(pectoral muscle)位于胸底壁与肩臂部之间皮下。分浅、深两层：浅层为胸浅肌，深层为胸深肌。

胸浅肌较薄，分为前、后两部分：前部为降胸肌(胸浅前肌)，后部为横胸肌(胸浅后肌)，但分界不明显。降胸肌扁而厚，起于胸骨柄，主要止于肱骨嵴。此肌在马圆而厚，突出于胸前部，与对侧肌之间形成胸正中沟；与臂头肌之间形成胸外侧沟，沟内有头静脉通过。横胸肌薄而宽，肌纤维横行，起于胸骨嵴(马)或胸骨腹侧面(牛)，止于前臂内侧筋膜。胸浅肌的主要作用是内收前肢和拉前肢向前。

胸深肌较发达，位于胸浅肌的深层，大部分被胸浅肌覆盖。亦分为前、后两部：前部为锁骨下肌(胸深前肌)，后部为升胸肌(胸深后肌)。马的锁骨下肌较发达，呈三棱形，起于胸骨侧面和前4个肋软骨，经肩关节前内侧止于冈上肌表面；牛的为一狭窄的小肌，起于第

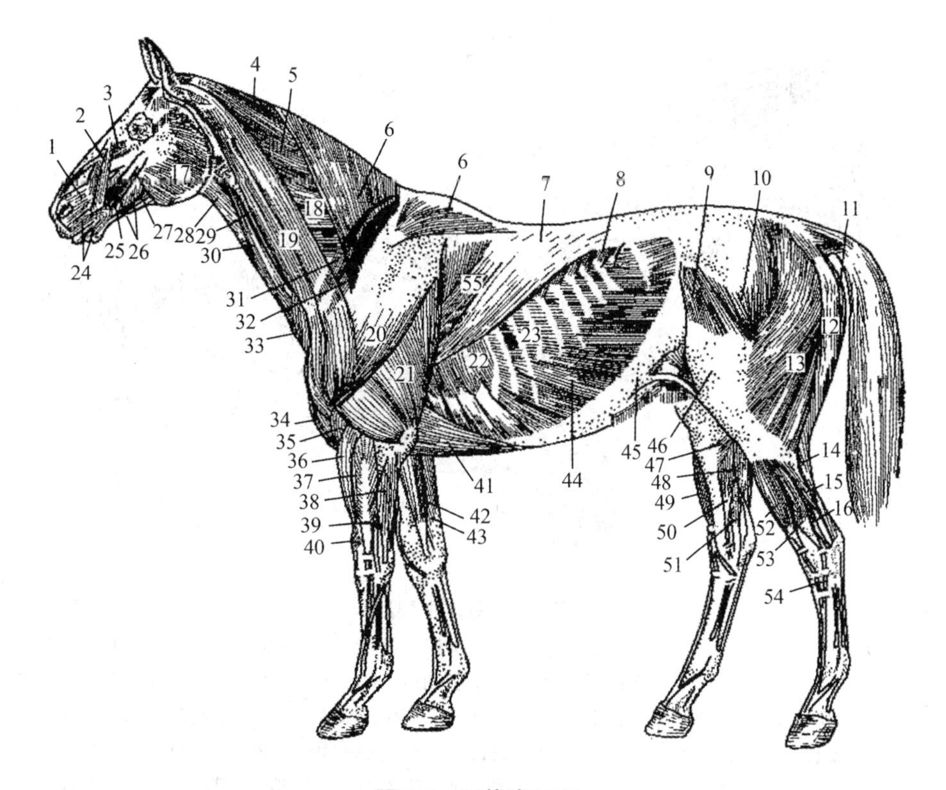

图 3-6 马体浅层肌

1. 犬齿肌 2. 鼻唇提肌 3. 上唇固有提肌 4. 颈菱形肌 5. 夹肌 6. 斜方肌 7. 腰背筋膜 8. 后背侧锯肌 9. 阔筋膜张肌 10. 臀浅肌 11. 半膜肌 12. 半腱肌 13. 臀股二头肌 14. 腓肠肌 15. 比目鱼肌 16. 踇长屈肌 17. 咬肌 18. 颈腹侧锯肌 19. 臂头肌 20. 三角肌 21. 臂三头肌 22. 胸腹侧锯肌 23. 肋间外肌 24. 口轮匝肌 25. 颧肌 26. 颊肌 27. 下唇降肌 28. 肩胛舌骨肌 29. 颈静脉 30. 胸头肌 31. 锁骨下肌 32. 冈上肌 33. 颈皮肌 34. 降胸肌 35. 臂肌 36. 腕桡侧伸肌 37. 指总伸肌 38. 腕外侧屈肌 39. 指外侧伸肌 40. 腕斜伸肌 41. 升胸肌 42. 腕桡侧屈肌 43. 腕尺侧屈肌 44. 腹外斜肌 45. 腹外斜肌腱膜 46. 阔筋膜 47. 腘肌 48. 腓肠肌 49. 趾长伸肌 50. 趾长屈肌 51. 踇长屈肌 52. 趾长伸肌 53. 趾外侧伸肌 54. 趾短伸肌 55. 背阔肌

1 肋软骨，止于臂头肌深面。升胸肌发达，为胸肌中最大者，呈长三角形，前端窄而厚，后端宽而薄，肌纤维纵行。起于腹黄膜和胸骨腹侧面，止于肱骨内、外侧结节。胸深肌的作用是内收前肢、拉前肢向后和牵引躯干向前。

(2)腹侧锯肌

腹侧锯肌(ventral serrate muscle)位于颈、胸部的外侧面，为一宽大的扇形肌，下缘呈锯齿状。可分颈、胸两部，自后 3 ~4 颈椎横突和前 4 ~9(牛)或 8 ~9(马)肋骨外侧面，集聚止于肩胛骨内侧上部锯肌面及肩胛软骨内侧。其作用为举颈、提举和悬吊躯干，并能协助呼吸。

3.3.2 肩部肌

肩部肌位于肩胛骨的内侧及外侧面，起于肩胛骨，止于肱骨，跨越肩关节，有伸、屈肩

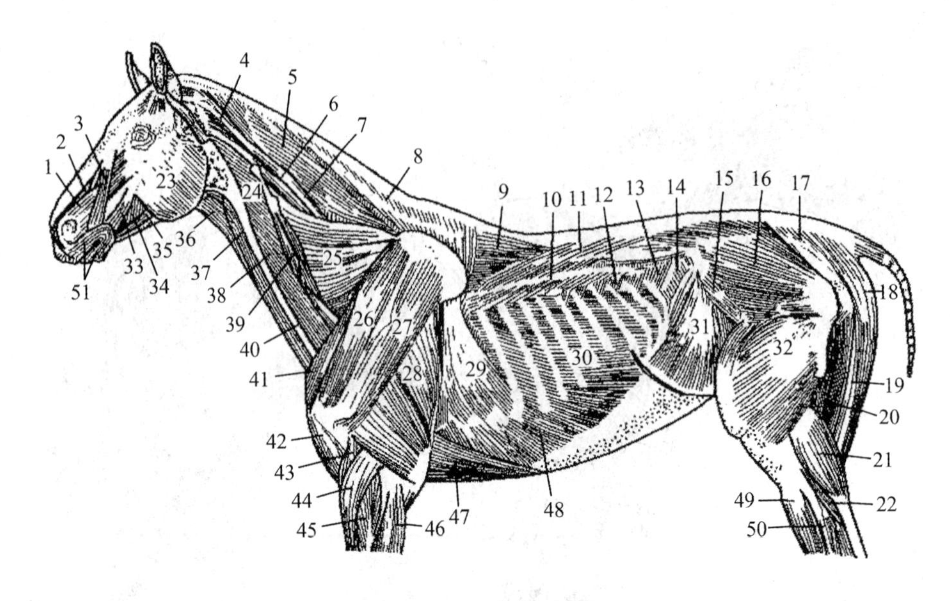

图 3-7 马体中层肌

1. 犬齿肌 2. 上唇固有提肌 3. 鼻唇提肌 4. 头后斜肌 5. 头半棘肌 6. 寰最长肌 7. 头最长肌 8. 菱形肌 9. 背颈棘肌和半棘肌 10. 髂肋肌 11. 腰最长肌 12. 后背侧锯肌 13. 肋缩肌 14. 腹横肌 15. 髂肌 16. 臀中肌 17. 荐结节阔韧带 18. 半腱肌 19. 半膜肌 20. 腓肠肌 21. 比目鱼肌 22. 咬肌 23. 头长肌 24. 颈腹侧锯肌 25. 冈上肌 26. 冈下肌 27. 臂三头肌 28. 胸腹侧锯肌 29. 肋间外肌 30. 腹内斜肌 31. 股外侧肌 32. 口轮匝肌 33. 颧肌 34. 颊肌 35. 下唇降肌 36. 肩胛舌骨肌 37. 胸头肌 38. 肩胛舌骨肌 39. 颈横突间肌 40. 颈静脉 41. 锁骨下肌 42. 臂二头肌 43. 臂肌 44. 腕桡侧伸肌 45. 指总伸肌 46. 腕外侧屈肌 47. 升胸肌 48. 腹外斜肌 49. 趾长伸肌 50. 趾外侧伸肌 51. 口轮匝肌

关节和内收、外展前肢的作用。可分为外侧肌群和内侧肌群。

3.3.2.1 外侧肌群

外侧肌群位于肩胛骨和肩关节的外侧面，包括冈上肌、冈下肌、三角肌和小圆肌(图 3-7、图 3-9 ~ 图 3-11)。

(1)冈上肌

冈上肌(supraspinous muscle)位于肩胛骨冈上窝内。马的冈上肌表面有强韧的腱膜，牛的全为肉质。起于冈上窝、肩胛冈和肩胛软骨，在盂上结节处分两支，分别止于肱骨近端大、小结节。有伸肩关节和固定肩关节的作用。

(2)冈下肌

冈下肌(infraspinous muscle)位于肩胛骨冈下窝内，一部分被三角肌覆盖。起于冈下窝及肩胛软骨，止于肱骨近端外侧结节，腱下有黏液囊。冈下肌除有外展肩关节外，还起着肩关节外侧侧副韧带固定肩关节的作用。

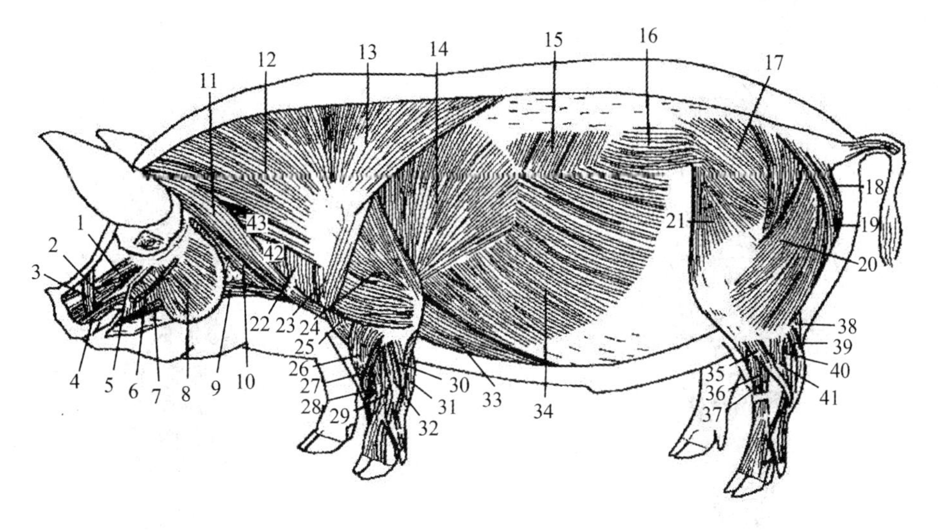

图 3-8 猪体浅层肌

1. 上唇固有提肌 2. 犬齿肌 3. 鼻唇提肌 4. 口轮匝肌 5. 吻降肌 6. 颧肌 7. 下唇降肌 8. 咬肌 9. 胸骨舌骨肌 10. 胸头肌 11. 臂头肌 12. 颈斜方肌 13. 胸斜方肌 14. 背阔肌 15. 后背侧锯肌 16. 髂肋肌 17. 臀中肌 18. 半膜肌 19. 半腱肌 20. 臀股二头肌 21. 阔肌膜张肌 22. 冈上肌 23. 三角肌 24. 臂三头肌 25. 臂肌 26、27. 腕桡侧伸肌 28. 腕斜伸肌 29. 指总伸肌 30. 腕外侧屈肌 31. 指浅屈肌 32. 第5指伸肌 33. 升胸肌 34. 腹外斜肌 35. 腓骨长肌 36. 腓骨第3肌 37. 趾长伸肌 38. 腓肠肌 39. 比目鱼肌 40. 第5趾伸肌 41. 第4趾伸肌 42. 锁骨下肌 43. 肩胛横突肌

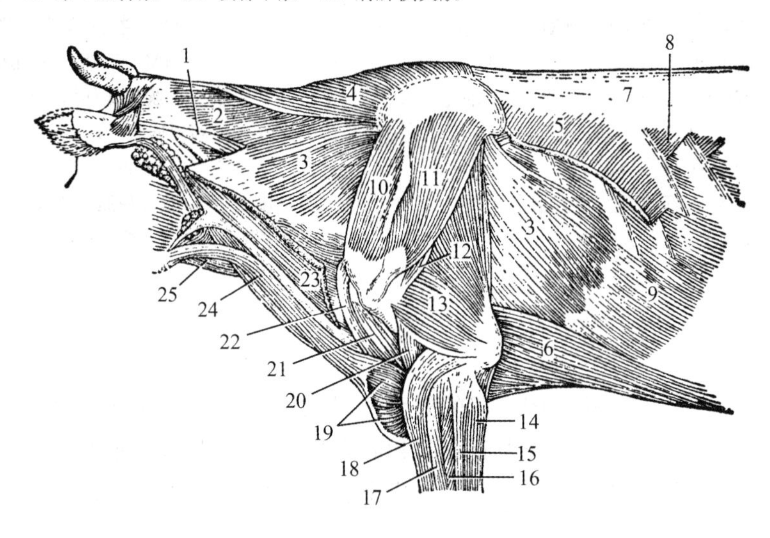

图 3-9 牛肩带部肌(深层)

1. 头最长肌 2. 夹肌 3. 胸腹侧锯肌 4. 菱形肌 5. 背阔肌 6. 胸升肌 7. 胸腰筋膜 8. 后背侧锯肌 9. 腹外斜肌 10. 冈上肌 11. 冈下肌 12. 小圆肌 13. 臂三头肌 14. 腕外侧屈肌 15. 指外侧伸肌 16. 指总伸肌 17. 指内侧伸肌 18. 腕桡侧伸肌 19. 胸降肌 20. 臂肌 21. 臂二头肌 22. 锁骨下肌 23. 臂头肌 24. 胸头肌 25. 胸骨舌骨肌

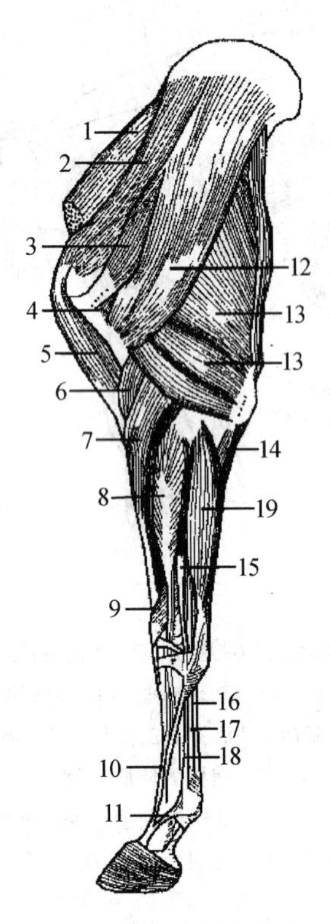

图 3-10 马左前肢外侧肌

1. 锁骨下肌 2. 冈上肌 3. 冈下肌 4. 小圆肌 5. 臂二头肌 6. 臂肌 7. 腕桡侧伸肌 8. 指总伸肌 9. 腕斜伸肌 10. 指总伸肌腱 11. 骨间肌的分支 12. 三角肌 13. 臂三头肌 14. 指深屈肌尺骨头 15. 指外侧伸肌 16. 指浅屈肌腱 17. 指深屈肌腱 18. 骨间肌 19. 腕外侧屈肌

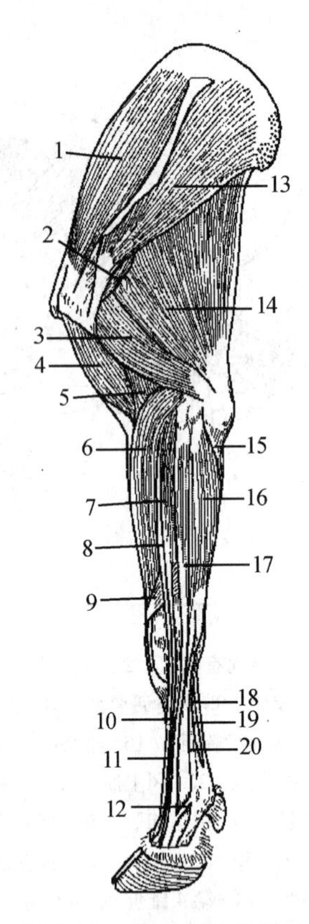

图 3-11 牛左前肢外侧肌

1. 冈上肌 2. 小圆肌 3. 臂三头肌外侧头 4. 臂二头肌 5. 臂肌 6. 腕桡侧伸肌 7. 指总伸肌 8. 指内侧伸肌 9. 腕斜伸肌 10. 指内侧伸肌腱 11. 指总伸肌腱 12. 骨间肌的分支 13. 冈下肌 14. 臂三头肌长头 15. 指深屈肌尺骨头 16. 腕外侧屈肌 17. 指外侧伸肌 18. 指浅屈肌腱 19. 指深屈肌腱 20. 指总伸肌腱

(3)三角肌

三角肌(Deltoid muscle)位于冈下肌的外面。马的呈三角形，起于肩胛冈和肩胛骨后缘，止于肱骨三角肌粗隆。牛、犬的分为肩峰部和肩胛部。肩峰部起于肩胛冈的肩峰，肩胛部起于肩胛骨后缘和冈下肌腱膜，两部汇合后，止于肱骨三角肌粗隆。三角肌有屈肩关节和外展前肢的作用。

(4)小圆肌

小圆肌(minor teres muscle)较小，位于冈下肌、三角肌和臂三头肌之间，起于肩胛骨后缘的下 1/2，止于肱骨三角肌粗隆。有屈肩关节的作用。

3.3.2.2 内侧肌群

内侧肌群位于肩胛骨和肩关节的内侧面，包括肩胛下肌、大圆肌和喙臂肌(图 3-7、图 3-9、图 3-12、图 3-13)。

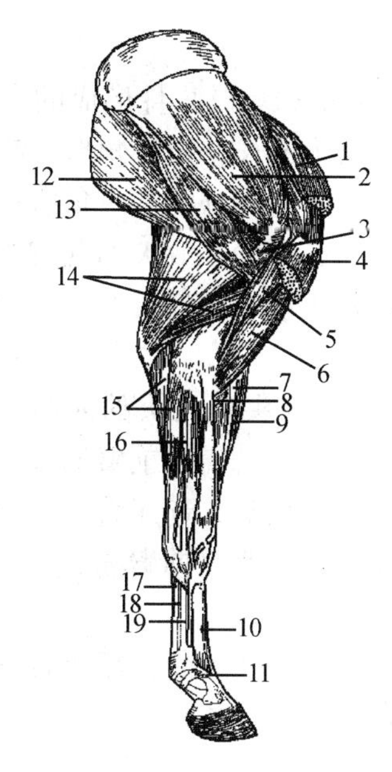

图 3-12 马左前肢内侧肌

1. 锁骨下肌 2. 肩胛下肌 3. 臂肌 4. 胸升肌 5. 喙臂肌 6. 臂二头肌 7. 臂二头肌纤维索 8. 臂肌 9. 腕桡侧伸肌 10. 指总伸肌腱 11. 骨间肌及其分支 12. 背阔肌 13. 大圆肌 14. 臂三头肌 15. 腕尺侧屈肌 16. 腕桡侧屈肌 17. 指浅屈肌腱 18. 指深屈肌腱 19. 骨间肌

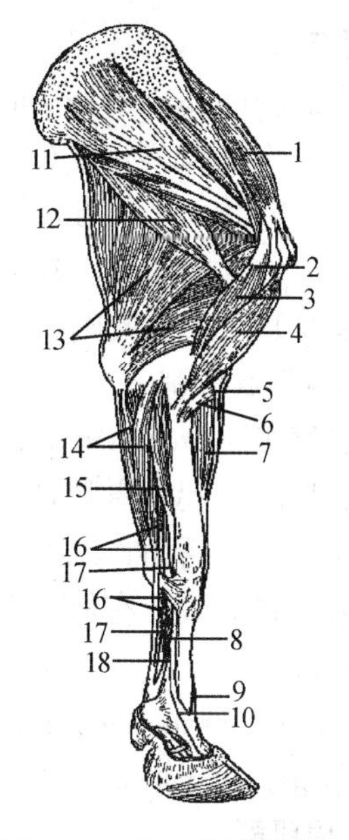

图 3-13 牛左前肢内侧肌

1. 冈上肌 2. 臂肌 3. 喙臂肌 4. 臂二头肌 5. 臂二头肌纤维索 6. 臂肌 7. 腕桡侧伸肌 8. 骨间肌 9. 指内侧伸肌腱 10. 骨间肌及其分支 11. 肩胛下肌 12. 大圆肌 13. 臂三头肌 14. 腕尺侧屈肌 15. 腕桡侧屈肌 16. 指浅屈肌腱 17. 指深屈肌腱 18. 骨间肌及其分支

(1)*肩胛下肌*

肩胛下肌(subscapular muscle)位于肩胛下窝内。起于肩胛下窝，在牛明显分为前、中、后3部分，以一总腱止于肱骨内侧结节。此肌含有大量腱质，可代替内侧副韧带起固定肩关节的作用。

(2)*大圆肌*

大圆肌(teres major)呈扁平长梭形，位于肩胛下肌后缘。起于肩胛骨后缘上部及后角，止于肱骨内侧大圆肌粗隆。具有屈肩关节和内收肱骨的作用。

(3)*喙臂肌*

喙臂肌(coracobrachial muscle)呈扁而小的梭形，位于肩关节和肱骨的内侧上部。起于肩胛骨的喙突，止于肱骨内侧面。具有内收和屈曲肩关节的作用。

3.3.3 臂部肌

臂部肌位于肱骨周围，起于肩胛骨和肱骨，止于前臂骨，主要作用于肘关节。可分伸、屈两组肌群(图 3-10 ~ 图 3-13)。

3.3.3.1 伸肌群

伸肌群位于肱骨和肘关节的后面，可伸肘关节，包括臂三头肌、前臂筋膜张肌和肘肌。

(1)臂三头肌

臂三头肌(brachial triceps muscle)呈三角形，位于肩胛骨后缘与肱骨形成的夹角内，是前肢最大的一块肌肉。分长头、外侧头和内侧头3个头：长头最长，似三角形，起于肩胛骨后缘；外侧头较厚，呈长方形，位于长头的外下方，起于肱骨近端外侧和三角肌粗隆；内侧头最小，起于肱骨内侧面。在犬的长头稍下方，还有一个副头起始，故犬的臂三头肌有4个头。这些头均止于尺骨鹰嘴。主要作用为伸肘关节，其中长头也有屈肩关节的作用。

(2)前臂筋膜张肌

前臂筋膜张肌(tensor muscle of antebrachial fascia)位于臂三头肌长头的内侧和后缘。在马薄而宽，以腱膜起于肩胛骨后缘和背阔肌的止点腱，止于尺骨鹰嘴和前臂筋膜；在牛狭长而薄，起于肩胛骨后角，以一扁腱止于尺骨鹰嘴内侧；犬的薄而窄，起于背阔肌腱膜，止于尺骨鹰嘴和前臂筋膜。有伸肘关节和屈肩关节的作用，在马还可紧张前臂筋膜。

(3)肘肌

肘肌(anconeus muscle)小，呈三棱形，位于臂三头肌外侧头的深面，覆盖着鹰嘴窝，深面接肘关节囊。起于肱骨下1/3的后缘，止于鹰嘴，有伸肘关节的作用。

3.3.3.2 屈肌群

屈肌群位于肱骨和肘关节的前面，可屈肘关节，包括臂二头肌和臂肌。

(1)臂二头肌

臂二头肌(biceps brachii muscle)位于肱骨前面，呈纺锤形(马)或圆柱状(牛)，被臂头肌所覆盖。起于肩胛骨盂上结节，经结节间沟下行(在沟底有大的腱下黏液囊)，大部分以短腱止于桡骨近端背面内侧的桡骨粗隆，还有一细腱加入腕桡侧伸肌，间接止于掌骨。主要作用是屈肘关节，也有伸肩关节的作用。

(2)臂肌

臂肌(brachial muscle)位于肱骨的臂肌沟内。起于肱骨后上部，沿臂肌沟伸延，止于桡骨近端内侧。有屈肘关节的作用。

3.3.4 前臂及前脚部肌

前臂及前脚部肌多数为纺锤形肌，肌腹大部分位于前臂部，于腕关节附近变成肌腱。起于肱骨远端或前臂骨近端，一部分止于腕骨和掌骨，为腕关节的伸肌和屈肌；另一部分止于指骨，为指关节的伸肌和屈肌。除腕尺侧屈肌外，其他各肌的肌腱在经过腕关节时，均包有腱鞘。前臂及前脚部肌可分为背外侧肌群和掌内侧肌群(图3-10～图3-13)。

3.3.4.1 背外侧肌群

背外侧肌群位于前臂部的背外侧，是作用于腕、指关节的伸肌。共有5块(或4块)，由前向后依次为腕桡侧伸肌、指内侧伸肌(马无此肌)、指总伸肌、指外侧伸肌，在前臂下部还有腕斜伸肌。

(1)腕桡侧伸肌

腕桡侧伸肌(extensor carpi radialis muscle)位于前臂部背侧皮下，为前臂部最大的肌肉，起于肱骨外侧上髁，止于掌骨粗隆。其肌腱在腕关节背侧面包有腱鞘。犬的腕桡侧伸肌分内、外两部，分别止于第2、第3掌骨。此肌有伸腕关节和屈肘关节的作用。

(2)腕斜伸肌

腕斜伸肌(extensor carpi oblique muscle)又称拇长外展肌，呈薄而小的三角形，在指伸肌覆盖下，起于桡骨下半部外侧，在指总伸肌的覆盖下，越过腕桡侧伸肌腱表面斜向腕关节内侧，止于第2(马)或第3(牛)掌骨近端。其腱在腕部包有腱鞘。可伸腕关节。

(3)指内侧伸肌

指内侧伸肌(medial digital extensor muscle)又称第3指固有伸肌，位于腕桡侧伸肌和指总伸肌之间，肌腹和腱紧贴其后缘的指总伸肌及其腱，在腕部包在同一个腱鞘内。起于肱骨外侧上髁，以长腱止于第3指的中指节骨和远指节骨。有伸第3指的作用。该肌与腕桡侧伸肌之间形成桡沟，沟内有肘横动、静脉和神经通过。马无此肌。

(4)指总伸肌

马的指总伸肌(commonextensor muscle of digits)位于腕桡侧伸肌后方，在桡骨的外侧。起于肱骨远端背侧，至前臂下部延续为腱，经腕关节背外侧、掌骨和系骨背侧向下伸延，止于远指节骨(蹄骨)的伸肌突。主要作用是伸指关节、腕关节，也有屈肘关节的作用。

牛的指总伸肌较细，位于指内侧伸肌和指外侧伸肌之间，起于肱骨外侧上髁(浅头)和尺骨外侧面(深头)，其腱沿腕关节和掌骨的背侧面向下伸延，至掌指关节处分为两支，均包有腱鞘，分别止于第3、第4指远指节骨的伸肌突。犬的指总伸肌有4个肌腹，末端腱分别止于第2、第3、第4、第5指的远指节骨。

(5)指外侧伸肌

指外侧伸肌(lateral digital extensor muscle)位于指总伸肌后方，又称第4指固有伸肌，起于肘关节外侧副韧带和前臂骨近端的外侧面，于前臂远端变成腱。其腱经过腕关节外侧时包有腱鞘，向下沿指总伸肌腱外侧缘下行，止于近指节骨近端背侧(马)或第4指的中指节骨和远指节骨。有伸指关节和腕关节的作用。马的较小，牛的发达。

3.3.4.2 掌内侧肌群

掌内侧肌群位于前臂部内侧和后外侧，是作用于腕、指关节的屈肌。共有5块，即后外侧的腕外侧屈肌，内侧的腕桡侧屈肌和腕尺侧屈肌以及在腕外侧屈肌和腕尺侧屈肌之间的指浅屈肌和指深屈肌。

(1)腕外侧屈肌

腕外侧屈肌(flexor carpi lateral muscle)也叫作腕尺侧伸肌(extensor carpi ulnaris muscle)，又称尺骨外侧肌，位于前臂外侧后部，在指外侧伸肌后方。起于肱骨远端外侧上髁，沿指外侧伸肌后缘下行，止于副腕骨和大掌骨近端。止于掌骨的肌腱包有腱鞘。有屈腕关节的作用，亦可伸肘关节。

(2)腕桡侧屈肌

腕桡侧屈肌(flexor carpi radialis muscle)位于前臂部内侧，在桡骨之后。起于肱骨内侧上髁，下行到桡骨远端变为腱，并包有腱鞘，止于第2掌骨近端(马)或第3掌骨近端(牛)。有屈腕关节的作用，亦可伸肘关节。腕桡侧屈肌与桡骨内侧面之间形成正中沟，沟内有同名的血管和神经通过。

(3)腕尺侧屈肌

腕尺侧屈肌(flexor carpi ulnaris muscle)位于前臂内侧后部，在腕桡侧屈肌后方。起于肱骨内侧上髁和鹰嘴内侧，以短腱止于副腕骨。有屈腕关节的作用，亦可伸肘关节。该肌与腕尺侧伸肌之间形成尺沟，沟内有尺侧副动、静脉和尺神经通过。

(4)指浅屈肌

指浅屈肌(flexor digitorum superficialis muscle)位于前臂后部，被腕关节的屈肌所包围。马的指浅屈肌分别起于肱骨内侧上髁和桡骨掌侧面(为一强纤维带)，两支在腕关节附近合成一总腱，至掌指关节处，此腱构成一屈肌腱筒，供指深屈肌腱通过，至近指节骨掌侧中部分为2支，止于近、中指节骨掌侧。牛的指浅屈肌起于肱骨内侧上髁，肌腹分浅、深两部，到前臂远端两部分别变为腱。浅腱经过腕管的表面，深腱经过腕管向下延伸，至掌中部合成一总腱，然后又立即分为2支，每支在掌指关节上方掌侧与来自骨间肌的腱板会合，并各自形成腱环，供指深屈肌腱通过，向下分别止于第3、第4指的中指节骨。犬的指浅屈肌位于前臂部内面掌侧浅层，其远端分为4个腱，止于第2~5指的中指节骨。

指浅屈肌的作用是在前进运动中屈指关节和腕关节，并伸肘关节。站立时可支持体重，与骨间肌(悬韧带)一起，有防止掌指关节向背侧过度屈曲的作用。

(5)指深屈肌

指深屈肌(flexor digitorum profundus muscle)位于前臂后部，被腕关节的屈肌和指浅屈肌所包围。由肱骨头、尺骨头和桡骨头组成。它们分别起于肱骨内侧上髁、鹰嘴内侧面和桡骨中部后面。3头在腕关节附近合成一总腱，经腕管向下伸延至掌部，在骨间肌(在深面)与指浅屈肌腱(在浅面)之间下行。马的在掌指关节后方穿过指浅屈肌腱构成的腱环，止于远指节骨的屈肌面。牛的至掌指关节上方分为两支，分别穿过指浅屈肌腱所形成的腱环，止于第3、第4指的远指节骨屈肌面。犬的分为5支，止于第1~5指的远指节骨。指深屈肌的作用同指浅屈肌。

(6)骨间肌

骨间肌(interosseus muscle)又称悬韧带或籽骨上韧带，位于掌骨后面。幼牛几乎全为肌质，成年牛腱质强厚，但仍有肌质。马的已变成肌纤维很少的腱索。

除上述肌肉外，在犬前臂部肌还有：旋前圆肌，位于前臂内侧，腕桡侧伸肌与腕桡侧屈肌之间，起于肱骨内侧上髁，止于桡骨中部背内侧缘；旋前方肌，位于桡骨和尺骨之间，可向前旋前臂和爪；旋后肌，位于腕桡侧伸肌深面，起于臂骨外侧上髁，止于桡骨上端的背内侧面；第1、第2指固有伸肌，位于指总伸肌深部的一块肌肉，伴随指总伸肌下行，止于第1、第2指。

3.4 躯干肌

躯干肌包括脊柱肌、颈腹侧肌、胸廓肌和腹壁肌。

3.4.1 脊柱肌

脊柱肌是支配脊柱活动的肌肉，根据其部位可分为脊柱背侧肌群和脊柱腹侧肌群(图3-14)。

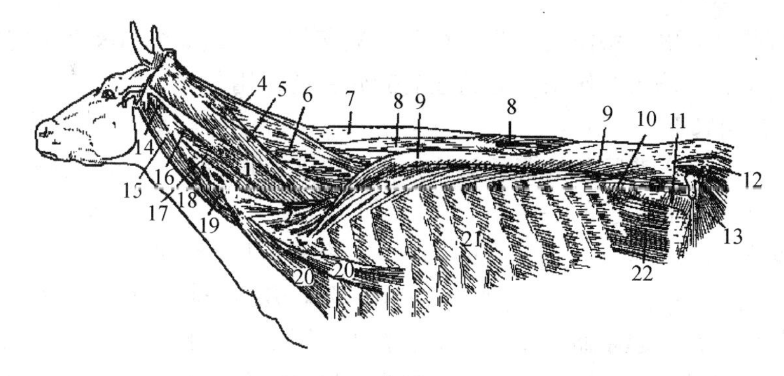

图3-14 牛躯干深层肌

1. 头最长肌 2. 颈最长肌 3. 髂肋肌 4、7. 项韧带索状部 5、6. 头半棘肌 8. 背颈棘肌和半棘肌 9. 背腰最长肌 10. 肋缩肌 11. 腹内斜肌 12. 臀中肌 13. 阔筋膜张肌 14. 头前斜肌 15. 头长肌 16. 头后斜肌 17. 环最长肌 18. 颈横突间肌 19. 横突间长肌 20. 斜角肌 21. 肋间外肌 22. 腹外斜肌

3.4.1.1 脊柱背侧肌群

脊柱背侧肌群很发达，位于脊柱的背外侧。分为颈部背侧肌群和背腰部背侧肌群。

(1)颈部背侧肌群

颈部背侧肌群位于颈部的背外侧，部分为肩胛骨和颈部肩带肌所覆盖。其中主要的有浅层的夹肌和夹肌深面的头半棘肌和头寰最长肌，还有在后4个颈椎背侧的颈最长肌。

①夹肌(splenius muscle) 位于颈侧部皮下，宽而薄，呈三角形，在鬐甲、项韧带索状部与颈椎和头部之间，其后部被颈斜方肌和颈腹侧锯肌所覆盖。起自(与第4、第5胸椎相对的)棘横筋膜和项韧带索状部，斜向前下方，止于枕骨、颞骨和前4个(牛)或前5个(马)颈椎横突；在犬起自腰背筋膜的前缘、前3个胸椎棘突和整个项韧带索状部，止于枕骨项嵴和颞骨乳突部。猪的夹肌很发达，肌腹中部向前分为3支，分别止于枕骨、颞骨和寰椎翼。作用是两侧同时收缩可抬头颈，一侧收缩则偏头颈。

②头半棘肌(semispinal muscle of head) 又称复肌，位于夹肌的深面和项韧带板状部之间，呈三角形，表面有3~5条斜行的腱划。起自前8~9个(牛)或5~7个(猪和马)或3~4个(犬)胸椎横突和后5个(在犬是后4个)颈椎关节突，以宽腱止于枕骨。有抬、偏头颈的作用。

③头寰最长肌(longest muscle of caput - atlas) 位于夹肌的深面，头半棘肌的下方，为两条平行的梭形肌，背侧的较宽，为头最长肌；腹侧的较窄，为寰最长肌。起于前2~4个胸椎横突和后4、5个颈椎关节突，分别止于颞骨乳突和寰椎翼。有抬、偏头颈的作用。

④颈最长肌(longest muscle of neck) 呈尖端向后的三角形，位于后4个颈椎的背侧，为背腰最长肌的向前延续，被颈腹侧锯肌所覆盖。牛、马的起于前7个胸椎横突，止于后4个颈椎横突。猪的起于前4个胸椎横突，止于后5个颈椎横突。犬的颈最长肌和猪的基本相似。作用为升颈。

除此以外，在脊柱背侧肌群深层还有一些小肌。颈多裂肌，位于头半棘肌的深面，在后6个颈椎椎弓背侧，由一系列的短肌束组成。头背侧大直肌，在项韧带索状部的下方与枕骨之间。头背侧小直肌，在前肌之下。头后斜肌，在枢椎和寰椎的背外侧。头前斜肌，短而厚，在寰枕关节的背外侧。颈横突间肌，在颈椎横突与横突或横突与关节突之间。上述诸肌有不同程度的伸头和侧偏头的作用，有的还有旋转头的作用。

(2)背腰部背侧肌群

背腰部背侧肌群位于背腰部的背外侧，在鬐甲部为肩胛骨和肩带肌所覆盖。主要有浅层的背腰最长肌、髂肋肌和深层的一些小肌肉。

①背腰最长肌(dorsolumbar longest muscle) 为全身最长大的肌肉，呈三棱形，由许多肌束结合而成，表面覆盖一层强厚的腱膜。位于胸、腰椎棘突与横突和肋骨椎骨端所形成的夹角内，自髂骨伸向颈部。起于髂骨嵴、荐椎、腰椎和后部胸椎棘突，止于腰椎、胸椎和最后颈椎的横突以及肋骨的外面。此肌的作用是伸展背腰，侧偏胸腰脊柱；跳跃时提举躯干前部和后部。此肌在肉品学上称作外脊(一直误称为里脊)，它比较柔嫩，常单独分割出售或出口。

②髂肋肌(iliocostal muscle) 位于背腰最长肌的腹外侧，狭长而分节，由一系列斜向前下方的肌束组成。起于腰椎横突末端和后10个(牛)或后15个(马)肋骨的外侧和前缘，犬起于髂骨，向前止于所有肋骨的后缘和最后颈椎横突(牛、马)或后4个颈椎(犬)。其作用为向后牵引肋骨，协助呼吸。髂肋肌与背腰最长肌之间形成髂肋肌沟，沟内有针灸穴位。

除此以外，尚有位于深层的一些小肌肉。背腰多裂肌，在胸、腰椎棘突两侧，被背腰最长肌所覆盖，由胸、腰椎横突斜向前上方至棘突。腰横突间肌，薄而富含腱质，在腰椎横突之间。

3.4.1.2 脊柱腹侧肌群

脊柱腹侧肌群不发达，主要位于脊柱的颈部和腰部，分为颈椎腹侧肌和腰椎腹侧肌。

(1)颈椎腹侧肌

颈椎腹侧肌紧贴颈椎和前部胸椎的腹侧，主要有斜角肌、头长肌和颈长肌。

①斜角肌(scalene muscle) 位于颈后部和胸侧壁前部的腹外侧，表面有膈神经横过，分为上、下两部，两部之间有臂神经丛通过。马的为中斜角肌，起于第4、5颈椎横突，肌腹斜向后下方，止于第1肋骨。牛的上部为背斜角肌，起于第5~7颈椎横突，止于第3、第4肋骨；下部为腹斜角肌，起于第3~7颈椎横突，止于第1肋骨。犬的斜角肌也分上、下两部，上部为背侧斜角肌，起于第2(3)~7颈椎横突，向后分为两个肌腹，上肌腹止于第3、4肋骨，下肌腹以长而薄的腱止于第7、8肋骨；下部为腹侧斜角肌，起于第4~7颈椎横突，止于第1肋骨。作用是牵引前部肋向前，协助吸气，另外还可屈颈或侧偏颈。

②头长肌(Long muscle of head) 又称头腹侧大直肌，位于前部颈椎的腹外侧，向前一直伸至颅底部，由许多长肌束组成。起于第2~5(马)或第2~6(牛)颈椎横突，止于枕骨基底部。作用为屈头。

③颈长肌(long muscle of neck) 分颈、胸两部分，分别位于颈椎椎体和前6(7)个胸椎椎体的腹侧，由许多分节性的短肌束组成。作用为屈颈。

除此以外，尚有两块小肌。头腹侧直肌，位于寰枕关节的腹侧，多被头长肌覆盖。头外侧直肌，位于寰枕关节的腹外侧，被头前斜肌所覆盖。上述二肌有屈头作用。

(2)腰椎腹侧肌

腰椎腹侧肌紧贴腰椎的腹侧，包括腰小肌、腰大肌和腰方肌，常合称为腰下肌。腰下肌在肉品学上称作内(里)脊，最鲜嫩。

①腰小肌(minor psoas muscle) 狭而长，为半羽状肌，位于腰椎椎体腹侧面的两侧。起于后3个胸椎(马)或最后胸椎(牛)和腰椎椎体腹侧，止于髂骨腰小肌结节。作用是屈腰和下降骨盆。

②腰大肌(major psoas muscle) 是腰下肌中最大的肌肉，宽扁而长，位于腰小肌的外侧。起于后2~3个肋骨椎骨端和腰椎锥体及横突的腹侧，与髂肌合成髂腰肌，以同一止腱止于股骨小转子。作用是屈腰和屈曲髋关节。

③腰方肌(quadratus lumborum) 较薄，位于腰椎横突的腹侧，大部分在腰大肌的深面。起于后2~3个胸椎椎体腹外侧及相应肋骨的椎骨端和腰椎横突腹侧，止于腰椎横突前缘和髂骨翼的腹侧面。作用是两侧同时收缩时可固定腰椎，一侧收缩时则屈腰。

3.4.2 颈腹侧肌

颈腹侧肌位于颈部器官(食管和气管等)腹侧和两侧皮下，为长带状肌。包括胸头肌、胸骨甲状舌骨肌和肩胛舌骨肌(图3-15)。

3.4.2.1 胸头肌

胸头肌(sternocephalicus muscle)长而窄，呈带状，位于颈腹侧部的外侧。它与臂头肌之间形成颈静脉沟，沟内有颈静脉。起于胸骨柄，开始左右二肌靠拢，至颈中部才逐渐分开，马的以扁腱经腮腺的深面止于下颌骨后缘；猪和犬的止于颞骨乳突。牛和羊的胸头肌分为浅、深两部，浅部为胸下颌肌，止于下颌骨下缘和咬肌前缘；深部为胸乳突肌，位于气管腹侧，肌腹斜向前上外侧，经颈静脉和腮腺的深面，止于颞骨乳突，它是构成牛、羊颈静脉沟(前半部)沟底的肌肉层。有屈头颈或侧偏头颈的作用。

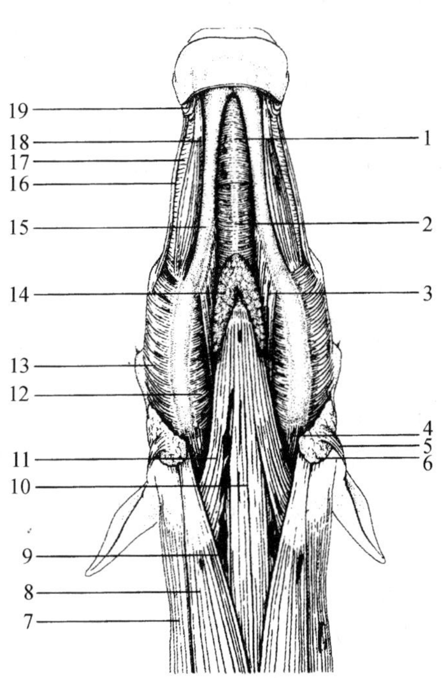

图3-15 马头颈部腹侧肌

1. 下颌舌骨肌前部 2. 下颌舌骨肌 3. 二腹肌前部 4. 枕下颌肌 5. 腮耳肌 6. 腮腺 7. 臂头肌 8. 胸头肌 9. 胸骨甲状肌 10. 胸骨舌骨肌 11. 肩胛舌骨肌 12. 翼内肌 13. 咬肌 14. 下颌淋巴结 15. 下颌骨 16. 颧肌 17. 颊肌 18. 下唇降肌 19. 口轮匝肌

3.4.2.2 胸骨甲状舌骨肌

胸骨甲状舌骨肌(sternothyrohyoid muscle)呈扁平窄带状，位于气管腹侧。左右二肌同起于胸骨柄(在猪和犬还起于第1肋骨下部或第1肋软骨)，沿气管腹侧向头部伸延(该部完全被胸头肌所覆盖)，至颈中部两侧的同名肌相互分离，并逐渐转至气管的腹外侧，至颈前部每侧的肌肉分为内、外两支，外侧支止于喉的甲状软骨，称为胸骨甲状肌；内侧支沿喉的腹正中线两旁前行，止于舌骨体，称为胸骨舌骨肌。作用为向后牵引舌和喉，协助吞咽。

3.4.2.3 肩胛舌骨肌

肩胛舌骨肌(omohyoid muscle)呈薄带状，后半部紧贴于臂头肌的深面。牛的起于第3、4颈椎横突和筋膜，斜向前下方，经喉的外侧而止于舌骨体。马和猪的起于肩胛下筋膜，扁薄的肌腹沿臂头肌的深部前行，并斜过颈静脉沟(前半部)的深面，转向前下方，经喉的外侧而止于舌骨体，它是构成马、猪颈静脉沟底的肌肉层。作用同胸骨甲状舌骨肌。

3.4.3 胸廓肌

胸廓肌分布于胸腔的侧壁，并形成胸腔的后壁。胸廓肌收缩可改变胸腔的横径和前后径，参与呼吸运动，故也称呼吸肌。根据其机能可分为吸气肌和呼气肌。

3.4.3.1 吸气肌

吸气肌除膈外，都分布于胸侧壁，肌纤维由前上方斜向后下方，收缩时可使肋向前向外，使胸腔变大而引起吸气动作。包括肋间外肌、膈、前背侧锯肌、胸直肌和斜角肌等。

(1)肋间外肌

肋间外肌(external intercostal muscle)位于肋间隙的浅层。起于前一肋骨的后缘，肌纤维斜向后下方，止于后一肋骨的前缘。可向前外方牵引肋骨，使胸腔扩大，引起吸气。

(2)膈

膈(diaphragm)位于胸、腹腔之间，呈圆顶状，突向胸腔。由周围的肌质部和中央的腱质部组成。肌质部根据其附着部位，又分为腰部、肋部和胸骨部。腰部由长而粗的左、右膈脚构成。左膈脚较小，附着于前2个腰椎腹侧；右膈脚较大，附着于前4个腰椎腹侧。两脚均向中央腱质部延伸并扩散。肋部周缘呈锯齿状，附着于胸侧壁的内面，其附着线呈一斜行弓状线，由剑状软骨沿第8(牛)或第7~15(马)肋骨和肋软骨的结合线向上，经过第9~13(牛)或第16~18(马)肋骨至腰部。胸骨部附着于剑状软骨的上面。腱质部由强韧而发亮的腱膜构成，突向胸腔，称为中心腱。

膈上有3个孔，由上而下依次为：主动脉裂孔(aortic hiatus)，位于左、右膈脚之间，供主动脉、胸导管、左奇静脉(牛)或右奇静脉(马)通过；食管裂孔(esophageal hiatus)，位于右膈脚中，接近中心腱，供食管和迷走神经通过；后腔静脉孔(ostium venae cavae caudalis)，位于中心腱上，供后腔静脉通过(图3-16)。

膈是主要的吸气肌，收缩时使突向胸腔的部分变扁平，从而增大胸腔的纵径，致使胸腔扩大，引起吸气。

(3)前背侧锯肌

前背侧锯肌(cranial dorsal serrate muscle)呈四边形，下缘为锯齿状，由几片薄肌组成。位于胸壁的前上部，背腰最长肌和髂肋肌的表面，被背阔肌和胸腹侧锯肌所覆盖。以腱膜起于背腰筋膜，肌纤维斜向后下方，止于第5~11(马)或第6~9(牛)肋骨近端外侧面。可向前牵引肋骨，使胸腔扩大，协助吸气。

(4)胸直肌

胸直肌(thoracic rectus muscle)较薄，呈四边形，位于胸侧壁的前下部，起于第1肋骨下端外面，肌纤维斜向后下方，止于第3~4肋软骨外面。可协助吸气。

3.4.3.2 呼气肌

呼气肌肌纤维由后上方斜向前下方，收缩时牵引肋骨向后，使胸腔缩小，引起呼气动

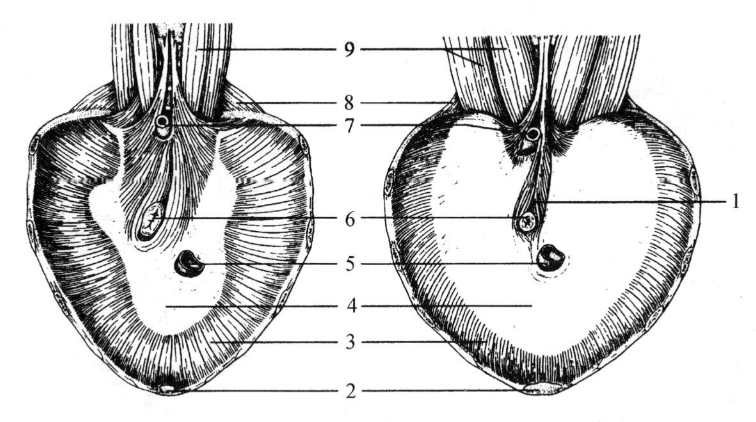

图3-16 犬和马的膈

1. 迷走神经 2. 剑状软骨 3. 肉质缘 4. 中央腱 5. 后腔静脉孔 6. 食管裂孔 7. 主动脉裂孔 8. 肋缩肌 9. 腰肌

作。包括肋间内肌、后背侧锯肌、肋缩肌和胸廓横肌。

(1)肋间内肌

肋间内肌(internal intercostal muscle)位于肋间外肌的深面，起于后一肋的前缘，肌纤维斜向前下方，止于前一肋的后缘。可向后向内牵引肋，使胸腔缩小，引起呼气。

(2)后背侧锯肌

后背侧锯肌(caudal dorsal serrate muscle)为薄肌片，位于胸侧壁的后上部，背腰最长肌和髂肋肌的表面。以腱膜起于背腰筋膜，肌纤维斜向前下方，止于后7~8个(马)或后3~4个(牛)肋骨近端外侧面。可向后牵引肋骨，使胸腔缩小，协助呼气。

(3)肋缩肌

肋缩肌(costal retractor)又称肋退肌或腰肋肌，为三角形小薄肌，被后背侧锯肌所覆盖。起于前3个腰椎横突，止于最后肋骨近端后缘。可向后牵引最后肋骨，协助呼气。

(4)胸横肌

胸横肌(thoracal transverses muscle)为一扁平肌，位于胸骨和真肋肋软骨的胸腔面。起于胸骨韧带，向两侧止于第2~8肋软骨。可牵引肋骨与肋软骨向内后方，协助呼气。

3.4.4 腹壁肌

腹壁肌构成腹腔的侧壁和底壁，都是板状肌。前连肋骨，后连髋骨，上面附着于腰椎，下面左、右两侧的腹壁肌在腹底壁正中线上，以腱质相连，形成一条白线，称腹白线(linea alba abdominis)。在腹白线的中部有脐的痕迹。在牛和马等草食动物，腹壁肌外面的深筋膜含有大量的弹性纤维，呈黄色，称为腹黄膜，但犬腹壁肌没有腹黄膜。

腹壁肌共有4层，由外向内顺次为腹外斜肌、腹内斜肌、腹直肌和腹横肌(图3-17、图3-18)。

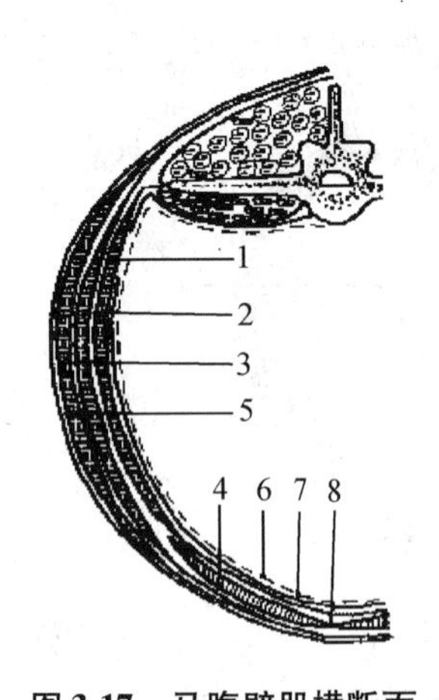

图 3-17 马腹壁肌横断面

1. 腹横肌 2. 腹内斜肌 3. 腹外斜肌 4. 腹直肌 5. 腹黄膜 6. 腹膜 7. 腹横筋膜 8. 腹白线

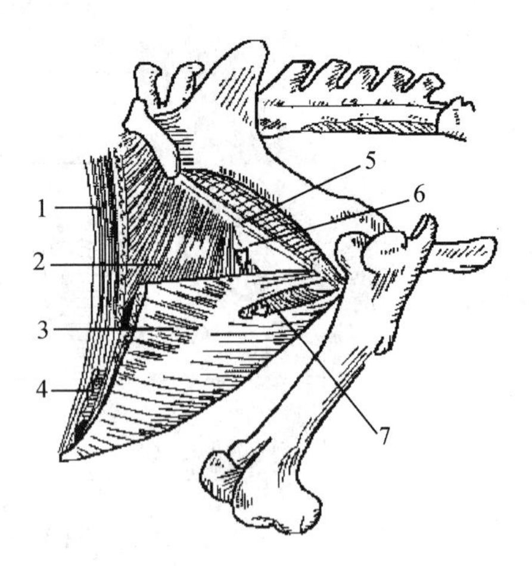

图 3-18 马腹壁肌模式图

1. 腹横肌 2. 腹内斜肌 3. 腹外斜肌 4. 腹直肌 5. 腹股沟韧带 6. 腹股沟管腹环 7. 腹股沟管皮下环

3.4.4.1 腹外斜肌

腹外斜肌(external oblique muscle of abdomen)为腹壁肌的最外层，覆盖着腹壁的两侧和底部以及胸侧壁的一部分。以肌齿起于第 5 至最后肋骨的中上部外面和肋间外肌表面的筋膜，肌纤维斜向后下方，在肋弓的后下方延续为宽大的腱膜，主要止于腹白线和耻前腱。腱膜的外面与腹黄膜紧密接触，内面与腹内斜肌腱膜的外层结合。自髋结节至耻前腱，腱膜强厚，称为腹股沟韧带(inguinal ligament)(腹股沟弓)，在其前方腱膜上有一长约 10 cm 的裂孔，为腹股沟管皮下环。

3.4.4.2 腹内斜肌

腹内斜肌(internal oblique muscle of abdomen)位于腹外斜肌的深层，肌纤维斜向前下方。起于髋结节，牛还起于腰椎横突，犬还起于背腰筋膜，成扇形向前下方扩展，逐渐变为腱膜，止于耻前腱、腹白线及最后几个肋软骨的内侧面。牛、马腹内斜肌的腱膜在前下部分为内、外两层：外层厚，与腹外斜肌的腱膜结合，形成腹直肌的外鞘；内层薄(马的不完整)，与腹横肌的腱膜结合，形成腹直肌的内鞘。在腹内斜肌后缘与腹股沟韧带之间，有一裂隙，为腹股沟管腹环。

3.4.4.3 腹直肌

腹直肌(rectus abdominal muscle)为腹壁肌的第 3 层，呈宽的带状，位于腹底壁，在腹白线两侧，被腹内、外斜肌和腹横肌所形成的内、外鞘所包裹。起于胸骨和第 4 至最后肋软骨的外侧面，肌纤维纵行，以强厚的耻前腱止于耻骨前缘。此肌前后部窄，中间宽，表面有 9 ~ 11条(马)或 5 ~ 6 条横行的腱划，以增加其坚固性。在母牛，于剑状软骨外侧(在第 2 或第 3 腱划处)，有供腹皮下静脉通过的孔，称为乳井。

3.4.4.4 腹横肌

腹横肌(transverse abdominal muscle)为腹壁肌的最内层，较薄，起于腰椎横突和肋弓内侧面，肌纤维上下行(横行)，以腱膜止于腹白线。其腱膜与腹内斜肌腱膜的内层结合。

3.4.4.5 腹股沟管

腹股沟管(inguinal canal)位于腹底壁后部，耻前腱两侧，是腹内斜肌(形成管的前内侧壁)与腹股沟韧带(形成管的后外侧壁)之间的一个斜行裂隙。管的内口通腹腔，称为腹股沟管腹环或深环，由腹内斜肌的后缘和腹股沟韧带围成；外口通皮下，称为腹股沟管皮下环或浅环，为腹外斜肌后部腱膜上的一个卵圆形裂孔。公畜的腹股沟管明显，是胎儿时期睾丸从腹腔下降到阴囊的通道，长约15cm，内有精索、总鞘膜、提睾肌和脉管、神经通过。母畜的腹股沟管仅供血管、神经通过。如生后腹股沟管腹环未缩小或扩大时，小肠可进入管内，形成腹股沟疝或阴囊疝，需要进行手术整复。给公马去势时，也应注意防止小肠从腹股沟管脱出。

腹壁肌各层肌纤维走向不同，彼此重叠，再加上腹黄膜和皮肤，形成了柔韧的腹壁，对腹腔内器官起着重要的支持和保护作用。腹肌收缩时，可增大腹压，有利于呼气、排便、呕吐、反刍和分娩等活动。

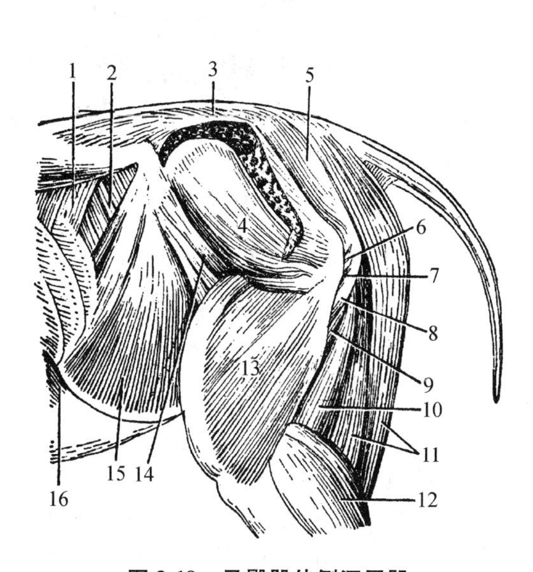

图3-19 马臀股外侧深层肌

1. 肋退肌 2. 腹横肌 3～5. 臀中肌(3. 臀中肌 4. 臀副肌 5. 梨状肌) 6. 闭孔内肌 7. 孖肌 8. 股方肌 9. 内收肌 10. 半膜肌 11. 半腱肌 12. 腓肠肌 13. 股外侧肌 14. 髂肌 15. 腹内斜肌 16. 腹外斜肌

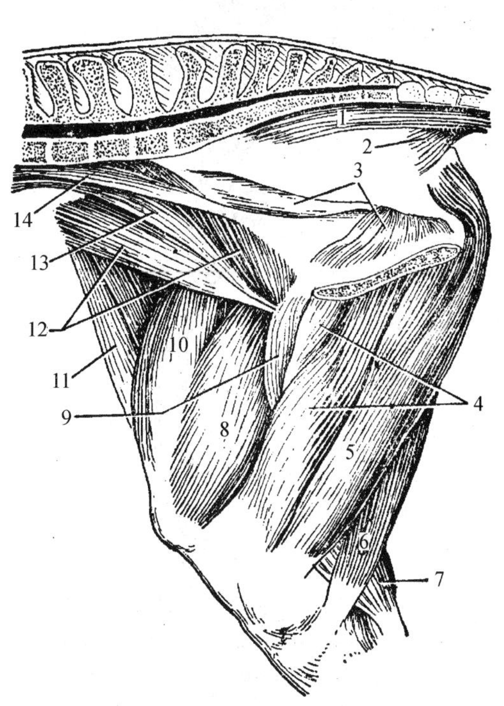

图3-20 马腰下肌和股内侧肌

1. 荐尾腹侧肌 2. 尾骨肌 3. 闭孔内肌 4. 内收肌 5. 半膜肌 6. 半腱肌 7. 腓肠肌 8. 股内侧肌 9. 耻骨肌 10. 股直肌 11. 阔筋膜张肌 12. 髂肌 13. 腰大肌 14. 腰小肌

3.5 后肢肌

后肢肌较前肢肌发达，是推动身体前进的主要动力，可分为臀部肌、股部肌、小腿和后脚部肌(图 3-5 ~ 图 3-8、图 3-19 ~ 图 3-24)。

3.5.1 臀部肌

臀部肌很发达，位于臀部，包括臀浅肌、臀中肌和臀深肌。另外，髂腰肌也列入此处叙述(图 3-19 ~ 图 3-24)。

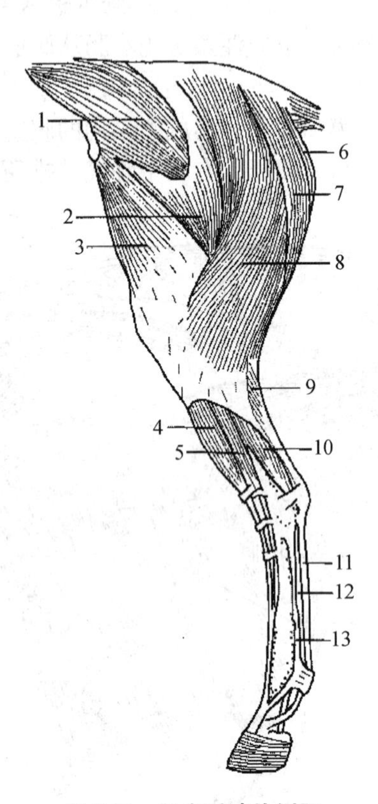

图 3-21 马左后肢外侧肌

1. 臀中肌 2. 臀浅肌 3. 阔筋膜张肌 4. 臀股二头肌 5. 半腱肌 6. 半膜肌 7. 腓肠肌 8. 趾长伸肌 9. 趾外侧伸肌 10. 趾深屈肌 11. 趾浅屈肌 12. 趾深屈肌腱 13. 骨间肌

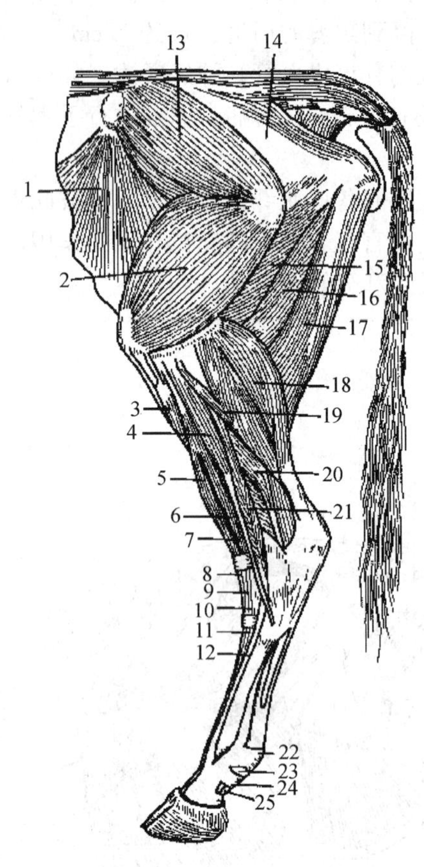

图 3-22 牛左后肢外侧肌

1. 腹内斜肌 2. 股外侧肌 3. 胫前肌 4. 腓骨长肌 5. 腓骨第 3 肌 6. 趾内侧伸肌 7. 趾长伸肌 8. 腓骨第 3 肌腱 9. 趾内侧伸肌腱 10. 趾长伸肌腱 11. 趾短伸肌 12. 趾外侧伸肌腱 13. 臀中肌 14. 荐结节阔韧带 15. 内收肌 16. 半膜肌 17. 半腱肌 18. 腓肠肌 19. 比目鱼肌 20. 趾深屈肌 21. 趾外侧伸肌 22. 系关节掌侧环韧带 23. 趾浅屈肌腱 24. 趾近侧环韧带 25. 趾深屈肌腱

3.5.1.1 臀浅肌

牛、羊缺此肌。马的臀浅肌(superficial gluteal muscle)位于臀部浅层，呈三角形，可分前、后两头，两头之间有腱膜相连。前头起于髋结节，后头起于臀筋膜，两头呈“V”形会合后止于股骨第 3 转子。犬的臀浅肌较小，略呈三角形，位于臀部皮下、臀中肌的后方，分前、后两部。此肌有屈髋关节和外展后肢的作用。

3.5.1.2 臀中肌

臀中肌(middle gluteal muscle)大而厚，位于骨盆的背外侧，构成臀部的基础，向前与背腰最长肌相接。起于背腰最长肌后部腱膜、髂骨臀肌面和荐结节阔韧带，止于股骨大转子，其腱与大转子间有黏液囊。有伸髋关节和外展后肢的作用，由于同背腰最长肌相结合，还参与竖立、蹴踢及推进躯干等作用。

3.5.1.3 臀深肌

臀深肌(deep gluteal muscle)被臀中肌覆盖，马的短而厚，呈四边形，牛的宽而薄。起自坐骨棘，在牛还起于荐结节阔韧带，马、犬的止于股骨大转子前部的内侧部，牛的止于大转子前外下方，止腱的下面有腱下黏液囊。有伸髋关节、外展及内旋后肢的作用。

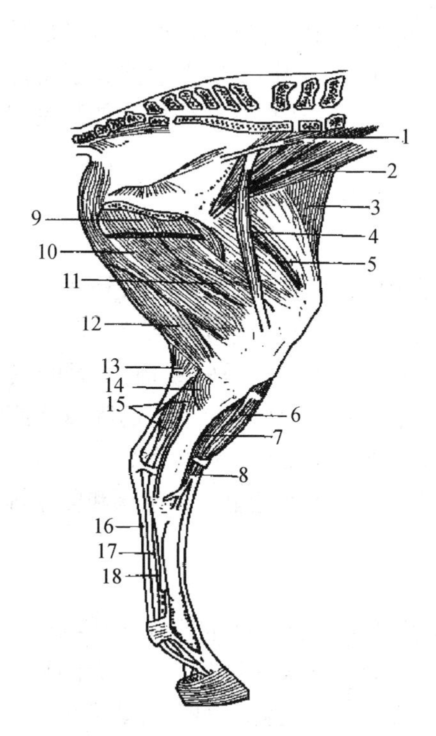

图3-23 马左后肢内侧肌

1. 腰小肌 2. 髂腰肌 3. 阔筋膜张肌 4. 缝匠肌 5. 股四头肌 6. 趾长伸肌 7. 胫前肌 8. 腓骨第3肌 9. 股薄肌 10. 半膜肌 11. 内收肌 12. 半腱肌 13. 腓肠肌 14. 腘肌 15. 趾深屈肌 16. 趾浅屈肌腱 17. 趾深屈肌腱 18. 骨间肌

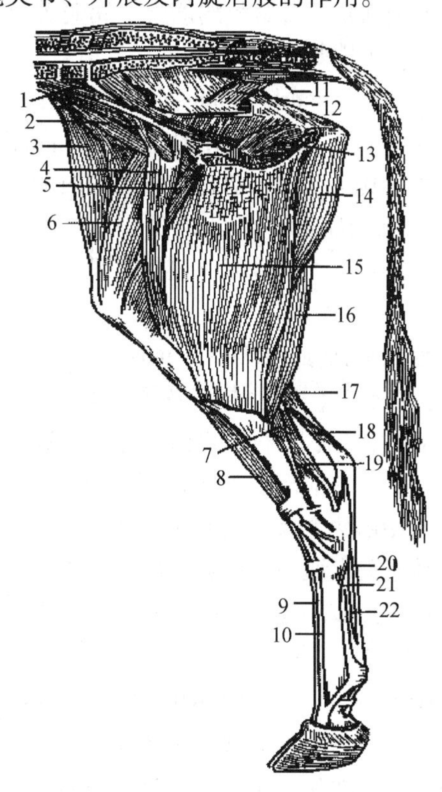

图3-24 牛右后肢内侧肌

1. 腰小肌 2. 髂腰肌 3. 阔筋膜张肌 4. 缝匠肌 5. 耻骨肌 6. 股直肌 7. 趾长屈肌 8. 腓骨第3肌 9. 趾内侧伸肌腱 10. 趾长伸肌腱 11. 荐尾腹侧肌 12. 尾骨肌 13. 闭孔内肌 14. 半膜肌 15. 股薄肌 16. 半腱肌 17. 腓肠肌 18. 趾浅屈肌 19. 趾深屈肌 20. 趾浅屈肌腱 21. 骨间肌 22. 趾深屈肌腱

3.5.1.4 髂肌

髂肌(iliac muscle)位于髂骨的腹侧面，起自髂骨翼内面和荐骨腹侧面，止于股骨小转子。髂肌有内、外二头，二头之间夹有腰大肌，故常将二肌合称为髂腰肌(iliopsoas muscle)。有屈髋关节和外旋后肢的作用。

3.5.2 股部肌

股部肌位于股骨周围，包括股前、股后和股内侧肌群(图3-19～图3-24)。

3.5.2.1 股前肌群

股前肌群位于股骨前面，包括阔筋膜张肌和股四头肌。

(1)阔筋膜张肌

阔筋膜张肌(tensor muscle of fascia lata)呈三角形，位于股前外侧浅层。起于髋结节，向下呈扇形展开，借阔筋膜止于髌骨和胫骨嵴。犬的阔筋膜张肌起于髂骨外侧缘，分前、后两部，止于阔筋膜。有紧张阔筋膜、屈髋关节和伸膝关节的作用。

(2)股四头肌

股四头肌(quadriceps muscle of thigh)大而厚，位于股骨的前面和两侧，被阔筋膜张肌所覆盖。有4个头，分别叫作股直肌、股内侧肌、股外侧肌和股中间肌。除股直肌起于髂骨体的两侧外，其他三肌分别起于股骨的内侧、外侧和前面，共同止于髌骨。作用为伸膝关节。

3.5.2.2 股后肌群

股后肌群位于股后部，包括臀股二头肌、半腱肌和半膜肌。

(1)臀股二头肌

臀股二头肌(gluteobiceps muscle)长而宽大，位于臀中肌后方，臀部和股后外侧。起点分两头：椎骨头(长头)起于荐骨和荐结节阔韧带；坐骨头(短头)起于坐骨结节。两头于坐骨结节下方合并后下行，逐渐变宽，于股后部分为前、中、后3部(在马)或前、后两部(在牛，相当于马的前部和中部)，分别止于膝盖骨和膝外侧韧带、胫骨嵴和小腿筋膜以及跟结节。犬起始部两个头分别起于荐结节阔韧带和坐骨结节，止于膝盖骨、胫骨和跟骨。股二头肌与大转子间有肌下滑膜囊。可伸髋关节、膝关节、跗关节；在推进躯干、蹴踢和竖立等动作中起伸展后肢的作用；提举后肢时又可屈膝关节。

(2)半腱肌

半腱肌(semitendinous muscle)长而大，位于臀股二头肌的后方，构成股部的后缘。马的有两个头：椎骨头起于前两个尾椎和荐结节阔韧带；坐骨头起于坐骨结节。牛、犬的只有一个坐骨头，起于坐骨结节。二头于坐骨结节下方会合后逐渐转到大腿内侧，以腱膜止于胫骨嵴、小腿筋膜和跟结节。腱膜与胫骨嵴之间有腱下滑膜囊。作用同臀股二头肌。该肌与臀股二头肌之间形成股二头肌沟，沟内有针灸穴位。

(3)半膜肌

半膜肌(semimembranous muscle)大，呈三棱形，位于半腱肌的后内侧。马也有二头，椎骨头小(牛无椎骨头)，坐骨头大，分别起于荐结节阔韧带后缘和坐骨结节，在股薄肌的深面止于股骨内侧上髁和胫骨近端内侧髁。犬的半膜肌肌腹较大，起于坐骨结节，分前、后两部，前部止于耻前腱和股骨内侧上髁，后部止于胫骨内侧髁。有伸髋关节和内收后肢的作用。

3.5.2.3 股内侧肌群

股内侧肌群位于股部内侧，包括缝匠肌、股薄肌、耻骨肌和内收肌。

(1)缝匠肌

缝匠肌(sartorius muscle)呈窄而薄的带状，位于股部内侧前部，在股薄肌前缘。起于髂筋膜和腰小肌腱，止于胫骨嵴(牛)或胫骨近端内侧(马)。犬的缝匠肌分为前、后两部，前部起于髋结节和背腰筋膜，后部起于髂骨翼腹侧，止于胫骨近端内侧。有屈髋关节和内收后肢的作用。

(2)股薄肌

股薄肌(gracilis muscle)薄而宽，呈四边形，位于缝匠肌之后。起于骨盆联合和耻前腱，以腱膜止于膝内侧直韧带和胫骨嵴。它将耻骨肌和内收肌覆盖于其下。有内收后肢和伸膝关节的作用。

(3)耻骨肌

耻骨肌(pectineal muscle)呈锥形，位于耻骨前下方，部分被股薄肌覆盖。起于耻骨前缘和耻前腱，止于股骨体内侧。有屈髋关节和内收后肢的作用。

(4)内收肌

内收肌(adductor)呈三棱形，位于股薄肌的深面，在耻骨肌之后，半膜肌之前。起于耻骨和坐骨的腹侧，止于股骨的后内侧。有内收后肢和伸髋关节的作用。

除此以外，在股内侧后部的深层尚有一些小肌肉。股方肌，呈长方形，在内收肌外侧的前上方，起于坐骨腹侧面，止于股骨的小转子，可伸髋关节及内收后肢。闭孔外肌，呈扇形，位于髋关节后方，起于耻骨、坐骨腹侧面和闭孔周缘，止于股骨转子窝，可内收和外旋后肢。闭孔内肌薄，肌腹在盆腔内，起于耻骨和坐骨的骨盆面(在马还起于髂骨的骨盆面)，经闭孔(在马经坐骨小孔)止于股骨的转子窝，可外旋后肢。孖肌，为三角形薄肌，位于臀股二头肌的深面，起于坐骨外侧缘，止于股骨转子窝，可伸髋关节和外旋后肢。

3.5.3 小腿和后脚部肌

小腿和后脚部肌多数为纺锤形肌，肌腹大部分位于小腿部，于跗关节附近变成肌腱。起于股骨和小腿骨，止于跗骨、跖骨和趾骨，对跗关节和趾关节均有作用。肌腱在经过跗关节时大部分为腱鞘所包围。可分为背外侧肌群和跖侧肌群(图 3-21 ~ 图 3-24)。马和牛(猪、犬)的小腿背外侧肌群诸肌差异较大，因此分开叙述。

3.5.3.1 马的小腿背外侧肌群

马的小腿背外侧肌群肌腹位于小腿上部的背外侧，包括屈跗关节和伸趾关节的肌肉。共有4块：背侧面有3块，浅层为趾长伸肌，深层为腓骨第3肌及胫骨前肌；外侧面就1块，为趾外侧伸肌。

(1)趾长伸肌

趾长伸肌(long extensor muscle of toes)呈纺锤形，位于小腿背侧浅层。起于股骨远端，在跗关节上方转为腱，经跗、跖和趾的背侧下行，以强腱止于远趾节骨的伸肌突。腱在跗部为3个环状韧带所固定，并为腱鞘所包裹；在跖骨上1/3处与趾外侧伸肌腱合并。有伸趾关节和屈跗关节的作用。

(2)腓骨第3肌

腓骨第3肌(fibular third muscle)为不含肌纤维的腱索，又称股跖腱，位于趾长伸肌的深面(其深面与胫骨前肌结合，不易分离)。与趾长伸肌同起于股骨远端伸肌窝，止腱在胫骨远端形成腱管(供胫骨前肌腱通过)，然后又分为两支，分别止于大跖骨近端和跗骨。有将膝关节和跗关节活动联成一个整体的机械作用，即屈膝关节时可机械地屈跗关节。

(3)胫骨前肌

胫骨前肌(anterior tibial muscle)位于趾长伸肌和腓骨第3肌的深面，紧贴胫骨。起于小腿骨近端背外侧，止腱穿过腓骨第3肌形成的腱管至跗关节背侧，分为一前支和一内侧支，分别止于大跖骨近端背侧和第1、第2跗骨。有屈跗关节的作用。

(4)趾外侧伸肌

趾外侧伸肌(lateral digital extensor muscle)位于趾长伸肌的后方，起于股胫关节外侧副韧带和小腿骨近端外侧，在小腿下部转为腱，经跗和跖部背侧下行，于跖骨上1/3处并入趾长伸肌腱。有伸趾关节和屈跗关节的作用。该肌与趾长伸肌之间形成腓沟，沟内有血管和神经通过。

3.5.3.2 牛(猪、犬)小腿背外侧肌群

牛(猪、犬)小腿背外侧肌群肌腹位于小腿上部的背外侧，包括屈跗关节和伸趾关节的肌肉。共有6块：4块在小腿背侧，重叠成3层(浅层为腓骨第3肌，中层为趾内侧伸肌及趾长伸肌，深层为胫骨前肌)；2块位于小腿外侧，前为腓骨长肌，后为趾外侧伸肌。

(1)腓骨第3肌

腓骨第3肌(fibular third muscle)发达，呈纺锤形，位于小腿背侧浅层，在趾长伸肌的表面。与趾长伸肌和趾内侧伸肌以同一短腱起于股骨伸肌窝，至小腿远端延续为一扁腱，经跗关节背侧，并包有腱鞘，止于第2、3跗骨和大跖骨近端内侧。止腱形成腱管，供胫骨前肌腱通过。有屈跗关节的作用。

(2)趾内侧伸肌

趾内侧伸肌(medial digital extensor muscle)又称第3趾固有伸肌，位于腓骨第3肌的深面，趾长伸肌的前内侧，肌腹和腱紧贴其后外侧的趾长伸肌，在跗部包在同一个腱鞘内，故可视为趾长伸肌的内侧肌腹。起点同腓骨第3肌，于小腿远端变为腱，经过跗关节背侧时被近侧和远侧环状韧带所固定，止于第3趾的中趾节骨。有伸和外展内侧趾的作用。

(3)趾长伸肌

趾长伸肌(long extensor muscle of toes)呈长梭形，肌腹的上半部位于腓骨第3肌的深面，下半部位于其后方。起点同腓骨第3肌，下行到小腿远端变为细长腱，与趾内侧伸肌腱一起沿跗关节和跖骨的背侧面向下伸延，牛、猪的至跖趾关节处分为两支，均包有腱鞘，分别止于第3、第4趾远趾节骨的伸肌突。腱在经过跗关节背侧时也被近侧和远侧环状韧带所固定。犬的止腱分为4支，分别止于第2～5趾的远趾节骨。有伸趾关节及屈跗关节的作用。

(4)胫骨前肌

胫骨前肌(anterior tibial muscle)位于腓骨第3肌、趾内侧伸肌和趾长伸肌的深面，紧贴胫骨。起于胫骨粗隆和胫骨嵴的外侧，止腱穿过腓骨第3肌的腱管，止于大跖骨近端和第2、第3跗骨。有屈跗关节的作用。

(5)腓骨长肌

腓骨长肌(long fibular muscle)呈狭长三角形，位于小腿的背外侧，在趾长伸肌后方。起

于胫骨外侧髁和腓骨，肌腹于小腿中部延续为细长腱，向后下方伸延，经跗关节外侧，越过趾外侧伸肌腱，并包有腱鞘，止于大跖骨近端和第1跗骨。犬的腓骨长肌起于胫骨上端和腓骨，其腱转向内侧，止于第1跖骨。有屈跗关节和内旋后脚的作用。

(6)趾外侧伸肌

趾外侧伸肌(lateral digital extensor muscle)又称第4趾固有伸肌，位于小腿外侧部，在腓骨长肌后方。起于胫骨外侧髁，于小腿下部延续为一长腱，经跗关节外侧时包有腱鞘，向下沿趾长伸肌腱外侧缘下行，止于第4趾的中趾节骨。有伸和外展外侧趾的作用。该肌与腓骨第3肌之间形成腓沟，沟内有血管和神经通过。

3.5.3.3 小腿跖侧肌群

小腿跖侧肌群肌腹位于小腿跖侧，是伸跗关节和屈趾关节的肌肉。共有5块，即位于浅层的腓肠肌和比目鱼肌，位于深层的趾浅屈肌、趾深屈肌和腘肌。

(1)腓肠肌

腓肠肌(gastrocnemius muscle)很发达，肌腹呈纺锤形，在小腿后部，大部分位于臀股二头肌(在外侧)与半腱肌和半膜肌(在内侧)之间。有内、外侧两个头，分别起于股骨远端跖侧，下行到小腿中部变为一强腱，与趾浅屈肌腱、臀股二头肌腱和半腱肌腱等共同合成跟腱，止于跟结节。跟腱前方内、外侧的沟，分别叫作小腿内侧沟和小腿外侧沟，小腿内侧沟内有胫神经通过。本肌为跗关节的强大伸肌。

(2)比目鱼肌

比目鱼肌(soleus muscle)呈薄而窄的带状，斜位于小腿外侧上部。起于胫骨外侧髁，止于腓肠肌的外侧头。

(3)趾浅屈肌

趾浅屈肌(flexor digitorum superficialis muscle)肌腹不发达，富含腱质，马的几乎完全变为腱质，上部夹于腓肠肌两头之间。起于股骨髁上窝，至小腿下1/3处，其腱由腓肠肌腱的前面经内侧转到后面，至跟结节处变宽，似帽状固着于跟结节近端两侧，此处有腱下滑膜囊(跟腱囊)。主腱越过跟结节，经跗部和跖部后面下行至趾部。马止于近、中趾节骨的后面；牛分为两支，分别止于第3、第4趾中趾节骨的后面；犬分为4支，止于第2~5趾的中趾节骨。其主要作用是屈趾关节。

(4)趾深屈肌

趾深屈肌(flexor digitorum profundus muscle)很发达，紧贴于胫骨后面。有外侧深头(趾长屈肌)、外侧浅头(胫骨后肌)和内侧头(趾长屈肌)3个头，均起于胫骨近端后外侧缘和胫骨中部后面。3部肌腱在跗关节附近合成一总腱后，沿趾浅屈肌腱深面下行。马的止于远趾节骨的屈肌面；牛的至跖趾关节上方分为两支，分别止于第3、第4趾远趾节骨的屈肌面。犬的趾深屈肌有两个头，外头大，内头较小，均起于胫骨外侧髁和腓骨后面，到跖部二腱合并，然后再分为4支，分别止于第2~5趾的远趾节骨。有屈趾关节和伸跗关节的作用。

(5)腘肌

腘肌(popliteus muscle)呈三角形，位于膝关节后方，胫骨后面的上部。以圆腱起于股骨的腘肌窝，斜向内下方，止于胫骨内侧缘的上部。有屈膝关节的作用。

除以上肌肉外，还有骨间肌，骨间肌位于跖骨的后面，其结构与前肢的相似。

3.6 头部肌

头部肌包括面肌、咀嚼肌和舌骨肌(图 3-25)。

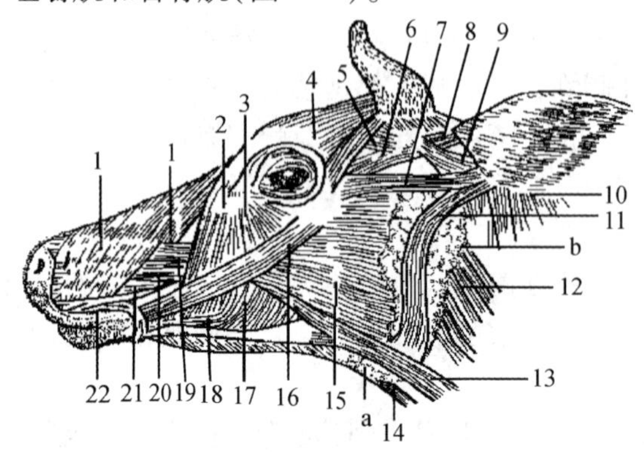

图 3-25 牛头部浅层肌

a. 下颌腺 b. 腮腺

1. 鼻唇提肌 2. 颊提肌 3. 下眼睑降肌 4. 额皮肌 5～9、11. 耳肌 10、12. 臂头肌(锁枕肌和锁乳突肌) 13. 胸头肌 14. 胸骨舌骨肌 15. 咬肌 16. 颧肌 17. 颊肌 18. 下唇降肌 19. 上唇固有提肌 20. 犬齿肌 21. 上唇降肌 22. 口轮匝肌

3.6.1 面肌

面肌是位于口腔、鼻孔和眼裂周围的肌肉，可分为开张自然孔的张肌和关闭自然孔的环形肌。

3.6.1.1 张肌

张肌一般呈薄板状或条带状，由周围向口、鼻和眼集中，活动时能开张口裂、鼻孔和眼裂。包括鼻唇提肌、上唇固有提肌、犬齿肌、上唇降肌、下唇降肌、颧肌、颧骨肌和上眼睑提肌等。

(1)鼻唇提肌

鼻唇提肌(nasolabial levator muscle)为薄板状肌(牛比马的宽阔)，位于鼻侧部皮下。起于额骨和鼻骨，向前向下分浅、深两层，分别止于鼻翼和上唇。有提举上唇和开张鼻孔的作用。

(2)上唇固有提肌

马上唇固有提肌(proprius levator muscle of upper lip)发达，起于泪骨、颧骨和上颌骨交界处，经鼻唇提肌两层之间向前上行，与对侧肌腱结合后，共同止于上唇中央。牛的较小，起于面结节，经鼻唇提肌深、浅两层之间前行，以数条细腱止于鼻唇镜。作用为提举上唇。

(3)犬齿肌

犬齿肌(canine muscle)又称鼻孔外侧开肌，马的呈三角形，牛的呈条带状(位于上唇固有提肌和上唇降肌之间)。起于面嵴前端(马)或面结节，向前穿经鼻唇提肌深、浅两层之间，止于外侧鼻翼。有开张鼻孔的作用。

(4)上唇降肌

马无此肌。牛的上唇降肌(depressor muscle of upper lip)位于犬齿肌的下缘，起于面结节，向前经鼻唇提肌深、浅两层之间，以许多细腱止于上唇。有下降上唇的作用。

(5)下唇降肌

下唇降肌(depressor muscle of lower lip)细而长，位于下颌骨体的外侧，颊肌下缘。起于下颌骨体臼齿齿槽缘，肌纤维纵行，止于下唇。有下降下唇的作用。

(6)颧肌

颧肌(distortor oris muscle)呈扁平带状，位于颊部皮下。起于颧弓(牛)或面嵴(马)，肌纤维斜向前下方，止于口角。有牵引口角向后的作用。

(7)颧骨肌

颧骨肌(malar muscle)位于眼眶前下方，向下呈扇形扩展于颊筋膜和咬肌筋膜的表面。牛的宽而薄，前部可以提颊，称为颊提肌，后部可降下眼睑，称为下眼睑降肌。马的小，仅降下眼睑。

3.6.1.2 环形肌

环形肌也称括约肌，位于自然孔周围，可关闭或缩小自然孔。包括口轮匝肌、颊肌和眼轮匝肌。

(1)口轮匝肌

口轮匝肌(orbicular muscle of mouth)呈环形，围绕于上、下唇内，在唇皮肤和黏膜之间，构成上、下唇的基础。牛的不如马的发达，上唇正中缺如，呈不完整的环形。有缩小和关闭口裂的作用。

(2)颊肌

颊肌(buccinator muscle)发达，位于口腔两侧，构成口腔侧壁的基础。起于上、下颌骨臼齿齿槽缘，肌纤维分深、浅两层，浅层纤维大部分呈羽状排列(马)或接近垂直(牛)，深层纤维大部分纵行(后部被咬肌所覆盖)，止于口角，与口轮匝肌相融合。有吸吮和将食物挤至上、下臼齿间进行咀嚼的作用。

(3)眼轮匝肌

眼轮匝肌(orbicular muscle of eye)呈薄的环形，围绕于上、下眼睑内，在眼睑皮肤与睑结膜之间。有缩小和关闭眼裂的作用。

3.6.2 咀嚼肌

咀嚼肌是使下颌运动的强大肌肉，均起于颅骨，而止于下颌骨，可分为闭口肌和开口肌。

3.6.2.1 闭口肌

闭口肌很发达，且富有腱质，位于颞下颌关节的前方，收缩时使下颌骨上提而闭口。包括咬肌、翼肌和颞肌。

(1)咬肌

咬肌(masseter muscle)强厚，位于下颌支的外侧面，表面被有厚而发亮的腱膜，内含许多腱质。起于面嵴和颧弓(在牛还起于上颌骨面结节)，止于下颌骨支的外侧面。两侧咬肌同时收缩时，可上提下颌，以闭口；交替收缩时，可使下颌左右运动，以咀嚼食物。

(2)翼肌

翼肌(pterygoideus muscle)位于下颌骨支的内侧面，富有腱质。起于翼骨、蝶骨翼突和腭骨，止于下颌骨支内侧面。作用同咬肌，还有牵引下颌骨向前的作用。按位置和肌纤维方向可分为翼内侧肌和翼外侧肌。翼内侧肌较大，位于下颌支内侧的翼肌面，肌纤维垂直。翼外侧肌较小，位于翼内侧肌的背外侧，肌纤维纵行。

(3)颞肌

颞肌(temporal muscle)位于颞窝内，富有腱质。起于颞窝的粗糙面，止于下颌骨的冠状突。作用同咬肌。

3.6.2.2 开口肌

开口肌不发达，位于颞下颌关节的后方，收缩时使下颌骨下降而开口。包括二腹肌和枕颌肌(牛无此肌)。

(1)二腹肌

二腹肌(digastric muscle)位于翼肌内面，由前后两个扁平肌腹及一个中间腱构成。起于枕骨颈静脉突，向前下方伸延，止于下颌骨体下缘的内侧面。有降下颌骨(开口)的作用。

(2)枕颌肌

牛无此肌，马的枕颌肌(occiput - mandibularis muscle)位于下颌骨后缘，起于枕骨颈静脉突，止于下颌支后缘。有降下颌骨(开口)的作用。

3.6.3 舌骨肌

舌骨肌是附着于舌骨的肌肉，参与舌的运动及吞咽动作，除前述的肩胛舌骨肌和胸骨甲状舌骨肌以外，还有一些小肌。这里仅叙述其中较大和比较重要的下颌舌骨肌和茎舌骨肌。

3.6.3.1 下颌舌骨肌

下颌舌骨肌(mylohyoid muscle)较厚，位于下颌间隙皮下，左右二肌在下颌间隙正中纤维缝处相结合，形成一个悬吊器官以托舌，并构成口腔底的肌层。起于下颌骨臼齿部齿槽缘的内侧面，止于舌骨和下颌间隙正中纤维缝。其作用是吞咽时提举口腔底、舌和舌骨。

3.6.3.2 茎舌骨肌

茎舌骨肌(stylohyoid muscle)呈细长的扁梭形，位于茎舌骨后方，二腹肌的后内侧。起于茎舌骨的肌角，向前下方伸延，止于基舌骨的外侧端。可向后上方牵引舌根和喉。

(邱建华 编写 黄丽波 校)

第4章

被皮系统

被皮(integumentum commune)系统是指皮肤及其衍生物的总称。其衍生物是由皮肤演化而成的特殊器官，如家畜的毛、汗腺、皮脂腺、乳腺、蹄、枕、角以及家禽的羽毛、冠、肉髯、喙、鳞片、爪和尾脂腺等。

4.1 皮肤

皮肤(cutis)覆盖于动物体表，直接与外界接触，在天然孔(口裂、鼻孔、肛门和尿生殖道外口等)处与黏膜相延续。皮肤中含有多种感受器、丰富的血管、毛和皮肤等结构，具有感觉、调节体温、分泌 、吸收和储存营养物质等功能。

家畜的皮肤厚薄因品种、年龄、性别及身体部位的不同而存在差异。牛的皮肤最厚而绵羊的最薄；老年动物的皮肤较幼龄动物的厚；雄性动物的皮肤较雌性动物厚；背部、四肢外侧和枕部皮肤比腹部和四肢内侧厚。皮肤的基本结构相似，均由表皮、真皮和皮下组织3层构成(图4-1)。

4.1.1 表皮

表皮(epidermis)为皮肤最表面的一层，由复层扁平上皮构成。表皮的厚薄也因部位不同而有差异，如长期受摩擦和压力的部位，表皮较厚，角化程度也较显著。完整的表皮具有4层结构，由浅层向深层依次为角质层、透明层、颗粒层和生发层。

①角质层　为表皮最表层，由大量角化的扁平细胞重叠堆积而成，胞质内充满角质蛋白。浅层细胞死亡后，就脱落而成皮屑。

②透明层　位于颗粒层与角质层之间，由数层互相密接的无核扁平细胞组成，胞质内含由透明角质蛋白颗粒液化生成的角母素，故细胞界限不清，形成均质透明的一层。此层在鼻镜、乳头等无毛的皮肤最显著，而其他部位则非薄或不存在。

③颗粒层　位于生发层的浅部，由1~5层梭形细胞组成，胞质内充满透明角质蛋白颗粒。颗粒大小和数量向表层逐渐增加。

④生发层　为表皮的最深层，由数层细胞组成，深层细胞直接与真皮相连。生发层细胞增殖能力很强，能不断分裂产生新的细胞，补充表层角化脱落的细胞。

4.1.2 真皮

真皮(corium)位于表皮深部，是皮肤主要的、最厚的一层，由致密结缔组织构成，坚韧

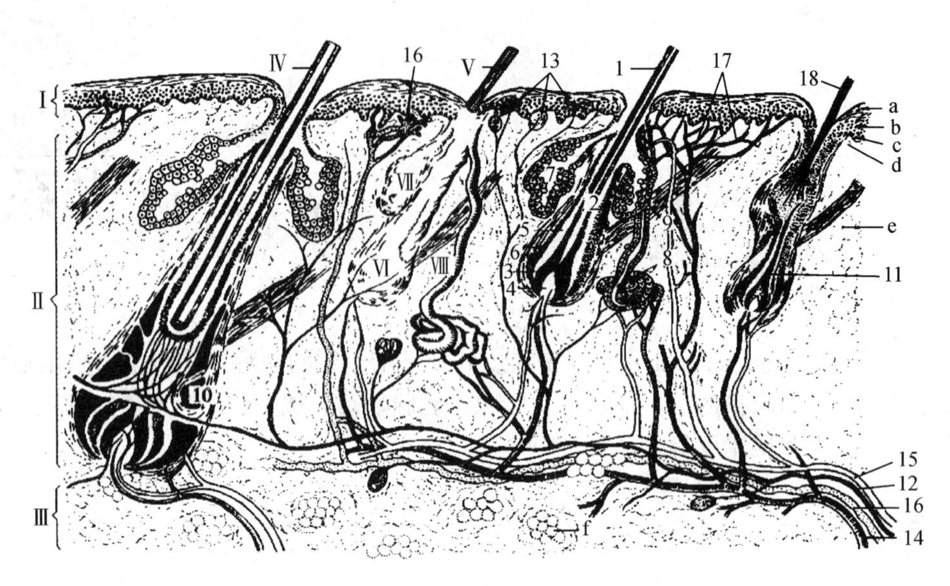

图 4-1 皮肤结构的半模式图

Ⅰ. 表皮 Ⅱ. 真皮 Ⅲ. 皮下组织 Ⅳ. 触毛 Ⅴ. 被毛 Ⅵ. 毛囊 Ⅶ. 皮脂腺 Ⅷ. 汗腺
a. 表皮角质层 b. 颗粒层 c. 生发层 d. 真皮乳头层 e. 网状层 f. 皮下组织内的脂肪组织
1. 毛干 2. 毛根 3. 毛球 4. 毛乳头 5. 毛囊 6. 根鞘 7. 皮脂腺断面 8. 汗腺断面
9. 竖毛肌 10. 毛囊内血窦 11. 新毛 12. 神经 13. 皮肤的各种感受器 14. 动脉 15. 静脉 16. 淋巴管 17. 血管丛 18. 脱落的毛

而富有弹性，皮革就是由真皮鞣制成的。真皮又分乳头层和网状层，两层互相移行，无明显分界。

① 乳头层 紧接在表皮的深面，由结缔组织形成真皮乳头，突向表皮生发层。乳头层富有毛细血管、淋巴管和感觉神经末梢，起营养表皮和感受外界刺激的作用。

② 网状层 位于乳头层的深面，较厚，由粗大的胶质纤维束和弹性纤维交织而成。其中有较大的血管、淋巴管和神经，并有汗腺、皮脂腺和毛囊等结构。

临床上做皮内注射，就是把药液注入真皮层内。

4.1.3 皮下组织

皮下组织(tela subcutunea)又称浅筋膜，位于真皮深层，主要由疏松结缔组织构成。皮肤借皮下组织与深层的肌肉或骨膜相连，使皮肤具有一定的活动性。皮下组织中含有脂肪组织，具有保温、储存能量和缓冲机械压力的作用。猪的皮下脂肪特别发达，形成一层厚脂膜。在骨的突起部位，皮肤皮下组织常形成黏液囊，可减少骨与该部位皮肤的摩擦。有些部位的皮下组织中有皮肌。皮下组织发达的部位，皮肤具有较大的移动性，有的松弛成褶，如牛的颈垂。有些部位的皮下组织为富含弹力纤维脂肪的特殊组织，构成一定形状的弹力结构，如指(趾)枕等。

临床上皮下注射即将药物注入此层。

4.2 乳房

乳腺(glandula mammaria)是哺乳动物特有的皮肤腺，雌雄均有，但只有雌性动物能充分发育，形成发达的乳房(udder)，分娩后具有分泌乳汁的功能。各种家畜乳房的特点均不同，现分述如下。

4.2.1 牛的乳房

牛的乳房(图4-2)有各种不同的形态，但均由4个乳腺结合成一个整体，悬吊于耻骨部腹下部，可分紧贴于腹壁的基部、中间的体部和游离的乳头部。乳房由纵行的乳房间沟分为左右两半，每半又被浅的横沟分为前后乳丘两部分，每个乳丘有一圆柱状或圆锥形的乳头，每个乳头有一个乳头管。乳头的大小与形态，决定是否适合用机器挤奶或用手挤奶。有时在乳房的后部有一对小的副乳头，无分泌功能。乳房由皮肤、筋膜和实质构成。乳房的皮肤薄而柔软，毛稀而细，与阴门裂之间呈线状毛流的皮肤皱褶，称为乳镜，可作为评估奶牛产奶潜能的一个指标。乳镜越发达，产乳量越高。

4.2.2 马的乳房

马的乳房呈扁圆形，位于两股之间，被纵沟分为左右两部分，有一对左右扁平的乳头。乳池小，并被隔离成前后两部分，每个乳头上有2~3个乳头管。

4.2.3 羊的乳房

羊的乳房呈圆锥形，有一对圆锥形乳头。乳头基部有较大的乳池。每个乳头上有1个乳头管。

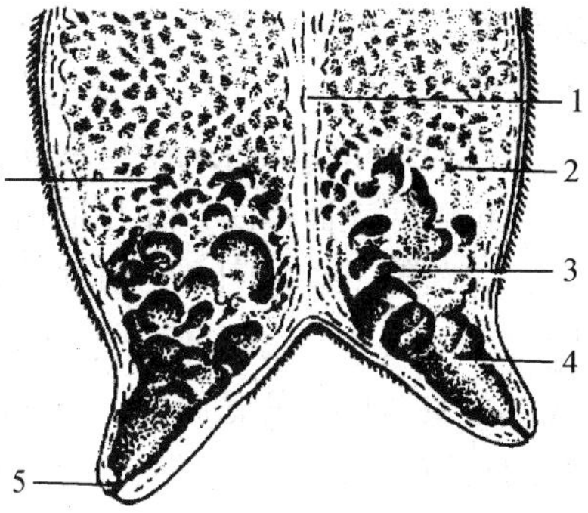

图4-2 牛乳房的构造(纵切面)

1. 乳房中隔 2. 腺小叶 3. 腺乳池 4. 乳头乳池 5. 乳头管 6. 乳道

4.2.4 猪的乳房

猪的乳房位于胸部的腹正中部的两侧。乳房数目依品种而异，一般5~8对，有的10对。乳池小，每个乳头上有2~3个乳头管。

4.2.5 犬、猫的乳房

犬有4~5对乳房，对称排列于胸、腹部两侧。乳头短，每个乳头有2~4个乳头管，每个乳头管口有6~12个小排泄孔。猫有5对乳头，前2对位于胸部，后3对位于腹部。

4.3 蹄

蹄(ungula)是指(趾)端着地部分角质化的坚硬皮肤。

4.3.1 牛(羊)蹄的构造

牛(羊)为偶蹄动物，每指(趾)端有4个蹄，其中3、4指(趾)端蹄发达，直接与地面接触，称主蹄；2、5指(趾)端蹄很小，不与地面接触，附着于系关节掌侧面，称悬蹄(图4-3)。

4.3.1.1 主蹄

主蹄呈锥状，形状与牛(羊)的蹄骨相似，分为蹄匣和肉蹄两部分。

(1)蹄匣(capsula ungulae)

蹄匣也称蹄角质层或蹄表皮，由指端的表皮衍生而成。由角质壁、角质底和角质球3部分构成。

角质壁分轴面、远轴面。轴面凹，仅后部与对侧主蹄相接；远轴面凸，呈弧形弯向轴面，与轴面共同构成角质壁，表面有数条与冠状缘平行的角质轮，其内面有许多较窄的角小叶。角质壁近端有一条颜色稍淡环状带，称蹄冠。蹄冠与皮肤连接部分形成一条柔软的窄带，称蹄缘。蹄缘柔软而有弹性，可减少蹄匣对皮肤的压力。角质壁背侧的远轴面可分为3部分，前方为蹄尖壁，后方为蹄踵壁，两者之间为蹄侧壁。

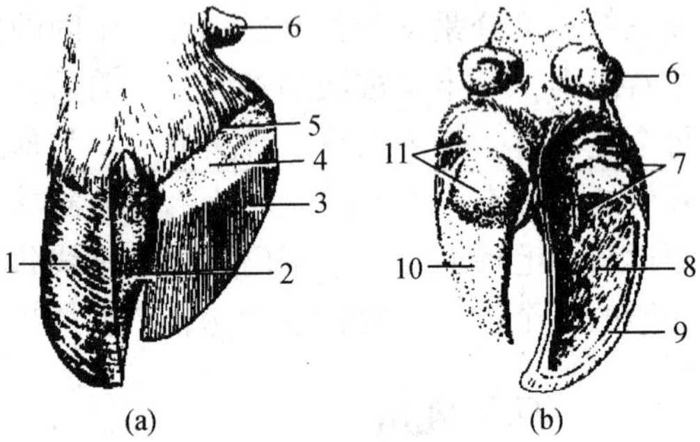

(a) (b)

图4-3 牛蹄(一侧的蹄匣已除去)

(a)背面 (b)底面

1. 蹄的远轴侧面 2. 蹄壁的轴侧面 3. 肉蹄 4. 肉冠 5. 肉缘 6. 悬蹄 7. 蹄球 8. 蹄底 9. 白线 10. 肉底 11. 肉球

角质底表面稍凹，并与地面接触前部呈三角形，与蹄壁下缘之间由蹄白线分开，白线是由蹄壁角小叶层向蹄底延伸而成。

角质球位于蹄底后部，呈球状隆起，由较柔软的角质构成，常成层裂开，其裂缝可成为蹄病的感染途径。

(2)肉蹄(corium ungulae)

肉蹄由真皮衍生而成，富含血管神经，颜色鲜红，可分为肉壁、肉底和肉球3部分。

肉壁与蹄骨的骨膜紧密结合，分肉缘、肉冠和肉叶3部分。肉缘的结缔组织与骨膜相接，表面有细而短的乳头，插入角质缘的小孔中，以滋养蹄缘。肉冠是肉蹄较厚的部分，皮下组织发达，表面有较长的乳头插入蹄冠沟的小孔中，以滋养角质壁。肉叶表面有平行排列的肉小叶嵌入角质小叶中，肉叶无皮下组织，与骨膜相连。

肉底与角质底相适应。乳头小，插入角质底的小孔中。肉底也无皮下组织，与骨膜紧密相连。

肉球的皮下组织非常发达，含有丰富的弹性纤维，构成指(趾)端的弹力结构。

4.3.1.2 悬蹄

悬蹄结构和主蹄相似，也分蹄匣、肉蹄和皮下组织。蹄匣为锥状角质小囊，角质壁也有角质轮，角质较软，内表面也有角质小管的开口和角小叶；肉蹄内含发达的弹性纤维。

4.3.2 马蹄的构造

马蹄为单蹄动物，由蹄匣和肉蹄两部分组成(图4-4、图4-5)。

4.3.2.1 蹄匣

蹄匣为蹄的角质层，由蹄壁、蹄底和蹄叉(枕叉)组成。

(1)蹄壁

蹄壁构成蹄匣的背侧壁和两侧壁。蹄壁可分为前部的蹄尖壁、两侧的蹄侧壁和后部的蹄踵壁。蹄壁的后端向蹄底转折形成蹄支，并向蹄底伸延而逐渐消失。其转折部形成的角叫作蹄踵角。

蹄壁由外到内由釉层、冠状层和小叶层构成。釉层有角化的扁平细胞构成，幼驹明显，随年龄增长而逐渐剥落不完整。冠状层富有弹性和韧性，具有保护蹄内部组织和负重的作用；冠状层由很多纵行排列的角质小管和管间角质构成。角质中有色素，故蹄壁呈深暗色，内层的角质缺乏色素，也比较柔软，直接与小叶结合；小叶层由许多纵行排列的角小叶构成，角小叶柔软无色素，与肉蹄的肉小叶互相紧密地嵌合，使蹄壁角质与肉蹄牢固结合。

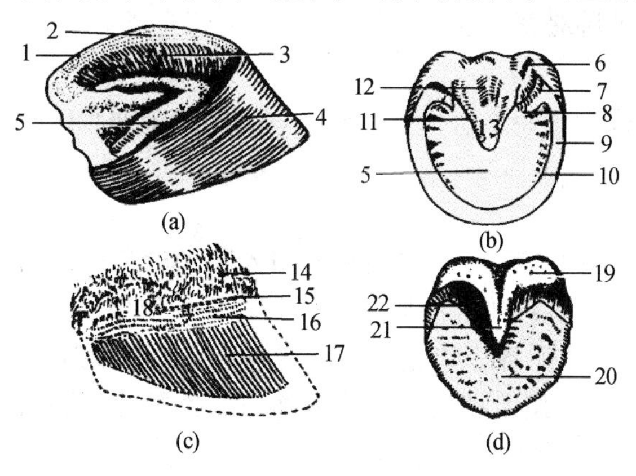

图4-4 马 蹄

(a)蹄匣 (b)蹄匣底面 (c)肉蹄 (d)肉蹄底面

1. 蹄缘 2. 蹄冠沟 3. 蹄壁小叶层 4. 蹄壁 5. 蹄底 6. 蹄球 7. 蹄踵角 8. 蹄支 9. 底缘 10. 白线 11. 蹄叉侧沟 12. 蹄叉中沟 13. 蹄叉 14. 皮肤 15. 肉缘 16. 肉冠 17. 肉壁 18. 蹄软骨位置 19. 肉蹄 20. 肉底 21. 肉枕 22. 肉支

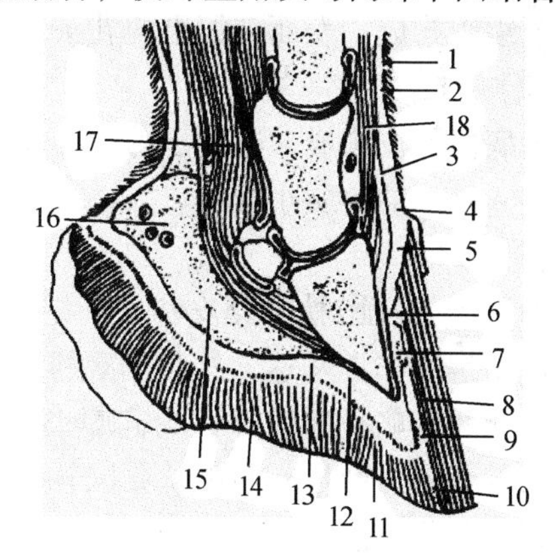

图4-5 马蹄纵切面

1. 表皮 2. 真皮 3. 皮下组织 4. 肉缘 5. 肉冠 6. 肉壁 7. 肉小叶 8. 蹄壁角质 9. 角小叶 10. 蹄白线 11. 蹄底角质 12. 肉底 13. 肉叉 14. 蹄叉 15. 肉叉皮下组织 16. 蹄球皮下组织 17. 屈肌腱 18. 伸肌腱

蹄壁的下缘直接与地面接触的部分，叫作蹄底缘，是负担体重的部分。

蹄壁的近侧缘称为蹄冠，内面呈沟状，呈蹄冠沟。沟内有许多小孔，为冠状层角质小管的开口。

蹄冠与皮肤相连续的部分，称为蹄缘。蹄缘柔软而有弹性，可减少蹄壁对皮肤的压力。

(2)蹄底

蹄底是蹄向着地面略凹陷的部分，位于蹄底缘与蹄叉之间，是蹄的支持面，蹄底内面有许多小孔，以容纳肉底的乳头。

(3)蹄叉

蹄叉位于蹄底的后方，呈楔形，角质层较厚，富有弹性。前端伸入蹄底中央，叫作蹄叉尖，蹄叉底面形成蹄叉中沟，两侧与蹄支之间形成蹄叉侧沟。蹄白线(zona alba)为位于蹄壁底缘的白色环线，由蹄壁冠状层内层与角小叶及填充于角小叶间的叶间角质构成，色较淡，角质柔软，是装蹄铁下钉的标志。

4.3.2.2 肉蹄

肉蹄套于蹄匣内面，形状与蹄匣相似分为肉壁、肉底和肉枕3部分。由真皮和皮下组织构成，富有血管和神经，呈鲜红色，供应表皮营养，并有感觉作用。

(1)肉壁

肉壁仅由真皮构成，直接与蹄骨骨膜紧密结合，表面有很多纵行排列的肉小叶，与蹄壁小叶相嵌合。

肉壁上缘呈环状隆起，称为肉冠，位于蹄冠沟内，由真皮和皮下组织构成。表面有很多稠密而细长的小乳头，伸入蹄冠沟的小孔中。肉冠有丰富的血管和神经末梢，感觉敏锐，当着地时，有感觉地面凹凸和软硬程度的作用。肉冠与皮肤相连续的部分，称为肉缘，由真皮和皮下组织构成。表面有细小的乳头，与蹄匣的蹄缘密贴。

(2)肉底

肉底由真皮构成，覆盖于蹄骨的底面，直接与骨膜紧密结合。其表面，密生细而长的乳头，伸入蹄底的角质小管中。

(3)肉枕

肉枕由指(趾)枕的真皮和皮下组织形成。表面具有发达的乳头，伸入蹄叉的角质小管中。皮下组织非常发达，具有丰富的胶原纤维、弹性纤维和脂肪组织，具有缓冲作用。

蹄软骨为略呈前后轴长的椭圆形软骨板，内外侧各一块，位于蹄骨和肉枕两侧的后上方。蹄软骨富有弹性，与肉枕共同构成指(趾)端的弹力结构，起缓冲作用，能防止或减轻骨和韧带的损伤。

4.3.3 猪蹄的构造

猪也属于偶蹄动物，肢端有两个主蹄和两个悬蹄，其结构与牛、羊蹄相似。指(趾)枕很发达，蹄底较小，各蹄内均有数目完整的指(趾)节骨(图4-6)。

4.3.4 犬、猫爪的构造

犬有腕枕、掌(跖)枕和指(趾)枕。犬的爪锋利，可分为爪轴、爪冠、爪壁和爪底(图4-7)，均由表皮、真皮和皮下组织构成。

猫每只脚下有一大的脚垫，每一脚趾下各有一小的肉垫，因此行走踏地时声音很轻。

4.4 角

角(cornua)是反刍动物额骨角突表面覆盖的皮肤衍生物。由角表皮和角真皮构成(图4-8)。

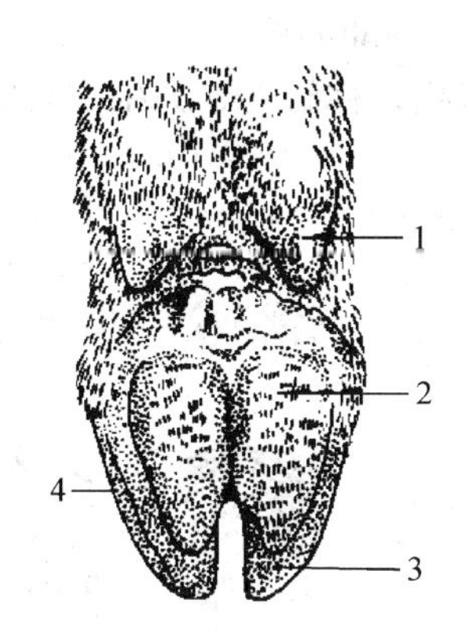

图4-6 猪蹄的底面观

1. 悬蹄 2. 蹄球 3. 蹄底 4. 蹄壁

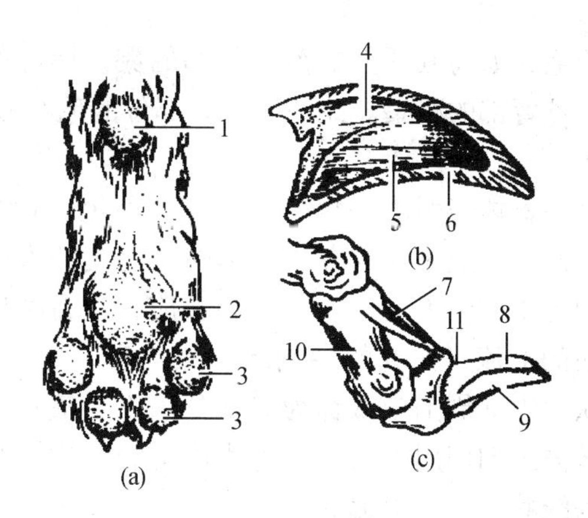

图4-7 犬的指、枕和爪

(a)犬枕 (b)犬爪角质囊(断面) (c)犬指

1. 腕枕 2. 掌枕 3. 指枕 4. 爪的角质冠 5. 爪的角质壁 6. 爪的角质底 7. 远指节骨韧带 8. 爪冠的真皮 9. 爪壁的真皮 10. 中指节骨 11. 轴形沟

4.4.1 角表皮

角表皮形成坚硬的角质鞘，由角质小管和管间角质构成。牛的角质小管排列非常紧密，角真皮乳头伸入此小管中，管间角质很少，羊角则相反。

4.4.2 角真皮

角的真皮直接与角突骨膜相连，其表面有许多发达的乳头，乳头在根部短而密，向角尖则逐渐变长而稀，至角顶又变密。这些乳头伸入角质小管中，使角质鞘和角真皮紧密结合。

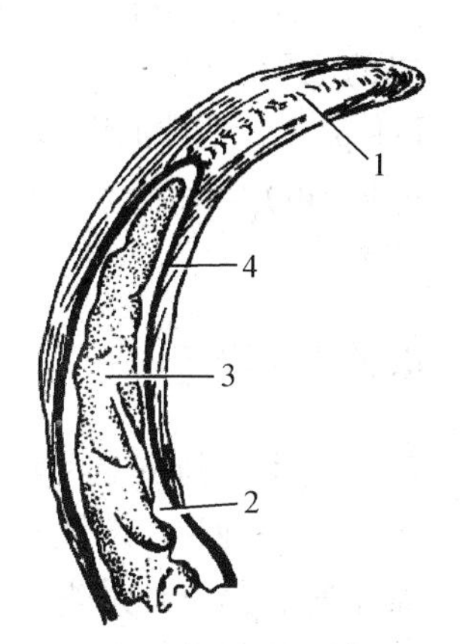

图4-8 牛角断面

1. 角尖 2. 额骨的角突 3. 角腔 4. 角的真皮

角可分角根(基)、角体和角尖3部分。角根与额部皮肤相连，角质薄而软，并出现环状的角轮；角体是角根向角尖的延续，角质逐渐变厚；角尖由角体延续而来，角质层最厚，甚至成为实体。黄牛的角轮仅见于角根部；水牛和羊的较明显，几乎遍及全角。

角的形状、大小、弯曲度和方向因家畜种类、品种、性别、年龄以及个体大小而异。

4.5 毛

4.5.1 毛的形态和分布

毛(pilus)由表皮衍生而成，主要起保温作用，具有重要的经济价值。

家畜的被毛(pili lane)遍布全身，并有粗毛与细毛之分。马、牛和猪的被毛多为短而直的粗毛，绵羊的被毛多为细毛。粗毛多分布于头部和四肢。在畜体的某些部位，还有一些特殊的长毛，如马颅顶部的鬣、颈部的鬃、尾部的尾毛和系关节后部的距毛，公山羊颏部的髯，猪颈背部的猪鬃。此外，有些部位的毛在根部富有神经末梢，称触毛，如牛、马唇部的触毛。

毛在畜体表面成一定方向排列，称毛流(图 4-9)。在畜体的不同部位，毛流排列的方式也不同。毛流的方向一般来说与外界气流和雨水在体表流动的方向相适应，但在特殊部位，可形成特殊方向的毛流。如毛的尖端向一点集合，称为点状集合性毛流；尖端从一点向周围分散称为点状分散性毛流；毛干围绕一中心点成旋转方式向四周放射排列称为旋毛；毛尖端从两侧集中成一条线称为线状集合性毛流。

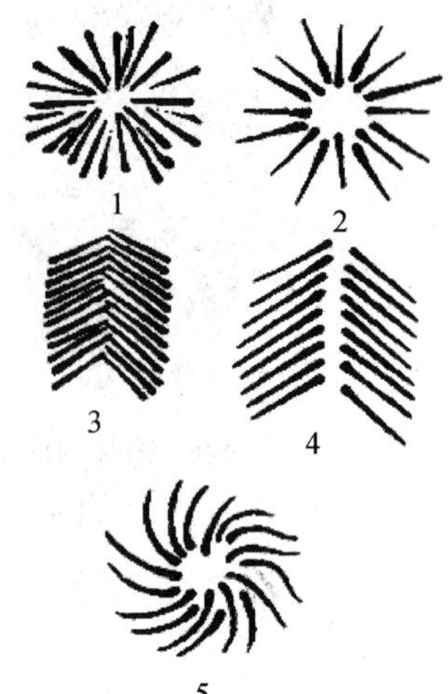

图 4-9 毛流的模式图

1. 点状集合性毛流 2. 点状分散性毛流 3. 线状集合性毛流 4. 线状分散性毛流 5. 旋毛

4.5.2 毛的结构

毛是表皮的衍生物，由角化的上皮细胞构成。分毛干和毛根两部分。毛干(scapus pili)为露出于皮肤表面的部分；毛根(radix pili)为埋于皮肤内的部分。毛根外面包有上皮组织和结缔组织构成的毛囊(folliculus pili)。毛根末端膨大呈球状，称为毛球(bulbus pili)。毛球的底部凹陷，并有结缔组织伸入，叫作毛乳头(papilla pili)。毛乳头内富有血管和神经，毛可通过毛乳头而获得营养。

4.5.3 换毛

毛生长到一定时期就会衰老脱落，为新毛所代替，这个过程就称为换毛。换毛的方式有两种，一种为持续性换毛，换毛不受时间和季节的限制，如马的鬃毛、尾毛、猪鬃、绵羊的细毛等；另一种是季节性换毛，每年春秋两季分别进行一次换毛，如兔、骆驼等。大部分家畜既有持续性换毛，又有季节性换毛，因而是一种混合方式的换毛。当毛长到一定时期，毛乳头的血管萎缩，血流停止，毛球的细胞停止增生，并逐渐角化和萎缩。最后与毛乳头分离，毛根逐渐脱离毛囊向皮肤表面移动。由于紧靠毛乳头周围的细胞增殖形成新毛，最后旧毛被新毛推出而脱落。

(陈正礼 编写 刘玉堂、杨隽 校)

第二篇

内脏组

内脏组是指动物机体的内部的各器官系统，主要包括消化系统、呼吸系统、泌尿系统和生殖系统。消化系统是汲取营养物质的，呼吸系统是获取新鲜氧气的，营养物质的有氧氧化产生能量供机体利用，代谢产物则由泌尿系统排出体外，这就是新陈代谢，是维持机体生存所必须的，而生殖系统是保证动物种族延续的。

内脏学总论

一、内脏的概念

内脏学(splanchnology)是研究动物机体各个内脏器官形态结构和位置关系的学科。内脏(viscera)是指大部分位于胸腔、腹腔和骨盆腔内的器官，并通过其管状器官一端或两端的开口直接或间接与外界相通，包括消化、呼吸、泌尿和生殖4个系统。

机体所需要的营养物质和氧，由消化系统和呼吸系统摄入体内，经心血管系统输送到身体各部，在细胞内进行新陈代谢。代谢的最终产物，再经心血管系统运送到呼吸系统、泌尿系统等排出体外。食物的残渣以粪便的形式由消化系统排出。生殖系统的功能主要是产生配子、繁殖后代、延续种族。广义的内脏还包括体腔内的其他器官，如心脏、脾脏和内分泌腺(器官)。

二、内脏的一般形态和结构

内脏各器官按其基本结构可分为管状器官和实质性器官两大类。

(一)管状器官

管状器官内有明显的腔隙，中空呈管状或膨大呈囊状，一端或两端直接或间接开口于外界，如食管、胃、肠、气管和膀胱等。其管壁一般由3~4层组织构成，由内向外依次为黏膜、黏膜下层、肌层和外膜或浆膜。

(1)黏膜

黏膜(tunica mucosa)构成管壁的最内层。正常黏膜的色泽因血液充盈程度而不同，可由淡红色到鲜红色，柔软而湿润，有一定的伸展性，空虚状态常形成皱褶。黏膜有保护、分泌和吸收等作用，又分黏膜上皮、固有膜和黏膜肌3层(图1)。

①*黏膜上皮*　由上皮组织构成，其类型因所在部位和功能不同而异。口腔、食管、肛门、阴道和尿道外口等的上皮为复层扁平上皮，有保护作用；胃、肠等的上皮为单层柱状上皮，有保护、分泌和吸收作用；呼吸道的上皮为假复层柱状纤毛上皮，有运动和保护作用；膀胱、输尿管和尿道等的上皮为变移上皮，有适应器官的扩张和收缩的作用。

②*固有膜*　由结缔组织构成，内有小血管、淋巴管和神经纤维。在某些器官的固有膜内还有淋巴组织、淋巴小结和腺体等。固有膜有支持和营养上皮的作用。

③黏膜肌层 在固有膜下方，为位于固有膜和黏膜下层之间的一薄层平滑肌。收缩时可使黏膜形成皱褶，有利于物质吸收、血液流动和腺体分泌。

(2)黏膜下层

黏膜下层(submucosa)由疏松结缔组织构成，有连接黏膜和肌层的作用，并使黏膜有一定的活动性。在富有伸展性的器官(如胃和膀胱等)，特别发达。黏膜下层内含有较大的血管、淋巴管和黏膜下神经丛。在有些器官(如食管和十二指肠)的黏膜下层内还有壁内腺。

(3)肌层

肌层(tunica muscularis)一般由平滑肌构成，常分为内环行肌和外纵行肌两层，在两肌层之间有少量结缔组织和肌间神经丛。环行肌收缩时，可使管腔缩小；纵行肌收缩时，可使管道缩短而管腔变大。两肌层交替收缩时，可使内容物按一定方向移动。

在有些管状器官，如口腔、咽、喉、食管(牛、羊全部，猪几乎全部，马的前4/5)以及天然孔等器官壁的肌层，则由横纹肌构成。

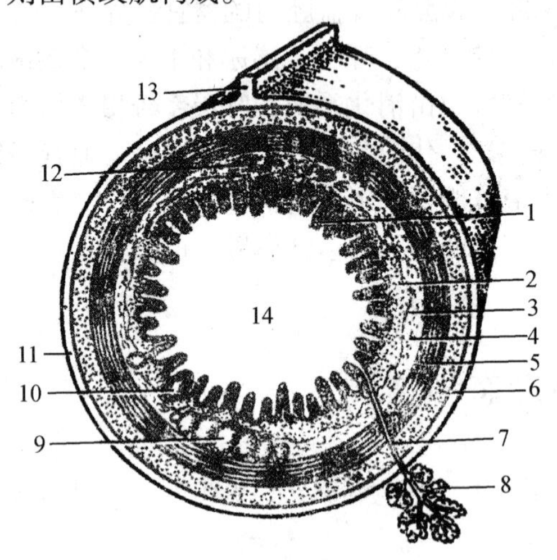

图1 管状器官结构模式图

1. 黏膜上皮 2. 固有膜 3. 黏膜肌层 4. 黏膜下层 5. 内环行肌 6. 外纵行肌 7. 腺管 8. 壁外腺 9. 淋巴集结 10. 淋巴孤结 11. 浆膜 12. 十二指肠腺 13. 肠系膜 14. 肠腔

(4)外膜或浆膜

为管壁的最外层，由富含弹性纤维的疏松结缔组织构成，称为外膜(adventitia)，也是管壁与周围器官连系固定的组织，如颈部食管和直肠后段的外膜。如外膜表面覆盖一层间皮，则称为浆膜(serosa)，如胃、肠等表面的浆膜。浆膜表面光滑、湿润，并能分泌浆液，有减少器官间相对位移时摩擦的作用。

(二)实质性器官

实质性器官内没有明显的腔隙，是一团柔软的组织，如肝、胰、肺、肾、睾丸和卵巢等。

实质性器官均由实质和被膜两部分组成。实质是实质性器官实现其功能的主要部分，器官不同其实质也不同。被膜以结缔组织为主，被覆于器官的外表面，并伸入实质内构成支架形成间质，将器官分隔成许多小叶。分布于小叶之间的结缔组织为小叶间结缔组织，内有血管、淋巴管、神经和导管通过。血管、神经、淋巴管和导管出入实质器官的部位，称为实质器官的门，如肝门、肾门、肺门等。

三、体腔和浆膜腔

体腔是由中胚层发育形成的腔隙，容纳大部分内脏器官，分为胸腔、腹腔和骨盆腔。

(一)胸腔和胸膜腔

(1)胸腔

胸腔(cavum thoracis)位于胸部，是由胸廓的骨骼、肌肉和皮肤构成的截顶圆锥状腔。锥顶向前，为胸前口，由第一个胸椎、第一对肋以及胸骨柄围成；锥底向后，为胸后口，由膈封闭，与腹腔分界。膈是穹窿形板状肌，向前上方凸入胸腔，所以，胸腔的体积比外观上看到的胸廓的体积要小得多。胸腔内有心、肺、食管、气管和大血管等重要器官。

(2)胸膜和胸膜腔

胸膜(pleura)为一层光滑的浆膜，分别衬贴于胸腔壁的内面和覆盖在胸腔内器官表面，前者称为胸膜壁层，后者称为胸膜脏层。壁层和脏层互相移行，两者间的腔隙称为胸膜腔。胸膜腔内有少量液体，起润滑作用。

(二)腹腔、骨盆腔和腹膜腔

(1)腹腔

腹腔(peritoneal cavity)位于胸腔之后，其前壁为膈；后端与骨盆腔相通；顶壁主要为腰椎、腰肌和膈脚等；两侧壁和底壁主要为腹肌及其腱膜。腹腔容积比外观上看到的软腹壁的容积要大得多。腹腔内容纳大部分消化器官、脾和一部分泌尿生殖器官。

(2)骨盆腔

骨盆腔(cavum pelvis)为最小的体腔，是腹腔向后延续的部分。其顶壁为荐骨和前3个尾椎；两侧壁为髂骨和荐结节阔韧带；底壁为耻骨和坐骨。骨盆前口由荐骨岬、髂骨和耻骨前缘围成；后口由尾椎、荐结节阔韧带后缘和坐骨弓围成。骨盆腔内有直肠和大部分泌尿生殖器官。

(3)腹膜和腹膜腔

腹膜(peritoneum)是贴于腹腔、骨盆腔壁前部内表面和覆盖在腹腔、骨盆腔内器官表面的一层浆膜，可分腹膜壁层和腹膜脏层。壁层贴于腹腔壁的内面，并向后延续到骨盆腔壁的前半部；脏层覆盖于腹腔和骨盆腔内器官的表面，也就是内脏器官的浆膜层。腹膜壁层和腹膜脏层互相移行，两层间的间隙称为腹膜腔(cavum peritonaei)(图2)。腹膜腔在公畜完全密闭，母畜则因输卵管腹腔口开口于腹膜腔，因此间接与外界相通。在正常情况下，腹膜腔内也有少量液体，有润滑作用，可减少脏器间运动时的摩擦。

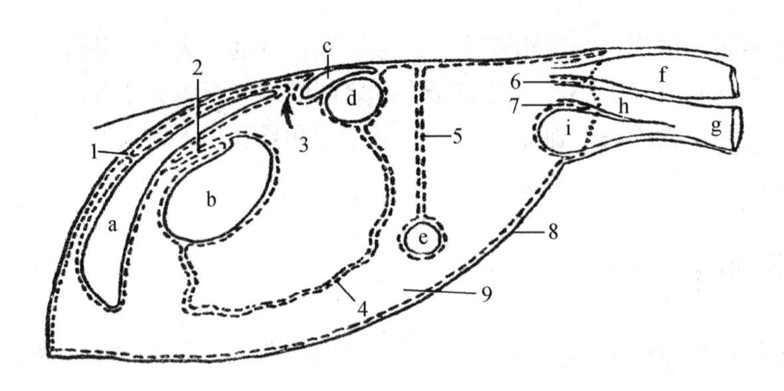

图 2 腹膜和腹膜腔模式图(母马)

a. 肝 b. 胃 c. 胰 d. 结肠 e. 小肠 f. 直肠 g. 阴门 h. 阴道 i. 膀胱

1. 冠状韧带 2. 小网膜 3. 网膜囊孔 4. 大网膜 5. 肠系膜 6. 直肠生殖陷凹 7. 膀胱生殖陷凹 8. 腹膜壁层 9. 腹膜腔

腹膜从腹腔、骨盆腔壁移行到脏器，或从某一脏器移行到另一脏器，这些移行部的腹膜形成了各种不同的腹膜褶，分别称为系膜、网膜、韧带和皱褶。腹膜褶多数由双层腹膜构成，其中常有结缔组织、脂肪、淋巴结以及分布到脏器的血管、淋巴管和神经等，起着连系和固定脏器的作用。系膜为连于腹腔顶壁与肠管之间宽而长的腹膜褶，如空肠系膜和小结肠系膜等。网膜为连于胃与其他脏器之间的腹膜褶，如大网膜和小网膜。韧带和皱褶为连于腹腔、骨盆腔壁与脏器之间或脏器与脏器之间短而窄的腹膜褶，如回盲韧带、盲结韧带和尿生殖褶等。此外，腹膜腔的后端在骨盆腔内还形成一些明显的陷凹，如直肠背侧的直肠荐骨陷凹；直肠与子宫、子宫阔韧带(母畜)或尿生殖褶(公畜)之间的直肠生殖陷凹；子宫、子宫阔韧带或尿生殖褶与膀胱、膀胱侧韧带之间的膀胱生殖陷凹；膀胱、膀胱侧韧带与骨盆底壁之间的膀胱耻骨陷凹等。

四、腹腔分区

为了确定各脏器在腹腔内的位置和体表投影，通常以下列几个假想平面，将腹腔划分为10个部(区)(图3)。通过两侧最后肋骨后缘最突出点和髋结节前缘做两个横断面，把腹腔首先分为三大部，即腹前部、腹中部和腹后部。

①腹前部 又分3部。肋弓以下的为剑状软骨部；肋弓以上、正中矢状面两侧的为左、右季肋部。

②腹中部 又分4部。通过腰椎两侧横突顶端的两个矢状面，把腹中部分为左、右髂部和中间部，中间部的上半部为腰部或肾部；下半部为脐部。

③腹后部 又分3部。通过腹中部的两个矢状面向后延续，把腹后部分为左、右腹股沟部和中间的耻骨部。

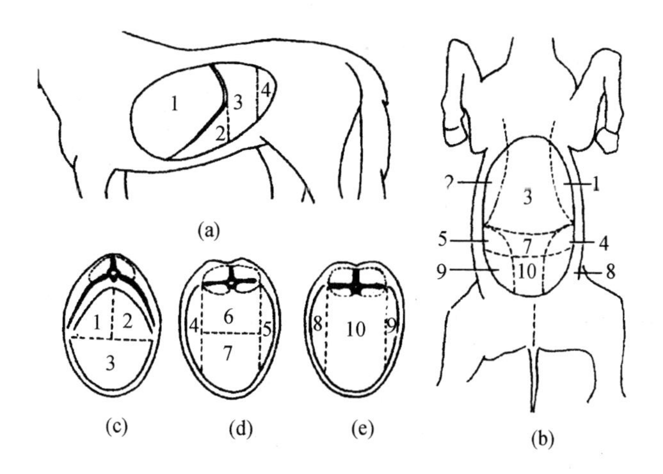

图3　腹腔分区

(a)侧面　(b)腹面　(c)腹前部横断面　(d)腹中部横断面　(e)腹后部横断面

(a)侧面：1、2. 腹前部（1. 季肋部　2. 剑状软骨部）　3. 腹中部　4. 腹后部

(b)～(e)：1. 左季肋部　2. 右季肋部　3. 剑状软骨部　4. 左髂部　5. 右髂部　6. 腰下部　7. 脐部　8. 左腹股沟部　9. 右腹股沟部　10. 耻骨部

（肖传斌、李福宝 编写　李福宝、肖传斌 校）

第 5 章

消化系统

5.1 概述

动物在整个生命活动过程中，要不断地从外界摄取营养物质，并对其进行物理、化学及微生物的消化作用，吸收营养物质，并将食物残渣排出体外，保证新陈代谢正常进行。消化系统的功能就是摄取食物、消化食物、吸收其营养物质、排出粪便。食物中营养成分包括水、无机盐、微量元素、碳水化合物、脂肪和蛋白质六大类，其中前 3 类直接被消化吸收，但后 3 类由于分子量大、分子结构复杂，不能直接被吸收，必须在消化管内被相应的消化酶分解成氨基酸、脂肪酸和单糖等结构简单、分子量小的营养物质，才能经消化管壁进入血液和淋巴，此过程称为吸收。

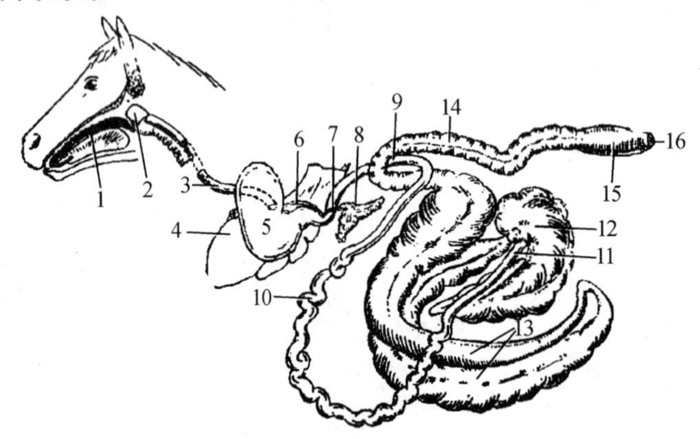

图 5-1 马消化系统半模式图

1. 口腔 2. 咽 3. 食管 4. 肝 5. 胃 6. 肝管 7. 胰管 8. 胰 9. 十二指肠 10. 空肠 11. 回肠 12. 盲肠 13. 大结肠 14. 小结肠 15. 直肠 16. 肛门

消化系统包括消化管和消化腺两部分(图 5-1)。消化管是食物通过的管道，包括口腔、咽、食管、胃、小肠、大肠和肛门。消化腺是分泌消化液的腺体，其分泌物称为消化液，消化液中含有多种消化酶，在动物消化过程中起催化作用，包括唾液腺、肝、胰、胃腺和肠腺等。其中，胃腺和肠腺分别位于胃壁和肠壁内，称为壁内腺；而唾液腺、肝和胰则在消化管外形成独立的器官，其分泌物由腺导管通入消化管，称为壁外腺。

5.2　口腔

口腔(mouth cavity)为消化管的起始部，有采食、吮吸、泌涎、味觉、咀嚼和吞咽等功能。口腔的前壁和侧壁为唇和颊；顶壁为硬腭；底为下颌骨体和下颌舌骨肌。前端以口裂与外界相通；后端借咽峡与咽腔相通。口腔可分口腔前庭和固有口腔两部分。口腔前庭是唇、颊和齿弓之间的空隙；固有口腔为齿弓以内的部分。如腮腺导管就开口于口腔前庭颊黏膜上，而舌就位于固有口腔内(图5-2、图5-3)。

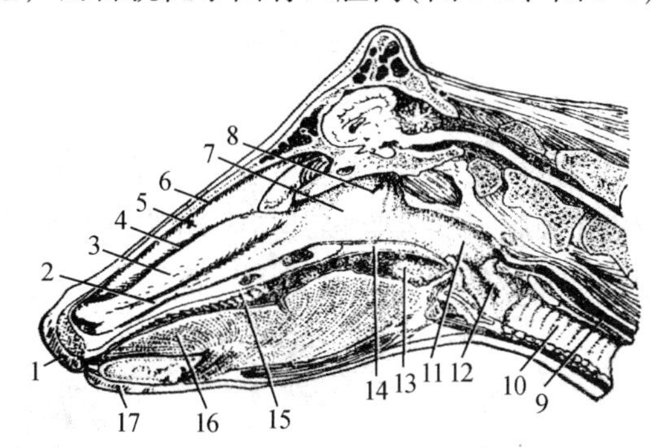

图5-2　牛头纵剖面

1. 上唇　2. 下鼻道　3. 下鼻甲　4. 中鼻道　5. 上鼻甲　6. 上鼻道　7. 鼻咽部　8. 咽鼓管咽口　9. 食管　10. 气管　11. 喉咽部　12. 喉　13. 口咽部　14. 软腭　15. 硬腭　16. 舌　17. 下唇

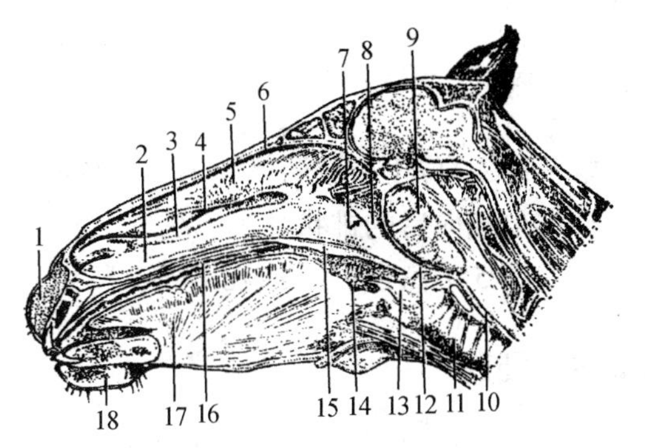

图5-3　马头纵剖面

1. 上唇　2. 下鼻道　3. 下鼻甲　4. 中鼻道　5. 上鼻甲　6. 上鼻道　7. 咽鼓管咽口　8. 鼻咽部　9. 咽鼓管囊　10. 食管　11. 气管　12. 喉咽部　13. 喉　14. 口咽部　15. 软腭　16. 硬腭　17. 舌　18. 下唇

口腔内面衬有黏膜，在唇缘处与皮肤相接，向后与咽黏膜相连，在口腔底移于舌和下齿龈。口腔黏膜较厚，富有血管，呈粉红色，常含有色素，其上皮为复层扁平上皮，细胞不断脱落、更新，脱落的上皮细胞混入唾液中。黏膜下层有丰富的毛细血管、神经和腺体。正常时口腔黏膜保持一定的颜色和湿度，临床上非常重视对口腔黏膜的检查。

5.2.1　唇

唇(lip)分上唇和下唇。上、下唇的游离缘共同围成口裂。口裂的两端会合成口角。口唇的基础由横纹肌(口轮匝肌)构成，外面覆有皮肤，内面衬有黏膜。唇黏膜深层有唇腺，腺管直接开口于唇黏膜表面。不同动物唇的形态构造不同。

牛的唇短而厚，坚实而不灵活。上唇中部和两鼻孔之间的无毛区，称为鼻唇镜(rhinoscope)，健康牛表面有鼻唇腺分泌的液体(水珠)，故健康牛的鼻唇镜常湿润而温度较低。唇黏膜上长有角质锥状乳头，在口角处的较长，尖端向后。由于牛唇不灵活，所以牛采食主要靠舌运动来完成。

羊的唇薄而灵活，上唇中间有明显的纵沟，称为人中(philtrum)。在鼻孔间形成无毛的鼻镜。唇黏膜上有角质乳头，形状与牛的相似。

猪的口裂大，唇活动性小。上唇与鼻孔之间形成吻突(proboscis)，有掘地觅食的作用，前面为盘状的吻镜(planum rostrale)，分布有短而稀的触毛，皮肤表面具有小沟，含有腺体(吻腺)和丰富的触觉感受器。下唇尖小，随下颌运动而活动。

马的唇灵活，是采食的主要器官。上唇长而薄，皮肤旋毛的中央有分水穴，下唇较短厚，其腹侧有一明显的丘形隆起，称为颏(chin)，由肌肉、脂肪和结缔组织构成。在口唇和颏部的皮肤上除生有短而细的毛外，还有长而粗的触毛。

犬的唇薄而灵活，表面有长的触毛。黏膜通常为黑色。上唇正中有纵沟，下唇近口角的边缘呈锯齿状。

5.2.2 颊

颊(cheek)位于口腔两侧，主要由颊肌构成，外覆皮肤，内衬黏膜。在牛、羊的颊黏膜上有许多尖端向后的锥状乳头。在颊肌的上、下缘有颊腺，腺管直接开口于颊黏膜的表面。此外，在第5上臼齿(牛)或在第3上臼齿(马)相对的颊黏膜上，还有腮腺导管的开口。

5.2.3 硬腭

硬腭(hard palate)构成固有口腔的顶壁，向后与软腭延续，切齿骨腭突、上颌骨腭突和腭骨水平部共同构成硬腭的骨质基础。硬腭的黏膜厚而坚实，覆以复层扁平上皮，浅层细胞高度角化；黏膜下层有丰富的静脉丛，马的更发达，形成一层类似海绵体的结构。硬腭的黏膜在周缘与上齿龈黏膜相移行。牛、羊的硬腭前端无切齿，由该处黏膜形成厚而致密的角质层，称为齿垫(图5-4)。

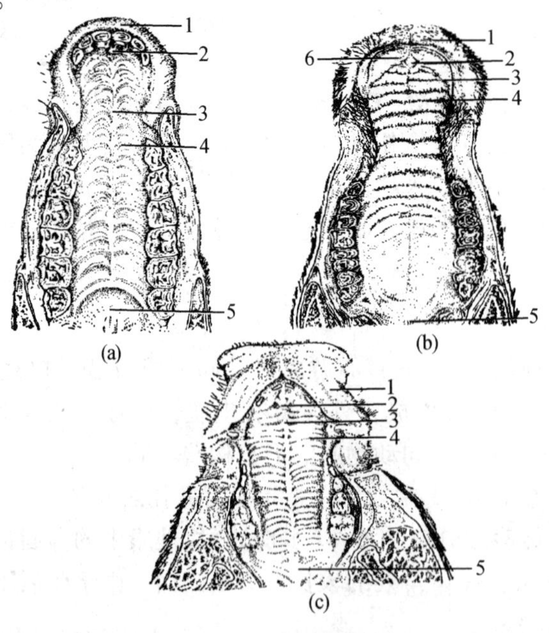

图5-4 硬 腭

(a)马 (b)牛 (c)猪

1. 上唇 2. 切齿乳头 3. 腭缝 4. 腭褶 5. 软腭 6. 齿垫

硬腭的正中有一条腭缝，腭缝的两侧有许多条(牛约20，羊约14，马16~18，猪20~22)横行的腭褶。前部的腭褶高而明显，向后逐渐变低而消失。马、羊、猪腭褶的游离缘光滑，牛的呈锯齿状。在腭缝的前端有一突起，称为切齿乳头。牛、羊、猪和幼驹的切齿乳头两侧有切齿管的开口，管的另一端通鼻腔。

5.2.4 口腔底和舌

口腔底前部由下颌骨切齿部构成，表面覆有黏膜。

舌(lingua)位于固有口腔内，以舌骨为支架，主要由横纹肌构成，表面覆以黏膜。舌运动灵活，在咀嚼、吞咽动作中起搅拌和推送食物的作用；舌又是味觉器官，可辨别食物的味道；在吮乳的幼畜，舌还可起活塞作用。

舌可分舌尖、舌体和舌根3部分。舌尖为舌前端游离的部分，活动性大，向后延续为舌体(图5-5)。

舌体位于两侧臼齿之间，附着于口腔底。在舌尖和舌体交界处的腹侧有一条(马)或两条(牛、猪)与口腔底相连的黏膜褶，称为舌系带。舌根为附着于舌骨的部分。舌系带两侧有一对黏膜乳头，称为舌下肉阜(carunculae sublingualis)，为颌下腺管(马)或颌下腺管和长管舌下腺管(牛)的开口处。猪无舌下肉阜。

舌的肌肉属横纹肌，可分舌内肌和舌外肌两组。舌内肌的起止点都在舌内，由纵、横和垂直3种肌束组成。舌外肌很多，它们均起于舌骨和下颌骨，而止于舌内。由于两组舌肌的肌束在舌内呈不同方向互相交织，所以舌的运动非常灵活。

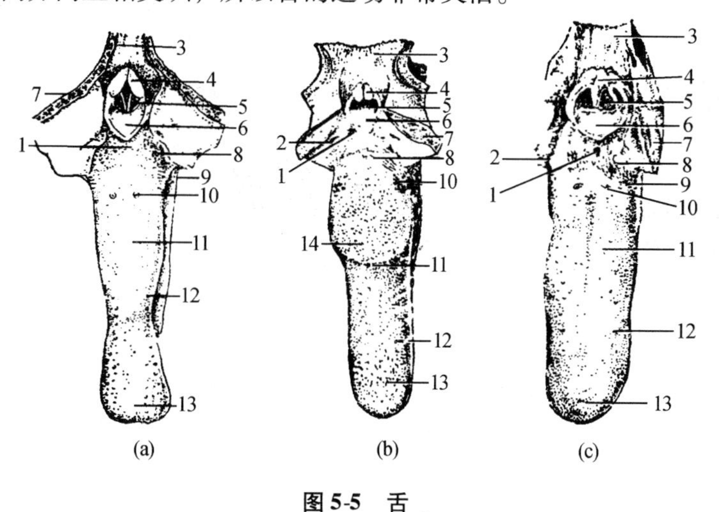

图5-5 舌

(a)马 (b)牛 (c)猪

1. 舌扁桃体 2. 腭扁桃体及窦(牛) 3. 食管 4. 勺状软骨 5. 喉口 6. 会厌 7. 软腭 8. 舌根 9. 叶状乳头(马、猪) 10. 轮廓乳头 11. 舌体 12. 菌状乳头 13. 舌尖 14. 舌圆枕(牛)

舌黏膜被覆于舌的表面，其上皮为复层扁平上皮。舌背的黏膜较厚，角质化程度也高，形成许多形态和大小不同的小突起，称为舌乳头(图5-6)。有些舌乳头上分布有味蕾，为味觉器官(图 5-7)。在舌黏膜深层含有舌腺(tongue glands)，以许多小管开口于舌黏膜表面和舌乳头基部。此外，在舌根背侧的固有膜内还有淋巴上皮器官，称为舌扁桃体(accessory amygdala)。不同动物舌的形态构造不同。

(1)牛的舌

牛舌体和舌根较宽厚，舌尖灵活，是采食的主要器官。舌背后部有一椭圆形隆起，称为舌圆枕(lingual torus)。舌乳头有以下 3 种：

①锥状乳头　为角质化，圆锥形的乳头分布于舌尖和舌体的背面，因而舌面粗糙。舌圆枕前方的锥状乳头尖硬，尖端向后；舌圆枕上的形状不一，有的呈圆锥状，有的呈扁平豆状；舌圆枕后方的长而软。

②菌状乳头　呈大头针帽状，数量较多，散布于舌背和舌尖的边缘。构成上皮中的味蕾，有味觉作用。

③轮廓乳头　每侧有 8～17 个，排列于舌圆枕后部的两侧。轮廓乳头的中央稍隆起，周围有一环状沟。沟内的上皮中有味蕾。

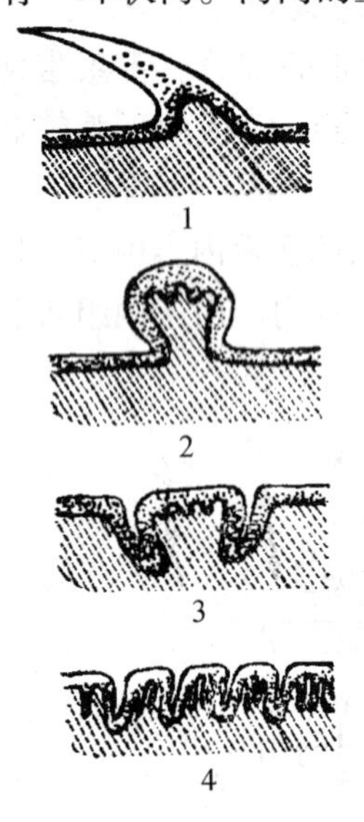

图 5-6　舌乳头模式图

1. 丝状乳头　2. 菌状乳头
3. 轮廓乳头　4. 叶状乳头

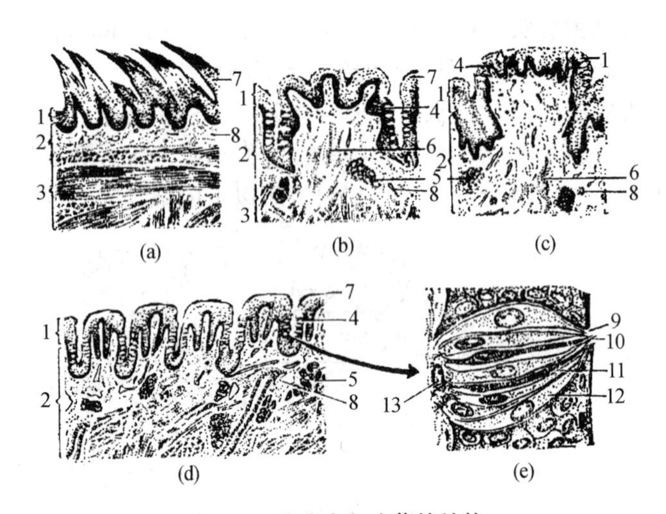

图 5-7　舌乳头和味蕾的结构

(a)丝状乳头　(b)轮廓乳头　(c)菌状乳头　(d)叶状乳头　(e)味蕾

1. 上皮　2. 固有膜　3. 肌层　4. 味蕾　5. 腺体　6. 神经　7. 角化层　8. 毛细血管　9. 味孔　10. 味毛　11. 支持细胞　12. 味觉细胞　13. 基细胞

(2)马的舌

马的舌较长，舌尖扁平，舌体较大，舌背上有下列 4 种乳头。

①丝状乳头　呈丝绒状，密布于舌背和舌尖的两侧。乳头的上皮有很厚的角质层，上皮中无味蕾，仅起一般感觉和机械保护作用。

②菌状乳头　数量较少，分散在舌背和舌体的两侧。

③轮廓乳头　一般有两个，位于舌背后部中线两侧，有时在两乳头之间的稍后方，还有一个较小的。

④叶状乳头　左、右各一个，位于舌体后部两侧缘，略呈长椭圆形，由一些横行的黏膜

褶组成。上皮中有味蕾。

(3)猪的舌

猪的舌窄而长，舌尖薄。舌乳头与马相似。除有丝状乳头、菌状乳头、轮廓乳头和叶状乳头外，在舌根处还有长而软的锥状乳头。

(4)犬的舌

犬舌根长而细，舌尖运动灵活。舌乳头有 5 种：丝状乳头主要见于舌体和舌尖，在舌根部则演变为锥状乳头；菌状乳头散在于丝状乳头之间；叶状乳头见于舌根外侧缘；轮廓乳头位于舌体和舌根交界处，4～6 个，排成“V”字形尖端指向后方。其中，轮廓乳头、叶状乳头和菌状乳头内有味蕾。

5.2.5　齿

齿(dentes)是体内最坚硬的器官，镶嵌于切齿骨和上、下颌骨的齿槽内。上、下颌齿均排列呈弓状，分别称为上齿弓和下齿弓，上齿弓较下齿弓略宽。

5.2.5.1　齿的种类和齿式

齿按形态、位置和功能可分切齿、犬齿和臼齿 3 种(图 5-8、图 5-9)。

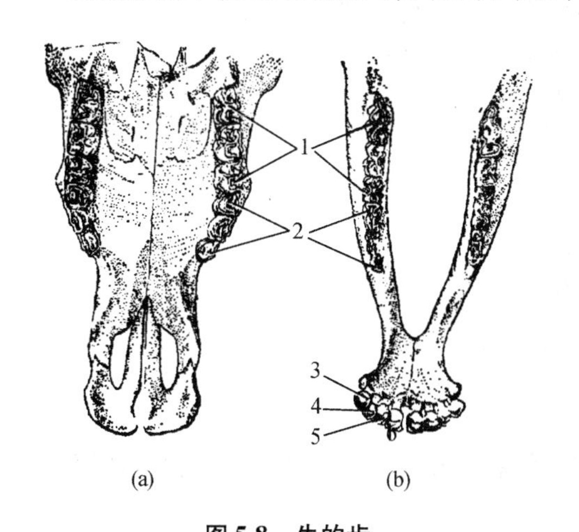

图 5-8　牛的齿

(a)上颌　(b)下颌

1. 后臼齿　2. 前臼齿　3. 隅齿　4. 外中间齿　5. 内中间齿　6. 门齿

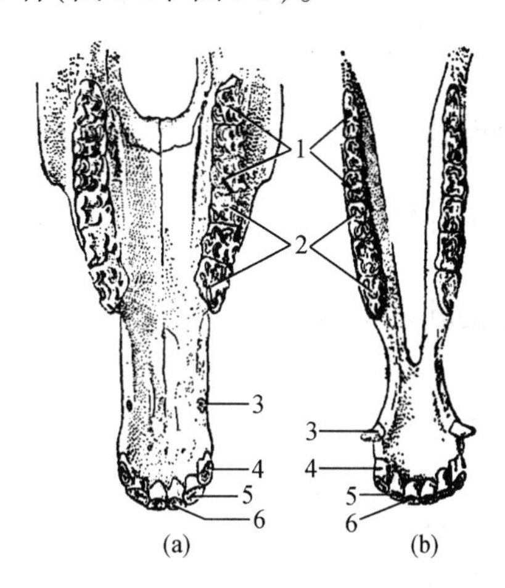

图 5-9　马的齿

(a)上颌　(b)下颌

1. 后臼齿　2. 前臼齿　3. 犬齿　4. 隅齿　5. 中间齿　6. 门齿

①切齿(incisor)　位于齿弓前部，与唇相对。马和猪上、下切齿各 3 对，由内向外分别称为门齿、中间齿和隅齿。牛、羊无上切齿，而由该处黏膜增厚角化形成的齿垫来代替。下切齿有 4 对，由内向外分别称为门齿、内中间齿、外中间齿和隅齿。

②犬齿(canine tooth)　尖而锐，位于齿槽间隙处，约与口角相对。猪和公马有上、下犬齿各一对。牛、羊无犬齿。

③臼齿(molar tooth)　位于齿弓后部，与颊相对，故又称颊齿。臼齿又分前臼齿和后臼齿。

马和牛上、下颌各有前臼齿 3 对（马有时在上颌或上、下颌多 1 ~ 2 对很不发达的狼齿），猪有 4 对。后臼齿都是 3 对。根据上、下颌齿弓各种齿的数目，可写成下列齿式：

即 $$2\left[\frac{\text{切齿(I)}+\quad\text{犬齿(C)}\quad\text{前臼齿(P)}\quad\text{后臼齿(M)}}{\text{切齿}\quad\text{犬齿}\quad\text{前臼齿}\quad\text{后臼齿}}\right]$$

成年马、牛、猪、犬的齿如下：

公马的恒齿式 $$2\left(\frac{3\quad 1\quad 3\quad 3}{3\quad 1\quad 3\quad 3}\right)=40$$

母马的恒齿式 $$2\left(\frac{3\quad 0\quad 3\quad 3}{3\quad 0\quad 3\quad 3}\right)=36$$

牛的恒齿式 $$2\left(\frac{0\quad 0\quad 3\quad 3}{4\quad 0\quad 3\quad 3}\right)=32$$

猪的恒齿式 $$2\left(\frac{3\quad 1\quad 4\quad 3}{3\quad 1\quad 4\quad 3}\right)=44$$

犬的恒齿式 $$2\left(\frac{3\quad 1\quad 4\quad 2}{3\quad 1\quad 4\quad 3}\right)=42$$

齿在家畜出生后逐个长出，除后臼齿和猪的第一前臼齿外，其余齿到一定年龄时要按一定顺序换一次。更换前的齿为乳齿（deciduous tooth），更换后的齿为永久齿或恒齿（permanent tooth）。乳齿一般较小，颜色较白，磨损较快。家畜的乳齿式如下：

马的乳齿式 $$2\left(\frac{3\quad 1\quad 3\quad 0}{3\quad 1\quad 3\quad 0}\right)=28$$

牛的乳齿式 $$2\left(\frac{0\quad 0\quad 3\quad 0}{4\quad 0\quad 3\quad 0}\right)=20$$

猪的乳齿式 $$2\left(\frac{3\quad 1\quad 3\quad 0}{3\quad 1\quad 3\quad 0}\right)=28$$

犬的乳齿式 $$2\left(\frac{3\quad 1\quad 3\quad 0}{3\quad 1\quad 3\quad 0}\right)=28$$

5. 2. 5. 2　齿的构造

齿一般可分为齿冠、齿颈和齿根 3 部分。齿冠为露在齿龈以外的部分，齿根为镶嵌在齿槽内的部分，齿颈为齿龈所被覆的部分。

齿主要由齿质构成，在齿冠的齿质外面覆有光滑而坚硬且呈白色的釉质，在齿根的齿质表面被有齿骨质。齿根的末端有孔通齿腔，腔内有富含血管、神经的齿髓。齿髓有生长齿质和营养齿组织的作用，发炎时能引起剧烈的疼痛。

动物的齿可分长冠齿和短冠齿。马的切齿和臼齿以及牛的臼齿属于长冠齿，可随磨面的磨损不断向外生长，所以齿颈不明显，长冠齿的齿骨质除分布于齿根外，还包在齿冠釉质的外面，并折入齿冠磨面的齿坎内，致磨面凹凸不平，有助于草类食物的磨碎。猪齿和牛的切齿属短冠齿，可明显地区分为齿冠、齿颈和齿根 3 部分，无齿坎。

5. 2. 5. 3　马、牛、猪、犬齿的特点

（1）马的齿

切齿：呈弯曲的楔形，磨面上有一个漏斗状的凹陷，称为齿坎（infundibulum）（图 5-10），齿坎上部因齿骨质受腐蚀作用而呈黑褐色，特称黑窝。当齿磨损后，在磨面上可见到明显的

内、外釉质环，它们之间为齿质。齿冠随年龄而不断磨损，齿坎也逐渐变小变浅，最后消失。当齿坎尚未消失时，在齿坎前方的齿质内出现黄褐色的斑点，称为齿星。齿星是被磨穿的并充有新生齿质的齿腔的横断面，初呈线纹，横位于齿坎前方，以后逐渐明显，位置后移，呈圆形，代替了齿坎的位置(图 5-12)。随着年龄和磨损程度的增长，磨面形状也由横椭圆形变成圆形、三角形甚至纵椭圆形。与此同时，上、下切齿在咬合时所构成的角度也越来越小。因此，常根据切齿的出齿、换齿、齿坎磨面形状以及上、下切齿构成的角度等，作为马年龄鉴定的重要依据。

犬齿：乳犬齿很小，常不露出于齿龈之外。公马的恒犬齿发达，呈圆锥状，稍向后弯曲。

臼齿：呈柱状，构造比较特殊，磨面上具有复杂的釉质褶。上臼齿的磨面较宽，近似方形(第 1 前臼齿和最后臼齿呈三角形)，向外下方倾斜，颊缘锐利。下臼齿的磨面较窄，向内上方倾斜，舌缘锐利。因此，常根据切齿的出齿、换齿、齿坎磨面形状以及上、下切齿构成的角度等，作为家畜(马)年龄鉴定的重要依据。

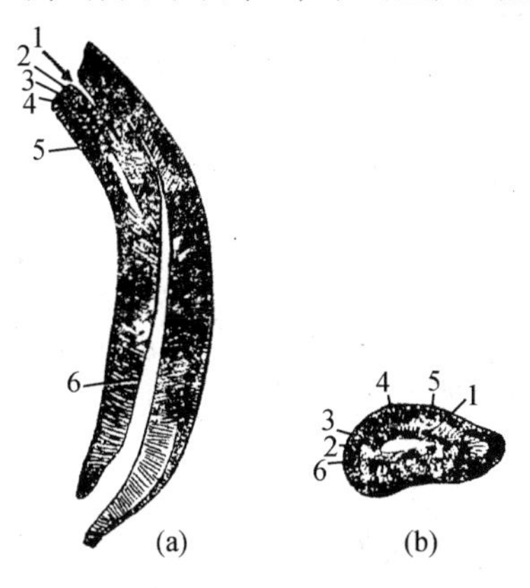

图 5-10 马下切齿的构造

(a)纵剖面 (b)咀嚼面(磨面)

1. 齿坎 2. 中央釉质 3. 齿质 4. 外周釉质 5. 齿骨质 6. 齿腔

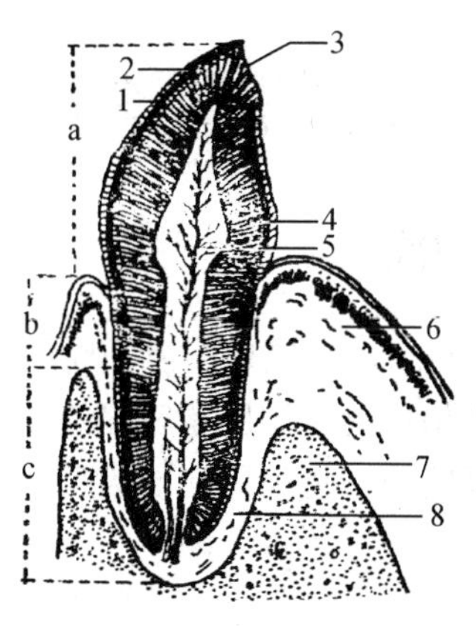

图 5-11 牛切齿的构造

(a)齿冠 (b)齿颈 (c)齿根

1. 齿骨质 2. 釉质 3. 咀嚼面 4. 齿质 5. 齿腔 6. 齿龈 7. 下颌骨 8. 齿周膜

(2)牛的齿

牛无上切齿，下切齿呈铲形，齿冠色白而短，无齿坎；齿颈明显；齿根圆细，嵌入齿槽内不深，略能摇动(图 5-11)。臼齿的形状和构造与马相似，但前臼齿较小，磨面上的新月形釉质褶较马明显。

羊也无上切齿，下切齿齿冠较窄，齿颈不明显，齿根嵌入齿槽内较深，较牢固。

(3)猪的齿

上切齿的方向较垂直，排列疏远。下切齿的方向较水平，排列稍密。犬齿发达，尖而锐利，公猪的齿冠很长，可持续生长而伸出于口腔之外。臼齿磨面呈结节状，后臼齿较发达。第一前臼齿较小，有时不存在。

(4)犬的齿

犬的齿尖锐而锋利。

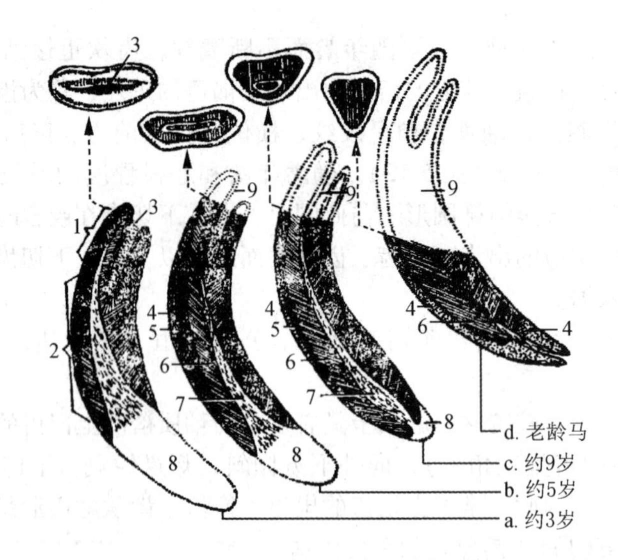

图 5-12 马不同年龄门齿的矢状面

1. 齿槽外的部分 2. 齿槽内的部分 3. 齿坎 4. 齿骨质(老龄时所形成的齿骨质) 5. 釉质 6. 齿质 7. 齿腔 8. 齿将来生长的部分 9. 齿已磨损的部分

5.2.6 齿龈

齿龈(gum)为包裹在齿颈周围和邻近骨上的黏膜，与口腔黏膜相延续，无黏膜下层，与齿颈和齿根部的齿周膜紧密相连，呈淡红色。齿龈随齿伸入于齿槽内，移行为齿槽骨膜。后者属结缔组织，将齿固着于齿槽内。

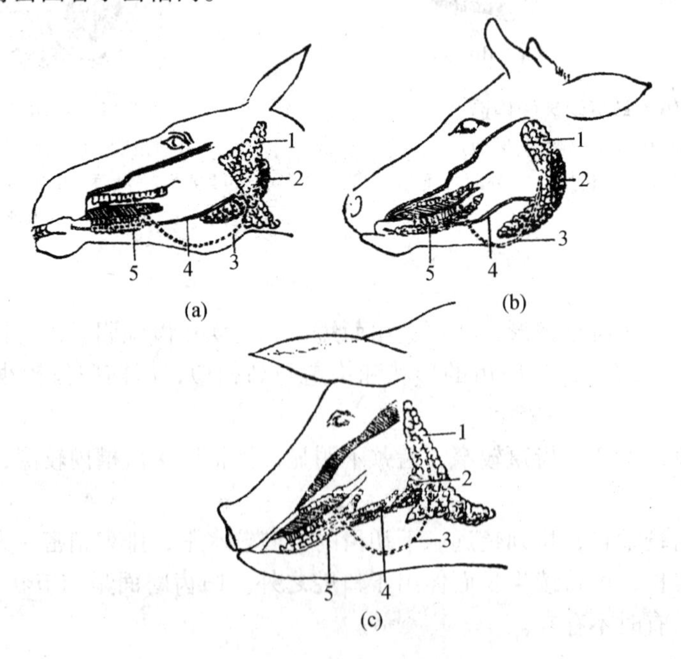

图 5-13 唾液腺模式图

(a)马 (b)牛 (c)猪

1. 腮腺 2. 颌下腺 3. 腮腺管 4. 颌下腺管 5. 舌下腺

5.2.7 唾液腺

唾液腺(salivary glands)是指能分泌唾液的腺体，除一些小的壁内腺(如唇腺、颊腺和舌腺等)外，还有腮腺(parotid glands)、颌下腺(submandibular glands)和舌下腺(sublingual glands)3对大的唾液腺(图5-13)。唾液有浸润饲料、利于咀嚼、便于吞咽、清洁口腔和参与消化等作用。

5.2.7.1 马的唾液腺

腮腺很大，位于耳根腹侧，在下颌骨后缘与寰椎翼之间，呈灰黄色，腺小叶明显，其轮廓呈长四边形，后下角嵌在上颌静脉与舌面静脉的夹角内，前下角沿下颌骨边缘伸延至喉。腮腺的表面为皮肌及腮耳肌所覆盖，深面与咽鼓管囊及舌骨支等接触。腮腺管起于腮腺前下部，由3~4个小支汇合而成，经下颌间隙向前伸延，绕过下颌骨血管切迹处至面部，随同面动脉、面总静脉沿咬肌前缘向前向上伸延，在第3上臼齿相对处穿过颊肌，开口于颊黏膜的腮腺乳头。颌下腺比腮腺小，长而弯曲，位于腮腺和下颌骨的内侧，从寰椎翼下向前伸至舌骨体。颌下腺管起自腺体的背缘，在腺体的前端离开腺体，向前伸延，经舌下腺的内侧至口腔底部，穿过口腔黏膜开口于舌下肉阜。舌下腺是3对唾液腺中最小的一对，长而薄，位于舌体和下颌骨之间的黏膜下，前端自颏角起，向后伸达第4下臼齿处。舌下腺管有30余条，短而弯曲，直接开口于舌两侧的口腔底黏膜上。

5.2.7.2 牛的唾液腺

腮腺位于下颌骨后方，略呈狭长的三角形。上部宽厚，大部分覆盖在咬肌后部的表面；下部窄小，弯向前下方，嵌于舌面静脉汇流入颈静脉的夹角内。牛的腮腺比马的小而致密，呈棕红色。腮腺管起自腺体下部的深面，伴随舌面静脉沿咬肌的腹侧缘及前缘伸延，开口于与第5上臼齿相对的颊黏膜上。绵羊的腮腺管横过咬肌外侧面；山羊腮腺管的行程与牛相似，都开口于与第3、第4上臼齿相对的颊黏膜上。颌下腺比腮腺大，呈淡黄色，形状与马的颌下腺基本相似。一部分为腮腺所覆盖，自寰椎翼的腹侧向前向下伸达下颌间隙，在此几乎与对侧的颌下腺相接触。颌下腺管起自腺体前缘的中部，向前伸延、横过二腹肌前腹的表面，开口于舌下肉阜。舌下腺位于舌体和下颌骨之间的黏膜下，可分上、下两部。上部为短管舌下腺或多管舌下腺，长而薄，自软腭向前伸至颏角，有许多小管开口于口腔底。下部为长管舌下腺或单管舌下腺，短而厚，位于短管舌下腺前端的腹侧，有一条总导管与颌下腺管伴行或合并，开口于舌下肉阜。

5.2.7.3 猪的唾液腺

腮腺很发达，呈三角形，棕红色，埋于耳根腹侧、下颌骨后缘的脂肪内。腮腺管的行程与牛相似，经下颌骨下缘转至面部，开口于与第4、第5上臼齿相对颊黏膜上。颌下腺位于腮腺深面，较小而致密，略呈扁圆形，带红色。颌下腺管在下颌骨内侧向前伸延，开口于舌系带两侧口腔底的黏膜上(猪无舌下肉阜)。舌下腺与牛相似，也分两部。前部较大，为短管舌下腺，有8~10条小管开口于口腔底。后部为长管舌下腺，一条总导管开口于颌下腺管开口处的附近。

5.3 咽和软腭

5.3.1 咽

咽(pharynx)是漏斗状的肌性囊，为消化系统和呼吸系统的共同通道，位于口腔和鼻腔的后方，喉和食管的前上方。以软腭为界，咽可分鼻咽部、口咽部和喉咽部3部分。

(1)鼻咽部

鼻咽部位于软腭背侧，为鼻腔向后的直接延续。鼻咽部的前方有两个鼻后孔通鼻腔；两侧壁上各有一个咽鼓管咽口，经咽鼓管与中耳相通。马的咽鼓管在颅底和咽后壁之间膨大，形成咽鼓管囊(又称喉囊 guttural pouches)。

(2)口咽部

口咽部也称咽峡，位于软腭和舌之间，前方由软腭、舌腭弓(由软腭到舌根两侧的黏膜褶)和舌根构成的咽口与口腔相通，后方伸至会厌与喉咽部相接。其侧壁黏膜上有扁桃体窦，容纳腭扁桃体。马无明显的扁桃体窦，腭扁桃体位于舌根与舌腭弓交界处，黏膜上有许多小孔，称为扁桃体小窝。牛的扁桃体窦大而深，窦壁内有腭扁桃体。猪的腭扁桃体位于软腭内。

(3)喉咽部

喉咽部为咽的后部，位于喉口背侧，较狭窄，上有食管口通食管，下有喉口通喉腔。

咽是消化道和呼吸道的交叉部分。吞咽时，食团刺激舌根、咽壁，引起软腭上举，会厌翻转盖住喉口，食物由口腔经咽入食管；呼吸时，软腭下垂，空气经咽到喉或鼻腔。

咽壁由黏膜、肌肉和外膜3层组成。咽黏膜衬于咽腔内面，分呼吸部和消化部两部分。在咽腭弓以上为呼吸部，与鼻腔黏膜延续；在咽腭弓以下为消化部，与口腔黏膜延续。咽黏膜内含有咽腺和淋巴组织。猪的咽黏膜在后壁正中、食管口的背侧形成一盲囊，称为咽后隐窝。

5.3.2 软腭

软腭(soft palate)为一含肌组织和腺体的黏膜褶，位于鼻咽部和口咽部之间，前缘附着于腭骨水平部上；后缘凹为游离缘，称为腭弓，包围在会厌之前。软腭两侧与舌根及咽壁相连的黏膜褶，分别称为舌腭弓和咽腭弓。

软腭的腹侧面与口腔硬腭黏膜相连，覆以复层扁平上皮；背侧面与鼻腔黏膜相连，覆以假复层柱状纤毛上衣。在两层黏膜之间夹有肌肉和一层发达的腭腺(palatine glands)，腺体以许多小孔开口于软腭腹侧面黏膜的表面。

马的软腭长，后缘伸达喉的会厌基部，因此很难用口呼吸。牛的软腭比马的短而厚。猪的软腭也短厚，但几乎呈水平位。软腭在吞咽过程中起活瓣(活塞)作用。

5.4 食管

食管(oesophaus)是食物通过的管道，连接于咽和胃之间，按部位可分颈、胸、腹3段。

颈段食管开始位于喉及气管背侧，到颈中部逐渐移至气管的左侧，经胸前口进入胸腔。胸段位于胸腔纵隔内，然后又转至气管背侧继续向后伸延，然后穿过膈的食管裂孔(牛约与第9肋骨相对处，马约与第13肋骨)进入腹腔。腹段很短，与胃的贲门相接。

5.5 胃

胃(ventriculus, stomach)位于腹腔内，在膈和肝的后方，是消化管中部膨大的部分，前端以贲门接食管，后端以幽门与十二指肠相通。胃有暂时储存食物、分泌胃液、进行初步消化等作用。家畜的胃可分复胃和单胃两大类，单胃又分为单室腺胃和单室混合胃。

5.5.1 复胃(多室胃)

牛、羊的胃为复胃(多室胃)，按照消化管前后顺序，依次分瘤胃、网胃、瓣胃和皱胃。前3部分的黏膜内无腺体，主要起储存食物和发酵、分解纤维素的作用，常称为前胃。皱胃的黏膜内有消化腺，具有化学性消化作用，所以又称真胃。

5.5.1.1 瘤胃(rumem)

瘤胃最大，约占4个胃总容积的80%，呈前后稍长，左右略扁的椭圆形，占据腹腔的左半部，其下半部还占据了腹腔的右侧下部。瘤胃的前方与网胃相通，约与第7、第8肋间隙相对；后端达骨盆前口。左侧面(壁面)与脾、膈及左侧腹壁相接触；右侧面(脏面)与瓣胃、皱胃、肠、肝、胰等接触。背侧缘隆凸，以结缔组织与腰肌、膈脚相连；腹侧缘亦隆凸，与腹腔底壁接触。瘤胃的前、后两端有较深的前沟和后沟；左、右两侧面有较浅的左纵沟和右纵沟。在瘤胃壁的内面，有与上述各沟相对应的肉柱(pilae ruminis)。沟和肉柱共同围成环状，把瘤胃分成瘤胃背囊和瘤胃腹囊两部分，背囊较长。由于瘤胃前、后沟较深，在瘤胃背囊和腹囊的前、后两端，分别形成瘤胃房、瘤胃隐窝、后背盲囊和后腹盲囊(图5-14、图5-15)。

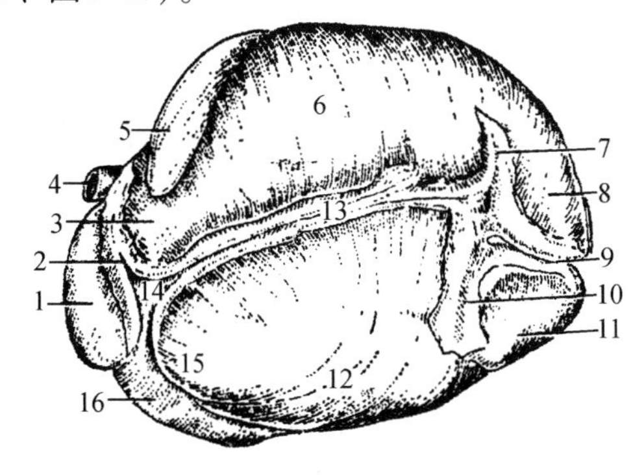

图5-14 牛胃左侧面

1. 网胃 2. 瘤网沟 3. 瘤胃房 4. 食管 5. 脾 6. 瘤胃背囊 7. 后背冠沟 8. 后背盲囊 9. 后沟 10. 后腹冠沟 11. 后腹盲囊 12. 瘤胃腹囊 13. 左纵沟 14. 前沟 15. 瘤胃隐窝 16. 皱胃

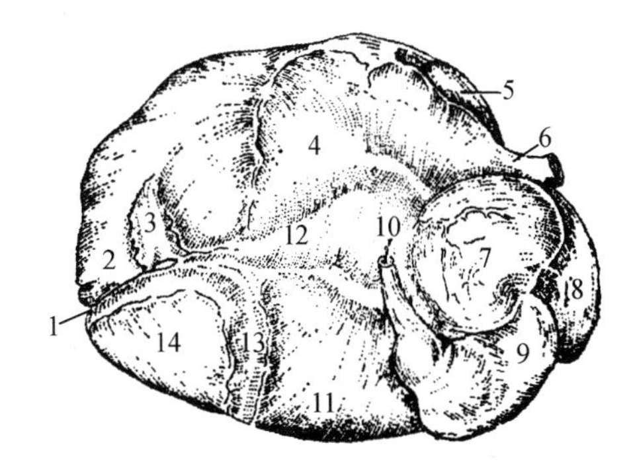

图5-15 牛胃右侧面

1. 后沟 2. 后背盲囊 3. 后背冠沟 4. 瘤胃背囊 5. 脾 6. 食管 7. 瓣胃 8. 网胃 9. 皱胃 10. 十二指肠 11. 瘤胃腹囊 12. 右纵沟 13. 后腹冠沟 14. 后腹盲囊

瘤胃的前端有通网胃的瘤网口。瘤网口大，其腹侧和两侧有瘤网褶。瘤胃的入口为贲门(cardia)，在贲门附近，瘤胃和网胃无明显分界，形成一个穹窿，称为瘤胃前庭。

瘤胃黏膜一般呈棕黑色或棕黄色(肉柱颜色较浅)，表面有无数密集的乳头。乳头大小不等，以瘤胃腹囊和盲囊内的最为发达。肉柱和前庭的黏膜无乳头。

羊瘤胃的形态构造与牛的基本相似，但腹囊较大，且大部分位于腹腔右侧。由于腹囊位置偏后，所以后腹盲囊很大，而后背盲囊则不明显。黏膜乳头较短。

5.5.1.2 网胃(reticulum)

牛的网胃在4个胃中最小，成年牛约占4个胃总容积的5%。网胃略呈梨形，前后稍扁，大部分位于中线的左侧，在瘤胃背囊的前下方，约与第6~8肋骨相对。网胃的壁面(前面)凸，与膈、肝接触；脏面(后面)平，与瘤胃背囊贴连。网胃的下端呈一圆形盲囊，称为网胃底，与膈的胸骨部接触。网胃上端有瘤网口，与瘤胃背囊相通；瘤网口的右下方有网瓣口，与瓣胃相通。在网胃壁的内面有网胃沟(食管沟)(图5-16)。

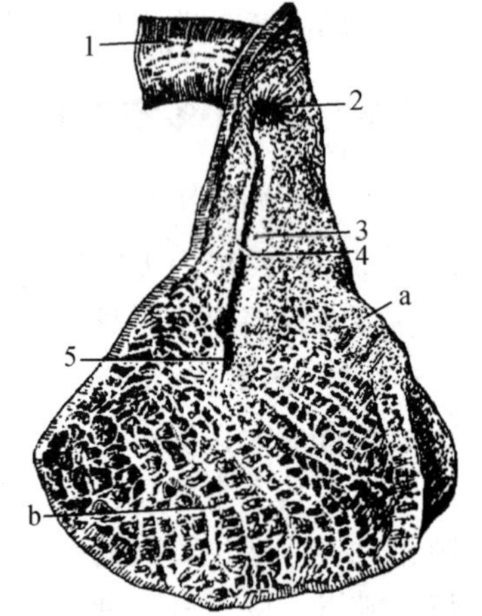

图5-16 牛的食管沟

a. 瘤网褶 b. 网胃黏膜

1. 食管 2. 贲门 3. 食管沟右唇 4. 食管沟左唇 5. 网瓣口

由于网胃的位置较低及动物的食性，因此金属异物(如铁钉、铁丝等)被吞入胃内时，易留存于网胃。由于胃壁肌肉的强力收缩，常刺穿胃壁，引起创伤性网胃炎。严重时，金属异物还可穿过膈刺入心包，继发创伤性网胃心包炎。

食管沟(sulcus osphageus)又称网胃沟(图5-16)，起自贲门，沿瘤胃前庭和网胃右侧壁向下伸延到网瓣口。沟两侧隆起的黏膜褶，称为食管沟唇。沟呈螺旋状扭转。未断奶犊牛的食管沟闭合完全，吮吸时可闭合成管，乳汁可直接由贲门经食管沟和瓣胃沟达皱胃。成年牛的食管沟闭合不严。

网胃黏膜形成许多多边形网格状皱褶，形似蜂窝状，还有许多较低的次级皱褶再分为更小的网格。在皱褶和窝底部密布细小的角质乳头。食管沟的黏膜平滑、色淡，有纵行皱褶。

羊的网胃比瓣胃大，下部向后弯曲与皱胃相接触。网格较大，但周缘皱褶较低，次级皱褶明显。

5.5.1.3 瓣胃(omasum)

成年牛瓣胃约占4个胃总容积的7%或8%。瓣胃呈两侧稍扁的圆球形，很坚实，位于右季肋部，在瘤胃与网胃交界处的右侧，约与第7~11或第12肋骨相对。

壁面(右面)主要与肝、膈接触；脏面(左面)与网胃、瘤胃及皱胃等接触。大弯凸，朝向右后方；小弯凹，朝向左前方。在小弯的上、下端，有网瓣口和瓣皱口，分别通网胃和皱胃。两口之间有沿小弯腔面伸延的瓣胃沟(sulcus omasi)，液体和细粒饲料可由网胃经此沟直接进入皱胃。

瓣胃黏膜形成百余片瓣叶(图5-17)。瓣叶呈新月形，附着于瓣胃壁的大弯，游离缘向着小弯。瓣叶按宽窄可分大、中、小和最小4级，呈有规律地相间排列，将瓣胃腔分为许多狭窄而整齐的叶间间隙。瓣叶上密布粗糙角质乳头。在瓣皱口两侧的黏膜，各形成一个皱褶，称为瓣胃帆，有防止皱胃内容物逆流入瓣胃的作用。由于瓣胃的这种构造，常造成内容物滞留，久之，引起瓣胃阻塞。

羊的瓣胃比网胃小呈卵圆形，位于右季肋部，约与第9～10肋骨相对，位置比牛的高一些，不与腹壁接触。其右侧为肝和胆囊，左侧为瘤胃，腹侧为皱胃。瓣叶的数量比牛少。

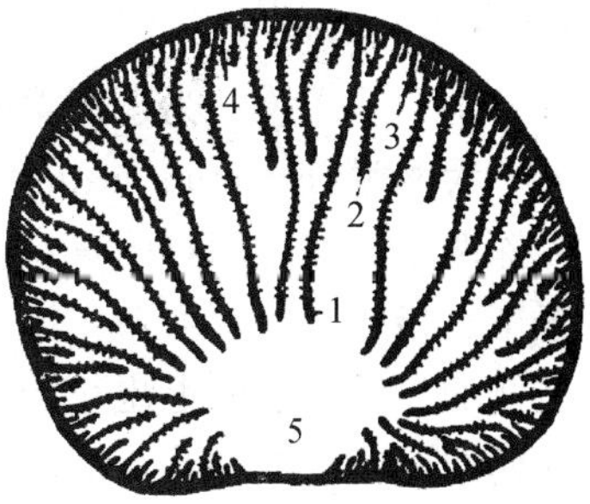

图5-17　牛瓣胃的黏膜（横切）

1. 大瓣叶　2. 中瓣叶　3. 小瓣叶　4. 最小瓣叶　5. 瓣胃沟

5.5.1.4　皱胃（abomasus）

皱胃约占4个胃总容积的8%，呈一端粗一端细的弯曲长囊，位于右季肋部和剑状软骨部，在网胃和瘤胃腹囊的右侧，瓣胃的腹侧和后方，大部分与腹腔底壁紧贴，约与第8～12肋骨相对。皱胃的前部较大，为底部，与瓣胃相连；后部较细，为幽门部，以幽门（pylorus）与十二指肠相接。幽门部在接近幽门处明显变细，壁内的环行肌特别增厚，在小弯侧形成一幽门圆枕。皱胃小弯凹而向上，与瓣胃接触；大弯凸而向下，与腹腔底壁接触。

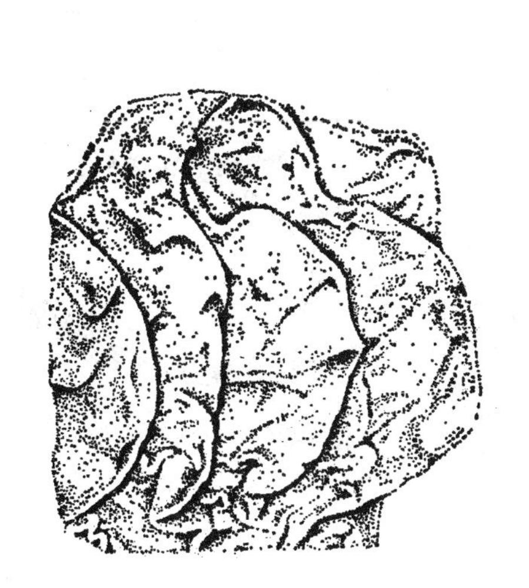

图5-18　皱胃黏膜

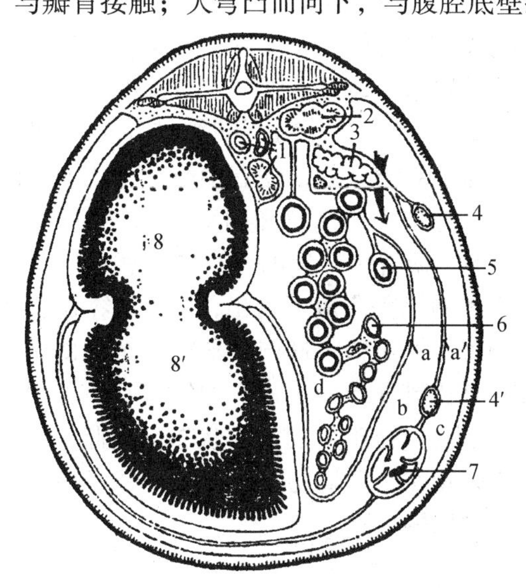

图5-19　牛腹腔横切面模式图

a、a′. 大网膜的浅层和深层　b. 网膜囊后隐窝　c. 腹膜腔
d. 网膜上隐窝（示大网膜的形成，箭头通过网膜孔）
1. 主动脉、后腔静脉和左肾　2. 右肾　3. 胰　4、4′. 十二指肠 5. 结肠　6. 空肠　7. 皱胃　8、8′. 瘤胃背囊和腹囊

皱胃黏膜光滑、柔软，在底部形成12～14片螺旋形大皱褶（图5-18）。黏膜内含有腺体，可分3部：环绕瓣皱口的一小区色淡，为贲门腺区，内有贲门腺；近十二指肠的一小区色黄，为幽门腺区，内有幽门腺；在前两区之间，有螺旋形大皱褶的部分呈红色，为胃底腺区，内有胃底腺。皱胃相当于单胃动物的有腺区，能进行化学性消化，故又称真胃。

羊的皱胃在比例上较牛的大而长。

5.5.1.5 网膜

牛、羊网膜：为连接胃的浆膜褶，可分大网膜和小网膜。

大网膜(omentum majus)很发达，覆盖在肠管右侧面的大部分和瘤胃腹囊的表面，可分浅深两层。浅层起自瘤胃左纵沟，向下绕过腹囊到腹腔右侧，继续沿右腹侧壁向上伸延，止于十二指肠和皱胃大弯。浅层由瘤胃后沟折转到右纵沟转为深层。深层向下绕过肠管到肠管右侧面，沿浅层向上也止于十二指肠腹侧缘(有时浅深两层先行合并再止于十二指肠)。浅、深两层网膜形成一个大的网膜囊，瘤胃腹囊就被包在其中。在两层网膜与瘤胃右侧壁之间，形成一个似兜袋的网膜囊隐窝，兜着大部分肠管。网膜囊隐窝的开口向后，口的游离缘就是浅、深两层折转处(图5-19)。

网膜常沉积有大量的脂肪，营养良好的个体更显著。由于大网膜内含有大量巨噬细胞，因此又是腹腔内重要的免疫器官。

小网膜(omentum minus)较小，起自肝的脏面，经过瓣胃的壁面，止于皱胃幽门部和十二指肠起始部的背侧缘。

5.5.1.6 犊牛胃的特点

初生犊牛因吃奶，皱胃特别发达，瘤胃与网胃相加的容积约等于皱胃的1/2(图5-20)。8周龄时，瘤胃和网胃的总容积约等于皱胃的容积，12周龄时，超过皱胃的1倍，这时瓣胃发育很慢。4个月后，随着消化植物性饲料能力的出现，前3个胃迅速增大，瘤胃和网胃的总容积约达皱胃的4倍。到1.5岁时，瓣胃和皱胃的容积几乎相等，这时4个胃的容积达到成年的比例。应当指出，4个胃容积变化的速度受食物的影响，在提前和大量饲喂植物性饲料的情况下，前3个胃的发育要比喂乳汁的迅速。如幼年喂液体食物为主时，前胃尤其是瓣胃会处于不发达的状态。因此，反刍胃的年龄发育，不仅表现在4个胃的大小比例及局部位置上，也反映于黏膜结构和肌层上。

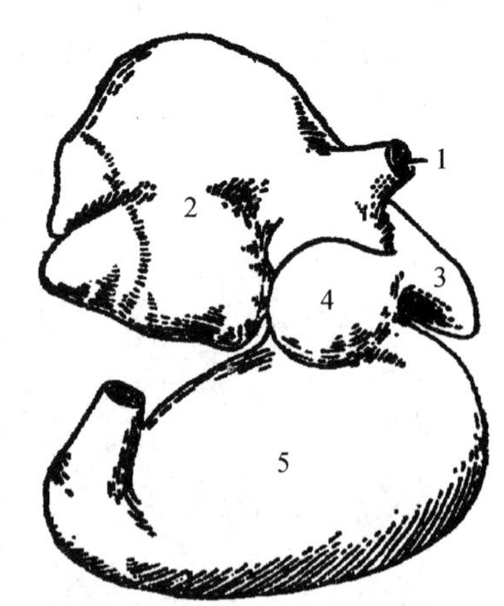

图5-20 犊牛胃(右侧)

1. 食管 2. 瘤胃 3. 网胃 4. 瓣胃 5. 皱胃

5.5.2 单胃

马、猪、犬等动物的胃只有一个腔室，为单胃。依据其黏膜类型的特点，可将其分为单室混合胃和单室腺胃。具有单室混合胃的家畜胃黏膜可分为无腺部和有腺部，如马和猪。单室腺胃的家畜胃黏膜仅有有腺部，如犬和猫。

5.5.2.1 马的胃

马的胃为单室混合型胃，容积5~8L，大的可达12L，甚至15L(在驴3~4L)。大部分胃位于左季肋部，小部位于右季肋部，在膈和肝之后、上大结肠的背侧。马胃呈前后压扁的“U”字形，胃大弯凸，朝向左下方；胃小弯凹，朝向右上方。壁面向前上方，与膈、肝接触；脏面向后下方，与大结肠、小结肠、小肠及胰等接触。胃的左端向后上方膨大形成胃盲囊(saccus caecum ventuiculi)，位于左膈脚和第15~17肋骨上端的腹侧；右端较小，位于体中线右侧，在肝之后，向后向上以幽门与十二指肠相连。食管与胃的贲门几乎呈锐角相连

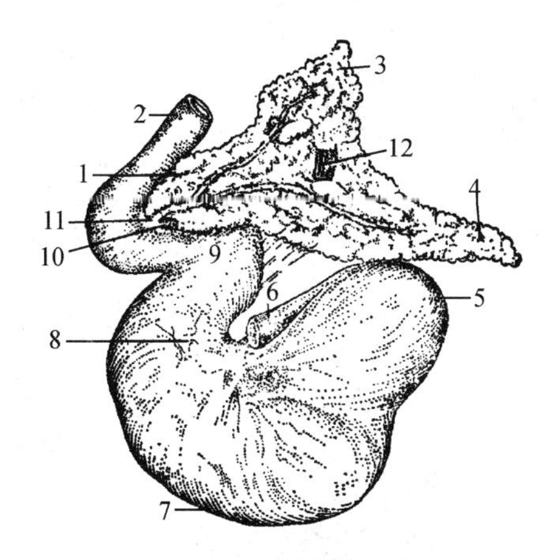

图5-21 马的胃和胰

1. 胰头 2. 十二指肠 3. 右叶 4. 左叶(胰尾) 5. 胃盲囊 6. 食管 7. 胃大弯 8. 胃小弯 9. 幽门 10. 肝管 11. 胰管 12. 门静脉

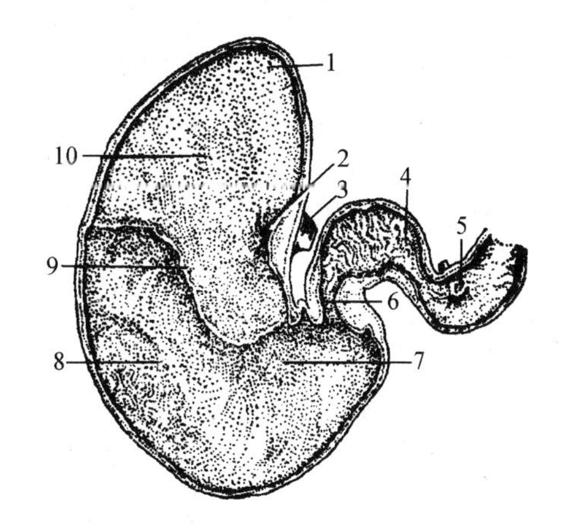

图5-22 马胃黏膜

1. 胃盲囊 2. 贲门 3. 食管 4. 十二指肠 5. 十二指肠憩室 6. 幽门 7. 幽门腺区 8. 胃底腺区 9. 褶缘 10. 食管部(无腺部)

(图5-21)。贲门在胃小弯的左端，位于膈的食管裂孔附近。

马胃的黏膜被一明显的褶缘分为两部。褶缘以上的部分厚而苍白，与食管黏膜相连，衬以复层扁平上皮；黏膜内无腺体，称为无腺部。褶缘以下和右侧的黏膜软而皱，衬以单层柱状上皮，黏膜含有腺体，称为腺部。腺部又分3区：沿褶缘的一窄区，黏膜呈灰黄色，为贲门腺区；在贲门腺区下方的一大片黏膜，呈棕红色且明显有凹陷(即胃小窝)，为胃底腺区；在胃底腺区右侧的黏膜，呈灰红色或灰黄色，为幽门腺区。幽门处的黏膜形成一环形褶，为幽门瓣(valvula pylorica)。马贲门括约肌发达(图5-22)。

马胃在腹腔内由于有网膜和韧带与其他器官相连，因而位置较为固定。

连系胃的浆膜褶有下列数种：

①胃膈韧带 为连系胃大弯与膈之间的浆膜褶。

②大网膜 不发达，呈网状，由双层浆膜褶构成，位于胃和右上大结肠之间，附着于胃大弯、十二指肠起始部、大结肠末端和小结肠起始部。

③胃脾韧带 连系于胃大弯与脾门之间，实为大网膜的一部分。

④小网膜 连系于胃小弯、十二指肠起始部与肝门之间。因此又可分为两部分：连系于胃的部分为胃肝韧带；连系于十二指肠的部分为肝十二指肠韧带。

⑤胃胰皱褶 连系于胃盲囊与胰及十二指肠之间。

5.5.2.2 猪的胃

猪的胃属于单室混合型胃，容积很大，5～8L。其形状与马胃相似，呈上下排列前后压扁的"U"字形，属单胃，位于季肋部和剑状软骨部，饱食时，胃大弯可伸达剑状软骨与脐之间的腹腔底壁。胃的壁面朝前，与膈、肝接触；脏面朝后，与大网膜、肠、肠系膜及胰等接触。胃的左端大而圆，近贲门处有一盲突，称为胃憩室(diverticulum ventriculi)；右端幽门部小而急转向上，与十二指肠相连。在幽门处有自小弯一侧胃壁向内突出的一个纵长鞍形隆起，称为幽门圆枕(图5-23)，与其对侧的唇形隆起相对，有关闭幽门的作用。

猪胃黏膜的无腺部很小，仅位于贲门周围，呈苍白色；贲门腺区很大，由胃的左端达胃的中部，黏膜薄而呈淡灰色；胃底腺区较小，位于贲门腺区的右侧，沿胃大弯分布，黏膜较厚呈棕红色；幽门腺区位于幽门部，黏膜薄呈灰色，且有不规则的皱褶。

5.5.2.3 犬的胃

犬的胃属于单室腺型胃，胃黏膜全部被覆单层柱状上皮，可分3区。贲门腺区最小，最接近食管；胃底腺区最大，从胃的左侧至右侧幽门部；幽门腺区沿胃小弯至右侧。犬胃呈弯曲的囊状，有大弯、小弯之分。大弯主要面向左，小弯主要面向右。壁面向腹侧与肝接触，脏面向背侧与肠管接触。

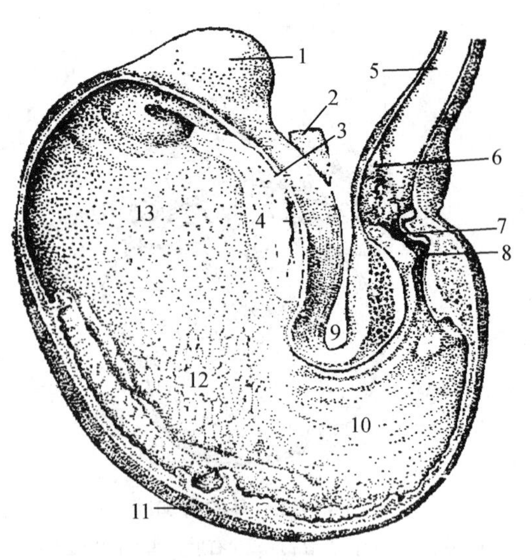

图 5-23 猪胃黏膜

1. 胃憩室 2. 食管 3. 无腺区 4. 贲门 5. 十二指肠 6. 十二指肠憩室 7. 幽门 8. 幽门圆枕 9. 胃小弯 10. 幽门腺区 11. 胃大弯 12. 胃底腺区 13. 贲门腺区

5.6 肠

家畜的肠(intestines)起自幽门，止于肛门，可分小肠和大肠两部分。小肠又分十二指肠、空肠和回肠3段，是食物进行消化和吸收的主要部位；大肠又分盲肠、结肠和直肠3段，其主要功能是消化纤维素、吸收水分、形成和排出粪便等。

肠管很长，在腹腔内盘转弯曲，借肠系膜悬吊于腹腔顶壁或借韧带互相连接。其长度与家畜采食的食物或饲料的性质、数量等有关，其中草食兽的肠管较长(反刍兽的更长)，肉食兽的较短，杂食兽的介于前两者之间。

5.6.1 肠管的一般形态结构

5.6.1.1 小肠

小肠(small intestine)很长，管径较小，黏膜形成许多环行皱襞(褶)和微细的肠绒毛，突入肠腔中，以增加与食物接触的面积。小肠的消化腺很发达，有壁内腺和壁外腺两类：壁内腺除有分布于整个肠管壁固有膜内的小肠腺外，在十二指肠的黏膜下组织内还分布有十二指肠腺；壁外腺有肝和胰，可分泌胆汁和胰液，由导管输入十二指肠内。消化腺的分泌液内含有多种酶，能消化各种营养物质。

(1)十二指肠(duodenum)

十二指肠是小肠的第一段，较短，其形态、位置和行程在各种家畜都是相似的。可分前部、降部和升部：前部即起始部，在肝的后方形成一“乙”状曲；然后沿右季肋部向上向后伸延至右肾腹侧为降部；转而向左(绕过前肠系膜根部的后方)形成一后曲，再向前伸延移行为空肠，这一段为升部。十二指肠由窄的十二指肠系膜(或韧带)固定，位置变动小。其升部有与结肠相连的十二指肠结肠褶，在大体解剖时，常以此作为与空肠分界的标志。

(2) 空肠(jejunum)

空肠是小肠中最长的一段，尸体解剖时常呈空虚状态。空肠形成无数肠圈(空肠襻)，并以宽的空肠系膜悬挂于腹腔顶壁，所以活动范围较大。

(3) 回肠(ileum)

回肠是小肠的末段，较短，与空肠无明显分界，只是肠管变直，肠壁增厚(因固有膜内含有较多的淋巴孤结和淋巴集结所致)。回肠末端开口于盲肠(回盲口，马)或盲肠与结肠交界处(回盲结口，牛、羊、猪)。在回肠与盲肠体之间有回盲韧带(褶)，常作为回肠与空肠的分界标志。

5.6.1.2 大肠

大肠(large intestine)比小肠短，但管径较粗，黏膜面没有肠绒毛，发达的大肠一般都有纵肌带和肠袋.

(1) 盲肠(cecum)

盲肠呈盲囊状，其大小因家畜种类不同而异，以草食兽的盲肠较发达，尤其是马的盲肠特别发达。家畜的盲肠(除猪外)，均位于腹腔右侧，一般有两个开口，即回盲口和盲结口，分别与回肠及结肠相通。

(2) 结肠(colon)

结肠包括升结肠、横结肠和降结肠 3 部分。各种家畜结肠的大小、形状和位置很不相同。

(3) 直肠(rectum)

直肠为大肠中较直的一段，位于盆腔内，在骨盆腔顶壁和尿生殖襞、膀胱(公畜)或子宫、阴道之间，后端与肛管相连。直肠的前部膨大为直肠壶腹，表面被覆浆膜，由直肠系膜将其悬挂于荐椎腹侧；后部为腹膜外部，表面没有浆膜，而由疏松结缔组织与周围器官相连。

5.6.1.3 肛管和肛门

肛管(anal canal)为消化管的末段，后端以肛门(anus)开口于尾根腹侧。肛管内层黏膜由复层扁平上皮构成，常形成许多纵褶，称为肛柱(anal columns)。肛门内面的复层扁平上皮角化，外层皮肤薄而富含皮脂腺和汗腺，中间为肌层，主要由肛门内括约肌和肛门外括约肌构成。前者属平滑肌，为直肠环行肌层延续至肛门特别发达的部分；后者属横纹肌，环绕在肛门内括约肌的外围，并向下延续为阴门括约肌(在母畜)。它们的主要作用是启闭肛门。此外，在肛门两侧还有肛提肌。

肛提肌起于坐骨棘或荐结节阔韧带，在排粪后有牵缩肛门的作用；肛门悬韧带为平滑肌带，在肛门腹侧与对侧同名肌相会后，进入阴门括约肌(母畜)或延续为阴茎缩肌(公畜)。

5.6.2 牛、羊的肠

牛的肠约为体长的 20 倍(在羊约 25 倍)，几乎全部位于体中线的右侧，与瘤胃右侧面接触，借总肠系膜悬挂于腹腔顶壁(图 5-24、图 5-25)。

5.6.2.1 小肠

小肠较长，牛的为 27 ~49m(平均约 40m)，羊的为 17 ~34m(平均约 25m)。

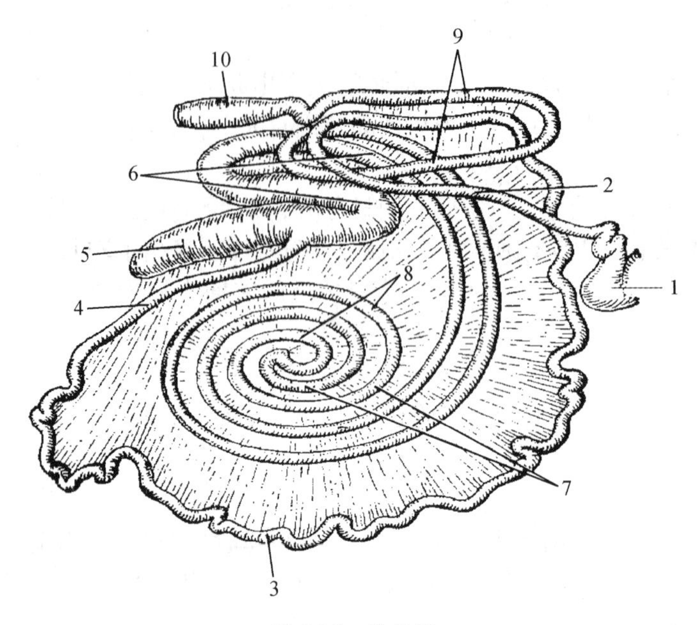

图 5-24 牛的肠

1. 胃 2. 十二指肠 3. 空肠 4. 回肠 5. 盲肠 6. 结肠近襻 7. 结肠旋襻向心回 8. 结肠旋襻离心回 9. 结肠远襻 10. 直肠

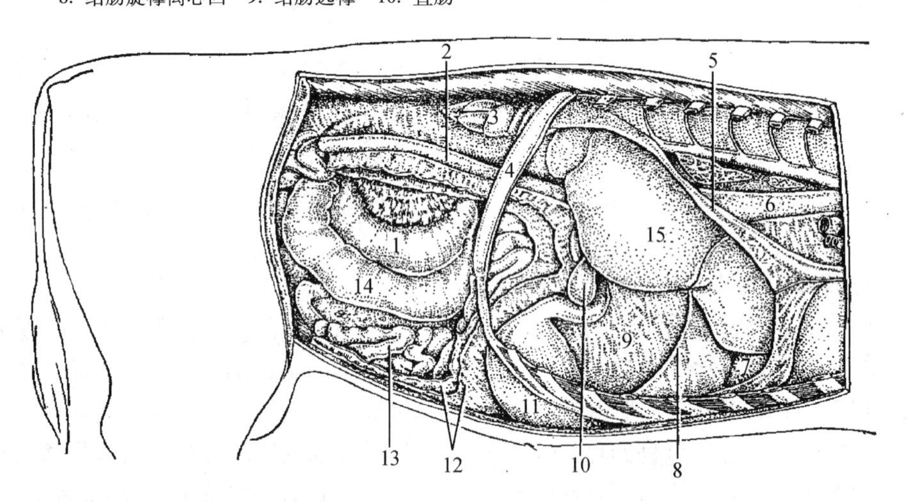

图 5-25 牛的内脏(右侧)

1. 结肠 2. 十二指肠 3. 右肾 4. 第 13 肋骨 5. 膈 6. 食管 7. 网胃 8. 肝镰状韧带及肝圆韧带 9. 小网膜 10. 胆囊 11. 皱胃 12. 大网膜 13. 空肠 14. 盲肠 15. 肝

(1)十二指肠

牛十二指肠长约 1m(在羊约 0.5m),位于腹腔右季肋部和腰部,具有窄的十二指肠系膜,位置较为固定。牛(羊)的十二指肠行径与一般家畜的相似,前部自皱胃幽门起(在第 10 肋骨胸骨端附近),向前向上伸延,在肝的脏面形成一“乙”状襻;降部由此沿右腹侧壁向后伸达髋结节附近,然后折转向左并向前形成一后曲(髂曲);升部由此沿肠系膜附着部的左侧继续向前(与结肠末段平行)伸至右肾腹侧与空肠相接。

(2)空肠

空肠大部分位于右季肋部、右髂部和右腹股沟部，卷成无数空肠襻，由短的空肠系膜悬挂于结肠襻的前缘、腹侧和后缘，形似花环，位置较为固定。空肠的外侧和腹侧隔着大网膜与腹壁相邻；内侧也隔着大网膜与瘤胃腹囊相邻；背侧为大肠；前方为瓣胃和皱胃。

(3)回肠

回肠较短，长约50cm(在羊约30cm)，不卷成肠襻，在肠系膜中几乎呈直线地向前向上伸至盲肠腹侧，止于回盲结肠口。

5.6.2.2 大肠

牛的大肠长6.4～10m(在羊为7.8～10m)，管径比马小得多，肠壁不形成肠带和肠袋。

(1) 盲肠

盲肠呈长圆筒状(牛的长50～75cm，在羊约37cm)，直径在牛约12cm，羊4～5cm，位于腹腔右髂部，其前端与升结肠相连，两者以回盲结肠口为界。盲肠沿右腹侧壁向后上方伸延，其圆钝状盲端常位于盆腔前口的右侧(在羊则常伸入盆腔内)。盲肠的腹侧与回肠之间有回肠襞相连；背侧借疏松结缔组织与结肠相连，唯有盲端游离，可以移动。

(2)结肠

结肠在牛长6～9m，羊为7.5～9m，起始部管径与盲肠相似，往后逐渐变细。结肠分升结肠、横结肠和降结肠3段。

①升结肠 (ascending colon) 可分近襻、旋襻和远襻。

近襻又称初襻，为升结肠的前段，呈“乙”状盘曲，起自回肠口，向前伸达第12肋骨胸骨端附近，然后向后折转并沿盲肠背侧伸延至盆腔前口。在此又折转向前(与十二指肠升部平行)伸达第2、3腰椎腹侧，转为旋襻。

旋襻为升结肠的中段，盘曲呈一平面的圆盘状，又称结肠盘，位于瘤胃右侧、夹于总肠系膜两层之间。旋襻又分向心回和离心回两段。从旋襻的右侧观察，可见向心回在旋襻外周，继近襻后以顺时针方向向内旋转约1.5圈(羊为3圈)至中央曲，然后转为离心回。离心回由此以逆时针方向旋转约1.5圈(在羊为3圈)，到旋襻外周而转为远襻。

远襻又称终襻，为升结肠后段。升结肠离开旋襻后，在肠系膜根部随同十二指肠降部向后伸达盆腔前口附近，然后折转向前伸至肝门附近。

②横结肠 (transverse colon) 短，约在最后胸椎下、肠系膜前动脉的右侧承接结肠远襻后，行经此动脉的前方至左侧，转为降结肠。

③降结肠 (descending colon) 为横结肠的直接延续，约在第一腰椎下，沿肠系膜前动脉和总肠系膜根的左侧向后伸达盆腔前口处形成“乙”状结肠，然后转为直肠。

5.6.2.3 直肠、肛管和肛门

牛直肠位于盆腔内，长约40cm(羊约20cm)，粗细均匀。腹膜部向后达第一尾椎腹侧；腹膜外部又称直肠壶腹，周围有较多的脂肪。直肠壶腹后端变细形成肛管。肛门位于尾根腹侧，不向外突出。

总肠系膜：牛、羊的大肠和小肠以一总肠系膜悬挂于腹腔顶壁。总肠系膜的两层浆膜由脊柱向下，左右分开将结肠的近襻、远襻和盲肠的一部分以及旋襻的肠盘包在中间，在旋襻的周围部，两层浆膜合并，形成短的空肠系膜，将空肠悬挂于结肠盘的周围。而十二指肠的大部分、横结肠和降结肠亦为总肠系膜所包裹而位于腰下。

5.6.3 猪的肠

5.6.3.1 小肠(全长15~20m)

(1)十二指肠

十二指肠长40~90cm(平均约60cm),其位置、形态和行径与马、牛的相似。前部在肝的脏面形成"乙"状襻;降部沿右季肋部向上向后伸至右肾后端,转而向左越过中线再向前伸延为升部(腹侧与结肠末段接触),与空肠相接(图5-26~图5-28)。

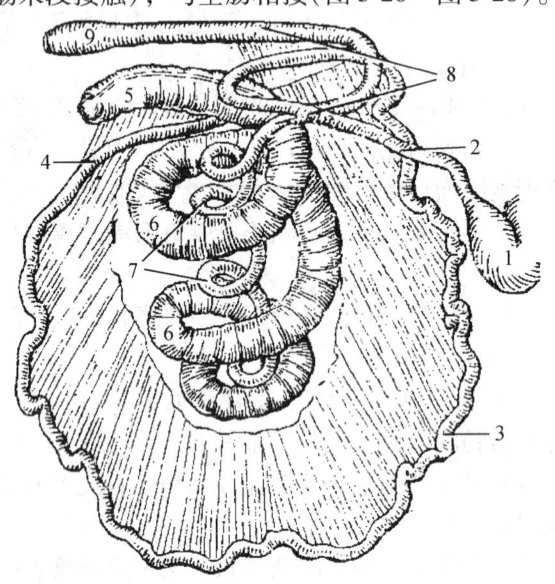

图5-26 猪的肠

1. 胃 2. 十二指肠 3. 空肠 4. 回肠 5. 盲肠 6. 结肠圆锥向心回
7. 结肠圆锥离心回 8. 结肠远襻、横结肠和降结肠 9. 直肠

(2)空肠

空肠卷成无数空肠襻,以较宽的(15~20cm)空肠系膜与总系膜相连。空肠大部分位于腹腔的右半部、在结肠圆锥的右侧和背侧;小部分位于腹腔左侧后部。

(3)回肠

回肠短而直,位于左髂部、在盲肠的腹侧,向上向左伸延,末端开口于盲肠与结肠交界处腹侧的回肠口,此处黏膜形成回肠乳头。

回肠固有膜内的淋巴集结特别明显,呈长带状,分布于肠系膜附着缘对侧的肠壁内。

5.6.3.2 大肠(全长4.0~4.5m)

(1)盲肠

盲肠短而粗,呈圆锥状,长20~30cm,管径7~10cm,位于左髂部,自左肾后端起,向后向下并向内侧至结肠圆锥之后,其盲端达盆腔前口和脐之间的腹腔底壁。盲肠有3条盲肠带和3列肠袋。

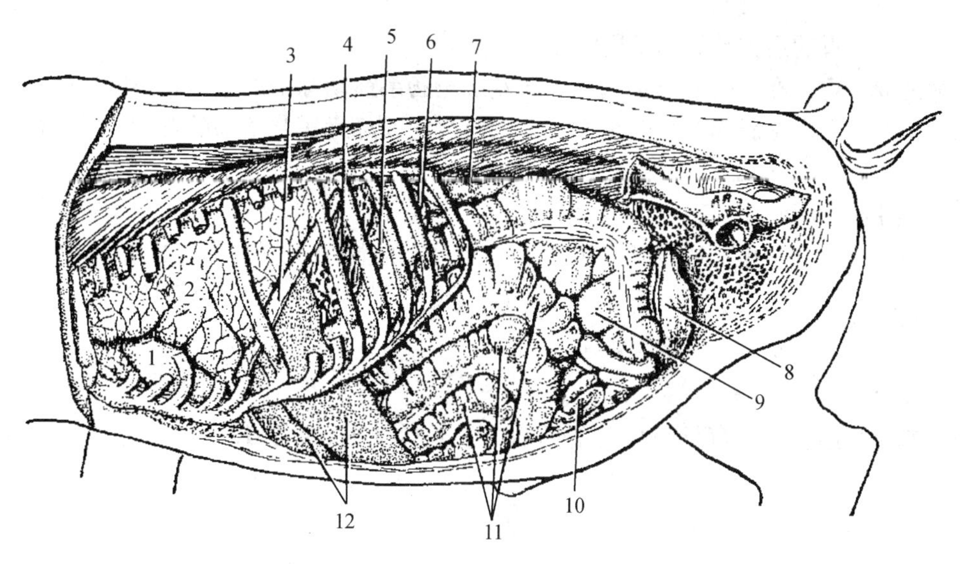

图5-27　猪的内脏(左侧)

1. 心脏　2. 肺　3. 膈　4. 大网膜　5. 脾　6. 胰　7. 左肾　8. 膀胱　9. 盲肠　10. 空肠　11. 结肠　12. 肝

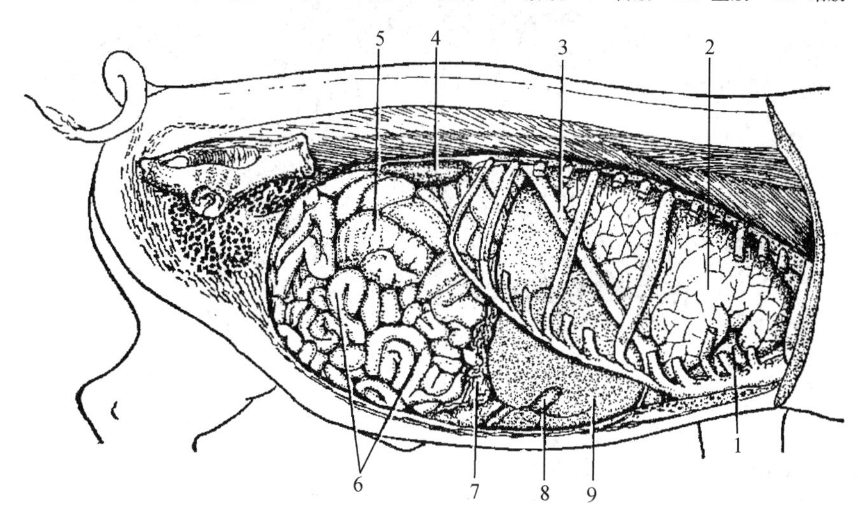

图5-28　猪的内脏(右侧)

1. 心脏　2. 肺　3. 膈　4. 右肾　5. 结肠　6. 空肠　7. 大网膜　8. 胆囊　9. 肝

(2)结肠

结肠从回盲结肠口起，管径与盲肠相似，向后逐渐缩小。结肠长3～4m，可分升结肠、横结肠和降结肠3部。

①升结肠　较长，又分旋襻和远襻。结肠旋襻在升结肠系膜中盘曲成蜗牛壳状的结肠圆锥。结肠圆锥又分向心回和离心回。向心回位于圆锥的外周，肠管较粗，具有两条肠带和两列肠袋，从背侧看，呈顺时针方向向下旋转约3.5圈到锥顶中央曲，然后转为离心回。离心回位于结肠圆锥的内心，肠管较细，无肠带和肠袋，从锥顶起，呈逆时针方向向上旋转约3.5圈，到腰部转为结肠远襻。结肠圆锥底宽而向上，在两肾之间以结缔组织与结肠远襻及十二指肠肠襻相连；锥顶向下向左，与腹腔底壁接触。结肠远襻在腰部承接离心回，在中线

右侧向前伸延至胃的后方转为横结肠。

②横结肠 短，在胃的后方接远襻，向左绕至肠系前动脉根的左侧转为降结肠。

③降结肠 由横结肠起向后伸至左、右两肾之间，经远襻起始部的背侧，继续向后伸达盆腔前口，与直肠相连。

5.6.3.3 直肠、肛管和肛门

直肠位于盆腔内，也形成直肠壶腹，周围有大量的脂肪。肛管短。肛门不向外突出。

5.6.4 马的肠

5.6.4.1 小肠

小肠起于幽门，止于盲肠小弯处的回盲口，长约 22m（在驴 13 ~ 14m），直径 7 ~ 10cm（在驴 5 ~ 8cm）。

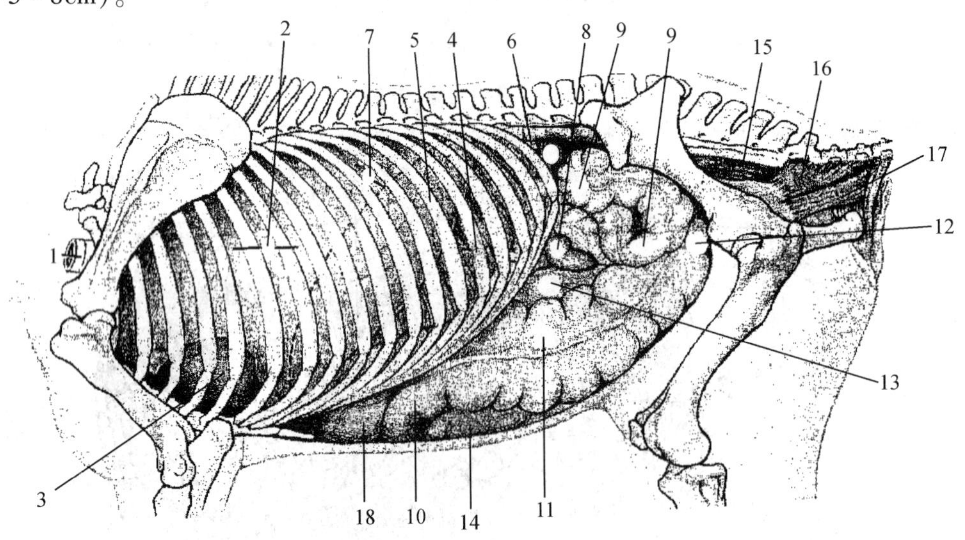

图 5-29 马的内脏器官（左侧观）（Popesko，1985）

1. 气管 2. 肺 3. 心脏 4. 膈肋部 5. 脾（投影） 6. 左肾 7. 膈顶（投影） 8. 空肠 9. 小结肠（降结肠） 10. 胸骨曲 11. 左下大结肠 12. 骨盆曲 13. 左上大结肠 14. 盲肠尖 15. 直肠 16. 尾骨肌 17. 肛提肌 18．膈曲

（1）十二指肠

十二指肠为小肠的第一段，位于腹腔右季肋部和腰部。长约 1m（在驴约 0.5m），可分 3 部。第 1 部称前部，短而粗，自幽门起，向右侧伸至肝脏面形成两个弯曲，又称乙状曲，第 1 曲小，凸向上；第 2 曲大，凸向下，称为十二指肠前曲，胰体伸入其中，肝总管和胰管由此通入，开口于十二指肠大乳头，前称十二指肠憩室（duodenal diverticulum）。在十二指肠大乳头的对面有一十二指肠小乳头（在驴不存在），为副胰管的开口。第 2 部称降部，从十二指肠前曲起，在肝右叶腹侧沿右上大结肠的背侧向后向上伸达盲肠底的背侧和右肾的外侧，并沿右肾后端转而向左，形成一后曲。第 3 部称升部，从后曲起，经前肠系膜根后方越至中线左侧，再转而向前到左肾腹侧延续为空肠（图 5-29 ~ 图 5-31）。

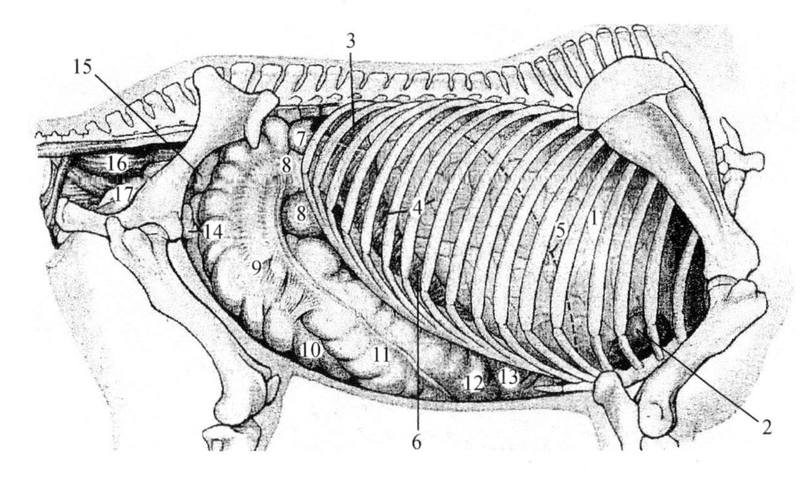

图5-30　马的内脏器官(右侧观)(Popesko，1985)

1. 肺　2. 心脏　3. 右肾(投影)　4. 肝(投影)　5. 膈顶(投影)　6. 膈肋部　7. 十二指肠　8. 盲肠底　9. 盲肠体　10. 盲肠尖　11. 右下大结肠　12. 胸骨曲　13. 膈曲　14. 空肠　15. 骨盆曲　16. 直肠　17. 膀胱

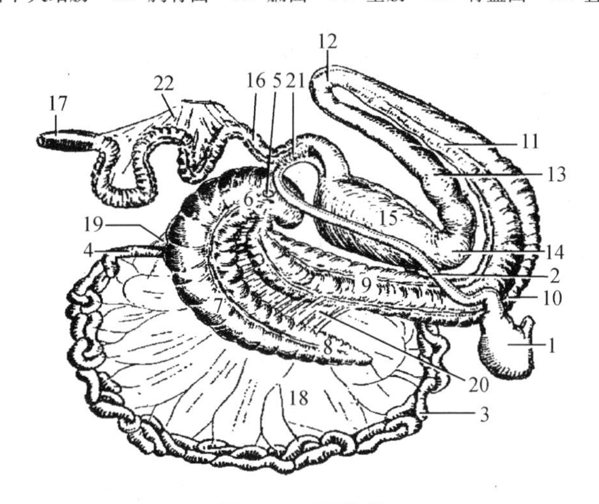

图5-31　马的肠

1. 胃　2. 十二指肠　3. 空肠　4. 回肠　5. 回肠口　6. 盲肠底　7. 盲肠体　8. 盲肠尖　9. 右下大结肠　10. 胸骨曲　11. 左下大结肠　12. 骨盆曲　13. 左上大结肠　14. 膈曲　15. 右上大结肠　16. 降结肠(小结肠)　17. 直肠　18. 空肠系膜　19. 回盲褶　20. 盲结韧带　21. 十二指肠结肠韧带　22. 后肠系膜

十二指肠系膜很短，分别将十二指肠前部固定于肝的脏面(肝十二指肠韧带)；降部连系于右上大结肠；升部连系于盲肠底(盲肠十二指肠韧带)、右肾(肾十二指肠韧带)、腰肌及大、小结肠交界处(十二指肠结肠襞)。

(2)空肠

空肠为小肠中最长的一段，约20m(在驴11.5～12.5m)，靠空肠系膜(前肠系膜)连于第1～2腰椎下的腹腔顶壁。系膜宽达50～60cm(在驴40～50cm)，因此空肠的运动范围很大，向前可达肝、胃；向后可达骨盆前口；向下可到腹腔底壁，常与降(小)结肠混在一起，位于左髂部、左腹股沟部和耻骨部。

(3)回肠

回肠为小肠末段，长约1m(在驴约0.5m)，与空肠无明显分界，仅系膜变短，肠管较直，肠臂较厚。在左髂部从空肠起，向右向上，最后开口于盲肠底小弯偏内侧的回盲口。在回肠与盲肠之间有一个三角形的回盲褶(plica of ileum and cecum)相连。

5.6.4.2　大肠

(1)盲肠

盲肠为一大盲囊，外形似逗点状，长约1m，容积25～30L(在驴约12L)。盲肠位于腹腔右侧，自右髂部上半部向前向下沿腹壁伸达剑状软骨。分盲肠底、盲肠体和盲肠尖3部分(图5-32)。

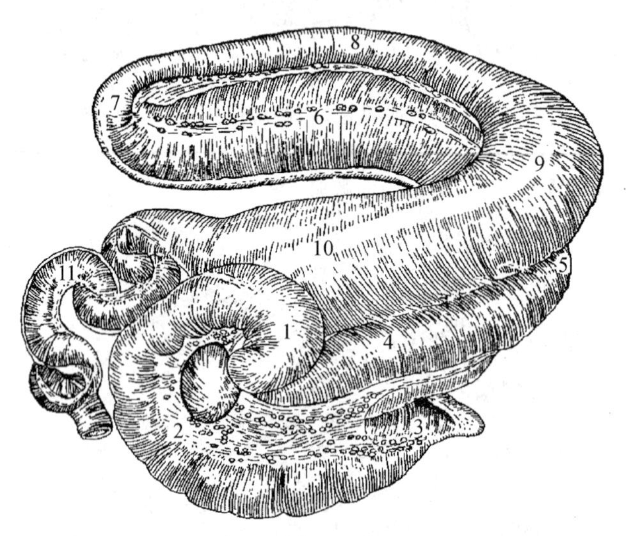

图5-32　马的大肠

1. 盲肠底　2. 盲肠体　3. 盲肠尖　4. 右下大结肠　5. 胸骨曲　6. 左下大结肠　7. 骨盆曲
8. 左上大结肠　9. 膈曲　10. 右上大结肠　11. 降结肠(小结肠)

①盲肠底　为盲肠最弯曲的部分，位于腹腔右后上部(腰部右半部和右季肋部后上部)，向前伸达第14、第15肋骨，后端在髋结节附近与盲肠体相接。大弯向上，以结缔组织附着于腹腔顶壁；小弯向下且偏向内侧，回肠末端和结肠起端均在此处与盲肠相通。回肠口偏左，口的黏膜形成一圆褶，伸入盲肠，称为回肠乳头。盲结口在回肠口的右侧，相距不过5cm，呈一裂缝，腹侧缘有黏膜襞形成的盲结瓣。

②盲肠体　自盲肠底起，沿右腹侧壁向前向下伸延。背侧凹，在右侧肋弓下10～15cm，且与之平行；腹侧和右侧与腹壁接触。

③盲肠尖　为盲肠前下端的游离部，略呈圆锥形，位于脐部和剑状软骨部。

盲肠有背侧、腹侧、内侧和外侧4条盲肠带和位于盲肠带间的4列盲肠袋。还有回盲襞和盲结韧带，前者连于背侧带与回肠之间；后者连于外侧带与右下大结肠之间。盲肠大部分被有浆膜，只有盲肠底的一部分没有浆膜(称无浆膜部)，以结缔组织与腰部肌、右肾及胰相连。

(2)结肠

①升结肠　又称大结肠(large colon)，起始于盲结口，末端接横结肠，特别发达，长3.0~3.5m(在驴约2.5m)，容积约为盲肠的两倍，占据腹腔大部分，呈双层马蹄铁形排列，可分4段和3个弯曲。从盲结口开始，顺次为右下大结肠→胸骨曲→左下大结肠→骨盆曲→左上大结肠→膈曲→右上大结肠。

右下大结肠：位于腹腔右下部，起始于盲结口，沿右侧肋弓向下向前、继续沿腹腔底壁伸延到剑状软骨，在此转而向左，形成胸骨曲或下膈区。

左下大结肠：位于腹腔左下部，从胸骨曲起，转而向后，在盲肠左侧沿腹腔底壁向后伸延至骨盆前口，在这里急转向前形成骨盆曲。

左上大结肠：位于左下大结肠背侧。从骨盆曲起，沿腹腔左侧壁向前伸达膈和肝的后方，于是向右折转形成膈曲或上膈曲。

右上大结肠：位于右下大结肠的背侧。从膈曲起，沿腹腔右侧壁和右下大结肠的背侧向后伸达盲肠底的内侧，转而向左，在左肾腹侧接横结肠。升结肠肠壁上具有明显的结肠带。右下大结肠、胸骨曲和左下大结肠有4条结肠带(背侧两条，左、右各1条)，盆曲有1条，位于小弯处；左上大结肠起始部只有1条，至中部又增加到3条，经膈曲延续到右上大结肠。升结肠的管径变化也很大，下大结肠除起始部外，均较粗，直径为20~25cm(在驴约20cm)；至盆曲处突然变细，为8~9cm(在驴5~6cm)；自盆曲起，左上大结肠渐次增粗至9~12cm；膈曲和右上大结肠的管径也较粗，而以右上大结肠的后部为最粗，直径30~40cm(在驴约25cm)，又称结肠壶腹，当升结肠的蠕动不正常时，结症易发生在肠管口径粗细相交的部位。

在上、下大结肠之间有短的结肠系膜相连；右下大结肠与盲肠之间有盲结韧带相连；在右上大结肠末端的背侧有疏松结缔组织及浆膜与胰的腹侧面相连，右侧与盲肠底、胰、膈和十二指肠等相连。此外，整个左上、下大结肠和3个曲都是游离的，与腹壁及其他脏器均无联系，因此容易变位。

②横结肠　为结肠壶腹以后突然变细，且在前肠系膜根的前方转向左侧连接降结肠的横向肠管，借腹膜和结缔组织附着于胰的腹侧面和盲肠底。

③降结肠　又称小结肠(microcolon)，长3.0~3.5m(在驴约2m)，管径7~10cm(在驴5~6cm)，其前端在左肾腹侧与横结肠相接，且借十二指肠结肠韧带与十二指肠末端相连；后端在盆腔前口延续为直肠。降结肠也具有宽阔的降结肠系膜(后肠系膜)，将降结肠悬挂于腹腔顶壁，活动范围也较大，常与空肠混在一起，位于腹腔左上部。降结肠有两条结肠带和两列肠袋。降结肠也是结症容易发生的部位。

5.6.4.3　直肠、肛管和肛门

(1)直肠

直肠由盆腔前口向后伸延接肛管，长30~40cm(在驴约25cm)，前段管径小，由直肠系膜连于盆腔顶壁；后部膨大，称为直肠壶腹(ampulla of rectum)，位于腹膜腔之后，又称腹膜外部。

(2)肛管

肛管长约5cm，后口为肛门，呈瓶口状突出于尾根之下。

5.6.5 犬的肠

5.6.5.1 小肠

(1)十二指肠

十二指肠的长平均仅有25cm，以短的十二指肠系膜连于腹腔的背侧壁，位置比较固定。可分为十二指肠前部、十二指肠降部、十二指肠后曲和十二指肠升部。前部起于幽门，在肝的脏面沿背侧，然后向右侧的第九肋间隙处转为降部；降部越过肝门，沿腹腔的右侧壁延伸至第4～6腰椎间向左侧折转，移行为十二指肠后曲；上行部起于十二指肠后曲，沿着左侧下行结肠与肠系膜根部的正中线附近向前延伸，在肠系膜根的前方或腹侧移行为空肠(图5-33～图5-36)。

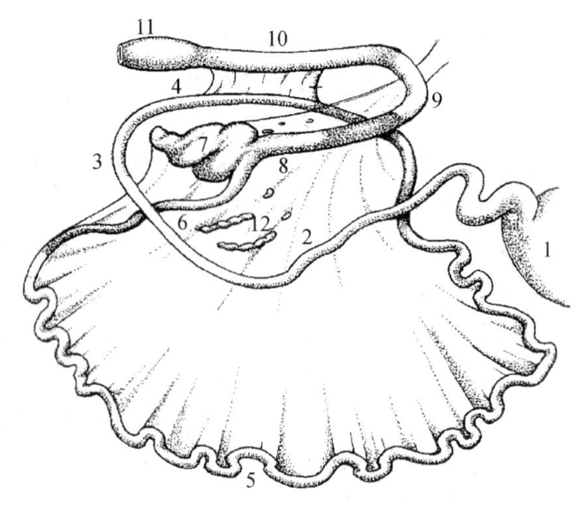

图5-33 犬的肠管模式图

1. 胃 2. 十二指肠降部 3. 十二指肠后曲 4. 十二指肠升部 5. 空肠 6. 回肠 7. 盲肠 8. 升结肠 9. 横行结肠 10. 降结肠 11. 直肠膨大部 12. 空肠淋巴结

(2)空肠

空肠形成许多肠襻，以长的肠系膜固定于腰下，大部分位于腹腔底部。前方接胃和肝脏，后侧接膀胱。背侧面与十二指肠下行部、左肾和腰下部的肌肉相接，腹侧隔着大网膜与腹底壁相接触。由于肠系膜比较长，因此，空肠可随呼吸及其他活动而发生位置变化，在外科手术时，可将空肠短时间内牵引至体外。

(3)回肠

回肠为小肠的末端，由腹腔的左后部伸向右前方，开口于盲肠和结肠的交接处。在没有内容物的情况下，常被其他脏器挤压而变形。

5.6.5.2 大肠

犬的大肠与小肠相比相对短，长60～75cm，管径较细，几乎与小肠近似，无肠带和肠袋。与其他动物一样也分为盲肠、结肠和直肠。

(1)盲肠

盲肠小而呈螺旋状。起于回肠和结肠的结合部，终止于盲端。虽然与回肠不直接连结，但是为了便于讲解，将盲肠作为大肠的起始部。盲肠位于体中线与右髂部之间，在十二指肠和胰的腹侧，盲端尖向后，以系膜与回肠相连。以回肠与结肠相连结处附近的环状肌纤维环围成的开口部(盲肠括约肌)开口于结肠内。

(2)结肠

结肠表面平滑，无独特的结构，以短的结肠系膜连结于腰下部，自回盲口起始，沿十二指肠内侧前行，称为右侧结肠(升结肠)，至胃的幽门部和其后部的小肠襻与前肠系膜动脉之间弯向左侧，称为横结肠；再弯向后方，沿左肾腹内侧后行，称为左侧结肠(降结肠)，于骨盆前口斜向体中线，移行为直肠。

(3)直肠

直肠是结肠的延续，它与结肠间没有严格的界限。位于骨盆腔内的生殖器、膀胱和尿道

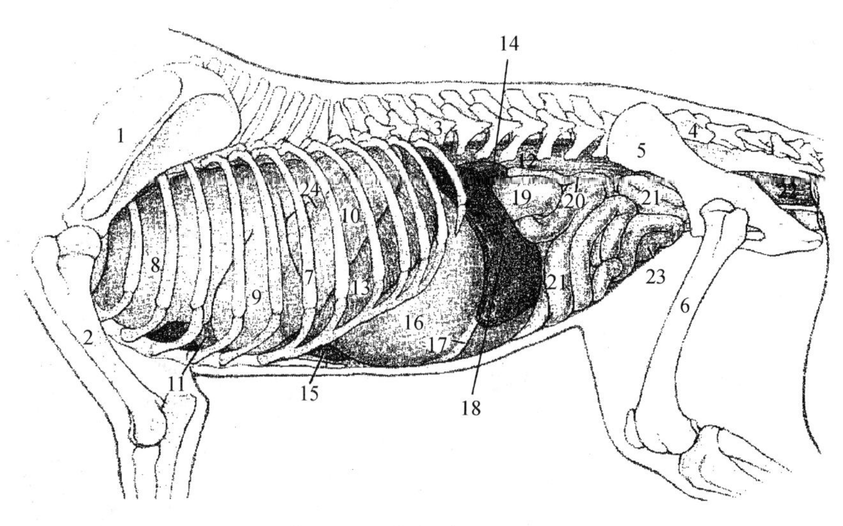

图5-34 犬内脏(左侧观)

1. 肩胛骨 2. 肱骨 3. 第1腰椎 4. 荐椎 5. 髋骨 6. 股骨 7. 第7肋 8. 左肺前叶 9. 左肺中叶 10. 左肺后叶 11. 心脏 12. 腰大肌 13. 膈肋部 14. 左肾 15. 肝 16. 胃 17. 大网膜 18. 脾 19. 降结肠 20. 左子宫角 21. 空肠 22. 直肠 23. 膀胱投影 24. 膈顶(投影)

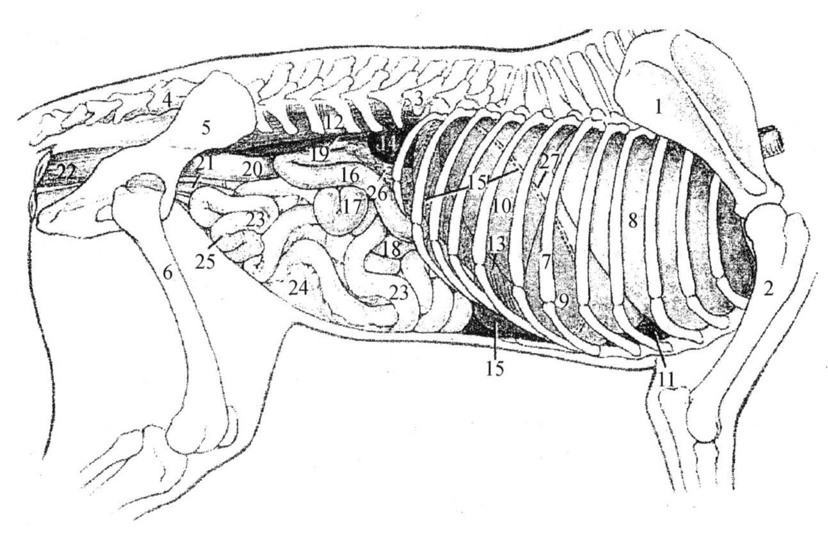

图5-35 犬内脏(右侧观)

1. 肩胛骨 2. 臂骨 3. 第1腰椎 4. 荐椎 5. 髋骨 6. 股骨 7. 第7肋 8. 右肺前叶 9. 右肺中叶 10. 右肺后叶 11. 心脏 12. 腰大肌 13. 膈肋部 14. 右肾 15. 肝 16. 十二指肠 17. 盲肠 18. 升结肠 19. 右输尿管 20. 降结肠 21. 子宫 22. 直肠 23. 空肠 24. 空肠系膜 25. 膀胱投影 26. 胰腺 27. 膈顶(投影)

的背侧。直肠的后部有壶腹状宽大部，向后移行为肛管。

5.6.5.3 肛门

肛门为肛管的后口。肛管是短的连接肠和体外的通路。其内腔狭窄，黏膜形成纵行皱褶。肛门是消化管的末端开口，位于尾根下方，平时不突出于体表。内面被覆黏膜，外面被覆皮肤。在肛门内外黏膜和皮肤上，含有许多的腺体，并在直肠与肛门交接处的两侧下方有肉食动物所特有的肛门窦，窦内含有脂肪样分泌物。肌肉由内向外分别为肛门内括约肌和肛门外括约肌。肛门内括约肌是由直肠环行肌所形成；肛门外括约肌为内括约肌周围的环行横纹肌，部分肌纤维走向背侧的尾椎筋膜和腹侧的会阴筋膜。在肛管的两侧还有起始于荐结节阔韧带或坐骨棘的肛提肌，向后伸入肛门外括约肌的深部。

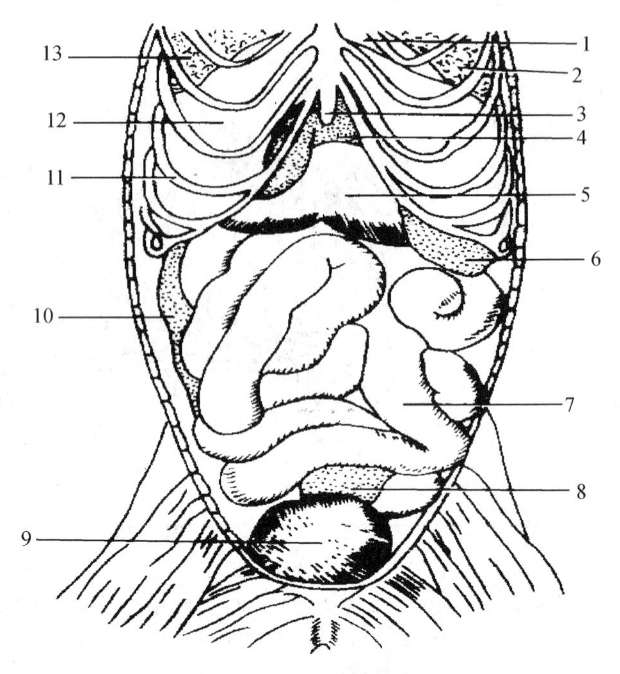

图 5-36 犬腹腔内脏的自然位置

(网膜已经除去)(引自南开大学，1979 年)

1. 纵隔 2. 肺 3. 剑状软骨 4. 肝 5. 胃 6. 脾 7. 回肠 8. 降结肠 9. 膀胱 10. 十二指肠 11. 第 9 肋 12. 膈 13. 肺

5.7 肝脏

5.7.1 肝脏的一般形态结构

肝(liver)是体内最大的腺体，其功能也很复杂，有分泌胆汁，合成体内重要物质，如血浆蛋白(包括白蛋白、纤维蛋白原、凝血酶原、α 及 β 球蛋白)、脂蛋白、胆固醇、胆盐和糖原等，储存糖原，储存维生素 A、B 族、D、C 以及铁(在枯氏细胞内)等；解毒以及参与体内防卫体系。在胎儿时期，肝还是造血器官。

家畜的肝都位于腹前部、在膈之后，大部分偏右或全部在右侧。肝呈扁平状，一般为红褐色，可分两面、两缘和 3 个叶。膈面(前面)凸，与膈接触；脏面(后面)凹，与胃、肠等接触，并显有这些器官的压迹。在脏面中央有一肝门(porta hepatis)，为门静脉、肝动脉、肝神经以及淋巴管和肝管等出入肝的部位。此外，在大多数家畜(除马属动物、骆驼和鹿外)肝的脏面还有一个胆囊(gall bladder)。肝的背侧缘厚，其左侧有一食管压迹，食管由此通过；右侧有一斜向膈面的腔静脉沟(fossa venae cavae)，静脉壁与肝组织连在一起，有数条肝静脉直接开口于后腔静脉。腹侧缘较薄，有两个叶间切迹将肝分为左、中、右 3 叶。左侧叶间切迹称为圆韧带切迹或脐切迹，为肝圆韧带通过处；右侧叶间切迹，为胆囊所在处。中叶又被肝门分为背侧的尾状叶和腹侧的方叶。尾状叶包括向右突出的尾状突和覆盖于肝门上的乳头突。尾状突与右肾接触，常形成一较深的右肾压迹。

肝的表面被覆浆膜，并形成下列韧带将肝固定于腹腔内：①肝冠状韧带，自腔静脉沟两侧至膈中央腱。②肝镰状韧带，由左、右冠状韧带在腔静脉沟下端合并延续而成，至膈的胸骨部和腹腔底壁前部。在镰状韧带的游离缘上有呈索状的肝圆韧带，沿腹腔底壁至脐，为胎儿脐静脉的遗迹。③左、右三角韧带，分别从肝的左上角和右上角到膈的腱中心和肋骨部。④小网膜(见胃的韧带)。

5.7.2 牛、羊的肝

牛、羊的肝略呈长方形，较厚实(图5-37)，其质量约为牛体重的1.2%(在羊为体重的1.8%~2.0%)，因瘤胃挤压而全部位于右季肋部，其左叶在前下方伸达第6~7肋骨下端，右叶在后上方伸达第1~2腰椎腹侧。壁面凸，与膈接触；脏面凹，与网胃、瓣胃、皱胃、十二指肠、胰等接触，并显有上述器官的压迹。背侧缘厚，腹侧缘薄。右侧缘有肝圆韧带切迹，左侧缘中部的食管压迹较浅，其上方有后腔静脉通过。

牛、羊肝分叶不明显，但也可由胆囊和浅的肝圆韧带切迹(在羊较深)将肝分为左、中、右3叶。中叶也被肝门分为背侧的尾状叶和腹侧的方叶。在尾状叶和右叶的背侧缘有右肾压迹。

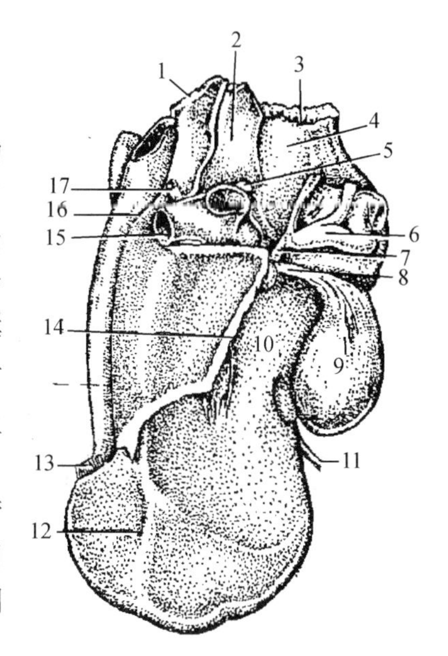

图5-37 牛的肝(脏面)

1. 肝肾韧带 2. 尾状突 3. 右三角韧带 4. 肝右叶 5. 肝门淋巴结 6. 十二指肠 7. 胆管 8. 胆囊管 9. 胆囊 10. 方叶 11. 肝圆韧带 12. 肝左叶 13. 左三角韧带 14. 小网膜 15. 门静脉 16. 后腔静脉 17. 肝动脉

牛的胆囊很大，呈梨状(羊的较细长)，位于肝的脏面、在肝右叶和中叶之间，大部分与肝贴连，小部分伸至肝腹侧缘之外，有储存和浓缩胆汁的作用。肝总管由肝门穿出后，与胆囊管汇合成一短的胆管(ductus choledochus)，开口于十二指肠前曲部黏膜乳头上，距幽门50~70cm。羊的胆总管与胰管相汇合成胆总管，在距幽门25~35cm处开口于十二指肠内。

5.7.3 猪的肝

猪的肝比马、牛的发达，其质量约为体重的2.5%，位于季肋部和剑状软骨部，大部分在体中线右侧。肝的左侧缘与第9肋间隙或第10肋骨相对；右侧缘与最后肋间隙的上部相对；腹侧缘伸达剑状软骨之后3~5cm。肝的中央部分厚而边缘薄，壁面凸，与膈及腹侧壁接触；脏面凹，与胃及十二指肠等接触(图5-38)。

猪肝分叶很明显，其腹侧缘有3个深的切迹，将肝分为肝左外叶、肝左内叶、肝右内叶和肝右外叶。在脏面尚有一尾状叶和方叶，分别位于肝门的背侧和腹侧。猪肝小叶间结缔组织特别发达，所以肝小叶很清楚，肝也不易破裂。

猪胆囊位于肝右内叶和方叶之间的胆囊窝中，胆囊管与肝总管合成胆总管，开口于距幽门2~5cm处的十二指肠乳头。

5.7.4 马的肝

马的肝重约为体重的1.2%，呈厚板状(图5-39)，斜位于膈的后方，大部分在右季肋部，小部分在左季肋部。其右上端位置较高，与右肾接触；左下端最低，约与第7、第8肋骨的胸骨端相对。肝的背侧缘钝，腹侧缘锐。壁面(膈面)凸，与膈接触，其正中偏右侧有

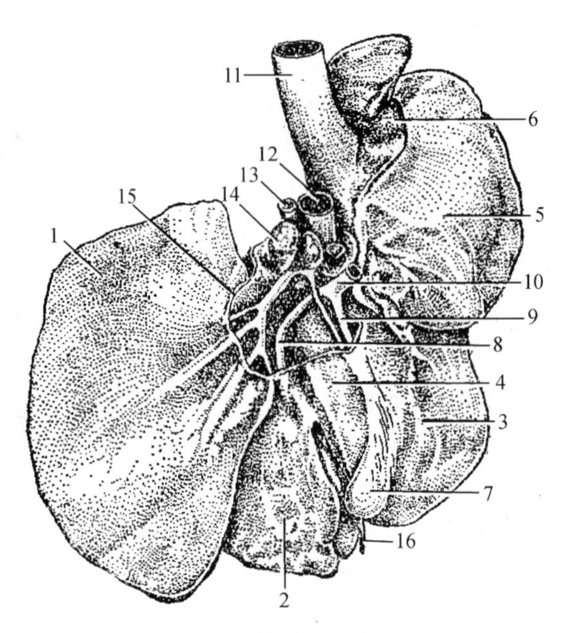

图 5-38 猪的肝(脏面)

1. 肝左外叶 2. 肝左内叶 3. 肝右内叶 4. 方叶 5. 肝右外叶 6. 尾状叶 7. 胆囊 8. 肝总管 9. 胆囊管 10. 胆总管 11. 后腔静脉 12. 门静脉 13. 肝动脉 14. 肝淋巴结 15. 小网膜附着线 16. 肝镰状韧带和肝圆韧带

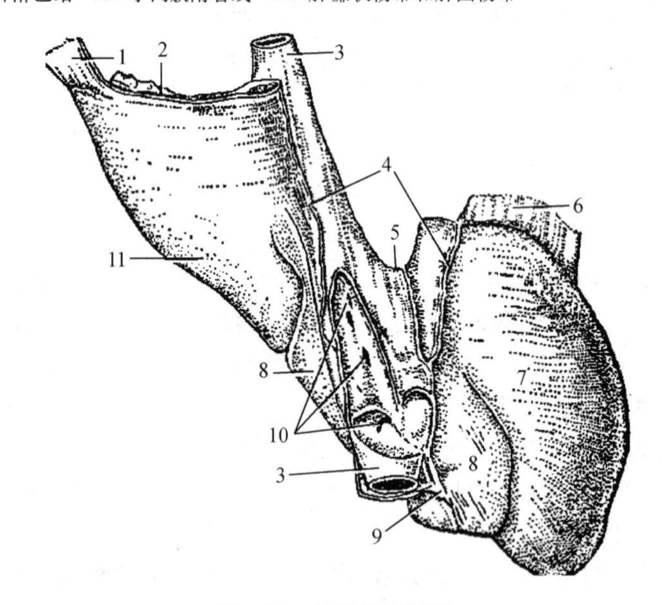

图 5-39 马的肝(壁面)

1. 右三角韧带 2. 肝肾韧带 3. 后腔静脉 4. 肝冠状韧带 5. 食管切迹 6. 左三角韧带 7. 肝左叶 8. 肝中叶 9. 肝镰状韧带 10. 肝静脉 11. 肝右叶

腔静脉沟，内有后腔静脉通过；脏面凹，与胃、十二指肠、升结肠及盲肠等接触，并显有这些器官的压迹，在中部稍偏右上方有肝门。马无胆囊，肝总管(common hepatic duct)自肝门出肝后，经十二直肠系膜两层之间，与胰管伴行，在距幽门 12～15cm 处，穿过十二指肠肠壁，开口于十二指肠大乳头。肝的腹侧缘有圆韧带切迹和右侧的一较深的切迹，将肝分为右、中、左3叶。圆韧带切迹左侧的一较深的切迹将肝左叶分为一左内侧叶和一左外侧叶；中叶被肝门分为背侧尾状叶和腹侧的方叶；肝右叶最大，呈不规则四边形，其后缘有肾压迹，与右肾接触。尾叶的右端有尾状突。圆韧带切迹内有肝圆韧带，为胎儿脐静脉的遗迹。

5.7.5 犬的肝

犬的肝脏发达，占体重的3% ~5%，略呈四边形，质地坚实而脆，具有一定的弹性。随着年龄的增加呈现萎缩。通常呈红褐色，新鲜的肝脏软而脆。以腹侧的许多切迹分成许多叶，即左外叶、左内叶、右内叶和右外叶，在肝门的下方，胆囊与圆韧带之间有方叶，在肝门上方有尾叶。尾叶分为左侧的乳头突及右侧的尾状突(图5-40)。

图5-40 犬的肝脏

1. 左外侧叶 2. 左内侧叶 3. 方叶 4. 右内侧叶 5. 右外侧叶 6. 肝门 7. 尾叶的乳状突 8. 尾叶的尾状突 9. 胆囊

肝位于季肋部，偏于右侧。壁面平滑而隆凸，与膈相贴；脏面与胃、肠、右肾等相邻，形成许多特殊的痕迹，如尾叶上的肾压迹、左外叶上的胃压迹及十二指肠压迹等。在肝的背侧缘有后腔静脉穿行并部分埋于肝的实质内，由许多肝静脉直接进入后腔静脉。肝门位于脏面的中部，门静脉、肝动脉、淋巴管、神经以及肝管由此进出肝的实质。除肝脏的肝门部、胆囊窝、腹膜的折转部及肝的膈面背内侧的三角形的裸区等小范围之外，被覆有浆膜。在肝脏的左外叶背侧缘以较小的左三角韧带连接于左腹壁的背侧。在肝右外叶的背侧缘以右三角韧带连于右腹壁的背外侧。冠状韧带是右三角韧带在肝壁面的延续，并最终延伸到左三角韧带，将肝和膈相连，它可分为左、右冠状韧带。圆韧带为脐静脉的遗迹，成年后退化消失。镰状韧带是很薄的浆膜褶，从圆韧带切迹沿肝的膈面延伸至肝背侧缘的食管压迹，将肝连于膈。

犬的胆囊具有储藏胆汁和浓缩胆汁的作用。位于方叶与右内叶之间的胆囊窝内，比较细长，大部分紧贴于胆囊窝内，而部分游离至肝的腹缘。肝管出肝门与胆囊管汇合成胆总管，开口于距幽门2 ~3cm 的十二指肠乳头上。

5.8 胰

家畜的胰(pancreas)由外分泌部和内分泌部两部分组成。外分泌部占腺体的大部分，属消化腺，分泌胰液，内含多种消化酶，对蛋白质、脂肪和糖的消化有重要作用。内分泌部称为胰岛，分泌胰岛素和胰高血糖素。

胰通常呈淡红灰色，或带黄色，柔软，具有明显的小叶结构。各种家畜胰的形状、大小差异很大，但都位于十二指肠襻内，其导管通常有1~2条，直接开口于十二指肠内。

5.8.1 牛的胰

牛、羊胰呈不正四边形，灰黄色，位于右季肋部和腰部(相当于最后两个胸椎和前两个腰椎的腹侧)、在肝门的正后方，可分胰体和左、右两叶(图5-41)。胰体附着于十二指肠“乙”状曲上；胰左叶呈小四边形，背侧附着于膈脚，腹侧与瘤胃背囊相连；胰右叶较长，沿十二指肠向后伸达肝尾状叶的后方，其背侧与右肾相接触，腹侧与十二指肠及结肠相邻。胰的中央有胰环，门静脉由此穿过。

胰管(pancreatic duct)通常只有一条，自胰右叶末端走出，在牛单独开口于十二指肠降部(距胆总管开口后方约30cm处)。羊的胰管走出胰体汇入胆总管。

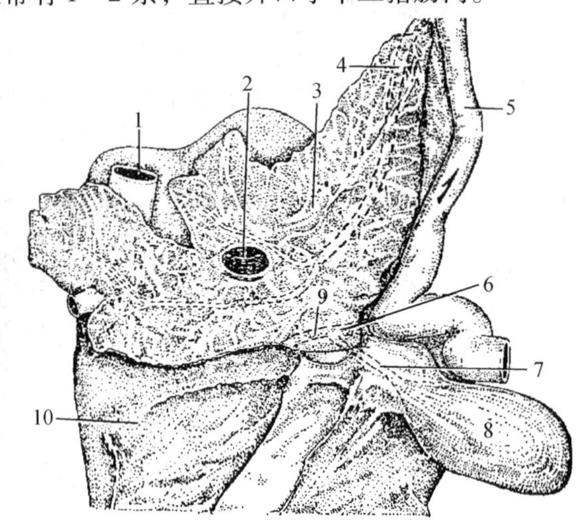

图5-41 牛的胰(腹侧面)

1. 后腔静脉 2. 门静脉 3. 胰 4. 胰管 5. 十二指肠 6. 胆总管 7. 胆囊管 8. 胆囊 9. 肝总管 10. 肝

5.8.2 猪的胰

猪的胰呈灰黄色，位于最后两个胸椎和前两个腰椎的腹侧，略呈三角形，分胰体、胰左叶和胰右叶。胰体稍偏右，位于门静脉和后腔静脉的腹侧；胰左叶自胰体向左伸延，位于左肾、左肾上腺的腹侧以及胃憩室和脾头的后方；胰右叶位于十二指肠系膜中，其末端达右肾内侧。

胰管由胰右叶末端穿出，开口于胆总管开口之后，距幽门10~12cm处的十二指肠内。

5.8.3 马的胰

马的胰呈三角形，位于腹腔背侧、在第16~18胸椎腹侧，大部分在中线之右，其前部称为胰体，在肝右叶之下向前向下伸入十二指肠前曲；左叶伸入胃盲囊与左肾之间，其腹侧面与盲肠底以及横结肠相接触；右叶钝，位于右肾和右肾上腺的腹侧。胰的后部中央有被门静脉穿过的胰环。

胰管由胰体穿出，与肝总管一起开口于十二指肠大乳头。

5.8.4　犬的胰

犬的胰呈窄长而弯曲的带状，可分为体部和左、右两叶(图5-42)，粉红色，呈“V”形的沿胃和十二指肠分布，即右叶沿十二指肠向后伸至右肾后方；左叶经胃的脏面向左后伸达左肾前端。排泄管有2条，一条为胰管，与胆总管一起开口于十二指肠乳头；而另一条为副胰管，开口于胰管开口处的稍后方。

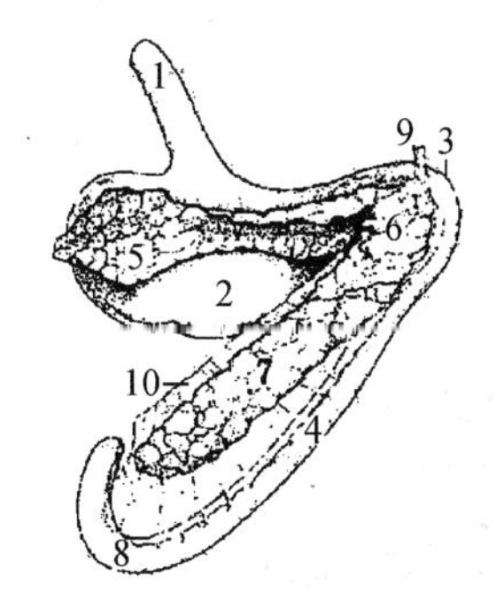

图5-42　犬的胰腺(尾侧观)

1. 食管　2. 胃　3. 十二指肠前曲　4. 十二指肠降部　5. 胰腺左叶　6. 胰腺体部　7. 胰腺右叶　8. 十二指肠后曲　9. 总胆管　10. 十二指肠系膜

(肖传斌、李福宝 编写　李福宝、肖传斌 校)

第 6 章

呼吸系统

6.1 概述

家畜在新陈代谢过程中，要不断地吸入氧，呼出二氧化碳，这种气体交换的过程称为呼吸。呼吸主要靠呼吸系统来实现，但与心血管系统有密切的联系。呼吸系统从外界吸入的氧，由红细胞携带沿心血管系统运送到全身的组织和细胞，经过氧化，产生各种生命活动所需要的能量并形成二氧化碳等代谢产物，二氧化碳又与红细胞结合通过心血管系统运至呼吸系统，排出体外，这样才能维持机体正常生命活动的进行。呼吸系统和血液之间的气体交换，称为外呼吸或肺呼吸；血液和组织细胞之间的气体交换，称为内呼吸或组织呼吸。

呼吸系统包括鼻、咽、喉、气管、支气管和肺等器官(图 6-1)。鼻、咽、喉、气管和支气管是气体出入肺的通道，称为呼吸道。它们由骨或软骨作为支架，围成开放性管腔，以保证气体自由畅通。肺是气体交换的器官，主要由许多薄壁的肺泡构成，总面积很大，有利于气体交换。

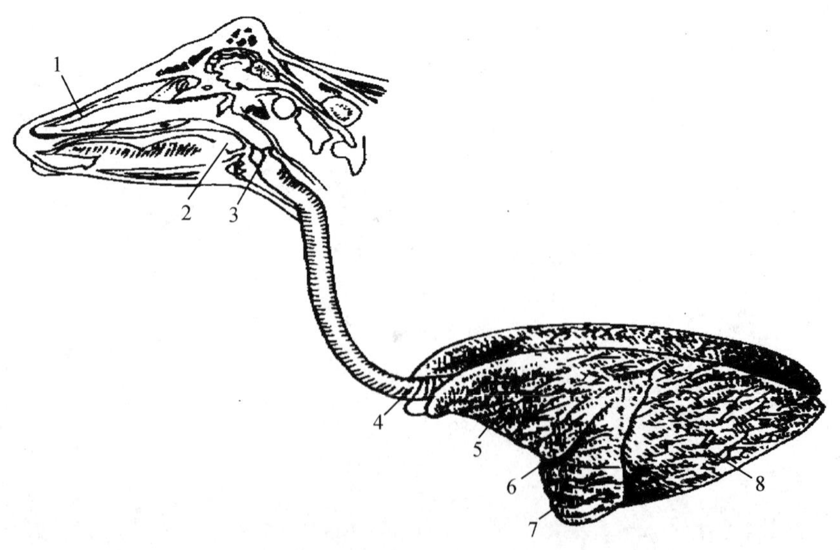

图 6-1　牛呼吸系统模式图

1. 鼻腔　2. 咽　3. 喉　4. 气管　5. 左肺尖叶　6. 心切迹　7. 左肺心叶　8. 左肺膈叶

6.2 呼吸道

6.2.1 鼻

鼻(nasus)既是气体出入肺的通道，又是嗅觉器官，包括鼻腔和鼻旁窦。

6.2.1.1 鼻腔

鼻腔(cavum nasi)(图6-2)为呼吸道的起始部位，呈长圆筒状，位于面部的上半部，由面骨构成骨性支架，内衬黏膜。鼻腔的腹侧由硬腭与口腔隔开，前端经鼻孔(nares)与外界相通，后端经鼻后孔(choanae)与咽相通。鼻腔正中有鼻中隔(septum nasi)，将其等分为左右互不相通的两半(唯黄牛的两侧鼻腔在后1/3部是相通的)。每半鼻腔可分为鼻孔、鼻前庭和固有鼻腔3部分。

(1)鼻孔

鼻孔为鼻腔的入口，由内侧鼻翼和外侧鼻翼围成。鼻翼为包有鼻翼软骨和肌肉的皮肤褶，有一定的弹性和活动性。

马的鼻孔大，呈逗点状，鼻翼灵活。牛的鼻孔小，呈不规则的椭圆形，位于鼻唇镜的两侧，鼻翼厚而不灵活。猪的鼻孔也小，呈卵圆形，位于吻突前端的平面上。

(2)鼻前庭

鼻前庭(vestibulum nasi)为鼻腔前部衬着皮肤的部分，相当于鼻翼所围成的空间。

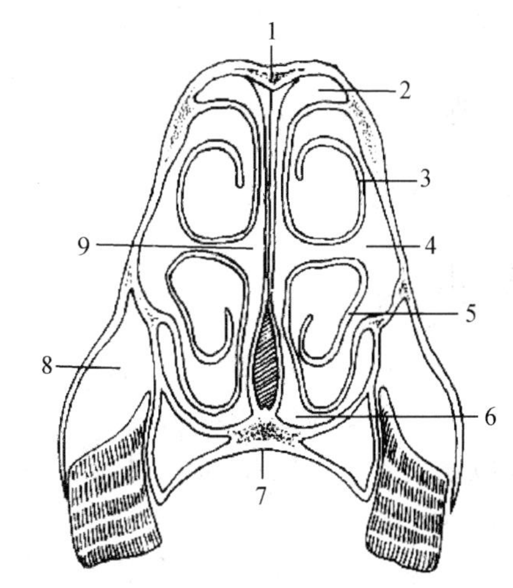

图6-2 马鼻腔横断面

1. 鼻骨 2. 上鼻道 3. 上鼻甲 4. 中鼻道 5. 下鼻甲 6. 下鼻道 7. 硬腭 8. 上颌窦 9. 总鼻道

马鼻前庭背侧的皮下有一盲囊，向后伸达鼻切齿骨切迹，称为鼻憩室(diverticlum nasi)或鼻盲囊。囊内皮肤呈黑色，生有细毛，富含皮脂腺。在鼻前庭外侧的下部距黏膜约0.5cm(马)处，或上壁距鼻孔上连合1.0~1.5cm(驴、骡)处有一小孔，为鼻泪管口。

牛无鼻憩室，鼻泪管口位于鼻前庭的侧壁，但被下鼻甲的延长部所覆盖着，所以不易见到。

猪无鼻憩室，鼻泪管口在下鼻道的后部。

(3)固有鼻腔

固有鼻腔(cavum nasi prorium)位于鼻前庭之后，由骨性鼻腔覆以黏膜构成。在每半鼻腔的侧壁上，附着有上、下两个纵行的鼻甲(由上、下鼻甲骨覆以黏膜构成)，将鼻腔分为上、中、下3个鼻道和一个总鼻道。上鼻道较窄，位于鼻腔顶壁和上鼻甲之间，其后部主要为司嗅觉的嗅区。中鼻道在上、下鼻甲之间，通副鼻窦。下鼻道最宽，位于下鼻甲与鼻腔底壁之间，直接经鼻后孔与咽相通。总鼻道为上、下鼻甲与鼻中隔之间的裂隙，与上述3个鼻道相通。

鼻黏膜被覆于固有鼻腔内面，因结构与功能不同，可分为呼吸区和嗅区两部分。

呼吸区位于鼻前庭和嗅区之间，占鼻黏膜的大部，呈粉红色，由黏膜上皮和固有膜组成。

嗅区位于呼吸区之后，其黏膜颜色随家畜种类不同而异。马、牛呈浅黄色，绵羊呈黄色，山羊呈黑色，猪呈棕色。黏膜上皮中有嗅细胞为双极神经元，具有嗅觉作用。其树突伸向上皮表面，末端形成许多嗅毛；轴突则向上皮深部延伸，在固有膜内集合成许多小束，然后穿过筛孔进入颅腔，与嗅球相连。

6.2.1.2 鼻旁窦

鼻旁窦(sinus paranasales)为鼻腔周围头骨内外骨板间含气腔隙的总称，共有4对：即上颌窦、额窦、蝶腭窦和筛窦。它们均直接或间接与鼻腔相通。鼻旁窦内衬有黏膜，与鼻腔黏膜相连续，但较薄，血管较少。鼻黏膜发炎时可波及鼻旁窦，引起鼻窦炎。鼻旁窦有减轻头骨质量、温暖和湿润吸入的空气以及对发声起共鸣等作用。牛的额窦最发达，马的上颌窦最发达，猪的额窦较小，犬的窦不很显著。

6.2.2 咽

见消化系统。

6.2.3 喉

喉(larynx)既是空气出入肺的通道，又是调节空气流量和发声的器官。喉位于下颌间隙的后方，在头颈交界处的腹侧，悬于两个甲状舌骨之间。前端以喉口和咽相通，后端与气管相通。喉壁主要由喉软骨和喉肌构成，内面衬有黏膜。

6.2.3.1 喉软骨

喉软骨包括不成对的会厌软骨、甲状软骨、环状软骨和成对的勺状软骨(图6-3)。喉软骨彼此借软骨、韧带和纤维膜相连，构成喉的支架。

(1)环状软骨

环状软骨(cartilago cricoidea)呈指环状，背部宽称为板，其余部分窄称为弓。板的背侧面有正中嵴或肌突。其前缘和后缘以弹性纤维分别与甲状软骨及气管软骨相连。

(2)甲状软骨

甲状软骨(cartilago thyreoidea)最大，呈弯曲的板状，可分体和两侧板。体连于两侧板之间，构成喉腔的底壁，其腹侧面有一突起，称为喉结。两侧板自体的两侧伸出，构成喉腔两侧壁的大部分。甲状软骨板呈菱形(马)或四边形(牛)，上缘平直，其前后两端分别称为前角和后角，前角与甲状舌骨成关节，前角基部的裂隙为甲状软骨裂；后角与环状软骨成关节。

(3)会厌软骨

会厌软骨(cartilago epiglottica)位于喉的前部，呈叶片状，基部厚，由弹性软骨构成，借弹性软骨与甲状软骨体相连。尖端游离向舌根翻转。会厌软骨的表面覆盖着黏膜，合称会厌，具有弹性和韧性。当吞咽时，会厌会翻转关闭喉口，防止食物误入喉内。

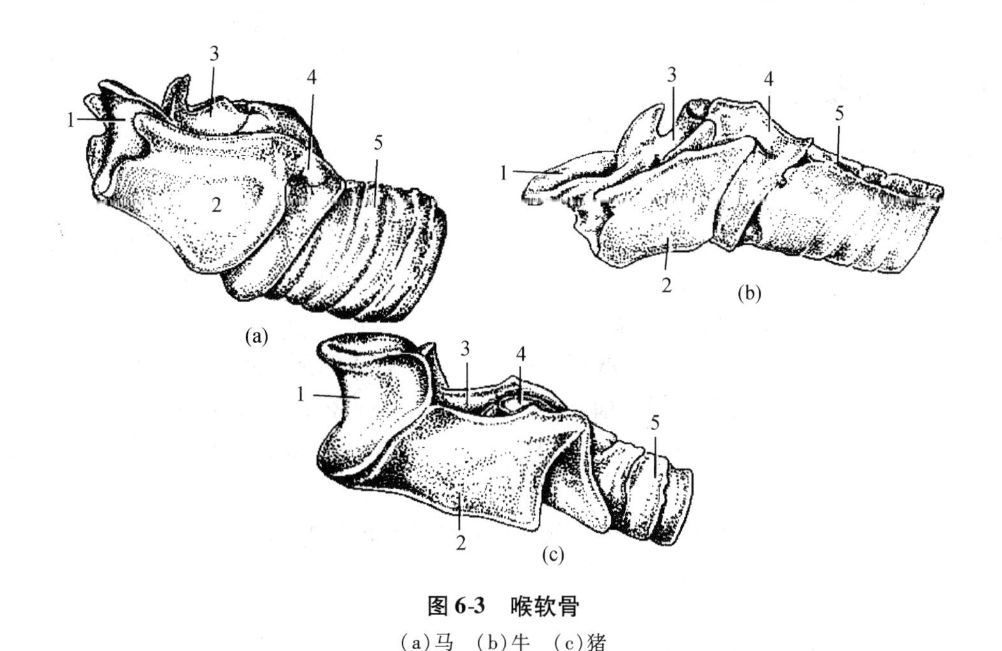

图6-3　喉软骨

(a)马　(b)牛　(c)猪

1. 会厌软骨　2. 甲状软骨　3. 勺状软骨　4. 环状软骨　5. 气管软骨

(4)勺状软骨

勺状软骨(cartilago arytaenoidea)位于环状软骨的前上方，在甲状软骨两侧板的内侧，略呈三棱锥体形，其尖端弯向后上方，形成喉口的后侧壁。勺状软骨上部较厚，下部变薄，形成声带突，供声韧带和声带肌附着。

6.2.3.2　喉肌

喉肌(musculi laryngis)属横纹肌，可分为外来肌和固有肌两群。外来肌有胸骨甲状肌、甲状舌骨肌和舌骨会厌肌等，作用于整个喉，可牵引喉前后移动；固有肌均起于喉软骨，作用于喉软骨，可使喉腔扩大或缩小。两组肌群联合作用与吞咽、呼吸和发声等运动有关。

6.2.3.3　喉腔

喉腔(cavum laryngis)为由喉壁围成的管状腔。喉腔由喉口与咽相通，在其中部的侧壁上有一对明显的黏膜褶，称为声带(plica vocalis)。声带由声韧带覆以黏膜构成，连于勺状软骨声带突和甲状软骨体之间，是喉的发声器官。声带将喉腔分为前、后两部分，前部为喉前庭，其两侧凹陷，称为喉侧室；后部为喉后腔。在两侧声带之间的狭窄缝隙称为声门裂(rima glottidis)，喉前庭与喉后腔经声门裂相通。

6.2.3.4　喉黏膜

喉黏膜被覆于喉腔的内面，与咽的黏膜相连续，包括上皮和固有膜。上皮有两种：被覆于喉前庭和声带的上皮为复层扁平上皮，在反刍兽、肉食兽和猪的会厌部的上皮内，还含有味蕾；喉后腔(马包括喉侧室)的黏膜上皮为假复层柱状纤毛上皮，柱状细胞之间常夹有数量不等的杯状细胞。固有膜由结缔组织构成，内有淋巴小结(反刍兽特别多，马次之，猪和肉食兽较少)和喉腺。喉腺分泌黏液和浆液，具有润滑声带等作用。

牛的喉较马的短，会厌软骨和声带也短，声门裂宽大。猪的喉较长，声门裂较窄。

6.2.4 气管和支气管

6.2.4.1 形态位置和构成

气管(trachea)为由气管软骨环作支架构成的圆筒状长管，前端与喉相接，向后沿颈部腹侧正中线而进入胸腔，然后经心前纵隔达心基的背侧(在第5~6肋间隙处)，分为左、右两条支气管，分别进入左、右肺。气管壁由黏膜、黏膜下组织和外膜组成。

6.2.4.2 牛(羊)、猪、马气管的特征

牛、羊的气管较短，垂直径大于横径。软骨环缺口游离的两端重叠，形成向背侧突出的气管嵴。气管在分出左、右支气管之前，还分出一支较小的右尖叶支气管，进入右肺尖叶。

猪的气管呈圆筒状，软骨环缺口游离的两端重叠或相互接触。支气管也有3支，与牛、羊相似。

马的气管由50~60个软骨环连接组成。软骨环背侧两端游离不接触，而为弹性纤维膜所封闭。气管横径大于垂直径。

6.3 呼吸运动的辅助结构

6.3.1 胸腔

胸腔较腹腔为小，呈截顶的圆锥状，其背侧壁由胸椎以及韧带、肌等构成；两侧壁由肋骨及肋间肌构成；腹侧壁的长仅为背侧壁的1/2，由胸骨、真肋的软骨以及有关的肌和韧带构成；后壁为膈，与腹腔为界，由于膈向前向上凸，故胸腔容积远比胸廓范围为小。胸腔被纵隔分为左、右两部分，容纳左、右肺和胸膜囊。第1胸椎、第1对肋骨和胸骨柄围成胸腔前口，小而狭窄，呈卵圆形，口内有颈长肌、气管、食管、血管、神经、淋巴结和幼畜的胸腺等。

6.3.2 胸膜和胸膜腔

胸膜是被覆在胸壁内面和肺表面的浆膜，可分脏胸膜和壁胸膜两部分。脏胸膜覆盖于肺的表面，又称肺胸膜；壁胸膜按部位又分贴于肋骨内面的肋胸膜、贴于膈胸腔面的膈胸膜和参与构成纵隔的纵隔胸膜。在心包表面的纵隔胸膜特称心包胸膜。壁胸膜和脏胸膜在一定部位互相折转移行，共同形成两个密闭的胸膜囊，胸膜囊顶位于胸腔前口处，壁、脏胸膜间的裂隙为胸膜腔。胸膜腔在折转处裂隙较大称为胸膜隐窝或胸膜窦。胸膜腔内含有少量浆液，称为胸膜液，有润滑胸膜，减少脏、壁胸膜之间摩擦的作用。在胸膜炎症时，胸膜液大量增加，形成胸水，造成呼吸困难。

6.3.3 纵隔

纵隔位于左、右胸膜腔之间，由两侧的纵隔胸膜以及夹于其间的器官和结缔组织所构成。参与构成纵隔的器官有心和心包、胸腺(在幼畜)、食管、气管、出入心的大血管(除后腔静脉外)、神经(除右膈神经外)、胸导管以及淋巴结等，它们彼此借结缔组织相连。纵隔

可以肺根分为背侧的背侧纵隔和腹侧的腹侧纵隔。腹侧纵隔又分为心所在部位的中纵隔；心以前的前纵隔和心以后的后纵隔。

6.3.4 呼吸肌

呼吸肌收缩和舒张引起胸廓节律性扩大和缩小称为呼吸运动，包括吸气运动和呼气运动。参与呼吸运动的辅助结构主要为胸壁和腹壁的肌肉，称为呼吸肌，包括呼气肌、吸气肌和呼吸辅助肌。凡是使胸廓扩大，产生吸气运动的肌肉称为吸气肌，主要有膈肌和肋间外肌；凡是使胸廓缩小，产生呼气运动的肌肉称为呼气肌，主要有肋间内肌和腹壁肌群。此外，还有一些肌肉(如背阔肌、胸下锯肌、背腰最长肌、髂肋肌等)只是在用力呼吸时才参与呼吸运动，称为呼吸辅助肌。

6.4 肺

6.4.1 肺的形态位置

肺(pulmones)(图6-4)是吸入的空气和血液中二氧化碳进行交换的场所，为呼吸系统中最重要的器官。

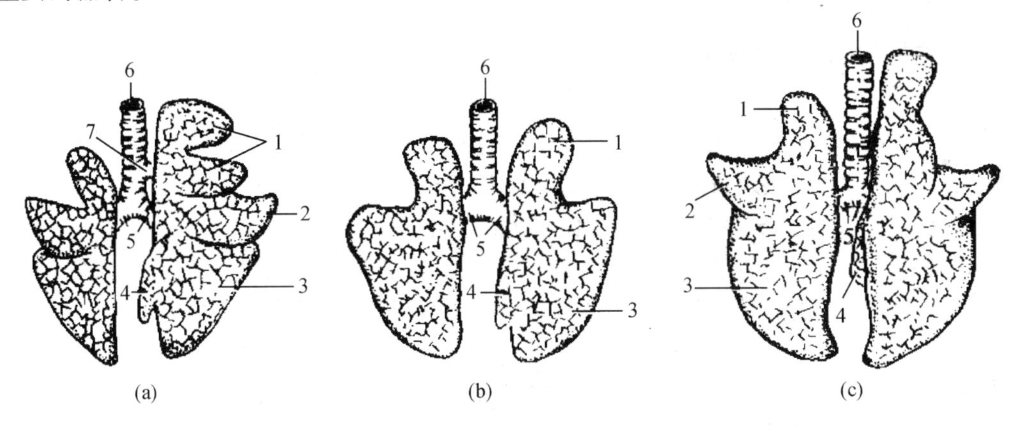

图6-4 家畜肺的分布模式图

(a)牛 (b)马 (c)猪

1. 尖叶 2. 心叶 3. 膈叶(马的心膈叶) 4. 副叶 5. 支气管 6. 气管 7. 右尖叶支气管

肺位于胸腔内，在纵隔两侧，左、右各一，右肺通常较大。肺的表面覆有胸膜脏层，平滑、湿润。健康家畜的肺为粉红色，呈海绵状，质软而轻，富有弹性。肺略呈锥体形，具有3个面和3个缘。肋面凸，与胸腔侧壁接触，有明显的肋骨压迹。膈面凹，与膈接触，又称膈面。纵隔面与纵隔接触，并有心压迹以及食管和大血管的压迹。在心压迹的后上方有肺门(hilus pulmonis)，为支气管、肺血管、淋巴管和神经出入肺的地方。上述结构被结缔组织包成一束，称为肺根。肺的背侧缘钝而圆，位于肋椎沟中。腹侧缘薄而锐，位于胸外侧壁和纵隔间的沟中。腹侧缘有心切迹(incisura cardiaca)，左肺的心切迹大，体表投影位于第3～6肋骨，右肺的心切迹小，体表投影位于第3～4肋骨间隙。底缘薄而锐，位于胸外侧壁与膈之间的沟中。

6.4.2 各种动物肺的特征

牛、羊的肺分叶很明显，叶与叶之间有明显的叶间裂。左肺分3叶，由前向后顺次为尖叶(前叶)、心叶(中叶)和膈叶(后叶)。右肺分4叶，分别为尖叶(又分前、后两部)、心叶、膈叶和内侧的副叶。肺底缘在体表的投影，相当于从第12肋骨上端到第4肋间隙下端连成的凸向后下方的弧线。

马肺分叶不明显，在心切迹以前的部分为前叶，也称肺尖或尖叶；心切迹以后的部分为后叶，也称肺体或心膈叶。此外，右肺还有一中间叶或副叶，呈小锥体形，位于心膈叶内侧，在纵隔和后腔静脉之间。马肺底缘在体表的投影，为一条从第17肋骨上端到第5肋间隙下端凸向后下方的弧线。

猪肺分叶情况与牛、羊的相似。左肺分3叶：尖叶、心叶和膈叶；右肺分4叶：尖叶、心叶、膈叶和副叶。肺底缘在体表的投影，相当于从倒数第4肋骨或肋间隙的上端到第5肋间隙下端连成的凸向后的弧线。

犬的肺叶间裂深，分叶明显。左肺分前叶和后叶，前叶又分前后两部；右肺分前叶、中叶、后叶和副叶。

6.5 马属动物呼吸特点

马属动物是适于快速奔跑的动物，在机体结构上有一些差异，尤其是呼吸系统。其在呼吸系统有以下特点适应快速奔跑必需的气体代谢的需要：

①肺大且长　马有18对肋骨，肺的体积大，且不分叶。

②软腭特别长　快跑时呼吸强度大，如果口腔和咽相通，很容易造成误咽，危及生命，同时软腭长，口腔不能帮助呼吸，在给马属动物胃管投药时，只能通过鼻腔、咽到食管，然后到胃。

③鼻憩室　马属动物鼻孔灵活，在快跑时鼻孔可以怒张，满足进气的需要。

④咽鼓管囊　由于马属动物口腔不能帮助呼吸，因而呼吸道气压比较大，为了缓冲气压，避免伤及中耳，在每一个咽鼓管上都有一个300mL左右的囊，位于咽后壁的后上方。

（陈正礼 编写　杨隽 校）

第 7 章

泌尿系统

动物体在新陈代谢过程中产生的终产物及多余的水分，必须通过一定的途径及时排出体外，才能维持畜体正常的生命活动。这些代谢终产物的排出，一小部分是通过呼吸系统（呼气）、被皮系统（汗液）和消化系统（粪便）完成的，其余绝大部分（尿酸、尿素、无机盐水等）是以尿液的形式经泌尿系统（urinary system）排出体外，同时参与维持机体内环境的稳定与体液、电解质及酸碱平衡。因此，泌尿系统是动物有机体在新陈代谢过程中重要的排泄系统。

泌尿系统包括：肾脏（生成尿液的器官）；输尿管（输送尿液的器官）；膀胱（储存尿液的器官）；尿道（排除尿液的通路）。

肾是生成尿液的器官。通过尿的生成与排出，机体可以排出大部分代谢终产物和进入畜体的异物，调节细胞外液量和渗透压，调节体液中重要的电解质（如钠、钾、碳酸氢盐以及氯离子、氢离子等）浓度，维持畜体内环境的酸碱平衡。同时，肾还具有内分泌功能，分泌促红细胞生成素、前列腺素、肾素、羟胆钙化醇等物质。畜体代谢过程产生的含氮废物以溶解于水的形式由血管进入肾小球滤过到肾小囊腔，经肾小管重吸收后，由排尿管道排出体外。家畜适应陆地生活，既要排出含氮废物，体内水分又不能大量丢失，为此家畜肾小管形成了有利于尿液重吸收的“U”形髓襻，很好地解决了含氮废物排出需大量水与陆地生活保水的矛盾。如果肾小球滤过发生障碍，体内含氮废物蓄积将会导致尿毒症。输尿管是输送尿液的肌性管道，膀胱是暂时储存尿液的器官，尿道是排出尿液的通道。

7.1 肾

7.1.1 肾的形态与位置

家畜的肾（kidney）是成对的实质性器官，左右各一，多数呈蚕豆形，亦有三角形或三棱形，红褐色。肾的内侧缘有一凹陷，为肾动脉、肾静脉、淋巴管、神经及输尿管出入之门户，称肾门（renal hilum）。由肾门伸入肾实质的凹陷称肾窦（renal sinus），肾门是肾窦的开口。肾窦内有肾盂、肾盏、血管、淋巴管和神经，在这些结构之间常有大量脂肪填充。在肾的内侧前方有一内分泌器官，叫作肾上腺（adrenal gland）。

肾位于腰椎下方，腹主动脉和后腔静脉两侧的腹膜外间隙内（图 7-1），属腹膜外器官，借腹膜外结缔组织与周围器官相连。

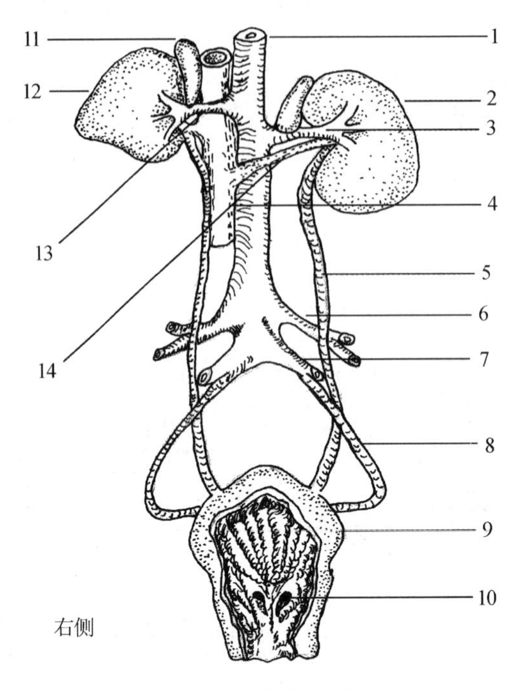

图 7-1 马的泌尿系统

1. 腹主动脉 2. 左肾 3. 左肾动脉 4. 后腔静脉 5. 输尿管 6. 髂外动脉 7. 髂内动脉 8. 脐动脉 9. 膀胱 10. 输尿管口 11. 右肾上腺 12. 右肾 13. 右肾动脉 14. 左肾静脉

7.1.2 肾的一般结构

肾由实质和间质两部分构成。

7.1.2.1 被膜

肾实质表面被覆一层肌质膜(sarcoplasm membrane)，由平滑肌纤维和结缔组织构成，它与肾实质粘结紧密，不可分离。在肌质膜的表面有一层白色薄而坚韧的结缔组织膜形成的纤维囊(capsula fibrosa)，又称肾包膜，在正常情况下，此膜容易剥离。该膜由内向外依次为纤维囊、脂肪囊和肾筋膜。纤维囊(fibrous capsule)为包裹于肾实质表面的坚韧而致密的结缔组织膜，由致密结缔组织和弹性纤维构成。在肾门处纤维囊分为两层，一层贴于肌质膜外面，另一层包被肾窦内结构表面。纤维囊与肌质膜连结疏松，易于剥离。如剥离困难，即为病理现象。脂肪囊(fatty capsule)是位于纤维囊外周，包裹肾脏的脂肪层，肾的边缘部脂肪丰富，并经肾门进入肾窦。肾筋膜(renal fascia)位于脂肪囊的外面，由腹膜外结缔组织发育而来，包被肾上腺和肾的周围，由它发出一些结缔组织穿过脂肪囊与纤维囊相连，有固定肾位置的作用。

7.1.2.2 实质

肾由若干肾叶(renal lobes)组成，每个肾叶分浅层的皮质和深层的髓质。肾皮质(renal cortex)由肾小体(renal corpuscle)和肾小管(renal tubules)组成，新鲜标本呈红褐色并可见有许多暗红色点状细小颗粒，即为肾小体。肾髓质(renal medulla)位于皮质的内部，淡红色，呈圆锥形称为肾锥体，锥底与皮质相接，锥尖向肾窦。肾锥体的尖端称为肾乳头(renal papilla)。肾乳头突入肾小盏或肾盂(renal pelvis)内，顶端有许多小孔称为肾乳头孔。肾产生的终尿经乳头孔流入肾小盏或肾盂内。伸入相邻肾锥体之间的肾皮质部分称为肾柱(renal column)。肾髓质经肾锥体底部向皮质放射状行走的条纹称为髓放线。髓放线的条纹是由肾小管襻与直集合管平行排列形成。髓放线之间的皮质部分即为皮质迷路。每个髓放线及其周围1/2的皮质迷路称为肾小叶。肾叶是由肾锥体及其底部相连的皮质构成的。

家畜因物种不同，肾形态也不相同，但肾的基本结构和功能是相同或相似。肾的基本单位叫作肾单位(nephron)，由肾小体和与其相连的肾小管构成，是尿液形成的结构和功能单位。肾小体中形成的原尿经肾小管和集合管的重吸收与分泌，形成终尿。

7.1.2.3 肾间质

肾间质为分布于肾单位、集合管系之间的结缔组织、血管和神经等。肾间质的结缔组织在皮质部很少，从皮质到髓质肾乳头逐渐增多。

7.1.3 哺乳动物肾的分类

家畜肾叶常连在一起，肾叶皮质与髓质连合的程度随家畜种类不同而异。实践中行肾切除术、移植术，肾血管、输尿管造影术，肾大小的影像诊断等都需要准确掌握各种家畜肾的形态、大小、位置和结构。根据肾叶连合情况，可将哺乳动物的肾分为4种类型(图7-2)。

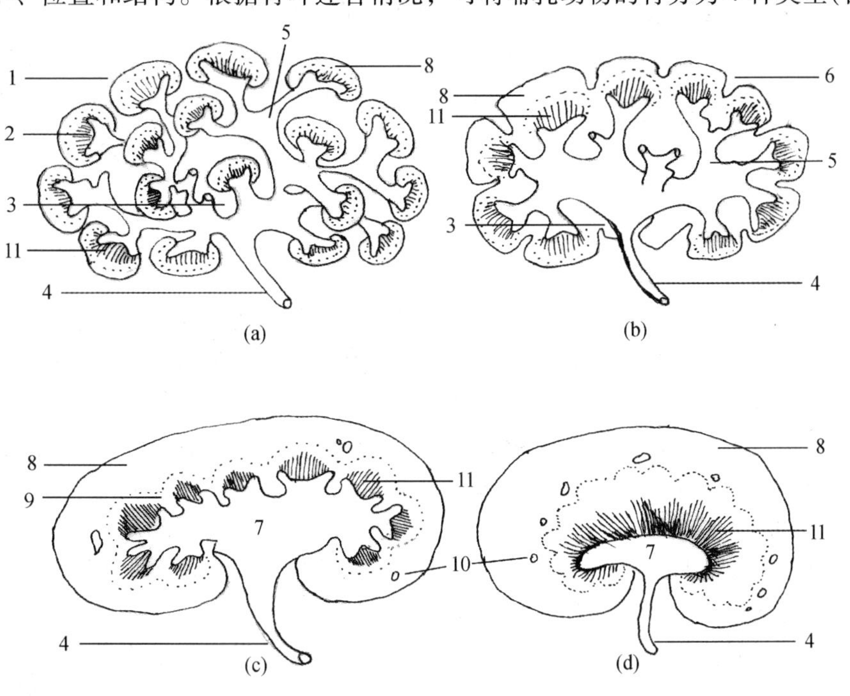

图7-2 哺乳动物肾的类型

(a)复肾 (b)表面有沟多乳头肾 (c)表面平滑多乳头肾 (d)表面平滑单(总)乳头肾

1. 肾小叶 2. 肾乳头 3. 肾窦 4. 输尿管 5. 肾盏管 6. 肾沟 7. 肾盂 8. 肾皮质 9. 肾柱 10. 弓状血管 11. 肾髓质

7.1.3.1 表面平滑单(总)乳头肾

各肾叶皮质和髓质完全合并，肾表面光滑，肾乳头合并为一个总乳头，呈嵴状称为肾嵴(renalcrista)，突入输尿管在肾内扩大形成的肾盂中。在肾的切面上，仍可见到显示各肾叶髓质部的肾锥体。大多数哺乳动物的肾属这种类型，如家畜中马、羊、犬等肾脏。

7.1.3.2 表面平滑多乳头肾

肾叶皮质部完全合并，肾表面光滑而无分界。但在切面上可见到显示肾叶髓质形成的肾锥体，肾锥体末端为肾乳头，肾乳头被肾小盏包裹，肾小盏开口于肾盂或肾盂分出的肾大盏。猪和人的肾脏均属于这种类型。

7.1.3.3 表面有沟多乳头肾

在肾的表面有许多区分肾叶的沟，但各肾叶中间部分还是相互连接的。在肾的切面可见到每个肾叶内部所形成的肾乳头，被输尿管分支形成的肾小盏包裹，许多肾小盏管汇合成两条收集管，再汇聚成输尿管。牛肾的肾脏就属于这种类型。

7.1.3.4 复肾

肾由许多单独的肾叶构成，每一个肾叶都是一个小肾。根据肾叶的形状以及每个肾叶上肾乳头的数目，复肾又分叶状多乳头型复肾与球状单乳头型复肾。河马和大象的肾为叶状多乳头型复肾，每个肾叶有多个肾锥体和肾乳头。熊和海豹的肾为球状单乳头型复肾，每个肾叶只有一个肾乳头。复肾肾叶数目因动物种类而不同，如巨鲸的可达 3 000 个，海豚的也可超过 200 个。肾叶呈锥体形，外周的皮质为泌尿部，中央的髓质为排尿部，末端形成肾乳头，肾乳头被输尿管分支形成的肾盏包裹。象、鲸、熊、海豚、海豹、水獭和河马等动物的肾均为复肾。

7.1.4 肾的血管、淋巴管与神经

肾的血液供应极为丰富，肾动脉由腹主动脉发出，经肾门入肾后分为前后两支，再分成数支，在肾叶间延伸，称为叶间动脉。叶间动脉在皮质与髓质交界处呈弓状弯曲，称为弓形动脉。由弓形动脉发出小叶间动脉，贯穿皮质直达肾表面，呈放射状行走于皮质迷路内。由小叶间动脉分支发出短而粗的入小球微动脉，在肾小囊内形成旋襻状毛细血管球，然后汇聚成一条细的出小球微动脉。浅表肾单位的出球微动脉离开肾小体后又分支形成球后毛细血管网，分布在近端小管曲部和远端小管曲部周围。出小球微动脉不仅形成毛细血管网，而且还分出分支直小动脉直行于髓质，又返折为直小静脉，形成血管襻与髓襻伴行，直小静脉汇入弓形静脉。球后毛细血管网依次汇合成小叶间静脉、弓形静脉和叶间静脉，与相应动脉伴行，最后由肾静脉经肾门出肾，注入后腔静脉。

肾血液循环的特点可概括为：①肾动脉直接由腹主动脉发出，血流量大；②血流通路中两次形成毛细血管网，血管球为动脉型毛细血管网，起滤过作用；球后毛细血管网分布于肾小管周围，起营养及运输重吸收物质的作用；③入小球微动脉较出小球微动脉粗，故血管球内压力较高，有利于滤过作用；④髓质内直小血管与髓襻伴行，有利于髓襻及集合小管重吸收和尿液的浓缩。

肾有深浅两组淋巴丛，深组为肾内淋巴丛，肾内毛细淋巴管分布于肾单位周围，沿血管逐级汇成小叶间淋巴管、弓形淋巴管和叶间淋巴管，经肾门淋巴管出肾。浅组为被膜淋巴

丛，被膜内的毛细淋巴管汇合成淋巴管后，与肾内淋巴丛吻合，汇入邻近器官的淋巴管。

肾的神经来自肾神经丛，其中交感神经主要来自腹腔神经丛；副交感神经主要来自迷走神经。神经纤维从肾门入肾，分布于肾血管、肾间质和球旁复合体。

7.1.5 各种动物肾的结构特征

7.1.5.1 牛肾

牛肾属于表面有沟多乳头肾，每个肾由16~22个大小不一的肾叶构成。左右肾的形态、位置和质量因品种、年龄及体重而有差异。一般成年牛每个肾重600~700g，左肾略大于右肾。

(1)右肾

右肾呈上下压扁的长椭圆形(图7-3)，位于最后肋间隙上部，至第2~3腰椎横突的腹侧。背侧面隆突与腰椎腹侧肌接触；腹侧面较平，隔着腹膜与肝、胰、十二指肠和结肠相邻；前端伸入肝的肾压迹内；内侧缘平直与后腔静脉平行，肾门位于腹侧面近内侧缘的前部，与肾窦无明显分界而一同形成椭圆形腔，外侧缘隆突。

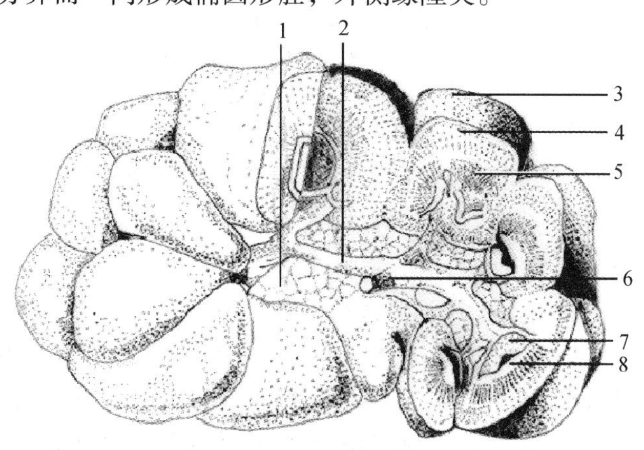

图7-3 牛肾的结构(部分切开)

1. 肾窦 2. 集收管 3. 纤维囊 4. 肾皮质 5. 肾髓质
6. 输尿管 7. 肾小盏 8. 肾乳头

(2)左肾

左肾的形态和位置变异比较大。初生犊牛因瘤胃未充分发育，左肾与右肾形态相近，位置近于对称。成年牛左肾呈三棱形，前端较小，后端大而钝圆，有3个面：背侧面隆突，隔着肾筋膜与腰椎腹侧肌及椎体相接触；腹侧面隔着腹膜与肠管相邻；前端左外侧面小而平直，与瘤胃相接触。成年牛左肾位置不固定，一般位于第2~5腰椎左侧横突近椎体处的腹侧；左肾系膜较长，受瘤胃的影响位置变动较大，当瘤胃充满时，左肾横过体正中线到椎体右侧，右肾的后下方，瘤胃空虚时，左肾又返回原来位置。

牛肾切面上可见相邻肾叶除中间部分愈合在一起，其浅层和深层均不相连。肾皮质位于肾叶的外层及向内伸入于肾锥体之间。锥体末端钝圆，每肾有16~22个肾乳头。乳头管黏膜上皮为单层柱状上皮，与肾小盏上皮相延续处为变移上皮。肾小盏上皮为变移上皮，肾小盏中膜为平滑肌，外层结缔组织与肾被膜和间质结缔组织相延续。

牛输尿管起始不膨大为肾盂，输尿管起始端在肾窦内形成前后两条集收管，又称肾大盏，每个集收管分出许多分支，分支末端膨大形成肾小盏，每个肾小盏包裹着一个肾乳头（图 7-4）。

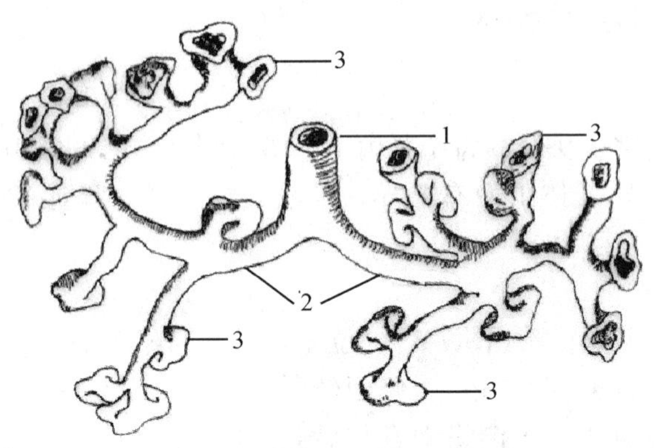

图 7-4 牛右肾输尿管及肾盏铸型

1. 输尿管 2. 集收管 3. 肾小盏

7.1.5.2 猪肾

猪肾属于表面平滑多乳头肾，左右肾均呈蚕豆形，较扁而长，颜色较浅呈棕黄色，两肾位置基本上对称分布，位于最后胸椎及前 3 个腰椎横突的腹侧面。右肾前端没有接触肝脏，在家畜中只有猪和猫的右肾未接触肝，不在肝表面形成肾压迹。肾门位于肾内侧缘正中部。肾切面上可见猪肾叶皮质部分完全合并，皮质突入髓质之间的肾柱也很明显。肾切面髓质部可见肾锥体及锥体末端的肾乳头，肾乳头大小不一，小的为一个肾锥体的末端，大的由 2～5 个肾锥体合并而成，每个肾乳头均与一肾小盏相对，肾小盏汇入肾大盏，肾大盏再汇注于肾盂，肾盂延续为输尿管，经肾门离开肾脏（图 7-5）。猪肾皮质较厚，髓质只有皮质的 1/3～1/2。皮、髓质厚薄比例与肾产生高浓缩尿液的能力有直接关系，一般髓质相对较厚的动物，髓旁肾单位（长髓襻肾单位）就多，产生高浓缩尿液的能力就强；而皮质相对厚的物种短髓襻肾单位多，长髓襻肾单位少，产生高浓缩尿液的能力差。

7.1.5.3 马肾

马肾属于表面平滑单乳头肾。右肾位置偏前，其形态呈上下压扁的圆角等边三角形或心形，位于最后 2～3 肋骨的椎骨端及第 1 腰椎横突的腹侧面。家畜肾中只有马属动物右肾横径大于纵径的肾。背侧面隆凸，与膈和腰椎腹侧肌接触。腹侧面略凹，隔着腹膜与肝、胰、盲肠底及右肾上腺接触。前端钝而圆，伸入肝的肾压迹内；后端薄而窄，外侧缘薄而圆，肾门位于内侧缘中部，肾门向深部延续为肾窦。肾窦内有肾盂、肾血管、淋巴管和神经，这些结构周围有脂肪组织填充。

左肾呈蚕豆形，比右肾长而狭，位置偏后，靠近体正中面，最后肋骨的椎骨端和第 1～3 腰椎横突的腹侧。背侧面隆突，与左膈脚、腰椎腹侧肌及脾接触；腹侧面亦凸，表面不平整，大部分被腹膜覆盖，与十二指肠末端、小结肠起始端、左肾上腺及胰的左端接触。内侧缘长而直，较右肾内侧缘厚，与腹主动脉、肾上腺和输尿管接触。外侧缘与脾的背侧端接

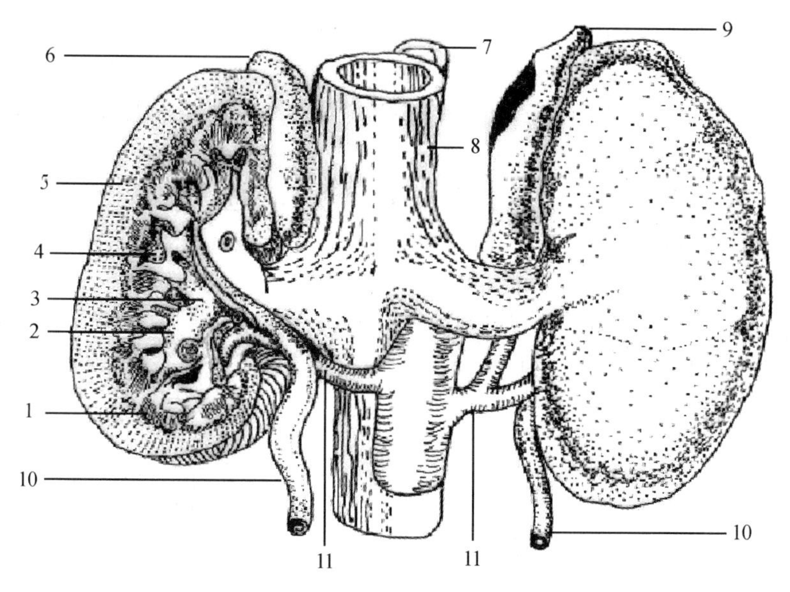

图 7-5 猪肾腹侧观(右肾剖开)

1. 肾髓质 2. 肾大盏 3. 肾盂 4. 肾乳头 5. 肾皮质 6. 右肾上腺 7. 腹主动脉 8. 后腔静脉 9. 左肾上腺 10. 输尿管 11. 肾动脉

触。后端通常比前端大。左肾肾门位于内侧缘约与右肾后端相对处。

在马肾切面上看，皮质与髓质完全合并，肾锥体与肾柱不太明显。肾锥体较细，肾乳头合并为一个总乳头，呈嵴状突入肾盂，称为肾嵴。输尿管在肾窦内膨大形成肾盂，肾盂自肾窦向肾的两端伸延形成窄长的盲管，称为终隐窝(terminal recessus)。乳头管在肾嵴部开口于肾盂，肾两端的乳头管开口于终隐窝(图 7-6)。

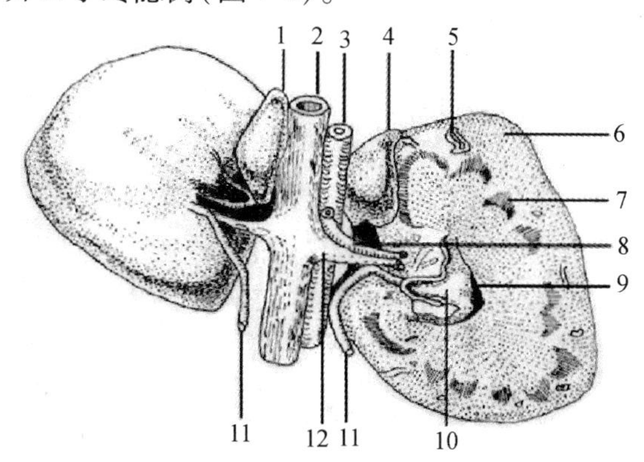

图 7-6 马肾腹侧观(左肾纵剖)

1. 右肾上腺 2. 后腔静脉 3. 腹主动脉 4. 左肾上腺 5. 弓状血管 6. 肾皮质 7. 肾髓质 8. 肾动脉 9. 肾总乳头(肾嵴) 10. 肾盂 11. 输尿管 12. 肾静脉

马肾位置比较固定，主要靠肾筋膜和周围器官的挤压来固定，肾筋膜为腹膜外结缔组织延续而来，包绕于肾脂囊的外周。右肾因与肝、胰及结肠起始部毗邻，而较左肾位置固定；左肾有时可后移，后端达第 3、第 4 腰椎横突的腹侧。

肾盂壁由 3 层结构构成，外层为纤维层，中层为平滑肌，内层则为黏膜层，黏膜上皮为变移上皮。

7.1.5.4 羊肾

羊肾也属于平滑单乳头肾。两肾均呈蚕豆形，右肾位于最后肋骨至第2腰椎横突腹侧，左肾位于第4～5腰椎横突的腹侧，瘤胃背囊的后方。成年羊肾呈椭圆外形，背侧面与腹侧面均隆凸，前后端较圆；长约7.5cm，宽5cm，厚3cm。包于肾脂肪囊中。位置与牛肾相似，左肾位置受瘤胃的影响而有变化，当瘤胃充盈时左肾被挤压到体正中面右侧。每个肾重约120g。羊肾皮质相对较薄，肾切面可见12～16个肾锥体合并为肾嵴，肾嵴宽厚，呈圆钝的嵴形。羊肾切面如向两侧偏移些，可观察到伪肾锥体和伪肾乳头，输尿管在肾窦内膨大形成肾盂。肾门位于内侧缘的中部(图7-7)。

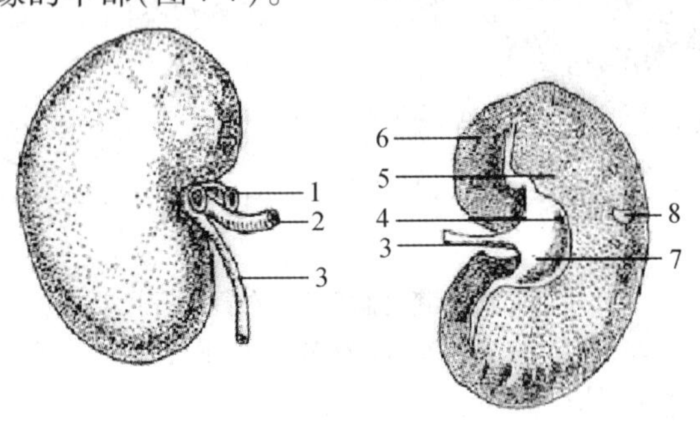

图7-7 羊 肾

1. 肾动脉 2. 肾静脉 3. 输尿管 4. 肾总乳头
5. 肾髓质 6. 肾皮质 7. 肾盂 8. 弓状血管

7.2 输尿管、膀胱和尿道

7.2.1 输尿管

输尿管(ureter)是将尿液从肾盂(马、猪、羊)或集收管(牛)不断输送到膀胱内的一对狭而直的管道。出肾门后，于腹腔顶壁的腹膜腔外向后伸延，越过髂外动脉和髂内动脉腹侧，公畜输尿管在尿生殖褶中，母畜输尿管沿子宫阔韧带背侧缘继续伸延，进入骨盆腔，在膀胱颈附近，斜行穿过膀胱背侧壁，并以缝状的输尿管口开口于膀胱。输尿管于膀胱壁内要向后行走一段，然后开口，这种结构可以保证膀胱内充满尿液排尿时不至于发生逆流。

输尿管管壁从内向外由黏膜、肌层和外膜3层结构组成。黏膜形成许多纵行皱襞，因此使管腔呈现星形。黏膜上皮为变移上皮，固有层为结缔组织，有的动物分布有黏膜腺(输尿管腺)。肌层由内纵行肌、中环行肌和薄而分散的外纵行肌构成，收缩时可产生蠕动。外膜大部分为疏松结缔组织，与周围结缔组织移行。

输尿管的血液供应，来自肾动脉、精索内动脉和脐动脉的分支。神经纤维来自腰荐神经丛。

牛输尿管起于集收管，经肾门出肾脏，管径6～8mm。左输尿管由于左肾位置的变动，因而也有变动。开始位于正中矢面的右侧，在右输尿管之下，后段逐渐移向左侧。公牛入盆腔后走行于尿生殖褶，母牛输尿管入盆腔走行于子宫阔韧带背侧缘，输尿管在膀胱壁内穿行3～5cm。

马输尿管起于肾盂，除左输尿管与牛不同外，其余走向、位置皆相同。左右输尿管走向相似。

猪输尿管起于肾盂，在肾静脉的背侧出肾门，两侧输尿管行程走向相似。输尿管起始部较粗，逐渐变细，略有弯曲。

羊输尿管起于肾盂，行程、走向与牛输尿管相似。

输尿管结石、肿瘤或血凝块可能导致输尿管阻塞，一侧阻塞可导致肾盂积水，两侧完全阻塞则会导致尿毒症。

7.2.2 膀胱

膀胱(urinary bladder)是暂时储存尿液的肌膜性囊状器官，略呈梨形。形状、大小、位置和壁的厚薄都随尿液充盈程度而异。

膀胱的前部为钝圆的盲端，称为膀胱顶，朝向腹腔，幼龄动物膀胱顶有脐尿管的遗迹，胚胎时期脐尿管与尿囊相通。膀胱的中部为膀胱体，膀胱的后部为膀胱颈，膀胱颈延续为尿道，两者的通路是尿道内口。

膀胱位于骨盆腔底壁上。膀胱下方为耻骨联合，二者之间称为膀胱下间隙，此间隙内有丰富的结缔组织和静脉丛。背侧与公畜的精囊腺、输精管壶腹和直肠以及母畜的子宫和阴道相毗邻，直肠检查常可触摸到。空虚时缩小而囊壁增厚，质地坚实，全部位于骨盆腔内。膀胱充盈时则扩大而囊壁变薄，向前伸出盆腔外到达腹腔底壁。此时膀胱腹膜返折线可前移至耻骨联合前方，此时可在耻骨联合前方行穿刺术，不会伤及腹膜和污染腹膜腔。幼畜膀胱的位置偏前。胚胎时期，膀胱主要位于腹腔，呈细长的梭形囊状，顶端伸达脐孔，并与尿囊相通，以后逐渐缩至骨盆腔内。膀胱异位主要有以下几种情况，公畜前列腺肿大将膀胱挤向前方，母畜子宫和阴道下垂致使膀胱下垂，盆腔肿瘤可能导致膀胱异位，膀胱扭转导致尿道弯曲阻塞。

膀胱壁由3层结构构成，从内向外依次为黏膜层、肌层和外膜。

内层的黏膜上皮为变移上皮。当膀胱空虚时，黏膜形成许多皱褶。在近膀胱颈处的背侧壁上，输尿管末端行于黏膜下组织内，使黏膜形成隆起的一对输尿管柱，终止于输尿管口。在输尿管口处有一对低的黏膜褶向后延伸，称为输尿管襞，向后相互接近并汇合而成尿道嵴，经尿道内口延续入尿道壁。在膀胱颈背侧黏膜表面上由两个输尿管口和一个尿道内口形成的三角区，称为膀胱三角，此处黏膜与肌层紧密连接，缺少黏膜下组织，无论膀胱扩张或收缩，始终保持平滑，猪的膀胱三角相对容易破裂。两个输尿管口之间的皱襞称为输尿管间襞，膀胱镜下所见为一苍白带，是临床寻找输尿管口的标志。

肌层由内纵、中环、外纵3层平滑肌构成。中环形平滑肌在尿道内口处增厚为括约肌。

外膜在膀胱顶和膀胱体为浆膜，只有膀胱颈处为疏松结缔组织。

膀胱表面的浆膜移行于膀胱与周围器官之间，形成一些浆膜褶。膀胱背侧的浆膜，母畜折转到子宫上，公畜折转到生殖褶上。膀胱腹侧的浆膜褶沿正中矢面与盆腔底相连，形成膀胱中韧带。膀胱两侧的浆膜褶与盆腔侧壁相连，形成膀胱侧韧带。在两侧膀胱侧韧带的游离缘各有一条索状结构，称为膀胱圆韧带，是胚胎时期脐动脉闭锁的遗迹。

膀胱的血液供应来自阴部内动脉、闭孔动脉和脐动脉的分支。静脉汇入阴部内静脉。淋巴管汇合为外层和肌层两丛。神经纤维来自盆神经丛，并在黏膜与肌层之间形成神经丛，内含神经节。

7.2.3 尿道

尿道(urethra)是将尿液从膀胱排出体外的肌性管道。尿道内口起始于膀胱颈，尿道外口在公畜开口于阴茎头，在母畜开口于阴道与尿生殖前庭的交界处。

母畜尿道较短，位于阴道腹侧，贴于盆腔底壁上。尿道壁结构与膀胱相似，但黏膜下组织内含有静脉丛，又称海绵层，黏膜上皮下则分布有尿道腺，肌膜为平滑肌，与膀胱的肌层相连续，也可分为3层，其外面尚具有环形横纹肌构成的尿道肌，在尿道内口处则称为膀胱外括约肌，肌膜之外是结缔组织构成的外膜，常将尿道与阴道相连。

公畜尿道较长，可分为尿生殖道骨盆部和尿生殖道阴茎部。由于其兼有排尿和排精的双重作用，故此称尿生殖道。参见雄性生殖器。

牛尿道黏膜层常有许多淋巴组织。猪和马的尿道黏膜有尿道腺。在公马和公羊尿道外口以尿道突凸出于龟头的前方。母牛尿道在尿生殖前庭与阴道交界处的下方形成尿道下憩室(suburethrale diverticulum)(图7-8)。因此，在给母牛导尿时，应注意导尿管要直插，以免插入憩室内。

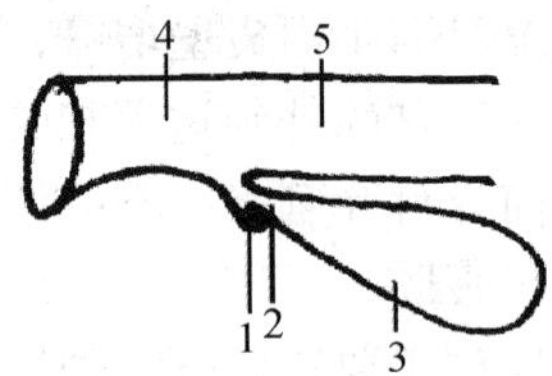

图7-8 母牛尿道下憩室

1. 尿道下憩室 2. 尿道 3. 膀胱 4. 尿生殖前庭 5. 阴道

（杨隽 编写 刘玉堂 校）

第 8 章

生殖系统

生殖系统是繁衍后代，保证物种延续的系统。动物的生殖系统进化是遵循着由低级到高级、由简单到复杂的发展规律演化而来。作为哺乳动物的家畜，其生殖系统已经发展至最高阶段，生殖器官的结构和功能更加完备和复杂，具备了产生生殖细胞，将生殖细胞输送到体内，保证体内受精及胚胎孕育等完善的组织结构，以及分泌性激素，维持第二性征等重要作用。神经系统及垂体参与调节生殖器官的发育及功能活动，更有利于哺乳动物繁育的高效性及整个机体的参与。家畜生殖系统分为雄性生殖系统和雌性生殖系统。

8.1 雄性生殖系统

雄性生殖器官包括睾丸、附睾、输精管、尿生殖道、副性腺、阴茎、阴囊、包皮和精索。

睾丸是生殖腺；附睾、输精管、尿生殖道是生殖管道；精囊腺、前列腺和尿道球腺是副性腺；阴茎和包皮是交配器官。

8.1.1 睾丸和附睾

睾丸和附睾(图 8-1、图 8-2)均位于阴囊中，左、右各一，中间有阴囊中隔隔开。

8.1.1.1 睾丸

睾丸(testis)是产生精子和雄性激素的器官。呈左、右稍扁的椭圆形，外侧面稍隆凸，与阴囊外侧壁接触，内侧面平坦，与阴囊中隔相贴。附睾附着的缘，为附睾缘，另一缘为游离缘。血管和神经进入的一端为睾丸头，有附睾头附着。另一端为睾丸尾，有附睾尾附着。

睾丸表面光滑，大部分由浆膜被覆，称为固有鞘膜。固有鞘膜的深面为一层白膜(tunica albuginea)，是由致密结缔组织构成的一层纤维膜。白膜在睾丸头处向内分出许多结缔组织间隔，将睾丸分隔成许多锥体形的小叶。这些间隔在睾丸纵隔轴处集中成网状，称为睾丸纵隔。每个小叶有 2～5 条长而蜷曲的曲细精管。曲细精管伸向纵隔，在近纵隔处变直，成为直细精管。直细精管在纵隔中互相吻合，形成睾丸网。此后汇合成 6～12 条粗的输出管，输出管穿出睾丸头白膜进入附睾头。

在胚胎期，睾丸位于腹腔内，肾脏附近。出生前后，睾丸和附睾一起经腹股沟管下降至阴囊中，这一过程称为睾丸下降。如果有一侧或两侧睾丸没有下降到阴囊，称为隐睾或单睾，生殖能力弱或无生殖能力，不宜作种畜用。

8.1.1.2 附睾

附睾(epididymis)为储存精子和精子进一步成熟的场所。附睾由睾丸输出管和附睾管构

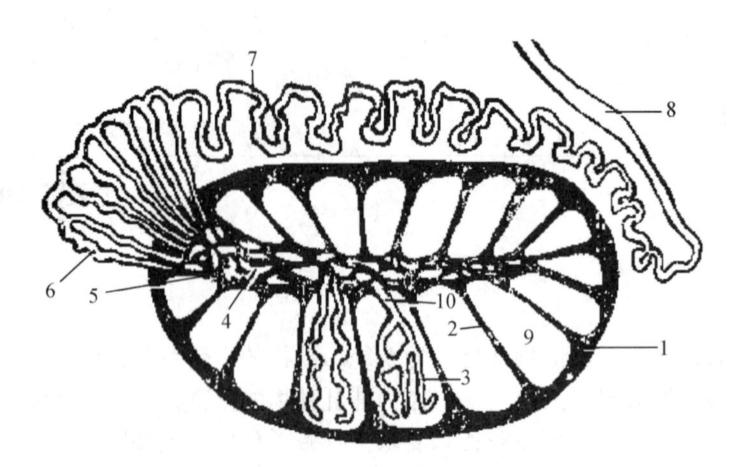

图 8-1 睾丸和附睾结构模式图

1. 白膜 2. 睾丸间隔 3. 曲细精管 4. 睾丸网 5. 睾丸纵隔 6. 输出小管 7. 附睾管 8. 输精管 9. 睾丸小叶 10. 直细精管

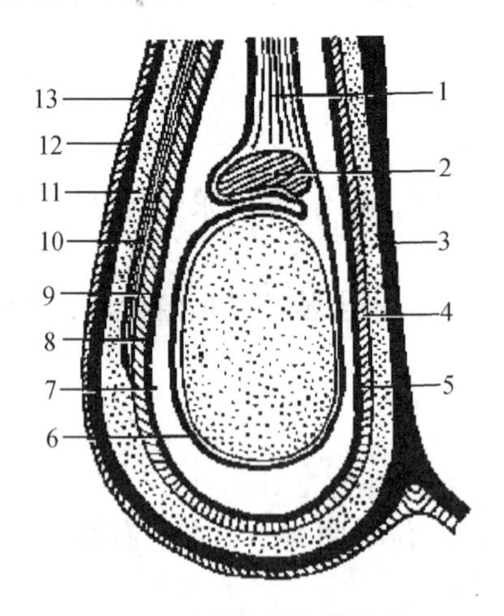

图 8-2 阴囊结构模式图

1. 精索 2. 附睾 3. 阴囊中隔 4、9. 总鞘膜纤维层 5、8. 总鞘膜 6. 固有鞘膜 7. 鞘膜腔 10. 睾外提肌 11. 筋膜 12. 肉膜 13. 皮肤

成，附着在睾丸上，外面被覆固有鞘膜和薄的白膜。

附睾可分为附睾头、附睾体与附睾尾。附睾头膨大，与睾丸头相对应，由十多条睾丸输出小管组成。睾丸输出小管汇合成一条很长的附睾管，迂曲并逐渐增粗，构成附睾体和附睾尾，在附睾尾处管径增大连接输精管。附睾尾借睾丸固有韧带与睾丸尾相连。

各种家畜睾丸及附睾的外形和位置特点：

牛、羊睾丸(图 8-3)呈长椭圆形，长轴和地面垂直，睾丸头位于上方，附睾位于睾丸的后外缘，附睾头朝上，尾朝下；牛的睾丸实质呈黄色，羊的为白色。

马、驴的睾丸(图 8-4)呈椭圆形，长轴与地面平行，附睾位于睾丸的背外缘，头朝前、尾朝后，睾丸实质呈浅棕色。

猪的睾丸很大，长轴斜向后上方，睾丸头位于前下方，附睾位于背外缘，头朝前下方，附睾尾很发达，位于睾丸的后上端。睾丸实质呈浅灰色，但因品种差异有深浅之分。

犬的睾丸长轴朝向上后方，睾丸纵隔很发达，靠近睾丸中央；附睾相当大，紧贴于睾丸前背外缘。

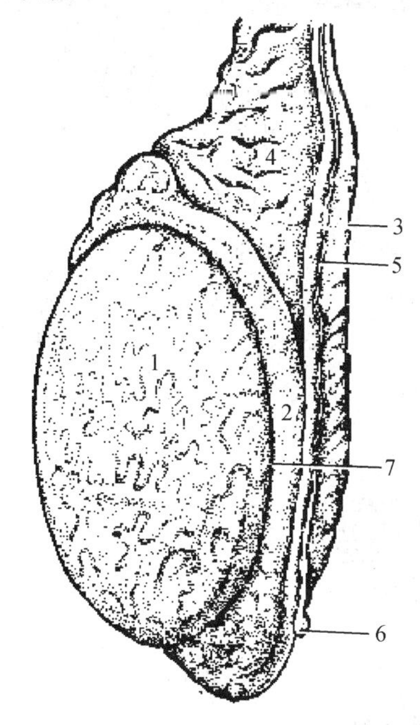

图8-3 公牛睾丸(外侧面)

1. 睾丸 2. 阴囊 3. 输精管及褶 4. 精索 5. 睾丸系膜 6. 附睾尾 7. 附睾窦

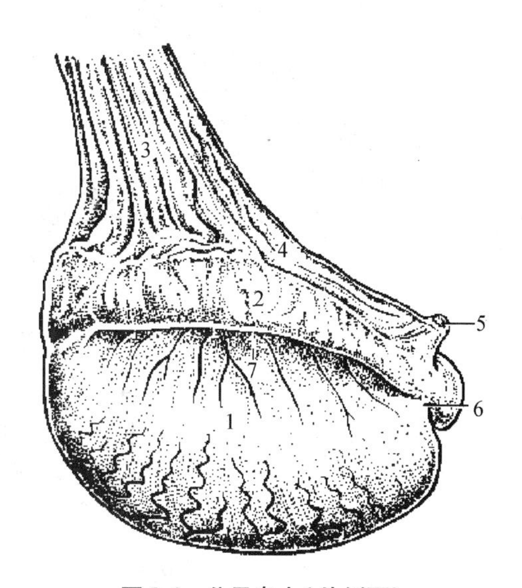

图8-4 公马睾丸(外侧面)

1. 睾丸 2. 附睾 3. 精索 4. 睾丸系膜 5. 附睾尾韧带 6. 睾丸固有韧带 7. 附睾窦

8.1.2 输精管和精索

8.1.2.1 输精管

输精管(ductus deferens)是一条输送精子的管道(图8-1、图8-5)，由附睾管直接延续而成，起始于附睾尾，经腹股沟管入腹腔，然后折向后上方进入盆腔，在膀胱背侧的尿生殖褶(urogenital plica)内继续向后延伸，末端开口于尿生殖道起始部背侧壁的精阜(seminal colliculus)两侧，精阜为尿生殖道骨盆部起始处背侧黏膜形成的一个圆形隆起。有些家畜的输精管在尿生殖褶内膨大形成输精管壶腹，其黏膜内有腺体(壶腹腺)分布，又称输精管腺部。

马的输精管壶腹部最发达(尤其是驴)，末端与精囊腺排出管合并开口，牛、羊、猪的输精管与精囊腺排出管一同开口于精阜两侧，牛、羊的输精管壶腹较粗，犬的输精管壶腹部较细，而猪无输精管腹壶部。

8.1.2.2 精索

精索(funiculus spermaticus)为一扁平的圆锥形索状结构，其基部附着于睾丸和附睾，在睾丸背侧较宽，向上逐渐变细，出腹股沟管内环，沿腹腔后部底壁进入骨盆腔内。精索内有神经、血管、淋巴管、平滑肌束和输精管等，外包以固有鞘膜。

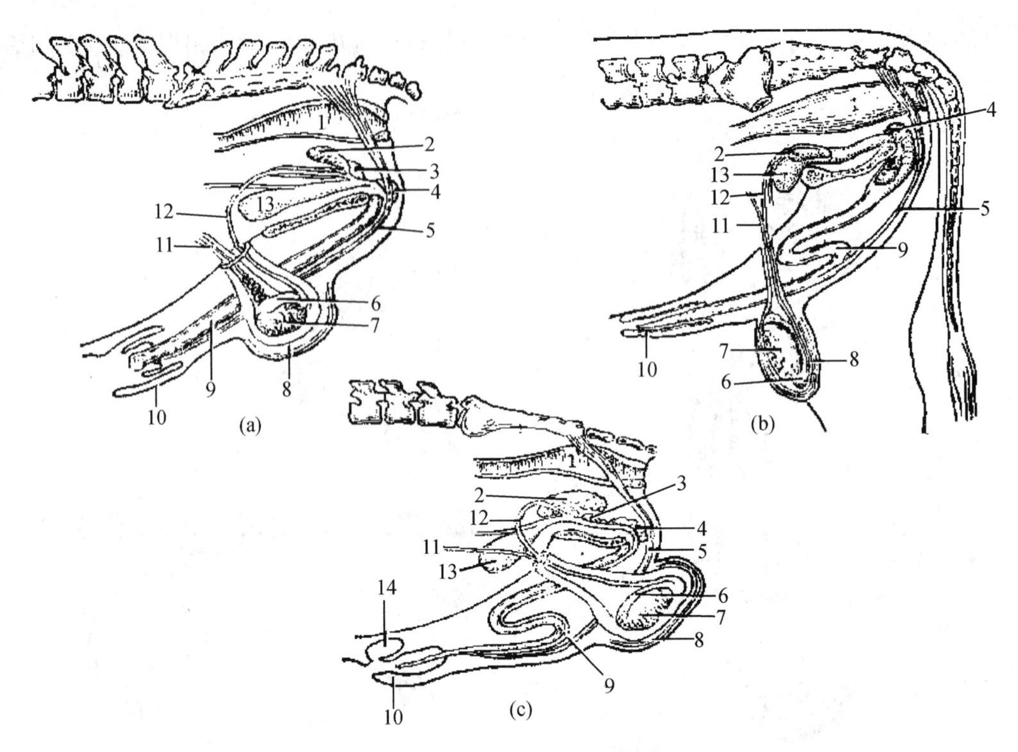

图 8-5 公畜生殖器官比较模式图

(a)马 (b)牛 (c)猪

1. 直肠 2. 精囊 3. 前列腺 4. 尿道球腺 5. 阴茎缩肌 6. 附睾 7. 睾丸 8. 阴囊 9. 阴茎 10. 包皮 11. 精索 12. 输精管 13. 膀胱 14. 包皮盲囊

8.1.3 阴囊

阴囊(scrotum)(图 8-2)为包被睾丸、附睾及部分精索的袋状腹壁囊。位于两股部之间，相当于腹腔的突出部，借助腹股沟管与腹腔相通。

阴囊壁的结构与腹壁相似，分以下数层。

8.1.3.1 阴囊皮肤

阴囊皮肤(scrotal skin)薄而柔软，富有弹性，表面生有少量短而细的毛，内含丰富的皮脂腺和汗腺。阴囊表面的腹侧正中有阴囊缝(scrotal raphe)，将阴囊从外表分为左、右两部。

8.1.3.2 肉膜

肉膜(tunica dartos)紧贴阴囊皮肤的内面，不易剥离。相当于腹壁的浅筋膜，由含有弹性纤维和平滑肌纤维的致密结缔组织构成。肉膜在正中线处形成阴囊中隔，将阴囊分为左、右互不相通的两个腔。中隔背侧分为两层，沿阴茎两侧附着于腹壁。肉膜有调节温度的作用，冷时肉膜收缩，使阴囊起皱，面积减少，天热时肉膜松弛，阴囊下垂。

8.1.3.3 阴囊筋膜

阴囊筋膜(fascia scroti)位于肉膜深面，由腹壁深筋膜和腹外斜肌腱膜延伸而来，将肉膜和总鞘膜疏松地连接起来。

8.1.3.4　睾外提肌

睾外提肌(m. cremaster externus)位于阴囊筋膜深面，来自腹内斜肌，包于总鞘膜的外侧面和后缘。收缩时可上提睾丸，接近腹壁，与肉膜一同有调节阴囊内温度的作用，以利于精子的发育和生存。猪的睾外提肌发达，沿总鞘膜几乎扩展到阴囊中隔。

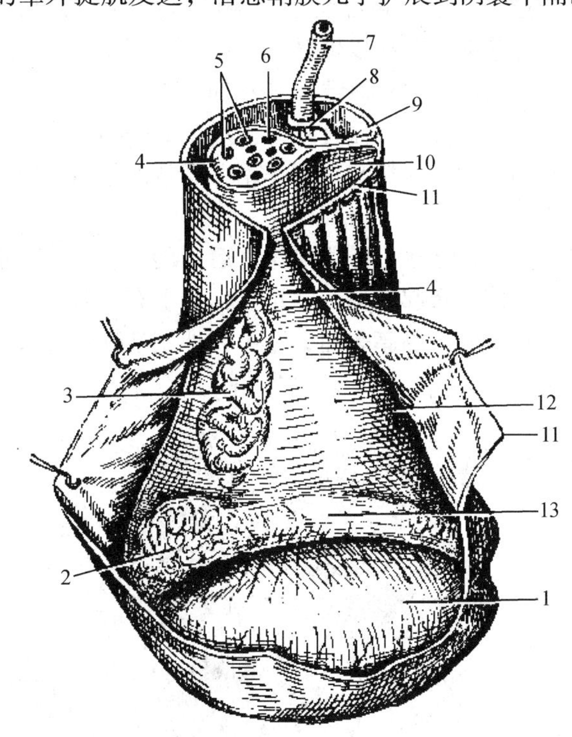

图 8-6　公马睾丸、鞘膜、精索模式图

1. 睾丸　2. 附睾头　3. 精索内血管丛　4. 固有鞘膜　5. 精索内的血管　6. 精索内的神经　7. 输精管　8. 输精管褶　9. 睾丸系膜　10. 鞘管腔　11. 总鞘膜　12. 鞘膜腔　13. 附睾

8.1.3.5　总鞘膜

总鞘膜(total tunica vaginalis)为阴囊的最内层，是睾丸和附睾通过腹股沟管下降到阴囊时，由腹膜壁层延续而成。总鞘膜强而厚，为腹横筋膜所加强。由总鞘膜折转到睾丸和附睾表面的为固有鞘膜，相当于腹膜的脏层。折转处形成的浆膜褶，称为睾丸系膜。在总鞘膜和固有鞘膜之间的腔隙，称为鞘膜腔，内有少量的浆液，鞘膜腔的上段细窄，称为鞘膜管，精索包于其中。鞘膜管通过腹股沟管以鞘膜管口或鞘膜环与腹膜腔相通。在鞘膜口未缩小的情况下，小肠可脱入鞘膜管或鞘膜腔内，形成腹股沟疝或阴囊疝，须进行手术治疗。连系于固有鞘膜和总鞘膜之间的睾丸系膜下端增厚部分叫阴囊韧带。去势时切开阴囊后，必须切断阴囊韧带和睾丸系膜才能摘除睾丸和附睾。

阴囊是哺乳动物特有的器官，其主要功能是使其内的睾丸及附睾温度低于体腔的温度，以利于精子的生成、发育和活动。阴囊筋膜和睾外提肌在冷时收缩，在热时舒张，使阴囊表面积缩小或扩大，调节睾丸与腹壁的距离，获得精子发育与生存的适宜温度。

8.1.4 尿生殖道

公畜的尿道兼有排精作用，所以称为尿生殖道(canalis urogenitlis)，前端接膀胱颈，沿骨盆腔底壁向后延伸，绕过坐骨弓，再沿阴茎腹侧的尿道沟，向前延伸至阴茎头开口于外界。尿生殖道分骨盆部和阴茎部，两部以坐骨弓为界。

尿生殖道管壁由内向外由黏膜层、海绵体层和肌层构成。黏膜层集拢成很多皱褶，马、猪有一些小腺体。海绵层主要是由毛细血管膨大而形成的海绵腔。肌层由深层的平滑肌和浅层的横纹肌组成。横纹肌的收缩对射精起重要作用，还帮助排出余尿。

8.1.4.1 尿生殖道骨盆部

尿生殖道骨盆部(图8-7)是指自膀胱颈到骨盆后口的一段，位于骨盆底壁与直肠之间。在起始处的背侧黏膜上有一圆形隆起，称为精阜。精阜上有一对小孔，为输精管及精囊腺排泄管的共同开口。此外，在骨盆部黏膜表面，还有其他副性腺的开口。骨盆部的外面有环形的横纹肌，称尿道肌。

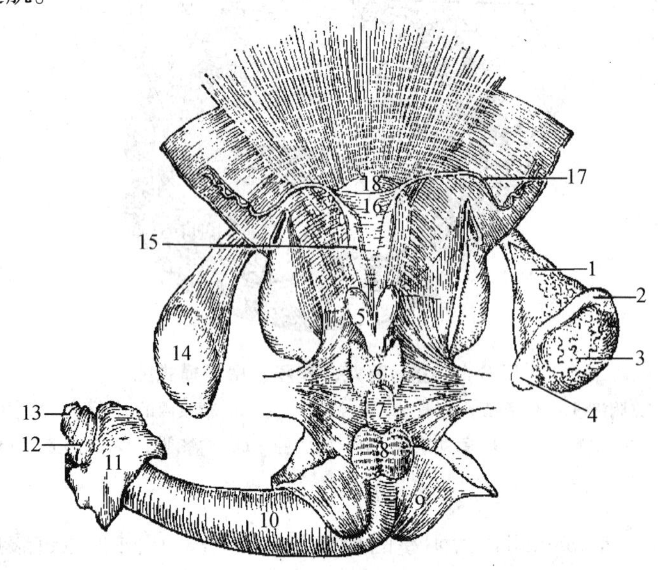

图8-7 公马生殖器官(背侧面)

1. 精索 2. 附睾头 3. 睾丸 4. 附睾尾 5. 精囊腺 6. 前列腺 7. 尿生殖道骨盆部 8. 尿道球腺 9. 坐骨海绵体肌 10. 阴茎 11. 外包皮 12. 内包皮 13. 龟头 14. 总鞘膜 15. 输精管壶腹 16. 尿生殖褶 17. 输精管 18. 膀胱

8.1.4.2 尿生殖道阴茎部

尿生殖道阴茎部是尿道经坐骨弓转到阴茎腹侧的一段。此部的海绵层比骨盆部稍发达，外面的横纹肌称为球海绵体肌，其发达程度和分布情况因家畜而异。

在尿生殖道骨盆部和阴茎部交界处，尿生殖道的管腔稍变窄，称为尿道峡(urethral isthmus)。峡部后方的海绵层稍变厚，形成尿道球(bulbus urogeni)或称尿生殖道球。

8.1.5　副性腺

家畜的副性腺(accessory gonad)包括精囊腺、前列腺及尿道球腺。有的动物还包括输精管壶腹。副性腺的分泌物称为精清，与产生于睾丸的精子共同组成精液。副性腺的分泌物有稀释精子、营养精子及改善阴道环境等作用，有利于精子的生存和活动。

8.1.5.1　精囊腺

精囊腺(glandulae vesicuiosae)为一对，位于膀胱颈背侧的尿生殖褶中(图 8-8)，在输精管末段外侧。每侧精囊腺的导管与同侧输精管共同开口于精阜。

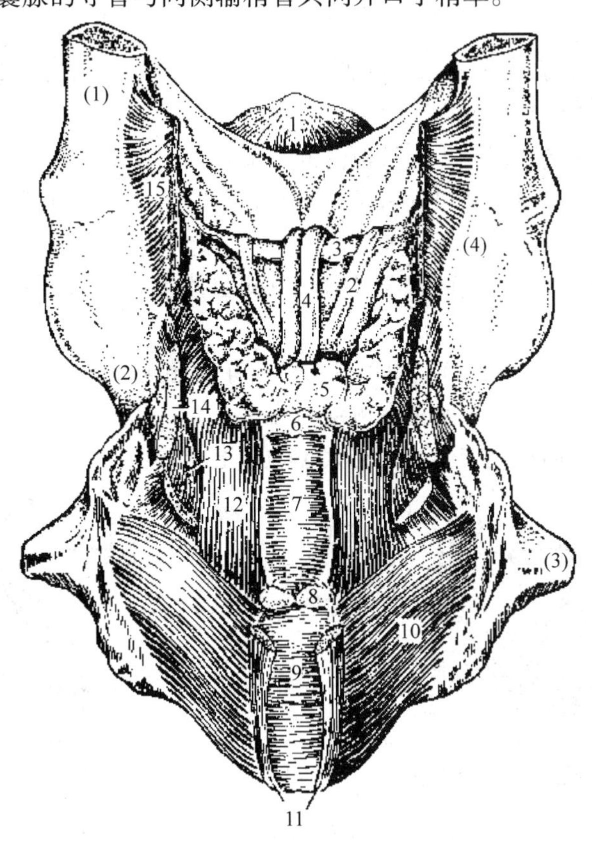

图 8-8　公牛尿生殖道骨盆部和副性腺

(1)髂骨　(2)坐骨　(3)坐骨结节　(4)坐骨棘

1. 膀胱　2. 输尿管　3. 尿生殖褶　4. 输精管　5. 精囊腺　6. 前列腺　7. 尿生殖道骨盆部　8. 尿道球腺　9. 球海绵体肌　10. 坐骨海绵体肌　11. 阴茎缩肌　12. 闭孔内肌　13. 直肠尾肌　14. 肛提肌　15. 荐坐韧带

马的精囊腺呈梨形囊状，表面光滑。牛、羊的精囊腺较发达，呈分叶状腺体，表面凹凸不平。左右侧腺体常不对称。猪的精囊腺最发达，呈棱形三面体，由许多腺小叶组成，呈淡红色。犬、猫、骆驼没有精囊腺。

8.1.5.2　前列腺

前列腺(glandulae vesicuiosae)位于尿生殖道起始部的背侧，以多数小孔开口于精阜附近的尿生殖道内。前列腺的发育程度与动物的年龄有密切关系，幼龄时较小，到性成熟期较大，老龄时又逐渐退化。不同动物的前列腺结构有所变化，牛和猪的前列腺分为体部和扩散部，体部较小，横位于尿生殖道壁起始部的背侧；扩散部较发达，形成一腺体层，分布于尿生殖道骨盆部的壁内。腺管成行开口于尿生殖道内。羊的前列腺只有扩散部，且被尿道肌包围，故外观上看不到。马的前列腺发达，由左、右两侧腺叶和中间的峡部构成，无扩散部。每侧前列腺导管有 15 ~20 条，穿过尿道壁，开口于精阜外侧。犬的前列腺比较大，呈淡黄色，结构致密多叶，位于耻骨前缘，并覆盖着膀胱颈和尿生殖道的起始部，有一正中沟将腺体分为两叶，扩散部不发达。老年公犬的前列腺往往特别大。

8.1.5.3 尿道球腺

尿道球腺(glandulae bulbourethvales)成对，位于尿生殖道骨盆部末端的背面两侧，坐骨弓附近，其导管开口于尿生殖道内。

牛、羊的尿道球腺呈球形，表面被覆薄的结缔组织和球海绵体肌，每侧腺体各有一条导管，开口于尿生殖道背侧壁，开口处有半月状黏膜褶覆盖。此半月状黏膜褶在对公牛导尿时会造成一定困难。

马的尿道球腺呈卵圆形，表面被覆尿道肌每侧腺体有 6 ~8 条导管，开口于尿生殖道背侧两列小乳头上。

猪的尿道球腺很发达(图 8-9)，呈圆柱形位于尿生殖道骨盆部后 2/3 部分，每个腺体各有一导管，开口于坐骨弓处尿生殖道背侧壁。

犬没有尿道球腺，而猫则有小豌豆粒大小的尿道球腺。

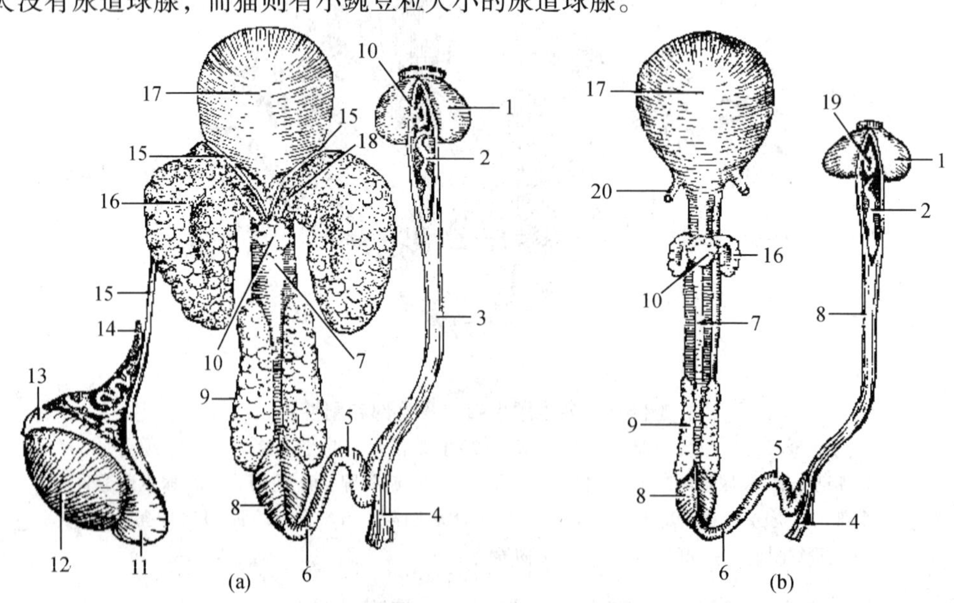

图 8-9 公猪的生殖器官

1. 包皮盲囊 2. 剥开包皮囊中的阴茎头 3. 阴茎 4. 阴茎缩肌 5. 阴茎“乙”状弯曲 6. 阴茎根 7. 尿生殖道骨盆部 8. 球海绵体肌 9. 尿道球腺 10. 前列腺 11. 附睾 12. 睾丸 13. 附睾头 14. 精索的血管 15. 输精管 16. 精囊腺 17. 膀胱 18. 精囊腺的排出管 19. 包皮盲囊入口 20. 输尿管

凡是幼龄去势的家畜，副性腺不能正常发育。

8.1.6 阴茎

阴茎(penis)(图8-10、图8-11)是公畜的排尿、排精和交配器官，平时很柔软，退缩在包皮内；交配时勃起，伸长并变粗、变硬。

8.1.6.1 阴茎的构造

阴茎可分阴茎根、阴茎体和阴茎头3部分。阴茎根(radix penis)以两个阴茎脚附着于两侧的坐骨结节腹面，外面覆盖着发达的坐骨海绵体肌(横纹肌)。两阴茎脚向前合并成阴茎体。阴茎体(corpus penis)呈圆柱状，位于阴茎根与阴茎头之间，占阴茎的大部分。在起始部由两条扁平的阴茎悬韧带固着于坐骨联合的腹侧面。阴茎头(apex penis)为阴茎前端的膨大部分，俗称"龟头"，其形状因家畜种类不同而有较大差异。

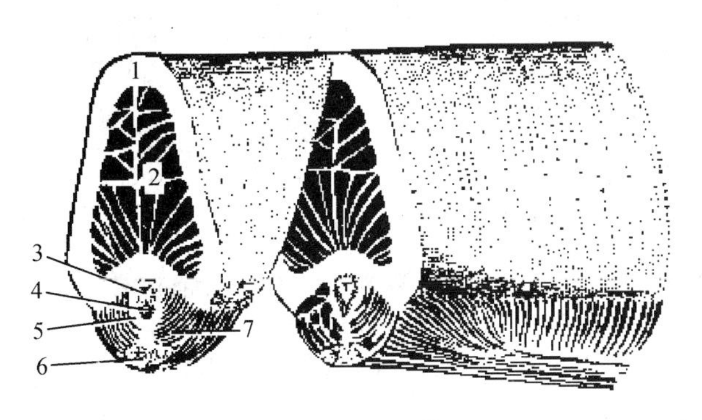

图8-10 公马阴茎横断面

1. 阴茎白膜 2. 阴茎海绵体 3. 尿道 4. 尿道海绵体 5. 尿道白膜 6. 阴茎缩肌 7. 球海绵体肌

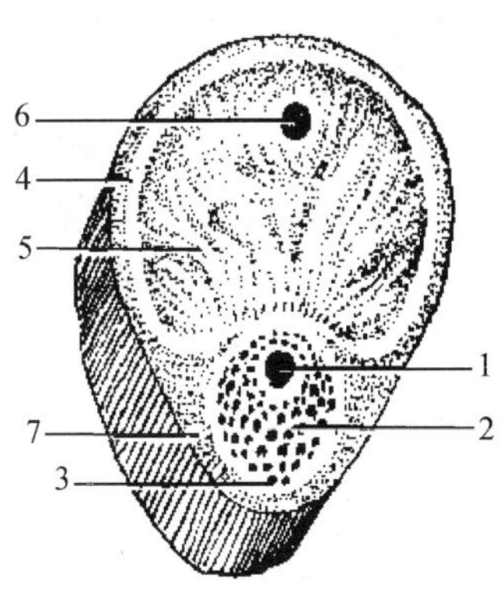

图8-11 公牛阴茎的横切面

1. 尿生殖道 2. 尿道海绵体 3. 尿道白膜 4. 阴茎白膜 5. 阴茎海绵体 6. 阴茎海绵体血管 7. 阴茎筋膜

阴茎主要由白膜、阴茎海绵体、尿生殖道阴茎部和肌肉构成。白膜为致密结缔组织，富含弹性纤维，包围在阴茎海绵体和尿生殖道阴茎部的外面。白膜的结缔组织伸入海绵体内形成小梁，并分支互相连接成网。小梁内有血管、神经分布，并含有平滑肌(特别是马和肉食兽)。在小梁及其分支之间的许多腔隙，称为阴茎海绵腔(cavum of penis corpus cavernosum)。腔壁衬以内皮，并与血管直接相通。海绵腔实际上是扩大的毛细血管。当充血时，阴茎膨大变硬而发生勃起现象，故海绵体亦称勃起组织。

阴茎的肌肉包括球海绵体肌、坐骨海绵体肌和阴茎缩肌。球海绵体肌起于坐骨弓，伸至阴茎根背侧，覆盖尿道球腺，肌纤维呈横向。坐骨海绵体肌为一对纺锤形肌，起始于坐骨结节，止于阴茎脚，收缩时将阴茎向后向上牵拉，压迫阴茎海绵体及阴茎背侧静脉，阻止血液回流，使海绵腔充血，阴茎勃起，所以又称阴茎勃起肌。阴茎缩肌为细长的带状平滑肌，起于尾椎及荐椎，经直肠或肛门两侧，在阴茎根腹侧相遇后，沿阴茎腹侧向前延伸，止于阴茎头的后方。该肌收缩时可使阴茎退缩，将阴茎隐藏于包皮腔内。

阴茎外面为皮肤，薄而柔软，容易移动，富有伸展性。

8.1.6.2 各种公畜阴茎的特点

牛、羊的阴茎呈圆柱状(图8-12)，细而长。阴茎体在阴囊后方折成一“S”形弯曲，勃起时伸直。牛的阴茎头长而尖，且沿纵轴略呈扭转形，前端略膨大形成阴茎头冠。在阴茎头冠右侧的螺旋沟中有尿道突，突末端有尿生殖道外口。羊的尿道突前端突出于龟头前方3～4cm。马的阴茎粗大、平直，腹侧有阴茎退缩肌。阴茎头端膨大形成龟头，其上有龟头窝，尿道外口开口于此。猪的阴茎与牛相似，阴茎体也有“乙”状弯曲，但位于阴囊的前方，阴茎头尖细呈螺旋状扭曲，尿生殖道外口呈裂隙状，位于阴茎头前端的腹外侧。

犬的阴茎有些特殊构造(图8-13)，阴茎后部有彼此被中隔分开的两个很明显的海绵体，中隔的前部则有一块阴茎骨，大犬的阴茎骨长达8～10 cm，阴茎骨相当于阴茎海绵体的一部分，骨化而成。阴茎骨腹侧有容受尿道的沟状压迹，背侧凸出，向阴茎游离端逐渐变窄，有一带有弯曲的纤维组织延长部(幼龄的犬则往往有软骨，而不是纤维组织)。阴茎头很长，盖在阴茎骨表面，它的前部是龟头突(pars longa glandis)，呈圆柱状，游离端为一尖端，它的后部有两个圆形的膨大部，称为龟头球(bulbus glandis)。龟头突与龟头球中都有海绵组织。犬在交配时，龟头球也发生勃起作用，在勃起终了时，萎缩比较缓慢。

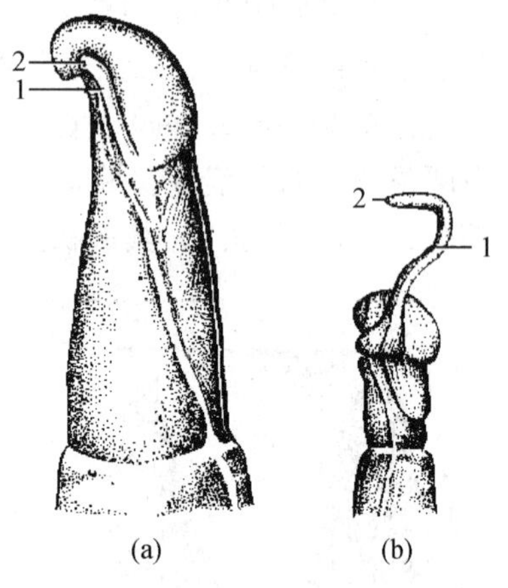

图8-12 牛、羊阴茎前端

(a)牛阴茎 (b)绵羊阴茎

1. 尿道突 2. 尿道外口

8.1.7 包皮

包皮(praeputium)为皮肤折转而形成的一管状鞘，有容纳保护阴茎头，参与交配的功能。

马的包皮为双层皮肤套，勃起时可展平。牛、羊的包皮长而狭窄，完全包裹着退缩的阴茎头。包皮口位于脐的稍后方，周围生有长毛，形成特殊的毛丛。包皮具有两对较发达的包皮肌，可向前和向后牵引包皮；由于去势牛的阴茎头短，附着于包皮的深部，故阉公牛必须从包皮的深部排尿。猪的包皮口很狭窄，周围生有长的硬毛。包皮腔很长，前宽后窄。前部背侧壁有一圆口，通入包皮盲囊。包皮盲囊为卵圆形，囊腔内常聚积有余尿和腐败的脱落上皮，具有特殊的腥臭味(图8-5)。犬的包皮内层薄，稍呈红色，没有腺体；包皮阴茎层紧密附着于龟头突，而疏松的附着于龟头球(图8-13)。

8.2 雌性生殖系统

母畜生殖系统包括卵巢、输卵管、子宫、阴道、尿生殖前庭和阴门。

卵巢是生殖腺。输卵管是输送卵子和受精的管道。子宫是胎儿发育和娩出的器官。阴道、尿生殖前庭和阴门既是交配器官又是产道。卵巢、输卵管、子宫和阴道为内生殖器官。尿生殖前庭和阴道为外生殖器官。

雌性动物的生殖系统至性成熟时，形态结构才基本发育完善。并伴随着性周期、妊娠期以及分娩和产后恢复期而发生较大的规律性变化。

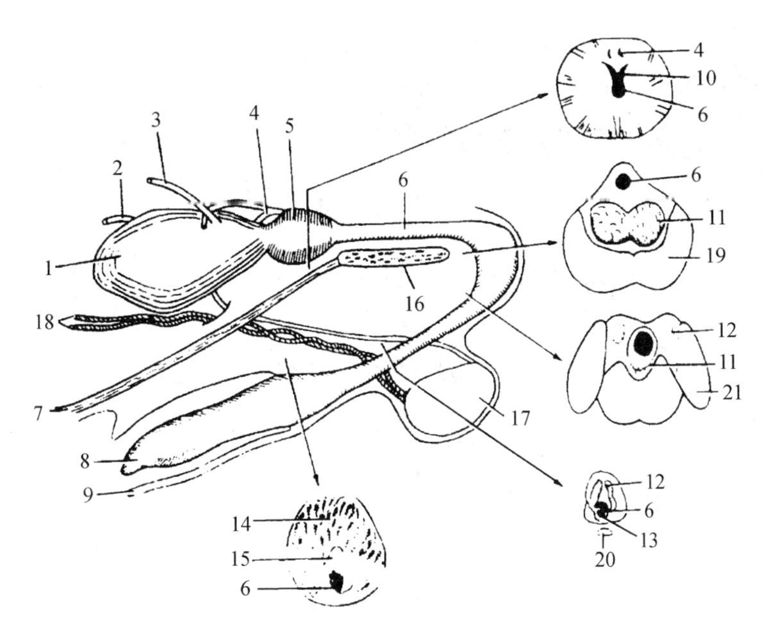

图8-13 公犬的生殖器官

1. 膀胱 2. 右输尿管 3. 左输尿管 4. 输精管 5. 前列腺 6. 尿道 7. 腹壁 8. 阴茎头 9. 包皮 10. 尿道嵴 11. 尿道球 12. 阴茎海绵体 13. 尿生殖道海绵体 14. 龟头球 15. 阴茎骨 16. 耻骨联合 17. 睾丸 18. 精索内动、静脉 19. 球海绵体肌 20. 阴茎缩肌 21. 坐骨海绵体肌

8.2.1 卵巢

卵巢(ovarium)为成对的实质性器官，是产生卵子和分泌雌性激素的器官。哺乳动物的卵巢形状常常为椭圆形，因动物种类、个体、年龄及性周期的不同其形状和大小有所差异。

卵巢借卵巢系膜(mesovarium)附着于腰下部。在肾的后方或骨盆口两侧(图8-14～图8-17)，卵巢的子宫端由卵巢固有韧带(ovarian ligamentum propria)连于子宫角的端部。在卵巢系膜的附着处有神经、血管和淋巴管出入卵巢，此处称为卵巢门(ovarian hilum)。

卵巢实质由髓质和皮质两部分构成，髓质主要由结缔组织、丰富的血管、淋巴管及神经组成，并与卵巢门相延续而出入卵巢。皮质内含有大小不等的数以万计的卵泡和结缔组织。动物进入性成熟期后，伴随着性周期的变化，在激素的作用下，卵巢实质中的部分卵泡开始生长发育，一些卵泡发育成熟，移到卵巢表面，在卵巢皮质表面形成丘状突起的成熟卵泡，成熟卵泡以破溃的方式将卵细胞自卵巢表面排出，落入输卵管起始部。在发情周期中的一定时期，卵巢皮质表面上可见大小不等的卵泡、血体或黄体，使卵巢皮质表面呈凸凹不平状。

牛的卵巢呈稍扁的椭圆形，羊的较圆，位于宽而不深的卵巢囊中。卵巢一般借系膜悬于骨盆前口的两侧；未怀过孕的母牛，卵巢稍向后移，多位于骨盆腔内；经产多次的母牛，卵巢则位于腹腔内，在耻骨前缘的前下方。成熟母牛右侧卵巢比左侧稍大，常可见大小不等的成熟卵泡或黄体突出于卵巢表面。

马的卵巢呈豆形，位于卵巢囊内(图8-18)，借卵巢系膜悬于腰下部肾的后方，右侧卵巢靠近腹腔顶壁，位置较高，左侧位置较低。经产老龄马的卵巢，常因卵巢系膜松弛，而被

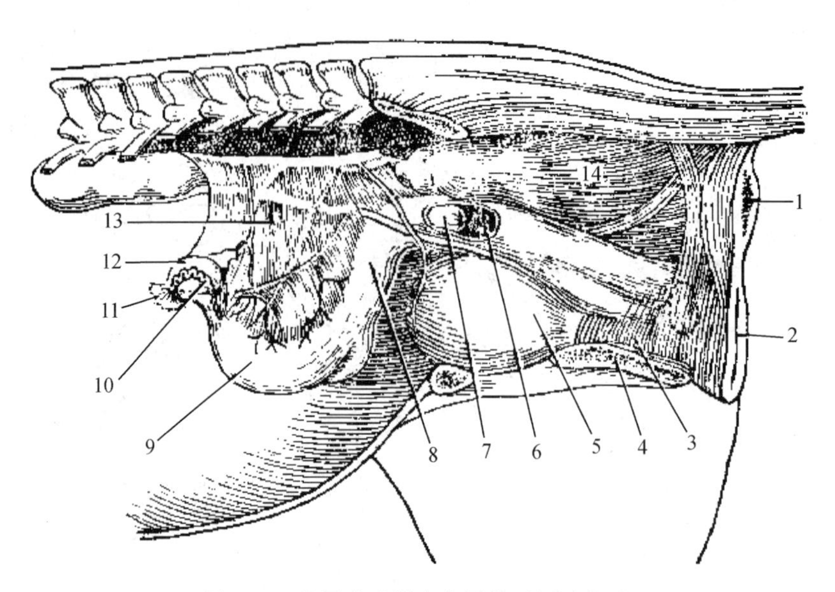

图 8-14　母马生殖器官位置关系(左侧面)

1. 肛门　2. 阴门　3. 尿道　4. 骨盆底断面　5. 膀胱　6. 阴道　7. 子宫颈　8. 子宫体　9. 子宫角　10. 输卵管　11. 输卵管伞　12. 卵巢　13. 子宫阔韧带　14. 直肠

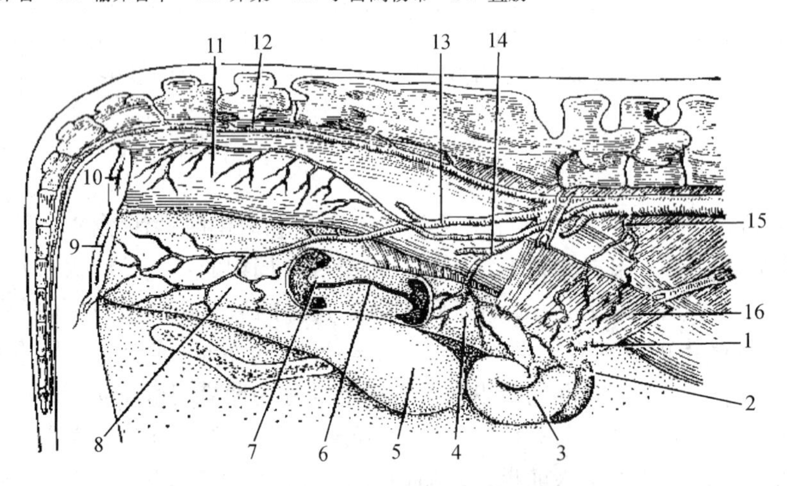

图 8-15　母牛生殖器官位置关系(右侧面)

1. 卵巢　2. 输卵管　3. 子宫角　4. 子宫体　5. 膀胱　6. 子宫颈管　7. 子宫颈阴道部　8. 阴道　9. 阴门　10. 肛门　11. 直肠　12. 荐中动脉　13. 子宫后动脉　14. 子宫中动脉　15. 子宫卵巢动脉　16. 子宫阔韧带

肠管挤到骨盆前口。卵巢附着缘外面大部分由浆膜被覆，表面光滑。游离缘有一凹陷，称为排卵窝，成熟卵泡仅由此排出卵细胞，这是马属动物的特征。

猪的卵巢(图 8-19)形态及大小因年龄不同而有很大变化。卵巢包在非常发达的卵巢囊中，随着胎次的增多逐渐移向前下方。性成熟前卵巢较小，表面光滑，位于荐骨岬的两旁稍后方；接近性成熟时，卵巢表面开始出现许多突出的小卵泡和黄体，呈桑葚状，位于髋结节前缘横断面处的腰下部。性成熟后，根据性周期中的时期不同，卵巢上有大小不等的卵泡、血体和黄体突出于表面，使卵巢近似一串葡萄。此时卵巢位于髋结节前缘约 4cm 的横断面上，或在髋结节与膝关节的中点水平面上，在卵巢门由一蒂与卵巢系膜相连。

犬的卵巢(图 8-20)呈长而稍扁的椭圆形，完全被包于卵巢囊中。卵巢囊以裂隙状开口与腹膜腔相通。

8. 2. 2　输卵管

输卵管(oviductus)(图 8-18)是一对细长而弯曲的肌性管道，位于每侧的卵巢和子宫角之间，具有输送卵细胞的作用，也是卵细胞受精的场所。输卵管靠近卵巢部分管径较粗呈游离状，另一端较细与子宫角连接。分为漏斗部、壶腹部和峡部 3 部分：

①漏斗部　为输卵管前端起始膨大的部分，呈漏斗状，漏斗的边缘伸展形成许多不规则的皱襞，称为输卵管伞(fimbria tubae)；漏斗的中央有一小的开口称为输卵管腹腔口，是输卵管通向腹膜腔的开口。马的输卵管伞很发达，伞的一部分附着于排卵窝上。牛、羊及猪的伞不太发达，猪与犬的伞包在卵巢囊中。

②壶腹部　为位于漏斗部和峡部之间的膨大部分，约占输卵管长的 1/3，壁薄而弯曲，黏膜形成复杂的皱褶，是卵子受精的地方。马的输卵管壶腹膨大明显，牛、羊、猪及犬壶腹膨大不明显。

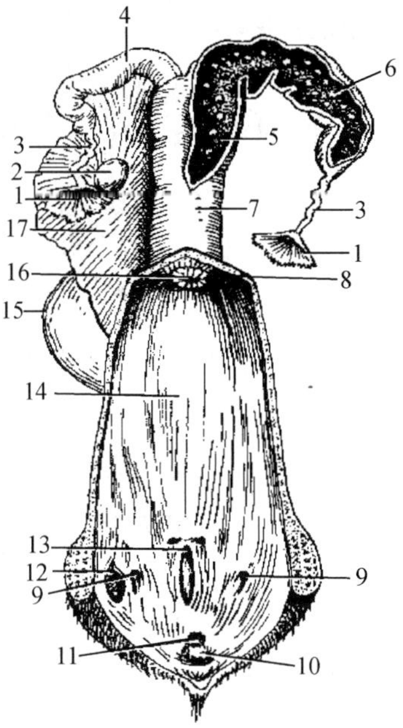

③峡部　位于壶腹部之后，逐渐向后延续缩细，末端开口于子宫角的前端，此部为输卵管最狭窄的部分。牛、羊及猪的输卵管峡部延续为子宫角的顶端，是逐渐变细的并与逐渐增大的子宫角相延续，所以输卵管与子宫角之间无明显界限。马与犬的输卵管峡部与子宫角之间的界限是非常明显的。

图 8-16　母牛的生殖器官(背侧面)

1. 输卵管伞　2. 卵巢　3. 输卵管　4. 子宫角　5. 子宫黏膜　6. 子宫阜　7. 子宫体　8. 阴道穹窿　9. 前庭大腺开口　10. 阴蒂　11. 前庭小腺开口　12. 剥开的前庭大腺　13. 尿道外口　14. 阴道　15. 膀胱　16. 子宫颈外口　17. 子宫阔韧带

虽然卵巢与子宫角之间的距离很短，但输卵管延伸长度较大，这主要是由于输卵管弯曲延行，有些动物甚至以弓形围绕着卵巢所致。

输卵管为输卵管系膜所固定。输卵管系膜与卵巢在固有韧带之间形成卵巢囊。不同种动物卵巢囊深度有所不同，卵巢囊的存在为保证卵巢排出的卵细胞进入输卵管起始部而不至于掉入腹膜腔创造了更有利的条件。

8. 2. 3　子宫

子宫(uterus)(图 8-15、图 8-16)是富于伸展性的中空肌质性器官，为胎儿生长发育和娩出的器官。子宫借子宫阔韧带悬于腰下部，子宫大部分位于腹腔内，小部分位于骨盆腔内，背侧为直肠，腹侧为膀胱；前端与输卵管相接，后端与阴道相接。

家畜的子宫都属于双角子宫，可分子宫角、子宫体和子宫颈 3 部分。

子宫角一对，在子宫的前部，呈弯曲的圆筒状，位于腹腔内。其前端以输卵管子宫口与输卵管相通；后端会合而成为子宫体。

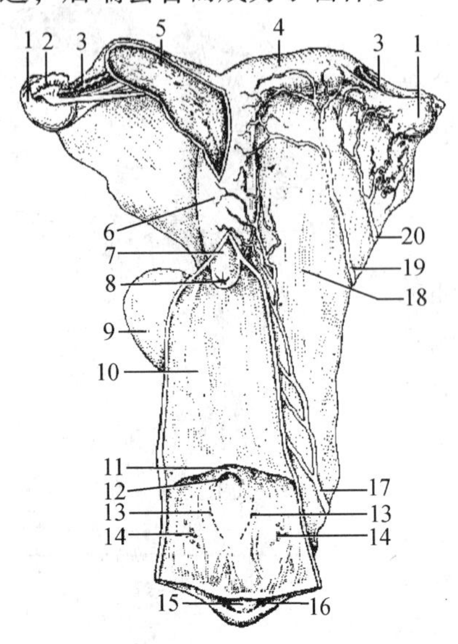

图 8-17 母马的生殖器官(背侧面)

1. 卵巢 2. 输卵管伞 3. 输卵管 4. 子宫角 5. 子宫黏膜 6. 子宫体 7. 子宫颈阴道部 8. 子宫颈口 9. 膀胱 10. 阴道 11. 阴瓣 12. 尿道口 13. 尿生殖前庭 14. 前庭大腺 15. 阴蒂 16. 阴蒂窝 17. 子宫后动脉 18. 子宫阔韧带 19. 子宫中动脉 20. 子宫卵巢动脉

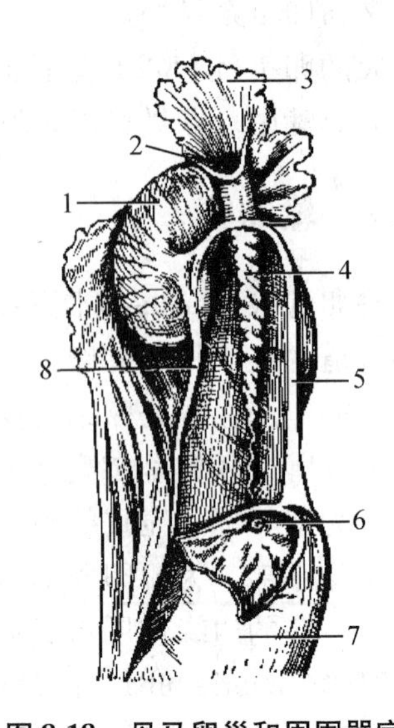

图 8-18 母马卵巢和周围器官

1. 卵巢 2. 输卵管腹腔口 3. 输卵管伞 4. 输卵管 5. 输卵管系膜 6. 输卵管子宫口 7. 子宫角 8. 卵巢固有韧带

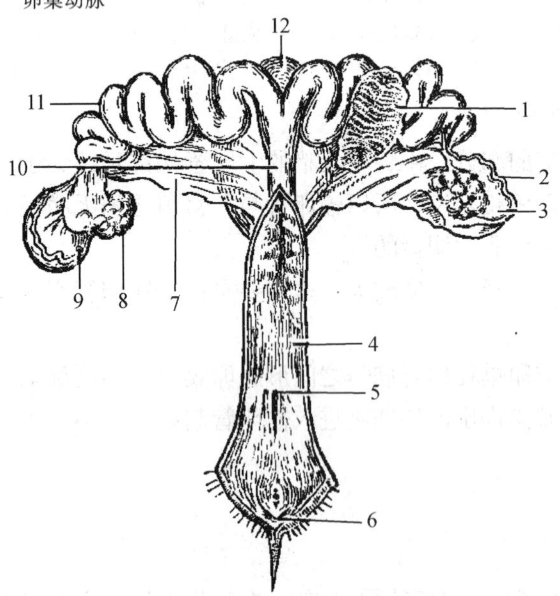

图 8-19 母猪的生殖器官(背侧面)

1. 子宫黏膜 2. 输卵管 3. 卵巢囊 4. 阴道黏膜 5. 尿道外口 6. 阴蒂 7. 子宫阔韧带 8. 卵巢 9. 输卵管腹腔口 10. 子宫体 11. 子宫角 12. 膀胱

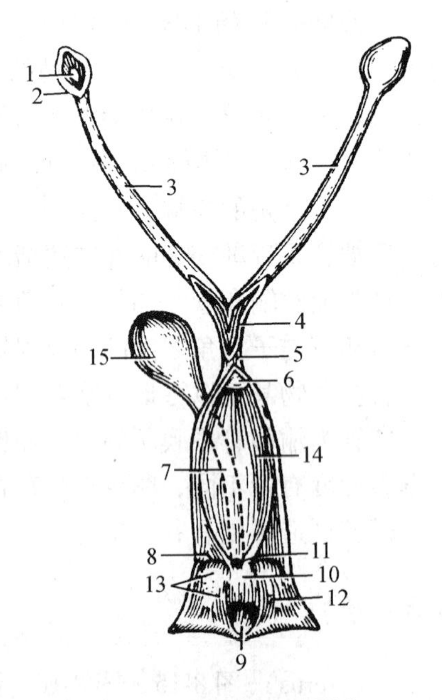

图 8-20 母犬的生殖器官

1. 卵巢 2. 卵巢囊 3. 子宫角 4. 子宫体 5. 子宫颈 6. 子宫颈阴道部 7. 尿道 8. 阴瓣 9. 阴蒂 10. 阴道前庭 11. 尿道外口 12、13. 前庭小腺开口 14. 阴道 15. 膀胱

子宫体位于骨盆腔内，部分在腹腔，呈圆筒状，向前与子宫角相连，向后延续为子宫颈。

子宫颈是子宫后段的缩细部，位于骨盆腔内；子宫颈壁很厚，黏膜形成许多纵褶，其内腔形成窄细的管道，称为子宫颈管，前端以子宫颈内口与子宫体相通。子宫颈向后突入阴道内的部分，称为子宫颈阴道部。子宫颈管平时闭合，发情时稍松弛，分娩时扩大。

家畜子宫的形状、大小、位置和结构，因动物种、年龄、个体、性周期不同而有一定的差异，并能在妊娠期随着胎儿生长发育的需要而发生较大变化。

牛、羊的子宫角较长，背侧突出，前部互相分开，卷曲成绵羊角状，后部因有结缔组织和肌组织将左、右子宫角连在一起，表面又包以腹膜，从外表看很像子宫体，所以称该部为伪子宫体或伪体。牛、羊子宫体很短，子宫颈管由于突起的黏膜互相嵌合而呈螺旋状，子宫颈管外口的黏膜形成明显的辐射状皱褶，呈菊花状，经产母牛皱褶肥大。子宫角及子宫体的黏膜上有子宫阜或子宫子叶。子宫阜为圆形隆起，约100多个。羊的子宫阜顶端中央呈凹窝状。未妊娠时，子宫阜很小，长约15mm；妊娠时逐渐增大，最大的有握紧拳头那样大，是胎膜与子宫壁结合的部位。

牛、羊的子宫角由于受到瘤胃的影响，在成年个体大部分位于腹腔的右侧。妊娠子宫的位置大部分偏于腹腔的右半部。胎产次数多了，子宫并不能完全恢复原来的形状与大小，所以经产牛的子宫常垂入腹腔。

马的子宫呈“Y”字形，子宫角稍向腹侧弯曲呈斜弓形，凸缘游离，朝向腹前侧，凹缘朝向背后方，附着于子宫阔韧带上。子宫体与子宫角等长，子宫颈阴道部明显，末端呈花冠状黏膜褶，褶的中央有子宫颈外口。

猪的子宫角极长，外形弯曲似小肠。子宫体短。子宫颈较长，内壁集拢两排相互交错的半圆形隆起，因而子宫颈管呈封闭着的螺旋形。由于子宫颈后端逐渐过渡为阴道，不形成子宫颈阴道部，因此与阴道无明显界限。

犬的子宫体很短，子宫角细长而直，几乎完全位于腹腔，彼此分开，呈“V”字形。子宫颈较短，壁较厚，其腹侧部形成圆柱状突起，较显著地伸入阴道壁上的陷凹内，背侧子宫与阴道无明显的分界线，但子宫颈壁显著增厚。

8.2.4 阴道

阴道(vagina)是母畜的交配器官，也是产道，位于骨盆腔内，在子宫后方，向后连接尿生殖前庭，其背侧与直肠相邻，腹侧与膀胱及尿道相邻。一些家畜的阴道前部，在子宫颈阴道部突起周围形成一环状或半环状陷窝，称为阴道穹窿(fornix vaginae)。

牛的阴道较长，妊娠期长度明显增加，子宫颈阴道部腹侧直接与阴道壁融合，所以阴道穹窿呈半环状，位于子宫颈阴道部背侧和阴道壁之间。马的阴道穹窿呈环状，犬的不明显。猪的不形成阴道穹窿。

8.2.5 尿生殖前庭

尿生殖前庭(vestibulum urogenitale)是交配器官和产道，也是尿液排出的经路。尿生殖前庭位于骨盆腔内，直肠的腹侧，其前接阴道，后接阴门。在与阴道交界处，其腹侧形成一横向的黏膜褶，称为阴瓣(hymen)。在尿生殖前庭的腹侧壁上，紧靠阴瓣的后方有一尿道外口。在尿道外口后方两侧，有前庭小腺的开口；两侧壁有前庭大腺的开口。

幼龄母马的阴瓣发达，经产的老龄母马的阴瓣常不明显。在阴唇前方的前庭壁上，有发达的前庭球(长6~8cm)，系勃起组织，相当公马的阴茎海绵体。

猪的阴瓣为一环形褶。尿生殖前庭腹侧壁的黏膜形成两对纵褶，前庭小腺的许多开口位于纵褶之间。

牛、羊的阴瓣较不明显，阴道与前庭之间的交界只能根据尿道口来判断。母牛尿道外口的腹侧，有一个伸向前方的短盲囊(长约3cm)，即尿道下憩室。

犬的阴瓣只有呈两侧褶时形状才能显露出来。

8.2.6 阴门

阴门(vulva)是尿生殖前庭外口，也是泌尿和生殖系统与外界相通的门户，位于肛门腹侧，以短的会阴部与肛门分隔开。阴门由左、右两片阴唇构成，两阴唇间裂缝称为阴门裂。两阴唇的上下两端的联合，分别称为阴门背联合和腹联合。在阴门腹联合之内有小而凸出的阴蒂(clitoris)，阴蒂为公畜阴茎的同源器官，也由海绵体构成，位于阴蒂窝内。母马的阴蒂较发达，发情时常常暴露。猪的阴蒂细长，突出于阴蒂窝的表面。

8.2.7 雌性尿道

雌性尿道较短，位于阴道腹侧，前端与膀胱颈相接，后端开口于尿生殖前庭的起始部的腹侧壁，为尿道外口。

（刘玉堂 编写　陈正礼 校）

第三篇

整体组

本组主要介绍的是在机体活动中都能参与的系统，主要包括心血管系统、淋巴系统、神经系统以及感觉器官和内分泌系统。心血管系统是将营养物质和氧气运送到组织，把组织代谢产生的废物运到肺、肾脏及皮肤。淋巴系统是血液循环的辅助管道。神经系统和内分泌系统参与机体神经调节和体液调节，而感觉器官则被认为是机体的两大外感受器。

第9章
心血管系统

9.1 概述

心血管系统由心、血管(动脉、毛细血管和静脉)和流动于其中的血液共同组成。心脏是血液循环的重要动力器官，在神经、体液调节下，进行有节律地收缩和舒张，使血液按一定方向(心→动脉→毛细血管→静脉→心)不断地循环流动。动脉从心室起始，是输送血液到肺和全身各部的血管，沿途一再分支，管径越分越小，管壁越来越薄，最后移行为毛细血管。毛细血管为连接于动脉和静脉之间的微细血管，互相连接成网状，几乎遍布全身各部。毛细血管管壁很薄，具有一定的通透性，以利于血液和周围组织进行物质交换。静脉是收集全身各部血液回流到心房的血管，从毛细血管起，逐渐汇合成小、中、大静脉，最后注入心房。成年家畜的血液循环可分为体(大)循环和肺(小)循环。

体循环：血液自左心室出发，经主动脉及其分支输送到全身各器官组织内的毛细血管，进行物质和气体交换，然后由各部小静脉收集血液并渐次汇合，身体前部和后部最后分别汇合成前腔静脉和后腔静脉注入右心房。

肺循环：血液由右心室出发，经肺(动脉)干输送到肺毛细血管，进行气体交换后，再由肺静脉回流到左心房。

体循环和肺循环互相串联，密切配合，是血液循环不可分隔的两部分，实质上是一个循环被心脏分成两部分，它们的关系是：左心室→主动脉及其分支→全身各部毛细血管→小、中静脉→前、后腔静脉→右心房→右房室口→右心室→肺(动脉)干→肺毛细血管→肺静脉→左心房→左房室口→左心室。

9.2 心

9.2.1 心的形态和位置

心(heart)为倒圆锥形中空的肌性器官，外有心包包围，位于胸腔纵隔内，夹于左、右两肺之间，略偏左侧(马心的3/5、牛心的5/7位于正中平面的左侧)，其质量约为体重的0.7%(马)、0.4%~0.5%(牛)、0.25%~0.3%(猪)。心的前缘凸，与第2肋间隙(或第3肋骨)相对；后缘上凸下凹，与第6肋骨(或第6肋间隙)相对。心的上部宽大，称为心基(basis cordis)或心底，位于胸高(由鬐甲最高点至胸底缘)中点之下3~4 cm(马)或位于肩关节的水平线上(牛)，与出入心的大血管相连，位置较为固定；心尖(apex cordis)游离，向后

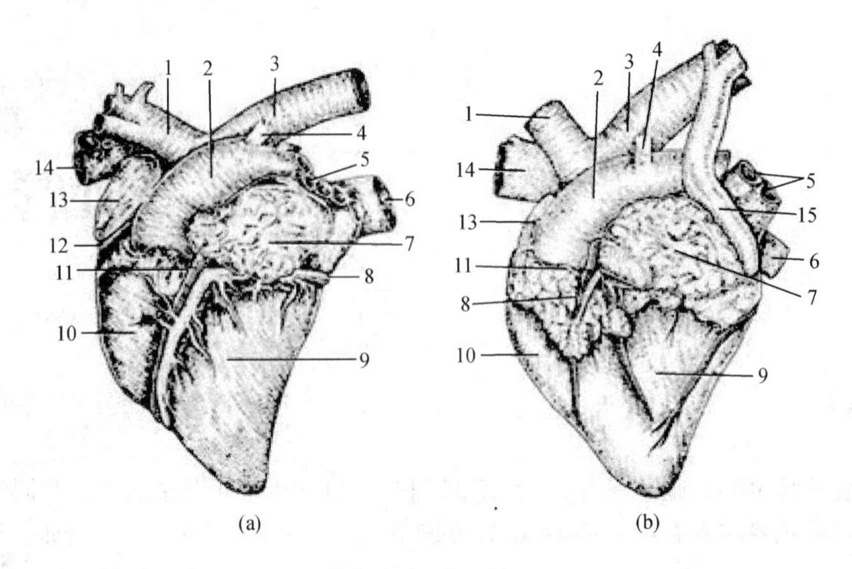

图 9-1 心脏左侧观

(a)马 (b)牛

1. 臂头动脉干 2. 肺动脉干 3. 主动脉弓 4. 动脉导管索 5. 肺静脉 6. 后腔静脉 7. 左心房 8. 心大静脉 9. 左心室 10. 右心房 11. 左冠状动脉 12. 右冠状动脉 13. 右心房 14. 前腔静脉 15. 左奇静脉(牛)

向下略偏左，与第 5 肋软骨间隙或第 6 肋软骨相对，距离胸骨 1 ~ 1.5cm，距离膈 5 ~ 8cm (在马)或 2 ~ 5cm(在牛)。猪心脏前缘位于第 3 肋骨，后缘介于第 5 ~ 6 肋骨之间，心尖距膈肌的胸骨内面 5 ~ 6mm。犬心脏在胸腔纵隔的位置，居于第 3 ~ 7 肋的水平，但左右极不对称，心尖朝向后下方，略偏于左，位于第 6 ~ 7 肋软骨，甚至到第 8 肋软骨。

心的表面有一条冠状沟和两条室间沟(图 9-1、图 9-2)。冠状沟呈“C”形，将心分为上部的心房和下部的心室。心室的左、右面各有一条室间沟，分别称为锥旁室间沟或左纵沟和窦下室间沟或右纵沟，两室间沟标志着心室间隔在心表面的位置。室间隔的右前方为右心室，左后方为左心室。在冠状沟和室间沟内有营养心的冠状血管，并有脂肪填充。牛心在左心室缘两室间沟之间还有一条中间沟或副纵沟。猪心脏也常有中间沟。

9.2.2 心腔的构造

心的内腔可分为右心房、右心室和左心房、左心室 4 个部分，同侧的心房和心室各有房室口相通(图 9-3)。

9.2.2.1 右心房

右心房(atrium dextum)位于右心室背侧，构成心底的右前部，壁薄而腔大，可分腔静脉窦和右心耳两部分。腔静脉窦由房间隔与左心房隔开，是静脉的入口部，接受体循环的静脉血、经右房室口而注入右心室。开口于静脉窦的静脉有前腔静脉、后腔静脉、奇静脉和冠状窦。前、后腔静脉分别开口于腔静脉窦的背侧壁和后壁，在两开口之间的背侧壁上，有一半月形的静脉间结节，有分流前、后腔静脉血液，避免互相冲击的作用。马的右奇静脉口位于前、后腔静脉口之间或直接注入前腔静脉；牛的左奇静脉比马的右奇静脉发达，直接开口于

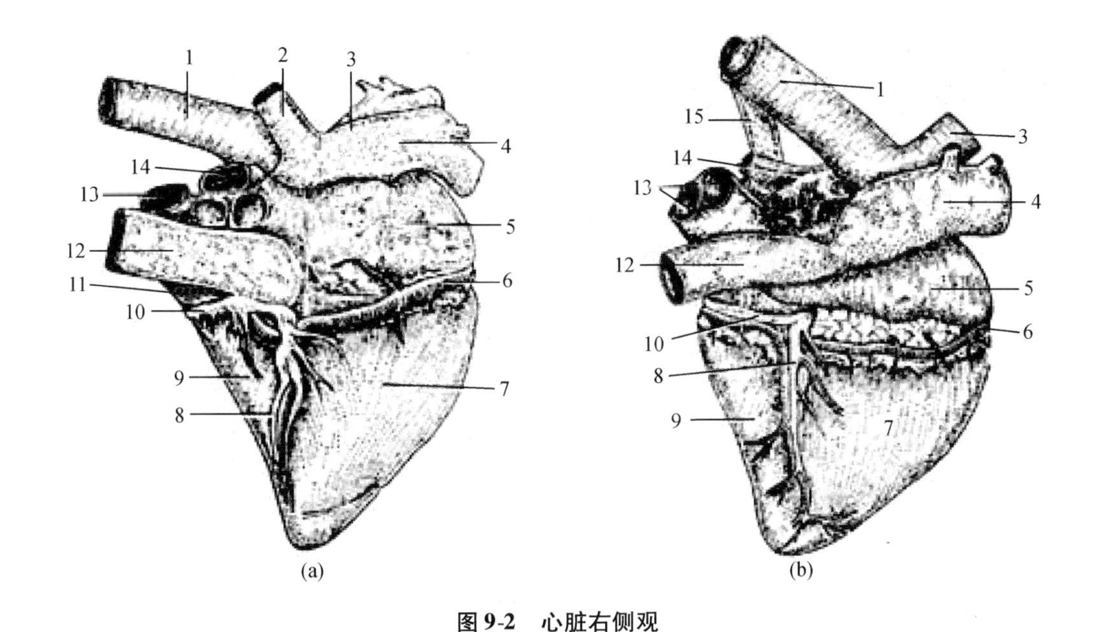

图 9-2 心脏右侧观

(a)马 (b)牛

1. 主动脉弓 2. 右奇静脉 3. 臂头动脉干 4. 前腔静脉 5. 右心房 6. 右冠状动脉 7. 右心室 8. 心中静脉 9. 左心室 10. 心大静脉 11. 左心房 12. 后腔静脉 13. 肺静脉 14. 肺动脉干 15. 左奇静脉(牛)

冠状窦或与心大静脉汇合后注入冠状窦。冠状窦开口于后腔静脉口的腹侧，心大静脉和心中静脉注入此窦，窦口常有瓣膜，以防血液倒流。在后腔静脉口附近的右心房的房间隔上，有卵圆窝(fossa ovalis)，是胎儿时期卵圆孔的遗迹。卵圆孔约有20%(成年猪)或16%(成年牛)闭锁不全。右心耳呈锥状盲囊，其尖端在心底前部伸向左侧至肺干前方，内侧壁因有许多梳状肌而凹凸不平。右心房和右心室之间有右房室口相通。

9.2.2.2 右心室

右心室(ventriculus dexter)位于右心房的腹侧，构成心的右前部，由室间隔与左心室隔开，略呈三角形，室顶向下，不达心尖；室底朝上，有两个口：前口较小为肺动脉口，后口较大为右房室口。两口之间有一个突向室腔的室上嵴。右房室口为右心室的入口，略呈卵圆形，口的周缘有由致密结缔组织构成的纤维环。环上附着3片三角形的瓣膜，称为右房室瓣或三尖瓣，其游离缘借腱索连于心室侧壁和室间隔的乳头肌上。乳头肌为心室壁突出的圆锥状肌柱，有3个：2个在室间隔上，1个在心室侧壁上。每片瓣膜的腱索分成两半，分别连于相邻两个乳头肌。当心室收缩时，室内压升高，血液将瓣膜向上推，使其互相合拢，关闭右房室口。但由于腱索的牵拉，瓣膜不致翻向右心房，以防止血液倒流回心房。肺动脉口为右心室的出口，在主动脉口的左前方，呈圆形。其周缘也有一个纤维环，环上附着有3片半月形的瓣膜，称为肺动脉瓣或半月瓣。瓣的动脉面凹，心室面凸，当心室舒张时，室内压降低，进入肺动脉的血液倒流，这时3片肺动脉瓣同时呈袋状张开，关闭肺干口，以防止血液倒流回右心室。右心室壁的心肌柱，除上述乳头肌外，在室间隔和心室侧壁相邻处有呈嵴状的肉柱。此外，还有呈小梁状横过心室腔连于心室侧壁和室间隔之间的横索，有防止心室舒

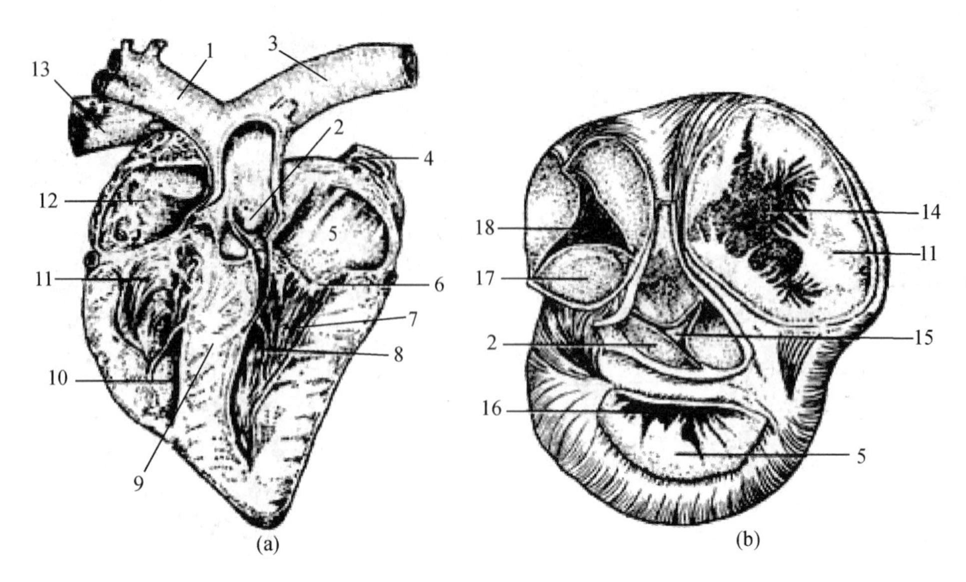

图 9-3 马心的瓣膜

(a)通过主动脉纵切 (b)心室的底部

1. 臂头干 2. 主动脉瓣 3. 主动脉弓 4. 肺静脉 5. 左心房 6. 左房室瓣 7. 左心室 8. 隔缘肉柱 9. 室间隔 10. 右心室 11. 右房室瓣 12. 右心房 13. 前腔静脉 14. 右房室口 15. 主动脉口 16. 左房室口 17. 肺动脉瓣 18. 肺动脉口

张时过度扩张的作用。其中最大的横索由室间隔中部伸至心室侧壁乳头肌基部，称为隔缘肉柱(心横肌)，房室束有一大支由室间隔经此分布于心室侧壁。

9.2.2.3 左心房

左心房(atrium sinistrum)位于左心室背侧，构成心底的左后部，其构造与右心房相似。在左心房背侧壁的后部，有 5 ~8 个肺静脉口。左心耳夹于左心室底部和肺干之间的三角区内，尖端向前，比右心耳钝，其内壁也有梳状肌。

9.2.2.4 左心室

左心室(ventriculus cordis sinister)位于左心房腹侧，构成心脏的左后部，略呈圆锥形，室顶向下形成心尖；室底朝上，也有两个口：前口较小为主动脉口，后口较大为左房室口。左房室口为左心室的入口，圆形，与左心房相通。口的周缘有纤维环，环上附着有两片强大的瓣膜，称为左房室瓣或二尖瓣，其形态、结构和功能与右房室瓣(三尖瓣)相同，游离缘借腱索连于心室侧壁的两个乳头肌上。主动脉口为左心室的出口，呈圆形，约在心底的中部。在主动脉口的纤维环上，也附着有 3 片半月瓣，称为主动脉瓣，其形态、结构和功能与肺动脉瓣相同，但较强韧。环内在牛有两块心骨，右侧的大，与右半月瓣相连，左侧的小，与左半月瓣相连，马为心软骨。左心室壁也有心肌柱，乳头肌两个，较右心室的发达，位于心室侧壁；隔缘肉柱有数条，分别由室间隔伸至两乳头肌基部。

9.2.3 心壁的构造

心壁分 3 层：外层为心外膜，中层为心肌，内层为心内膜。

心外膜(epicardium)为覆盖在心表面的一层浆膜，即心包浆膜的脏层，血管、淋巴管和神经等沿心外膜深面伸延。

心肌(myocardium)为心壁最厚的一层，主要由心肌纤维构成，内有血管、淋巴管和神经等。心肌被房室口的纤维环分为心房和心室两个独立的肌系，因此心房和心室可以分别收缩和舒张。心房肌薄，分浅、深两层：浅层肌为左、右心房所共有；深层肌为左、右心房所固有。心室肌要比心房肌发达得多，特别是左心室侧壁更厚，约为右心室侧壁的3倍。心室肌也分浅、深两层：浅层肌起于房室口纤维环，呈螺旋形行经心室侧壁，至心尖旋转成心涡之后，穿过深层肌终止于对侧心室的乳头肌，移行为深层肌。浅层肌似各室所固有，其实为两室所共有，肌纤维呈“8”字形横走，起于乳头肌，顺次行经心室壁、室间隔止于另一心室壁上的乳头肌。在左心室底部，尚有一深层肌纤维，呈环状起止于左房室口纤维环。

心内膜(endocardium)薄而光滑，紧贴于心房和心室的内表面，与大血管的内膜相延续。其深面有血管、淋巴管、神经和心传导纤维等。心内膜在房室口和动脉口褶成双层结构的瓣膜，中间夹有结缔组织。瓣膜结缔组织与纤维环及腱索等相连。

9.2.4　心的血管

心的血管包括冠状动脉和心静脉，与毛细血管共同组成心脏血液供给的循环，称为冠状循环，属于体循环的一部分。

9.2.4.1　冠状动脉

冠状动脉分左、右两支。右冠状动脉起自主动脉根部的前窦，经肺干和右心耳之间伸至心脏前面，然后循冠状沟向右、向后伸延至冠状窦附近，在马分为一窦下室间支(降支)和一旋支。窦下室间支较粗，循窦下室间沟向下伸延至心尖；旋支继续在冠状沟内向后伸延，并与左冠状动脉的旋支吻合。牛的右冠状动脉小，沿冠状沟绕向右后方伸延，沿途分支分布于心房肌和心室肌。大多数个体在冠状窦腹侧循窦下室间沟延续为窦下室间支。左冠状动脉在马较细，起自主动脉的左后窦，经肺干和左心耳之间伸出，至心左侧面而分为一锥旁室间支(降支)和一旋支。锥旁室间支循锥旁室间沟向下伸延；旋支循冠状沟向后伸延。牛的左冠状动脉粗大，分出锥旁室间支和中间支后称为旋支，前两者沿同名沟下行，后者循冠状沟向后继续伸延至冠状窦附近，少数个体至心右侧面折转移行为窦下室间支，在同名沟中向下行至心尖。左、右冠状动脉主要分布于心房肌和心室肌。在心底部也有分支分布于大血管。

9.2.4.2　心静脉

心静脉有心大静脉、心中静脉、心右静脉和心小静脉。心大静脉最粗，起自心尖附近，与左冠状动脉的锥旁室间支伴行，沿锥旁室间沟向上伸延至冠状沟，然后循冠状沟绕过心后缘至心右侧面而开口于冠状窦。心中静脉起自心尖附近，与右冠状动脉的窦下室间支伴行，沿窦下室间沟向上伸延，开口于冠状窦。心右静脉有数支，沿右心室上行，注入右心房。心小静脉细小，有数支，注入右心房，开口于梳状肌之间。

9.2.5　心的传导系统和神经

9.2.5.1　心的传导系统

心本身能做有节律的收缩和舒张，主要是靠其本身的传导系统来实现。心的传导系统

(图9-4)是由特殊的心肌纤维所构成，能自动而有节律地发放和传导兴奋，包括窦房结、房室结、房室束和蒲肯野氏纤维。窦房结(nodulus sinoauricularis)是心正常的起搏点，在前腔静脉和右心耳之间的沟内、位于心外膜下，由一群特殊心肌细胞所构成。房室结(nodulus atrioventricularis)呈结节状，位于房间隔右心房侧的心内膜下，在冠窦口的前下方。房室束(fasciculus atrioventricularis)为房室结的直接延续，在室间隔上部分为左、右两脚，分别在室间隔左侧面和右侧面的心内膜下向下伸延，分支分布于室间隔，并有分支通过左、右心室的隔缘肉柱，分布于左、右心室的侧壁。蒲肯野纤维为房室束的一些分支，交织成网，与普通心肌纤维相连。一般认为由窦房结产生的节律性兴奋，传至心房肌，使心房收缩。同时，经心房肌纤维传至房室结，再由房室结经房室束和蒲肯野纤维传至心室肌，使心室收缩。

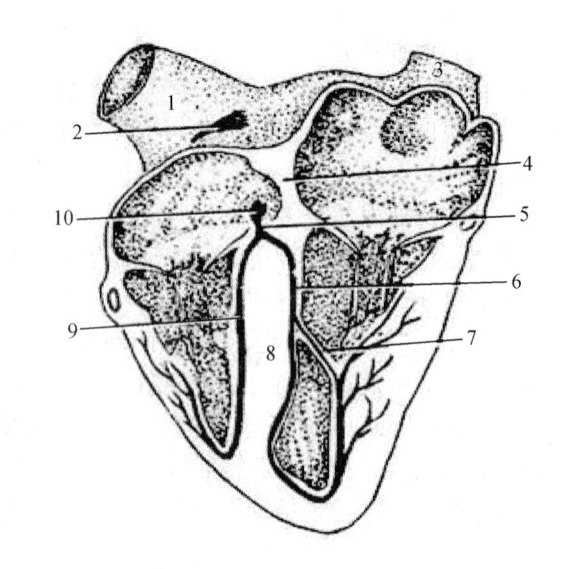

图9-4 心脏传导系统示意图

1. 前腔静脉 2. 窦房结 3. 后腔静脉 4. 房间隔 5. 房室束 6. 房室束左脚 7. 隔缘肉柱 8. 室间隔 9. 房室束右脚 10. 房室结

9.2.5.2 心的神经

心的运动神经有交感神经和副交感神经。交感神经兴奋时能使窦房结起搏频率增加、房室束传导速度加快、心房和心室肌收缩力量增强，所以又称为心加强神经。副交感神经兴奋时作用相反，所以又称为心抑制神经。心感觉神经分布于心壁各层，其纤维在交感神经和迷走神经内进入脊髓和脑。

9.2.6 心包

心包(pericardium)(图9-5)是包绕在心周围的纤维浆膜囊。分内外两层，外层称纤维心包，内层薄为浆膜，又称浆膜心包。

纤维心包为坚韧的结缔组织囊，上部与大血管的结缔组织相连，下以胸骨心包韧带与胸骨相连。纤维心包外覆盖有纵隔胸膜。

浆膜心包分为壁层和脏层。壁层贴附于纤维心包内面，在心底部附着于大血管并在其根部折转为脏层，覆盖于心肌表面即心外膜。壁层和脏层之间的腔隙称为心包腔，内有少量清澈微黄色的心包液，以减少浆膜心包与心外膜之间的摩擦。

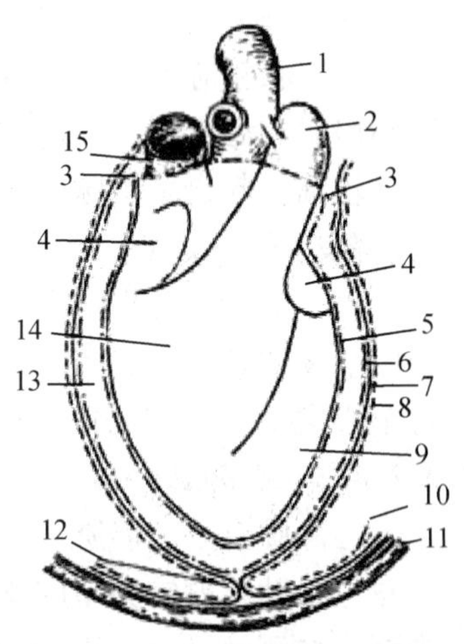

图9-5 心包结构模式图

1. 主动脉 2. 肺动脉 3. 心外膜转到浆膜壁层的地方 4. 心房肌 5. 心外膜 6. 浆膜心包 7. 纤维心包 8. 心包胸膜 9. 心脏 10. 肋胸膜 11. 胸壁 12. 胸骨心包韧带 13. 心包腔 14. 心室肌 15. 前腔静脉

9.3　血管的结构和一般分布规律

9.3.1　血管的种类和结构

血管为血液流通的管道，有配合心脏运输血液、维持血液循环以及实现血液与周围组织之间的物质交换等作用。根据血管的机能和结构的不同，可分为动脉、静脉和毛细血管3种。

(1)动脉(artery)

动脉自心脏发出，为输送血液到全身各部的血管。动脉管壁厚而富有弹性，能承受内部很大的压力。根据动脉管径大小和结构的不同，又可分为大动脉、中动脉和小动脉，三者是逐渐移行的，无明显分界。动脉管壁可分内膜、中膜和外膜3层。

内膜由内皮、内皮下层和内弹力膜构成。内皮为单层扁平上皮，表面光滑，可减少血流阻力。内皮下层为一薄层疏松结缔组织，有再生血管内皮的能力。内弹力膜由弹性纤维构成，有舒张血管、影响血液流动的作用。

中膜为较厚的一层，由弹性纤维、平滑肌纤维和胶原纤维构成。在大动脉的中膜内含有大量的弹性纤维，间有少量的平滑肌纤维，所以又称弹力型动脉。中动脉的中膜，主要由环行排列的平滑肌纤维构成，间有少量的弹性纤维，所以又称肌型动脉。小动脉的中膜也是以平滑肌纤维为主，弹性纤维更少。

外膜比中膜薄，由结缔组织构成。在较大动脉的外膜中，还有滋养血管。

(2) 静脉(vein)

静脉为引导全身各部、各器官的血液回流心脏的血管。静脉管壁薄而弹性差，但管腔较伴行的动脉为大。多数静脉、特别是四肢的静脉管内，由内皮形成许多成对的游离缘向心的半月状瓣膜，称为静脉瓣，有阻止血液逆流的作用。而脑、肺、肝、肾、子宫和阴茎等部的静脉没有静脉瓣。静脉也可分大、中、小3种，其基本结构与动脉相似，但中膜很不发达，而外膜则很厚，两层之间无明显分界。静脉管壁中弹性成分很少，而平滑肌纤维和结缔组织成分多，所以静脉在空虚时容易塌扁。

(3) 毛细血管(vasa capillaria)

毛细血管是连接于小动脉和小静脉之间管腔最细、分布最广的血管，常呈毛细血管网分布于器官组织中，其直径平均约为8μm，一般只能允许1个或2个红细胞平行通过。毛细血管管壁很薄，主要由一层内皮细胞构成，内皮外为基膜，所以通透性强，血液内的营养物质与组织内的代谢产物即在此交换。在有些器官(如肝、脾、红骨髓和内分泌腺等)内的毛细血管，往往扩大成不规则的窦状隙。窦壁由内皮细胞构成，其中部分细胞具有吞噬能力。由于窦腔扩大，因此有储存血液和使血液流速减慢的作用，有利吞噬机能的充分进行。

9.3.2　血管分布的一般规律

血管在躯体分布的情况遵循机体结构的单轴性、两侧对称性和分节性原则。躯体的动脉主干位于脊柱腹侧且与之平行；由此主干发出分布于躯体和四肢的侧支基本上是左右对称的；躯干体壁的血管则成对地按体节从主干上分出(图9-6)。

较粗的动脉一般位于深部、不易受到冲击的地方。四肢的动脉干多在内侧或关节的屈面，由四肢的近端向远端伸延。且常与静脉、神经伴行，共同包在结缔组织鞘内，形成血管神经束。

由主干分出到附近器官的侧支，其大小与器官的机能相适应。侧支与主干之间所形成的角度，因器官远近而不同，呈锐角的分支是供应较远的部位或器官；呈直角的分支大多是到邻近的器官和组织；在主干分出的侧支中，有些是与主干平行的，称为侧副支，其末端常与主干侧支相吻合，形成侧副循环或侧副吻合，当主干血流发生障碍时，侧副支有代替主干的作用。有些侧支与主干平行，但其血流方向与主干相反，称为返回支。

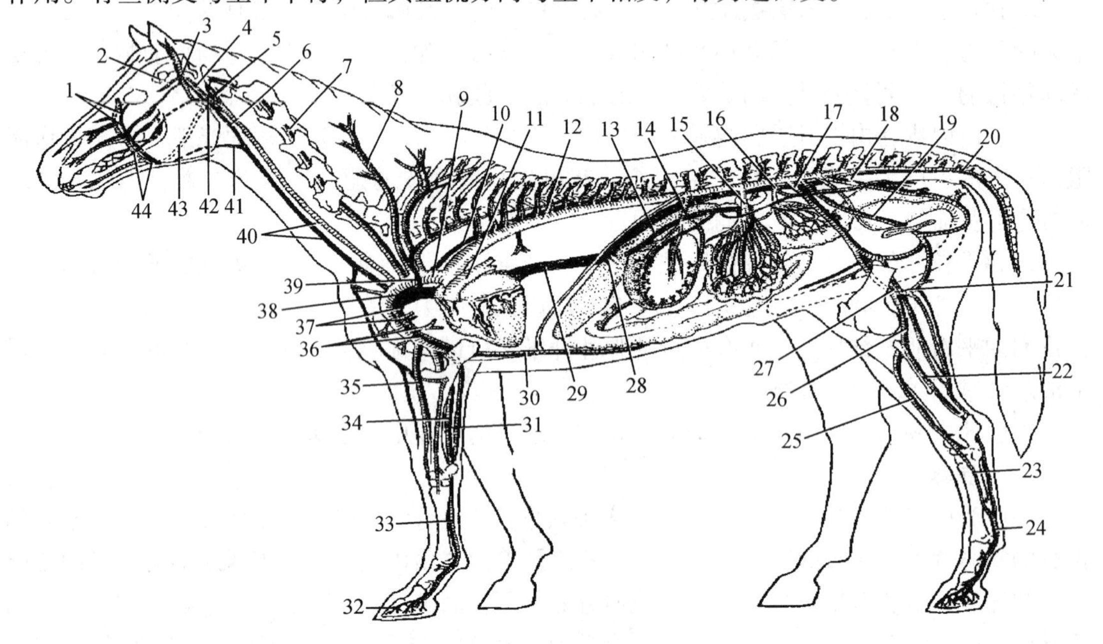

图9-6 马全身动静脉分布模式图

1. 眼角动、静脉 2. 面横动脉 3. 颞浅动脉 4. 颈内动脉 5. 枕动脉 6. 颌内静脉 7. 椎动、静脉 8. 颈深动、静脉 9. 臂头动脉总干 10、右奇静脉 11. 肺动脉 12. 胸主动脉 13. 门静脉 14. 腹腔动脉 15. 肠系膜前动脉 16. 肠系膜后动脉 17. 髂外动脉 18. 阴部内动脉 19. 闭孔动脉 20. 尾动脉 21. 股后动脉 22. 胫后动脉 23. 跖背外侧动脉 24. 趾总动脉 25. 胫前动脉 26. 腘动脉 27. 股动脉 28. 肝静脉 29. 后腔静脉 30. 胸内静脉 31. 尺侧副动、静脉 32. 蹄静脉丛 33. 指总动脉 34. 正中动、静脉 35. 桡侧副动、静脉 36. 臂动、静脉 37. 腋动、静脉 38. 前腔静脉 39. 左锁骨下动脉 40. 颈总动脉和颈静脉 41. 颌外静脉 42. 颈外动脉 43. 颌外动脉 44. 面动、静脉

动脉，特别是静脉，常有交通支或吻合支，使相邻动脉或静脉吻合起来，有调节血流速度，或当一条血管受损时，血液可由另一条血管流通的作用。交通支有的呈导管(如胎儿时期肺干和主动脉之间的动脉导管以及肝内的静脉导管)、弓状(如蹄骨内的终动脉弓及空肠动脉弓等)、网状(如腕背侧动脉网等)、丛状(如眼球壁的脉络膜和脑室的脉络丛等)、异网(就是动脉网复聚成动脉的，如肾小体的肾小球和牛、羊颅腔中的硬膜外异网)以及动、静脉直接吻合等形式。无交通支与邻近血管相连的血管称为终支，如肾的小叶间动脉等。

由小叶构成的器官，如肝、肾等，动脉由器官的门进入，按小叶结构分布。在肌韧带和神经纤维上，动脉由数处进入，按纤维行程分布。

静脉常比动脉粗，数目也多，可分浅静脉和深静脉。浅静脉位于皮下，又称皮下静脉，在体表可见，常被用来采血、放血和静脉注射等。深静脉多与同名动脉伴行，一条中等动脉常伴有两条静脉。

血管在家畜一生中也具有一定的可塑性。如子宫血管在妊娠时，可随着胎儿的发育而逐渐增粗甚至结构也有所改变。又如，当某一主干受损后，与主干平行的血管或侧副支，可逐渐增粗来代替主干的机能。

9.4 肺循环

9.4.1 肺动脉

肺动脉(干)(a. pulmonalis)起于右心室的肺动脉口，在心底背侧，左、右心耳之间向上向后伸延，横过升主动脉的左侧至主动脉后方，分为左、右两肺动脉，分别在左、右主支气管的腹侧经肺门入肺，牛羊和猪的右肺动脉还分出一支到右肺尖叶。肺动脉在肺内随支气管反复分支，最后在肺泡周围形成毛细血管网。肺动脉(干)在分为左、右两肺动脉之前，以一条短的动脉韧带(动脉导管索)与主动脉相连，这是胎儿时期动脉导管的遗迹。

9.4.2 肺静脉

肺静脉(vv. Pulmonalis)由肺毛细血管网陆续汇合而成，最后汇合成数支(马为5~8支；牛约为7支；猪约为5支；犬为5~6支)肺静脉从肺门出肺，直接注入左心房。

9.5 体循环

为了更好地描述和学习血液循环，本教材依据动脉分布特点和进入右心房的4条静脉及其相关的血管为主线，把整个体循环分为4个部分。

9.5.1 主动脉

主动脉是体循环动脉的主干，可分升主动脉、主动脉弓和降主动脉3段。升主动脉位于心包内，起于左心室主动脉口，在肺干和右心房之间向前上方伸延，然后穿出心包延续为主动脉弓。主动脉弓(arcus aortae)呈弓状向上向后伸延至第5(牛)或第6(马)胸椎腹侧，向后延续为降主动脉。降主动脉沿胸椎腹侧向后伸延至膈的一段，称为胸主动脉(aorta thoracica)，继而穿过膈的主动脉裂孔进入腹腔，称为腹主动脉。腹主动脉在第5或第6腰椎腹侧分为左、右髂内动脉和左、右髂外动脉，分别至左、右侧的骨盆腔和后肢、腹壁。

主动脉弓及其分支：臂头干也叫臂头动脉总干，为分布于胸廓前部、头、颈和左、右前肢的动脉干(图9-7)，长6~7cm，由主动脉弓的凸缘发出，在胸纵隔中，沿气管腹侧向前向上伸延，至第2(马)或第1(牛)肋间隙处分出一左锁骨下动脉后转为臂头动脉。猪和犬没

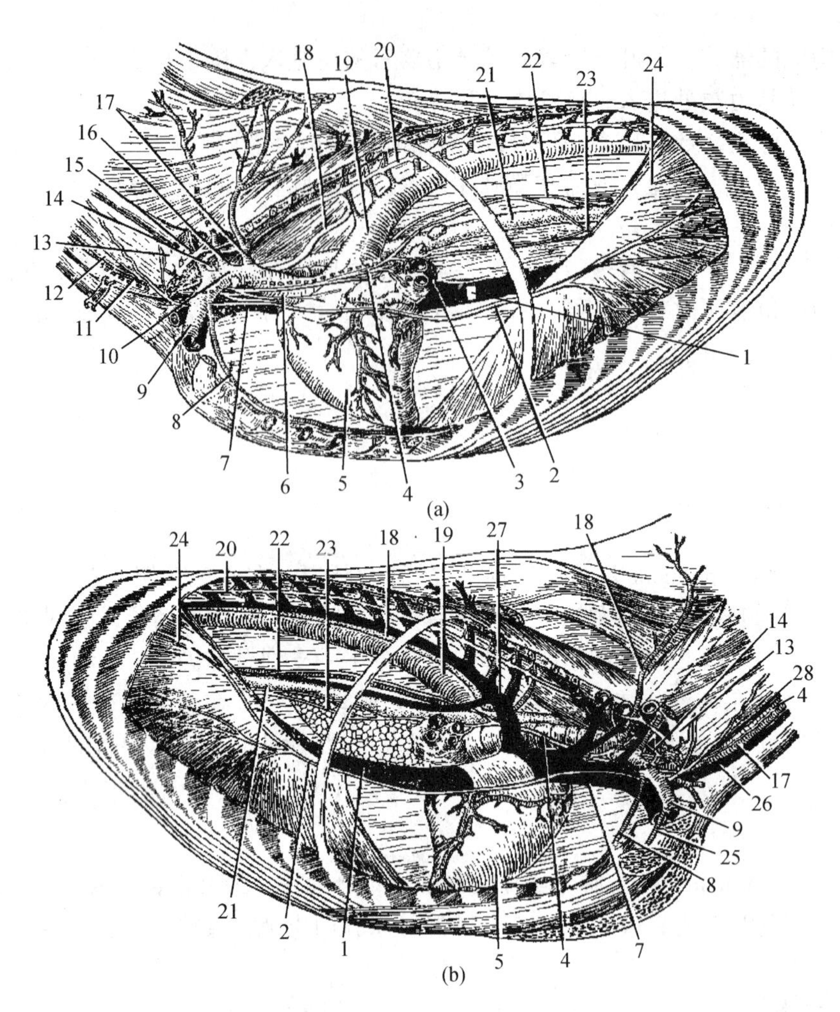

图 9-7 马胸腔的血管神经

(a)左侧面 (b)右侧面

1. 后腔静脉 2. 膈神经 3. 肺根 4. 迷走神经 5. 心 6. 臂头动脉总干 7. 前腔静脉 8. 胸内动脉 9. 腋动脉 10. 锁骨下动脉 11. 颈总动脉 12. 迷走交感神经干 13. 臂神经丛 14. 星状神经节 15. 椎动脉 16. 颈深动脉 17. 肋颈动脉 18. 胸导管 19. 胸主动脉 20. 胸交感神经干 21. 食管 22. 迷走神经食管背侧干 23. 食管腹侧干 24. 膈 25. 胸外动脉 26. 颈静脉 27. 右奇静脉 28. 颈交感神经干

有臂头动脉总干，臂头动脉和左锁骨下动脉直接从主动脉弓先后分出。其主干在胸廓前口处分出双颈干(颈总动脉干)后，延续为右锁骨下动脉。左、右锁骨下动脉向前、向下、向外呈弓状伸延，绕过第1肋骨前缘转为腋动脉。左锁骨下动脉发出的侧支有：肋颈干、颈深动脉、椎动脉、胸内动脉和颈浅动脉；右侧的肋颈干、颈深动脉和椎动脉由臂头干发出，而颈浅动脉和胸内动脉则由右锁骨下动脉发出。左右双颈动脉干经颈静脉沟前行到头部。

9.5.2 冠状循环

冠状循环就是心脏本身的血液循环，这一部分在心脏的结构中已经进行了描述。

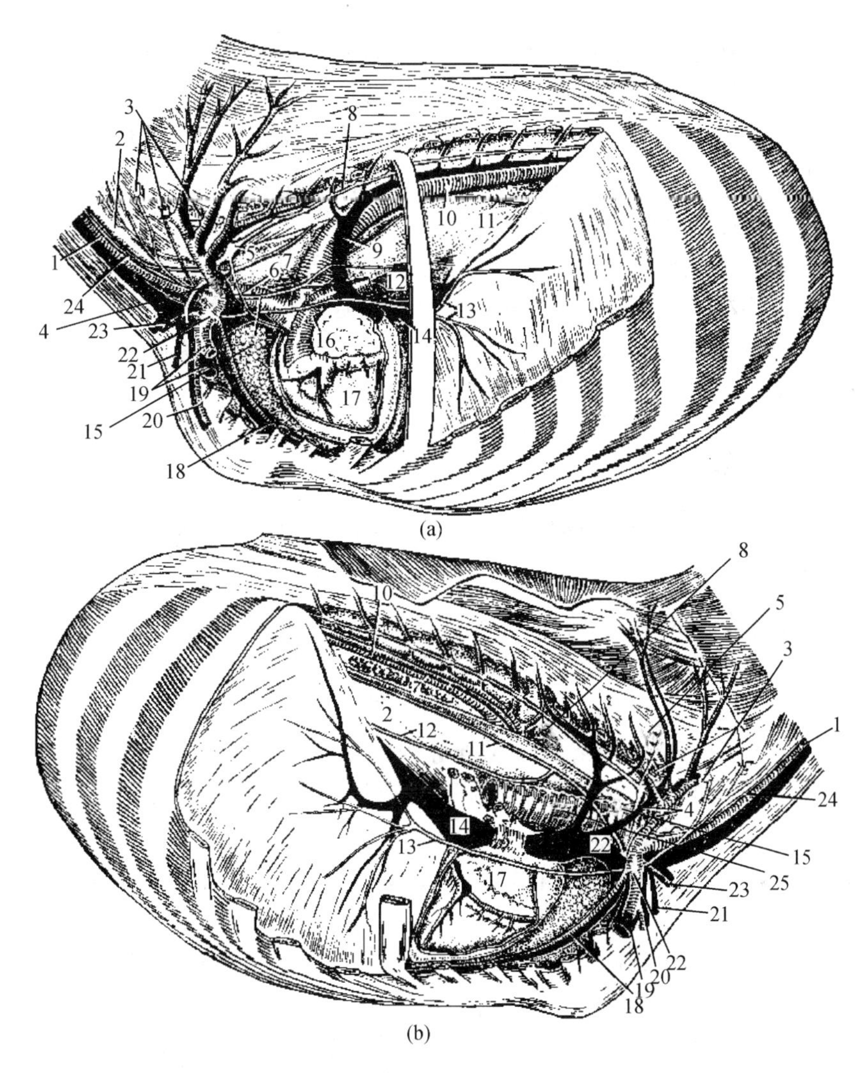

图9-8 牛胸腔内的血管神经

(a)左侧面 (b)右侧面

1. 颈总动脉和颈外静脉 2. 食管 3. 臂神经丛 4. 肋颈和颈深动、静脉干 5. 星状神经节 6. 臂头动脉总干 7. 胸导管 8. 胸交感神经干 9. 左奇静脉 10. 胸主动脉 11. 迷走神经食管背侧干 12. 食管腹侧干 13. 膈神经 14. 后腔静脉 15. 迷走神经 16. 肺动脉 17. 心 18. 胸内动、静脉 19. 腋动、静脉 20. 胸外动、静脉 21. 臂皮下静脉 22. 锁骨下动脉 23. 肩颈动、静脉 24. 迷走交感神经干 25. 右奇静脉

9.5.3 奇静脉循环

肋间动脉：每一肋间背侧动脉在肋间隙上端分为一较小的背侧支和一较大的腹侧支，肋间背侧动脉共17对(马)、13~14对(猪)或12对(牛)，除前部几对外，都由胸主动脉分出。背侧支除分布于脊柱背侧的肌肉和皮肤外，还分出一脊髓支，经椎间孔进入椎管，分布于脊髓和脊膜。腹侧支沿肋骨后缘向下伸延，分布于胸膜、肋骨、肋间肌和皮肤。其末端与

胸廓内动脉或肌膈动脉的肋间腹侧支相吻合。肋腹背侧动脉位于最后肋骨后方，其起始及近端分支分布情况与肋间背侧动脉相似，主要分布于腹侧壁前部的肌肉和皮肤。

支气管食管动脉干：很短，马的在第6胸椎处由胸主动脉分出，然后分为两支即支气管动脉和食管动脉，分布于食管和肺内支气管。牛的支气管动脉和食管动脉通常单独起于胸主动脉。猪的和牛的一样，但食管支通常两支。

奇静脉(v. azygos)主要接受部分胸壁和腹壁的血液，也接受支气管和食管的血液。马的右奇静脉在胸腔的右侧，沿胸主动脉和胸导管向前延伸，经过食管和气管的右侧，注入右心房。牛是左奇静脉，在主动脉的左侧向前延伸，注入右心房，但牛有时还有右奇静脉。猪的是左奇静脉，犬为右奇静脉。

9.5.4 前腔静脉循环

前腔静脉(v. cava cranialis)主要收集来自头颈部、前肢和胸腹底壁的血液回流。

9.5.4.1 头颈部的动脉

(1)分布到头部的动脉

双颈干又称颈总动脉干，为分布于头部的动脉干，短而粗，由臂头干分出后，沿气管腹侧向前伸延，在胸腔前口处分为左、右颈总动脉(图9-9)。

颈总动脉(a. carotis communis)位于颈静脉沟的深部，与迷走交感干包围于一纤维鞘内向前向上伸延，至咽后外侧分为颈外动脉和颈内动脉或延续为颈外动脉(在牛)。颈总动脉沿途分出的侧支分布于同名的器官。

枕动脉：比较小，向上伸延到寰椎窝，分支分布于寰枕关节附近的肌肉和皮肤以及硬脑膜和脑脊髓等。

颈内动脉：小，横过枕动脉的内侧、在咽鼓管憩室(囊)背侧壁一皱襞中向前向上伸延，经破裂孔入颅腔，分布于脑和脑膜。在颈内动脉起始部有稍膨大的颈动脉窦，是压力感受器，参与脑血管的压力调节；在颈内、外动脉分叉的部位有颈动脉球，是化学感受器，能感受血液中二氧化碳的浓度变化，参与呼吸运动调节。牛的颈内动脉仅犊牛有，且不发达。成年牛已退化。

颈外动脉：为3支中最粗的一支，是颈总动脉的直接延续，向前向上伸延至下颌关节附近，延续为颌内动脉(上颌动脉)。颈外动脉沿途分支分布于腮腺、咬肌、耳部肌肉和皮肤、颞部肌肉和皮肤以及反刍兽的角根等。其中最大的一个分支，称为颌外动脉(舌面动脉干)。

颌外动脉沿咽外侧壁向前向下伸延，分出一支很大的舌动脉，绕过下颌骨血管切迹至面部，转为面动脉。颌外动脉在伸延途中分支分布于咽、软腭、舌、舌下腺、颌下腺以及口腔底的黏膜等。面动脉与同名静脉及腮腺管伴行，沿咬肌前缘向上伸延，分支分布于下唇、口角、上唇、鼻背和眼角附近的肌肉及皮肤。在牛鼻侧部和鼻背部的血液是由颌内动脉的分支供应的。猪没有面动脉；羊无颌外动脉。在马，面动脉是中医诊脉的部位。

颌内动脉：为颈外动脉的直接延续，在下颌骨内侧向前伸延，分支分布于下颌牙齿、眼球，泪腺、额部皮肤、脑硬膜，鼻腔黏膜、咀嚼肌，下颌牙齿、软腭、硬腭等。在牛还有分支到鼻侧和鼻背。

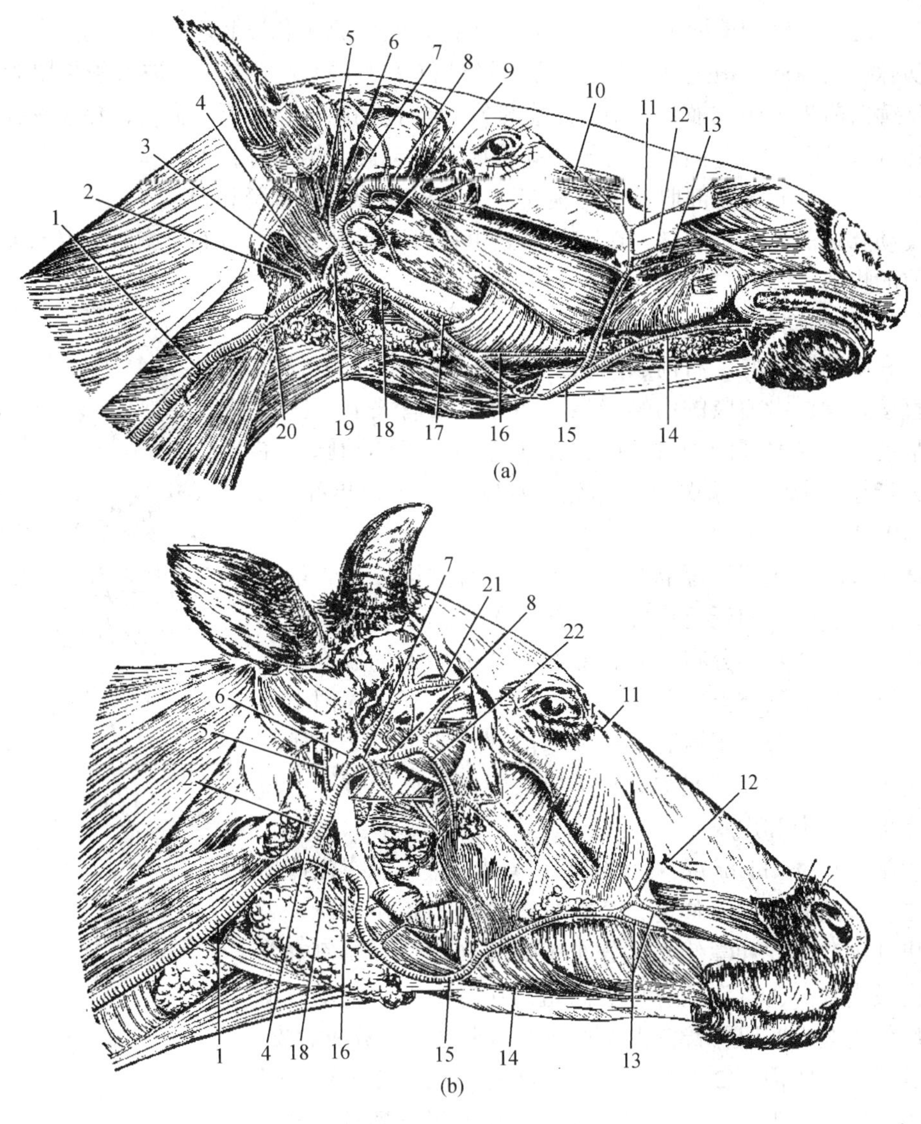

图 9-9 头部动脉

(a)马 (b)牛

1. 颈总动脉 2. 枕动脉 3. 颈内动脉 4. 颈外动脉 5. 耳大动脉 6. 颞浅动脉 7. 面横动脉 8. 颌内动脉 9. 下颌齿槽动脉 10. 眼角动脉 11. 鼻背侧动脉 12. 鼻外侧动脉 13. 上唇动脉 14. 下唇动脉 15. 面动脉 16. 舌下动脉(马)，舌和舌下动脉(牛) 17. 舌动脉(马) 18. 颌外动脉 19. 咬肌动脉 20. 甲状腺前动脉 21. 角动脉(牛) 22. 颊肌动脉

(2)分布到颈部的主要动脉

肋颈干：很短，左侧的横过气管、食管和颈长肌的左侧面(右侧的常与颈深动脉同一总干横过气管的右侧面)，至第2肋间隙上端，分为一肋间最上动脉和一肩胛背侧动脉(又称颈横动脉)。分布于鬐甲部和颈后部的肌肉及皮肤。

颈深动脉：起始部靠近肋颈干(或与肋颈干同一总干起于左锁骨下动脉)，向前向上伸延，横过食管和颈长肌(左侧的)或气管(右侧的)，经第1肋间隙上端穿出胸腔，在头半棘肌和项韧带之间继续向前向上伸延，分布于颈部背侧的肌肉和皮肤。

椎动脉：向前向上横过食管(左侧的)或气管(右侧的)穿出胸腔，进入颈长肌和斜角肌之间，继续向前进入颈椎横突管中，至寰椎窝处与枕动脉吻合后折转向上，穿过翼孔，并经椎外侧孔进入椎管，与对侧的椎动脉合并构成基底动脉。椎动脉在伸延途中，在每个椎间孔附近，分出肌支分布于颈部肌及一脊髓支，进入椎管分布于脊髓和脊膜。

颈浅动脉：前称肩颈动脉，在胸前口处由锁骨下动脉分出，分布于胸肌、臂头肌、颈皮肌和胸前的皮肤。

9.5.4.2 前肢的动脉

左、右腋动脉是左、右前肢的动脉主干，为左、右锁骨下动脉的直接延续，沿前肢的内侧向指端伸延。在肩关节上方的一段为腋动脉，在臂部的为臂动脉，在前臂部为正中动脉，在掌部的为指总动脉，在系关节上方分为数支，分布于指部(图9-10、图9-11)。

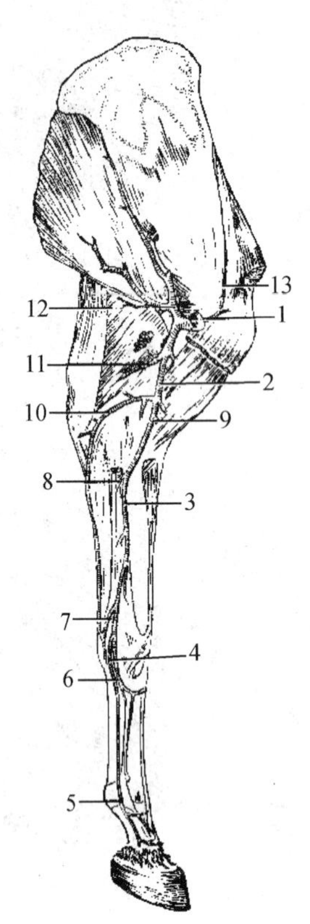

图9-10 马的前肢动脉

1. 腋动脉 2. 臂动脉 3. 正中动脉 4. 指总动脉 5. 指内侧动脉 6. 掌心内侧动脉 7. 掌心外侧动脉 8. 骨间总动脉 9. 桡侧副动脉 10. 尺侧副动脉 11. 臂深动脉 12. 肩胛下动脉 13. 肩胛上动脉

腋动脉(a. axillaris)：承接锁骨下动脉，绕过第一肋骨前缘出胸腔后，向后向下伸延至肩关节内侧、大圆肌下缘转为臂动脉。腋动脉分出2支，分布于肩胛部和肩臂部后方的肌肉。①肩胛上动脉。在肩关节上方起于腋动脉，向上伸延进入冈上肌和肩胛下肌之间，分布于肩胛下肌和肩前部的肌肉。②肩胛下动脉。粗大，主干在大圆肌和肩胛下肌之间向后向上伸延，分布于肩后部的肌肉和皮肤。

臂动脉(a. braehialis)：在大圆肌下缘继承腋动脉，沿喙臂肌和臂二头肌的后缘向下伸延，至前臂近端转为正中动脉。臂动脉分出几支背侧支和掌侧支，分布于臂部和前臂部背侧和掌侧的肌肉及皮肤。①臂深动脉。短而粗，在臂中部由臂动脉分出，向后伸延至大圆肌、臂三头长头和内侧头之间，分成数支，分布于臂后部的肌肉。②尺侧副动脉。在臂骨的下1/3处由臂动脉分出，向后向下伸延至肘突的内侧，分出侧支到臂后部的肌肉和皮肤；主干沿尺沟继续向下伸延至前臂部，分布于前臂后部屈指、屈腕的肌肉及附近的皮肤。马的尺侧副动脉下行至腕关节上方，与正中动脉的侧支相吻合。③桡侧副动脉。在尺侧副动脉的下方由臂动脉分出，在臂二头肌和臂肌覆盖下，向下向外伸延至肘关节和前臂的背侧面，分布于前臂背侧的肌肉和皮肤。④骨间总动脉。在前臂近端由臂动脉分出，穿过前臂骨间隙至前臂骨背侧，分布于前臂骨，并下行到掌骨和指骨的背侧。

正中动脉(a. mediana)：在前臂近端继承臂动脉，伴随正中静脉和神经，沿前臂正中沟向下伸延，至前臂远端转为指总动脉。正中动脉分出一些肌支到屈指屈腕的肌肉，在腕关节上方分出一侧支到腕关节后面。马的正中动脉分出两支侧支，即掌心内、外侧动脉，分别沿掌部后面的掌内、外侧沟向下伸延，分布于骨间中肌。掌心内侧动脉又称正中桡动脉。牛的

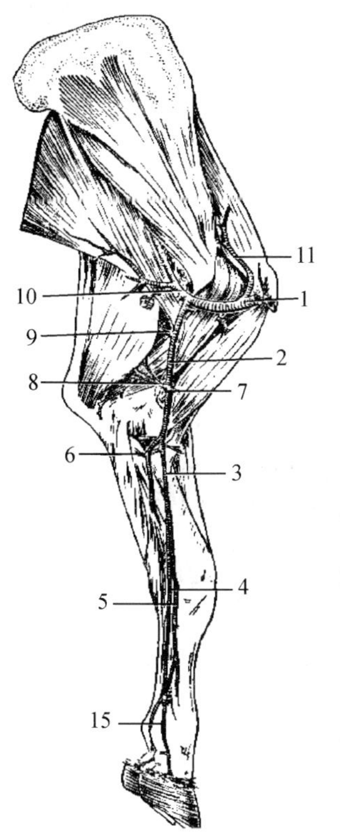

图9-11　牛的前肢动脉

1. 腋动脉　2. 臂动脉　3. 正中动脉　4. 指总动脉　5. 掌心内侧动脉　6. 骨间总动脉　7. 桡侧副动脉　8. 尺侧副动脉　9. 臂深动脉　10. 肩胛下动脉　11. 肩胛上动脉

正中动脉在前臂中部分出一正中桡动脉，后者在掌骨后面向下伸延到第3指，并分支到掌骨的背侧。

指总动脉(a. digitalis communis)：或称掌心浅动脉，在前臂远端继承正中动脉，沿掌内侧沟向下伸延，至系关节上方(马)或近指间隙时(牛)分为两支，分别走向指的内、外侧(马)或第3指和第4指(牛)，在蹄部分支成毛细血管。马的指总动脉在系关节上方、指深屈肌腱和骨间中肌之间，分为指内、外侧动脉，分别经系关节的内、外侧向下伸延至蹄骨，在蹄骨内相吻合，形成终动脉弓。牛的指总动脉在指间隙处分为两支，分别走向第3指和第4指，分布于指的掌侧。骨间总动脉的分支向下延续到掌骨背侧，成为指背侧总动脉，它在指间隙附近分为两支，分别走向第3指和第4指的背侧。

9.5.4.3　胸底壁和腹前部的动脉

分布到胸底壁和腹前部的动脉主要是胸内动脉，其在第1肋骨的内侧面自锁骨下动脉分出，在胸横肌覆盖下沿胸骨背侧面向后伸延，至剑状软骨附近分为肌膈动脉和腹壁前动脉。胸内动脉的侧支除分布于胸骨、胸腺、胸纵隔和心包外，还有肋间腹侧支和穿支。肋间腹侧支分支分布于胸横肌后，在肋间隙与相应的肋间背侧动脉吻合。穿支分布于附近的胸肌及其皮肤。肌膈动脉沿膈的附着缘向后向上伸延，沿途分支分布于膈和腹横肌，并发出肋间腹侧支与相应的肋间背侧动脉相吻合。腹壁前动脉为胸内动脉的延续，穿过第9肋软骨和剑状软骨之间进入腹壁，沿腹直肌背侧缘向后伸延，与腹壁后动脉相吻合。

胸外动脉在胸骨的外面向后伸延，分布于胸肌、皮肌和皮肤。

9.5.4.4　前腔静脉的形成

前腔静脉为一条粗而短的大静脉，在胸前口由左、右颈静脉和左、右腋静脉汇合而成。在胸腔内位于心前纵隔内稍偏右侧沿气管腹侧和臂头干的右侧向后伸延，然后穿过心包，横过主动脉弓的右侧注入右心房。前腔静脉收集的血液还有胸内静脉、椎静脉、颈深静脉、肋颈静脉。

(1)头、颈部的静脉

颈静脉：为头颈部静脉的主干，在腮腺的后缘由颌外静脉和颌内静脉汇合而成(图9-12)。颈静脉位于皮下，在颈静脉沟的浅层向后向下伸延，到胸前口处，与对侧的同名静脉和左、右腋静脉等汇合成前腔静脉。在颈的前半部，颈静脉和颈总动脉之间隔有肩胛舌骨肌，临床上常在此处做静脉注射或放血。在颈的后半部，两者之间仅隔有疏松结缔组织。

①颌外静脉　较小，在下颌骨血管切迹处继承面静脉，在下颌间隙中，接受来自舌下腺、齿龈、下颌间隙的肌肉和皮肤的血液，面部的静脉、眼眶部静脉、硬腭和鼻腔的静脉汇合成面静脉，与同名动脉一起绕过下颌骨血管切迹，转为颌外静脉。

②颌内静脉　较大，起于下颌骨和翼肌之间的颊肌静脉，在伸延途中，接受舌、齿、齿

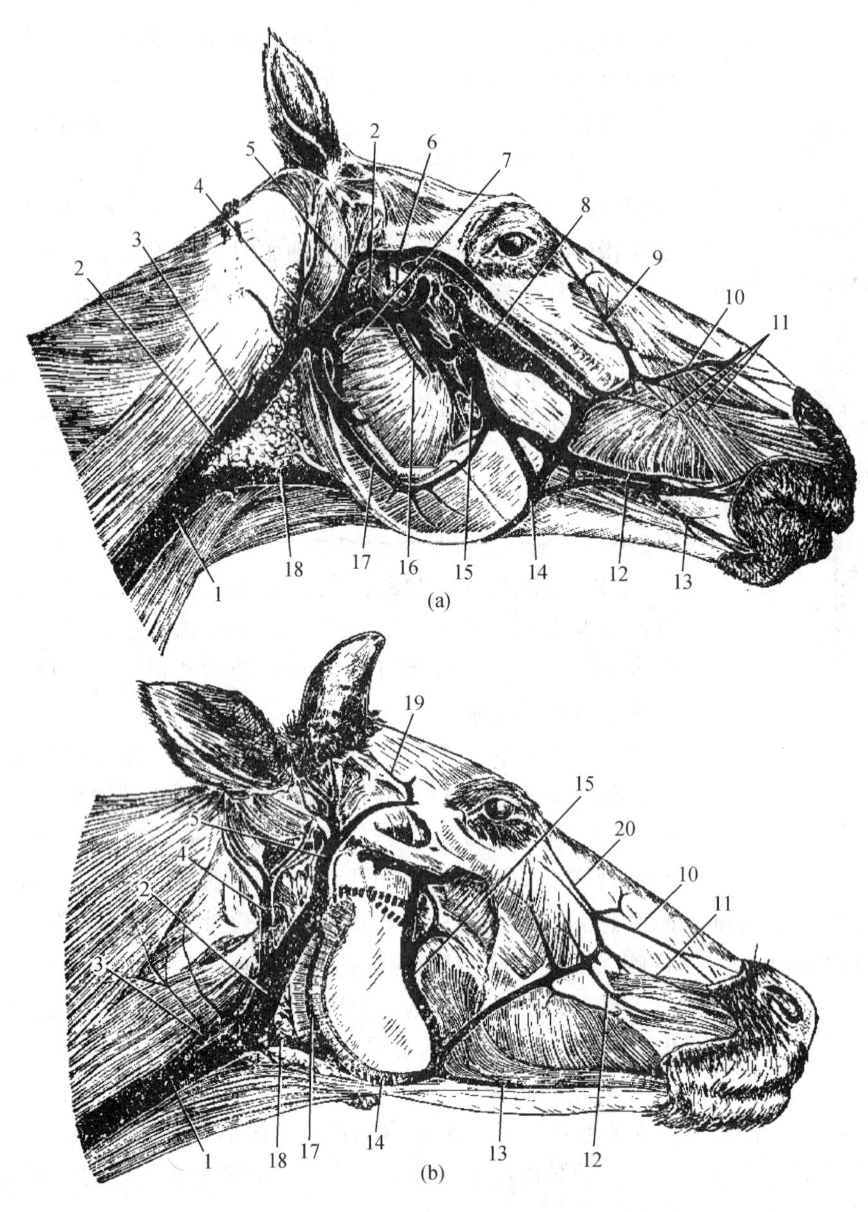

图 9-12 头部静脉

(a)马 (b)牛

1. 颈静脉 2. 颌内静脉 3. 颅枕静脉 4. 耳大静脉 5. 颞浅静脉 6. 面横静脉 7. 翼肌静脉 8. 面深静脉 9. 眼角静脉 10. 鼻背侧静脉 11. 鼻外侧静脉 12. 上唇静脉 13. 下唇静脉 14. 面静脉 15. 颊肌静脉 16. 下颌齿槽静脉 17. 咬肌静脉 18. 颌外静脉 19. 角静脉 20. 鼻额静脉

龈和鼻腔的静脉以及颞浅静脉和颅枕静脉(脑脊髓和枕部的血液),经腮腺的表面向下伸延,在腮腺的后端与颌外静脉汇合成颈静脉。

牛有颈内和颈外两条静脉。颈内静脉较小,与颈总动脉伴行,在胸前口附近注入颈外静脉,有时缺如。颈外静脉相当于马的颈静脉。

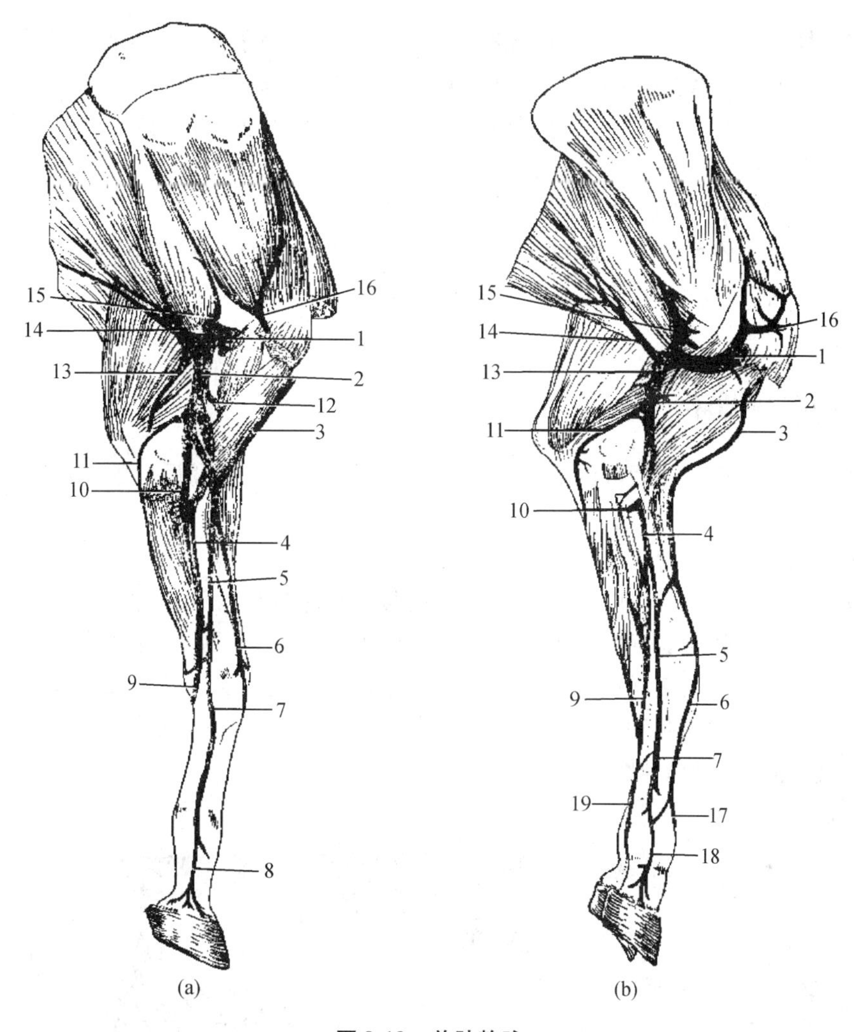

图 9-13 前肢静脉

(a)马 (b)牛

1. 腋静脉 2. 臂静脉 3. 臂皮下静脉 4. 正中静脉 5. 前臂皮下静脉 6. 副皮下静脉 7. 掌心浅内侧静脉 8. 指外侧静脉 9. 掌心浅外侧静脉 10. 骨间总静脉 11. 尺侧副静脉 12. 桡侧副静脉 13. 臂深静脉 14. 胸背静脉 15. 肩胛下静脉 16. 肩胛上静脉 17. 指背侧静脉 18. 第三指内侧静脉 19. 指总静脉

(2)前肢的静脉

前肢静脉分与动脉伴行的深静脉和位于皮下的浅静脉(图 9-13)，均起于蹄静脉丛。它们之间有吻合支通连。

①前脚部的静脉 起于蹄静脉丛，与总动脉伴行，向上伸延至前臂部延续为正中静脉。

②正中静脉 常为2条，与正中动脉伴行。汇注于正中静脉的有前臂深静脉和桡静脉。

③臂静脉 在前臂近端继承正中静脉，与臂动脉伴行，汇注于臂静脉的有臂深静脉、尺侧副静脉、肘横静脉、二头肌静脉和骨间总静脉。

④腋静脉 在臂近端继承臂静脉，与同名动脉伴行，汇注于腋静脉的有胸外静脉、胸浅

静脉、肩胛上静脉、肩胛下静脉(其属支有旋肱后静脉、胸背静脉)和旋肱前静脉。

⑤头静脉 为前肢浅静脉的主干，位于前臂内侧皮下，向上伸延至前臂中部斜越过桡骨内侧面，在前臂前面与副头静脉汇合，而后沿胸外侧沟伸延注入颈(外)静脉。头静脉在伸延途中有交通支与正中静脉、臂静脉相连。

(3)胸底壁和腹前部的静脉

牛的胸内静脉接收很粗大的腹壁皮下静脉，后者于乳房前外侧皮下，接受乳房的血液，也称为乳静脉，它在剑状软骨附近，穿过腹皮肌和腹直肌而注入于胸内静脉。乳牛的腹壁皮下静脉很发达。

9.5.5 后腔静脉循环

后腔静脉主要收集身体后部的血液回流，包括腹腔、骨盆腔和后肢的血液，最后汇合成后腔静脉，注入右心房。

9.5.5.1 腰背部血液循环

腰动脉，马、牛共6对(驴5对)，前5对由腹主动脉分出，第6对由左、右髂内动脉分出。其分支分布与肋间背侧动脉相似。腰动脉分出小支到腰下肌后，在腰椎横突间又分出一粗的腹侧支，其主干在横突间向外、经腹横肌和腹内斜肌之间伸延，分布于腹壁肌和皮肤。背侧支分布于脊柱背侧的肌和皮肤，也分出一脊髓支，经椎间孔入椎管。

腰静脉直接汇入后腔静脉。

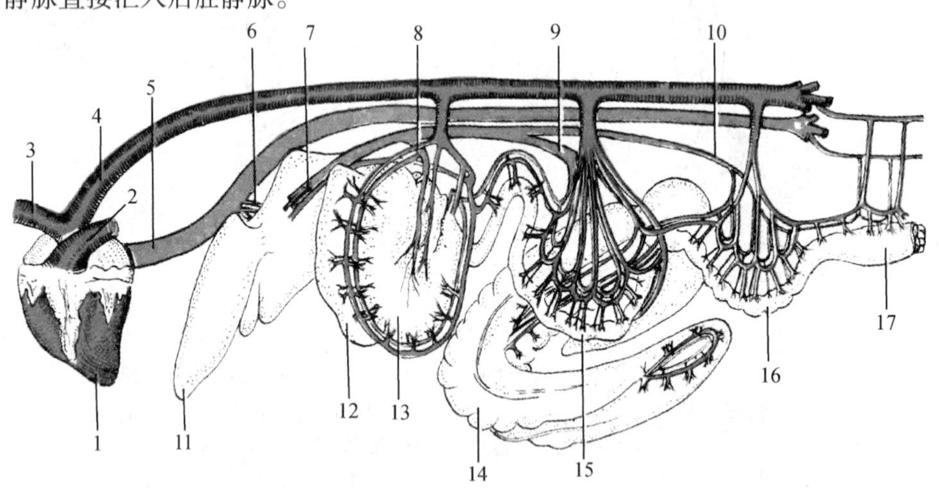

图9-14 门静脉循环半模式图

1. 心脏 2. 肺动脉 3. 臂头动脉总干 4. 主动脉 5. 后腔静脉 6. 肝静脉 7. 门静脉 8. 脾静脉 9. 肠系膜前静脉 10. 肠系膜后静脉 11. 肝脏 12. 脾脏 13. 胃 14. 大结肠 15. 小肠 16. 小结肠 17. 直肠

9.5.5.2 门静脉循环

腹腔动脉(a. coeliaca)：是腹主动脉在穿过膈的主动裂孔后分出的，为一条粗的短干，分为数支，分布于胃、网膜、肝、脾、胰和十二指肠，经肝门和脾门入肝和脾，沿胃大弯或瘤胃上的沟分布于胃，一些分支在弯部和沟内彼此吻合。

肠系膜前动脉(a. mesenterica cranialis)：是腹主动脉最大的分支，为短而粗的动脉干，分为数支，分布于横结肠以前的肠管。每条空肠动脉在空肠系膜上分为两支，与相邻动脉的分支吻合形成动脉弓，由动脉弓发出的分支又互相吻合，形成动脉网，分布于空肠。

肠系膜后动脉(a. mesenterica caualis)：远较肠系膜前动脉细小，主要分布降结肠和直肠前部，分为两支，一支(结肠左动脉)分布于小结肠(马)或结肠后部(牛)，一支(直肠前动脉)分布于直肠。

门静脉(v. portae)：位于后腔静脉的下方，为一支大静脉干，收集胃、脾、胰、小肠和大肠(直肠后半段除外)的血液，穿过胰腺的门静脉环，与肝动脉一起经肝门入肝，在肝内分支，并与肝动脉的分支一起汇合于肝的毛细血管(肝窦)，后者陆续汇合而成数支肝静脉，在肝的壁面注入于后腔静脉底壁。直肠后部的血液注入髂内静脉，再经后腔静脉回心，因此对肝有危害或通过肝而影响药效的药物，可进行灌肠给药。马的门静脉主要由脾静脉、肠系膜前静脉和肠系膜后静脉汇集而成。牛的门静脉主要由胃脾静脉、总肠系膜静脉和较小的胃十二指肠静脉汇集而成。

9.5.5.3 肾循环

肾动脉(aa. renales)：为成对的短而粗的动脉，起于腹主动脉，由肾门入肾，在肾内分支形成丰富而复杂的毛细血管网和血管球，除供给肾的营养外，并参与尿的形成。肾动脉在入肾前，常另有分支到肾上腺，但这些分支也可直接从腹主动脉上分出。

肾静脉出肾门，直接进入后腔静脉。

9.5.5.4 生殖腺血液循环

对于雄性家畜，称为睾丸动脉(aa. testiculares)(精索内动脉)，细而长，在肠系膜后动脉稍后由腹主动脉分出，在一很窄的腹膜襞中、沿腹壁向后向下伸延至腹股沟腹环，然后在精索内穿越腹股沟管，分支分布于鞘膜、输精管、附睾和睾丸。

对于雌性家畜，称为卵巢动脉，因有分支到子宫角，所以又称子宫卵巢动脉(aa. utero-ovariclue)，相当于公畜的睾丸动脉，但较短而粗，在卵巢系膜中向后伸延，主要分布于卵巢，其分支有输卵管支和子宫支，前者分布于输卵管；后者又称子宫前动脉，分布于子宫角，并与子宫动脉(前称子宫中动脉)吻合。

静脉沿同名动脉直接汇入后腔静脉。

9.5.5.5 髂内动静脉循环

腹主动脉在骨盆入口处，分为左、右髂外动脉和左、右髂内动脉，在两髂内动脉之间，还分出小而不成对的荐中动脉，延续为尾中动脉，牛的很发达。因其位于皮下，常在尾根部利用这一动脉进行诊脉。

(1)髂内动脉

髂内动脉(a. iliaea interna)是骨盆部动脉的主干，在荐坐韧带的内侧面向后伸延，途中分出许多侧支，分布于荐臀部的肌肉、皮肤和骨盆腔的器官。髂外动脉是分布到两后肢的主干。

马的髂内动脉有两支主要侧支：①阴部内动脉。由髂内动脉起始处分出，向后向下伸延至坐骨弓(初在荐坐韧带的内面，后走到它的外面，又进入骨盆腔)，分支分布于直肠、膀胱、公畜的副性腺和阴茎、母畜的子宫(子宫后动脉)、阴道和会阴部等。②闭孔动脉。沿闭孔内肌髂骨部的下缘向后向下伸延，经闭孔穿出骨盆腔，分支分布于股后和股内侧肌群。此外还分出一支到阴茎(公马)或阴蒂(母马)，并与阴部外动脉及阴部内动脉相吻合。

牛的髂内动脉有3支主要侧支：①脐动脉。分布于膀胱、公畜的输精管，在母畜还分出很大的子宫中动脉，在子宫阔韧带内沿子宫角的凹缘伸延，分布于子宫角和子宫体，并与子宫前动脉、子宫后动脉相吻合。妊娠时，子宫中动脉特别发达。②尿生殖道动脉。是阴部内动脉的重要分支。在公畜分布于膀胱和副性腺；母畜分出很大的子宫后动脉，分布于阴道和子宫。③尾中动脉。是荐中动脉向后的延续，沿尾的腹侧面向后伸延，分布于尾的肌肉和皮肤。

子宫动脉又称子宫中动脉，相当于公牛的输精管动脉，但较粗，特别在妊娠期，为一支很大的血管，在子宫阔韧带内，向子宫伸延，分支分布于子宫角和子宫体，并与卵巢动脉的子宫支以及阴道动脉的子宫支吻合。膀胱前动脉沿膀胱侧韧带向后伸延，分布于膀胱前部。

(2)髂内静脉

髂内静脉与髂内动脉伴行，为导引骨盆和尾部的静脉干，由臀后静脉和阴部内静脉汇合而成。汇注于臀后静脉的有臀前静脉、荐支、尾中静脉、尾腹外侧静脉和尾背外侧静脉；汇注于阴部内静脉的有前列腺静脉(公畜)或阴道静脉(母畜)、会阴腹侧静脉和阴茎静脉(公畜)或阴蒂静脉(母畜)。

9.5.5.6 髂外动静脉循环

后肢动脉干包括髂外动脉、股动脉、腘动脉、胫前动脉、足背动脉和第3跖背侧动脉(图9-15、图9-16)。

(1)髂外动脉(a. iliaea externa)

髂外动脉是后肢动脉的主干，沿髂骨前缘和后肢的内侧面向下伸延到趾端。在腹腔内的一段为髂外动脉，在股部的为股动脉，在膝关节后方的为腘动脉，在胫骨前面的为胫前动脉，在跖骨前面的为跖背外侧动脉(马)或跖背侧动脉(牛)。

①髂外动脉　在第5腰椎腹侧由腹主动脉分出，在腹膜和髂筋膜覆盖下，沿骨盆入口的边缘向后向下伸延，斜行横过腰小肌腱的内侧至耻骨前缘转为股动脉。由髂外动脉分出的侧支有：

旋髂深动脉：在离腹主动脉不远处由髂外动脉分出(有时由腹主动脉分出)，向外伸至髋结节，分为二支，前支入腹内斜肌，后支穿过腹壁后沿股前缘内侧向下伸延。它们是供应腰部和腹胁部肌肉和皮肤的主要血管。

股深动脉：在耻骨前缘附近，由髂外动脉分出(有时与阴部腹壁动脉干同一总干起于髂外动脉)，在髋关节与耻骨肌之间向后向下伸延，分布于股内侧肌群。

阴部腹壁动脉干：很短，在耻骨前缘常与股深动脉同一总干起于髂外动脉，向前下方伸延，分为腹壁后动脉和阴部外动脉，在公牛还分出精索外动脉，分布于阴囊。腹壁后动脉分布于腹下壁。公畜的阴部外动脉走向腹股沟管，分布于腹股沟浅淋巴结、皮肌和包皮，并分出一大支到阴茎，分布于阴茎和阴囊。母畜的阴部外动脉很发达，分布于乳房，称为乳房动脉。

精索外动脉或子宫中动脉：公马的精索外动脉很细，经腹股沟管而分布于阴囊。母马的子宫中动脉很发达，经子宫阔韧带分布于子宫。公牛的精索外动脉由阴部腹壁动脉干分出，母牛的子宫中动脉由脐动脉分出。

②股动脉(a. femoralis) 为髂外动脉的直接延续，在缝匠肌和股薄肌覆盖下，经股三角向下伸延，越过耻骨肌下端。并穿过内收肌的止点至股骨后面转为腘动脉。股动脉在伸延途中，分支分布于股骨前方和后方的肌肉，并分隐动脉到股内侧皮下。股前动脉：由股动脉前方分出，向前向下进入股内侧肌和股直肌之间，分布于股四头肌。股后动脉：粗而短，在内收肌止点附近由股动脉分出，立即分为数支，主要分布于股后肌群。牛的隐动脉：较大，且向下伸延到趾端，在跗关节处分为二支，分别向下延续到第3趾和第4趾，分布于趾部。

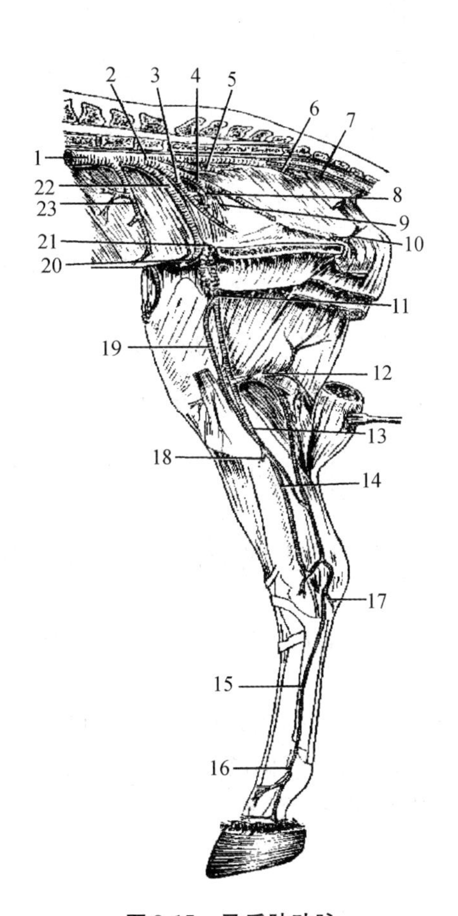

图9-15 马后肢动脉

1. 腹主动脉 2. 髂内动脉 3. 闭孔动脉 4. 阴部内动脉 5. 臀前动脉 6. 臀后胫动脉 7. 尾动脉 8. 脐动脉 9. 直肠中动脉 10. 会阴动脉 11. 股动脉 12. 股后动脉 13. 腘动脉 14. 胫后动脉 15. 足底内侧动脉 16. 趾内侧动脉 17. 足底外侧动脉 18. 胫前动脉 19. 隐动脉 20. 阴部腹壁动脉干 21. 股深动脉 22. 髂外动脉 23. 旋髂深动脉

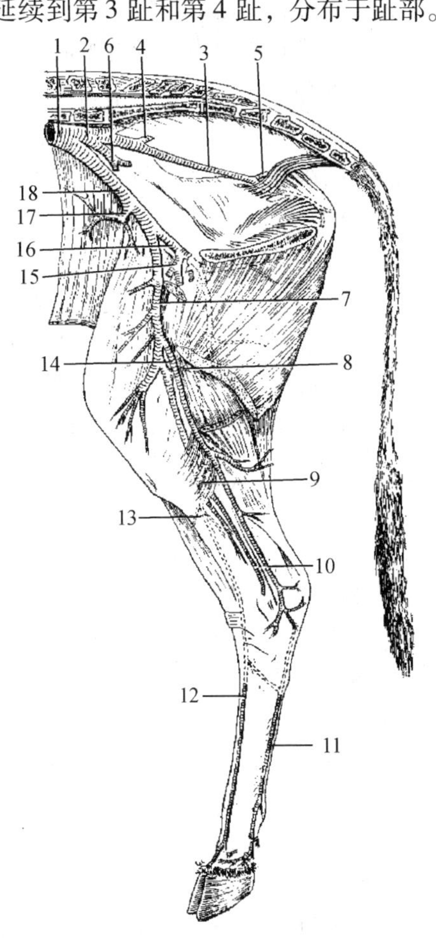

图9-16 牛后肢动脉

1. 腹主动脉 2. 髂内动脉 3. 阴部内动脉 4. 臀前动脉 5. 臀后动脉 6. 脐动脉 7. 股动脉 8. 股后动脉 9. 腘动脉 10. 胫后动脉 11. 足底内侧动脉 12. 跖背侧动脉 13. 胫前动脉 14. 隐动脉 15. 阴部腹壁动脉干 16. 股深动脉 17. 旋髂深动脉 18. 髂外动脉

③腘动脉(a. poplitea) 股动脉于分出股后动脉之后转为腘动脉，然后沿股骨和股胫关节后面向下伸延，至小腿骨间隙处分出胫后动脉后，其主干转为胫前动脉。胫后动脉沿胫骨

的后面向下伸延，分布于胫骨后面的肌肉。马的胫后动脉且向下伸延到趾部；牛的仅分布于胫骨后面的肌肉，不到趾部。

④胫前动脉(a. tibialis anterior) 穿过小腿骨间隙到胫骨的前外面，在胫骨前肌覆盖下沿胫骨向下伸延，至跗关节前面，分出一穿跗动脉(穿过跗关节到跖骨的后面)后，转为跖背外动脉(马)或跖背侧动脉(牛)。胫前动脉分支分布于胫骨前外侧的肌肉和跗关节等。

⑤马的跖背外侧动脉(a. metatarsea dorsalis lateralis) 沿跖骨背外侧向下伸延，至跖骨的后面转为趾底总动脉。趾底总动脉同前肢的指总动脉，分为趾内、外侧动脉，分布于趾部。牛的趾背侧动脉沿跖骨背侧面的沟中向下伸延，至跖骨下端转为趾背侧总动脉。后者在趾间隙附近分为二支，分布第3趾和第4趾。

(2)后肢的静脉

后肢的静脉也分为浅静脉干和深静脉干，两者之间有吻合支，浅静脉干最后注入于深静脉干(图9-17)。

①深静脉干 起于蹄静脉丛，伴随同名动脉干向上伸延，转为足背侧静脉。

足背侧静脉：为位于跗关节背侧的两支深静脉。与同名动脉伴行。汇注于足背静脉的有胫后静脉，穿跗静脉和跖背侧第3静脉。

胫前静脉：为足背静脉向上移行的两支深静脉，在胫骨背侧沿同名动脉两侧伴行。

腘静脉：位于膝关节后方，汇注于腘静脉的有膝静脉和胫后静脉。上述静脉与同名动脉伴行。

股静脉继承腘静脉，与股动脉伴行。汇入股静脉的有旋股外侧静脉、隐内侧静脉、膝降静脉和股后静脉。上述静脉与同名动脉伴行。

髂外静脉：继承股静脉，与髂外动脉伴行。汇注于髂外静脉的有旋髂深静脉和股深静脉。

旋髂深静脉在髋结节附近由前、后两支汇合而成，与同名动脉伴行并横过髂腰肌的内侧面注入髂外静脉或髂总静脉。

股深静脉与同名动脉伴行，由阴部腹壁静脉和旋股内侧静脉汇合而成。阴部腹壁静脉：与同名动脉伴行，其属支有腹后静脉、腹壁后静脉、提睾肌静脉和阴部外静脉。公畜阴部外静脉的属支来自腹壁后浅静脉和阴囊腹侧支；母畜的来自腹壁后浅静脉(乳房前静脉)和阴唇腹侧静脉(乳房后静脉)。阴部外静脉的前、后属支分别与腹壁前静脉和阴部内静脉的属支相连。在乳房基部，两侧的乳房静脉之间有大的吻合支通连。

②浅静脉干 位于皮下，有两条，即小腿内侧皮下静脉(又称隐大静脉)和小腿外侧皮下静脉(又称隐小静脉)。马的小腿内侧皮下静脉起于趾内侧静脉，注入股静脉；小腿外侧皮下静脉起于趾外侧静脉，注入股静脉。牛的小腿内侧皮下静脉较小，起于第3趾和第4趾静脉，注入股静脉。小腿外侧皮下静脉很发达，起于第3趾和第4趾背侧静脉汇合而成的跖背侧静脉，沿小腿的外侧皮下而伸延，最后注入腘静脉。

9.5.5.7 后腔静脉的形成

髂总静脉(v. iliaca eommunis)短而粗，在荐髂关节腹侧由髂内静脉和同侧的髂外静脉汇合而成。汇注于髂总静脉的有第6腰静脉、旋髂深静脉和髂腰静脉。上述静脉均与同名动脉伴行。旋髂深静脉有时汇注于后腔静脉或髂外静脉。两侧的髂总静脉汇合成后腔静脉

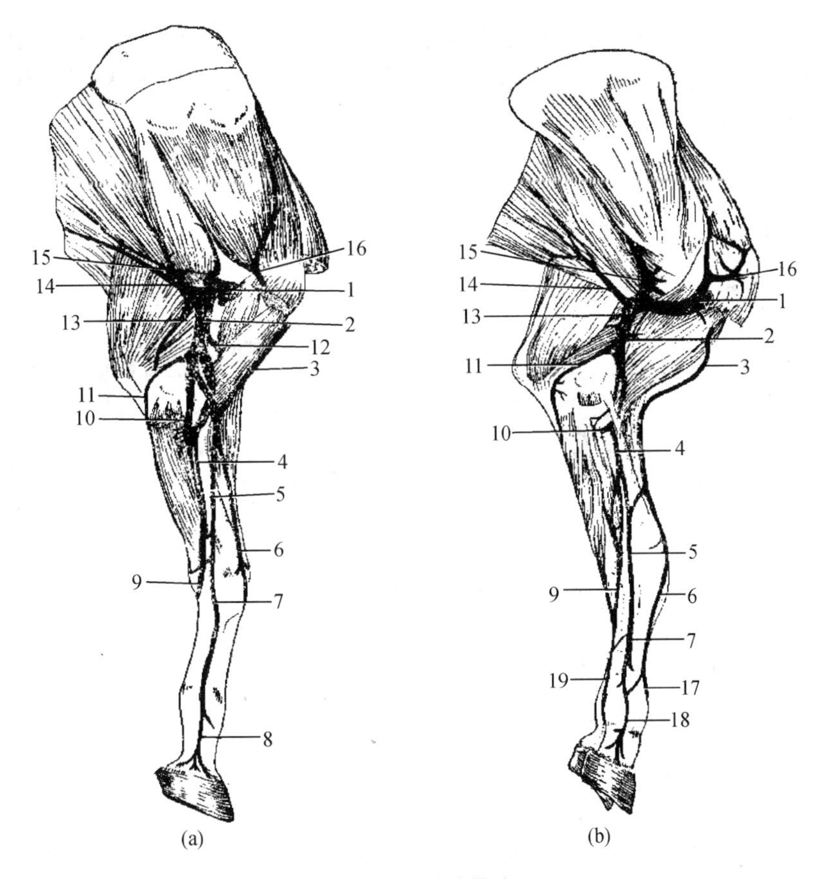

图 9-17 后肢静脉

(a)马 (b)牛

1. 后腔静脉 2. 左髂总静脉 3. 右髂总静脉 4. 右髂内静脉 5. 右髂外静脉 6. 臀前静脉 7. 阴部内静脉 8. 臀后静脉 9. 尾静脉 10. 闭孔静脉 11. 股深静脉 12. 股静脉 13. 股后静脉 14. 腘静脉 15. 胫后静脉 16. 跖底浅内侧静脉 17. 趾内侧静脉 18. 跖背内侧静脉 19. 胫前静脉 20. 小腿内侧皮下静脉 21. 股前静脉 22. 腹壁后静脉 23. 旋髂深静脉 24. 跖底内侧静脉 25. 阴部腹壁静脉干

(v. cava caudalis)。沿途主要接收腰静脉、生殖腺静脉、肾静脉和肝静脉，最后入右心房。

9.6 牛乳房的血液循环

供应乳房的动脉来自于髂外动脉的阴部外动脉和阴部内动脉的会阴动脉。阴部外动脉来自髂外动脉，分布于乳房，又称为乳房动脉。阴部内动脉为髂内动脉分出臀后动脉后的直接延续。会阴腹侧动脉向前后分为两支：一支为阴唇背侧支，分布于会阴部皮肤；另一支为乳房支，向前向下与阴部外动脉的阴唇腹侧支吻合，分布于乳房。母牛的乳房动脉很粗，在乳房基部分出乳房基底前动脉和乳房基底后动脉后，其主干进入乳腺实质，又分成前、后面支，分别称为乳房前动脉和乳房后动脉，由这些主干再分支分布于乳腺实质(图 9-18)。

乳房静脉在乳房基底形成静脉环。与静脉环相连的静脉有腹壁皮下静脉、阴部外静脉和会阴静脉。乳房的大部分静脉血经阴部外静脉注入髂外静脉，一部分静脉血液经腹壁皮下静脉(又称乳静脉)注入胸内静脉，最后注入前腔静脉。会阴静脉与乳房基底后静脉相连，但因静脉瓣膜开向乳房，所以乳房静脉血液很少流向阴部内静脉。

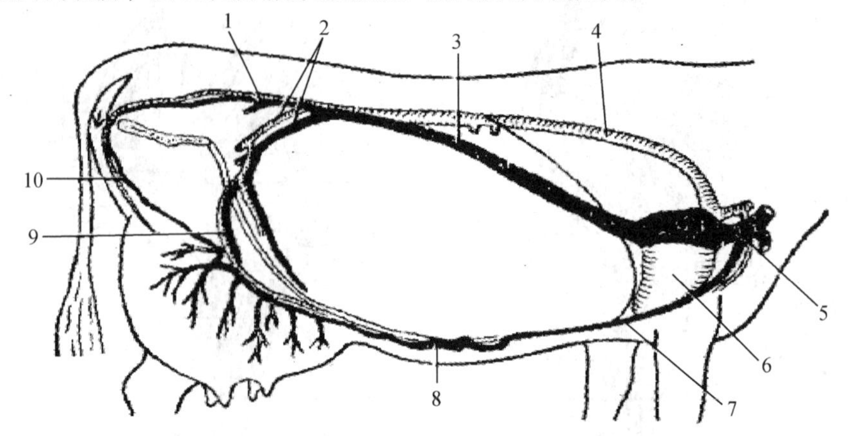

图 9-18　母牛乳房血液循环示意图

1. 髂内动、静脉　2. 髂外动、静脉　3. 后腔静脉　4. 胸主动脉　5. 前腔静脉　6. 心　7. 胸内静脉　8. 腹皮下静脉　9. 阴部外动、静脉　10. 会阴动、静脉

9.7 胎儿血液循环

胎儿在母体子宫内发育，其所需要的全部营养物质和氧都要通过胎盘由母体供应，代谢产物也要通过胎盘由母体带走。所以胎儿血液循环具有与此相适应的一些特点(图 9-19)。

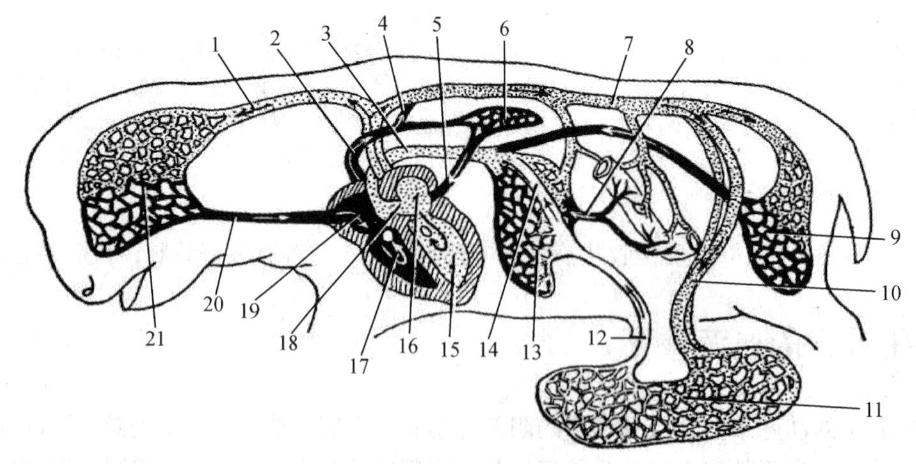

图 9-19　胎儿血液循环模式图

1. 臂头干　2. 肺干　3. 后腔静脉　4. 动脉导管　5. 肺静脉　6. 肺毛细血管　7. 腹主动脉　8. 门静脉　9. 骨盆部和后肢毛细血管　10. 脐动脉　11. 胎盘毛细血管　12. 脐静脉　13. 肝毛细血管　14. 静脉导管　15. 左心室　16. 左心房　17. 右心室　18. 卵圆孔　19. 右心房　20. 前腔静脉　21. 头颈部和前肢毛细血管

9.7.1 心脏和血管构造特点

①胎儿心脏的房间隔上有一卵圆孔(foramen ovale)，沟通左、右心房。孔的左侧有一袖套式的卵圆瓣，右心房的压力又高于左心房，所以大部分血液只能由右心房流向左心房。

②在肺动脉和主动脉之间有一短的动脉导管(ductus arteriosus)，来自右心室的大部分血液通过此导管流入主动脉，仅有很少量血液入肺。

③胎盘是胎儿与母体进行气体和物质交换的特有器官，借助于脐带和胎儿相连。脐带内有两条脐动脉和一条(马、猪)或两条(牛)脐静脉。脐动脉由髂内动脉(牛、猪)或阴部内动脉(马)分出，沿膀胱侧韧带到膀胱顶，再沿腹腔底壁向前伸延至脐孔，进入脐带，经脐带而至胎盘，在胎盘上分支形成毛细血管网。胎盘上的毛细血管汇集成脐静脉，经脐带由脐孔进入胎儿腹腔(牛的两支脐静脉入腹腔后合并成一支)，沿肝的镰状韧带伸延，经肝门入肝。

9.7.2 血液循环的途径

胎盘内富有营养物质和含氧较多的动脉血，经脐静脉进入胎儿肝内，经过肝的窦状隙(在此与来自门静脉的血液混合)后，最后汇合成数支肝静脉，注入后腔静脉(在牛有部分脐静脉血液经静脉导管直接到后腔静脉)，与来自胎儿身体后半部的静脉血相混合，注入右心房，大部分血液又经卵圆孔到左心房，再经左心室到主动脉及其分支，其中大部分到头、颈和前肢。

来自胎儿身体前半部的静脉血，经前腔静脉入右心房到右心室，再入肺动脉。由于肺尚无功能活动，因此，肺动脉中的血液仅少量入肺，而大部分经动脉导管到主动脉，主要到身体后半部，并经脐动脉到胎盘。

由上可看出，胎儿体内的血液大部分是混合血，但混合的程度不同。到肝、头颈和前肢的血液含氧和营养物质较多，以适应肝的功能活动和头部及前肢发育较快的需要。到肺、躯干和后肢的血液，含氧和营养物质则较少。

9.7.3 出生后的变化

胎儿出生后，由于肺开始呼吸和胎盘循环的中断，血液循环也发生了下列的变化。

①卵圆孔的封闭　由于肺静脉流回左心房的血液量增多，内压增高，致使卵圆孔的瓣膜与房间隔贴连，结缔组织增生变厚，将卵圆孔封闭，形成卵圆窝。此后，心脏的左半部和右半部完全分开，左半部为动脉血，右半部为静脉血。

②动脉导管的闭锁　胎儿开始呼吸后，肺循环建立。肺动脉的血液全部流入肺内，而不再经过动脉导管流入主动脉，于是动脉导管逐渐闭锁，成为动脉导管索(动脉韧带)。

③脐动脉、静脉的退化　胎儿出生后，切断脐带，胎盘循环终止，脐动脉的体内部分仅保留从髂内动脉(牛)或阴部内动脉(马)到膀胱的一段，其远侧部闭塞变为坚实的膀胱圆韧带；脐静脉也闭塞萎缩成为肝圆韧带，牛的静脉导管则成为静脉导管索。

(白志坤　冯新畅 编写　冯新畅　白志坤 校)

第 10 章
淋巴系统

10.1 概述

淋巴系统是由淋巴管组成的管道系统和由淋巴组织(含有大量淋巴细胞的网状组织)为主要成分所构成的淋巴器官两部分组成。

淋巴管为输送淋巴的管道。淋巴来自组织液，当血液经动脉输送到毛细血管时，其中一部分液体经毛细血管渗出，进入组织间隙形成组织液。组织液与组织、细胞进行物质交换后，大部分渗入毛细血管的静脉端，直接返回血流；另一部分则渗入周围毛细淋巴管，成为淋巴。淋巴沿淋巴管向心流动时，必须通过一定部位的淋巴结，后者汇集一定部位的淋巴。全身淋巴管最后汇合成两条淋巴导管——胸导管和右淋巴导管，分别开口于前腔静脉或相应的颈静脉。由此可见，淋巴管是协助体液回流的一条径路，也可视为静脉系的补充管道。

淋巴是无色透明的液体，其化学成分类似血浆，通过淋巴结后含有较多的淋巴细胞；来自肠壁的淋巴则含有大量脂肪小滴，呈乳白色，常称为乳糜。

正常情况下，组织液的生成和回流是相对平衡的，如果组织液产生多或回流少，就会发生水肿、腹水等病理现象。

淋巴器官的种类很多，根据其发生和作用的不同，可分为初级淋巴器官和次级淋巴器官两类。初级淋巴器官又称中枢淋巴器官，包括胸腺和腔上囊类似器官；次级淋巴器官又称外周淋巴器官，包括淋巴结、脾、扁桃体以及消化道和呼吸道等上皮下淋巴组织。

中枢和外周淋巴器官的主要区别是：中枢淋巴器官发育较早，来源于骨髓的造血干细胞，在此类器官所产生的激素影响下，可分化为胸腺依赖细胞(简称 T 淋巴细胞)与骨髓依赖细胞或腔上囊依赖细胞(简称 B 淋巴细胞)，淋巴细胞在中枢淋巴器官内增生不需要抗原刺激，它们向外周淋巴器官输送 T 或 B 淋巴细胞，决定着外周淋巴器官的发育。外周淋巴器官发育较迟，其淋巴细胞是由中枢淋巴器官迁移来的，往往要靠抗原刺激增殖，T 淋巴细胞转化为免疫淋巴细胞，起细胞免疫作用；B 淋巴细胞转化为产生抗体的浆细胞，参与身体的体液免疫。

10.1.1 淋巴管

淋巴管几乎遍布全身，仅无血管分布的器官(如上皮、角膜、晶状体、齿等以及中枢神经等少数部位)没有。淋巴管按汇集顺序、口径大小以及管壁厚薄，可分为毛细淋巴管、淋巴管、淋巴干和淋巴导管。

10.1.1.1 毛细淋巴管

毛细淋巴管是淋巴管的起始部分，以盲端起始于组织间隙，且互相吻合成网。毛细淋巴管的构造与毛细血管相似，是由一层内皮细胞构成的，但管腔较大，且不规则，通透性亦大。

10.1.1.2 淋巴管

淋巴管由毛细淋巴管逐渐汇集而成，其构造与静脉管相似，但管壁较薄，瓣膜更多，使淋巴管的外观呈串珠状。在淋巴管的通道上有数目不定的淋巴结。进入淋巴结的淋巴管为输入管；离开淋巴结的淋巴管为输出管，通常输入管数目较多。

淋巴管按部位可分浅、深两类：浅淋巴管多呈辐射状，分布于皮下淋巴结的周围，收集皮肤和皮下组织的淋巴；深淋巴管常与深部血管、神经伴行，收集肌、肌腱、骨、骨膜、韧带、关节囊、浆膜、滑膜和内脏等处的淋巴。

10.1.1.3 淋巴干

淋巴干为深、浅淋巴管通过一些淋巴结后，汇集而成的较大淋巴管，在身体的每一个大部位，一般都有一条或一对淋巴干，并与大血管伴行(图10-1)，主要有以下几条：

①气管干　又称颈干，一对，位于气管两侧，沿颈总动脉向后伸延，左气管干注入胸导管；右气管干注入右淋巴导管或前腔静脉或颈静脉。气管干收集头、颈和前肢的淋巴。

②腰干　由髂内侧淋巴结的输出管构成，沿腹主动脉和后腔静脉向前伸延，注入乳糜池。腰干收集骨盆壁、部分腹壁、后肢、盆腔器官的淋巴。

③内脏干　很短，由腹腔干和肠干汇合而成，注入乳糜池。腹腔干收集胃、脾、肝、胰和十二指肠的淋巴，与腹腔动脉伴行。肠干收集空肠、回肠、盲肠和结肠的淋巴，与肠系膜前动脉伴行。

10.1.1.4 淋巴导管

淋巴导管为由淋巴干汇集而成的大淋巴管(图10-1)，有下列两条：

①乳糜池和胸导管　乳糜池为胸导管后端的膨大部，呈纺锤形、长椭圆形或不规则囊管状(牛多不形成膨大)，位于最后胸椎至第2腰椎腹侧、在腹主动脉的右背侧，前端在膈右脚与腹主动脉之间穿过主动脉裂孔进入胸腔延续为胸导管。汇注于乳糜池的有腰干、肠干、腹腔干以及附近器官(如膈肌)的淋巴管等。

胸导管在最后胸椎腹侧起始于乳糜池，在胸主动脉和右奇静脉之间(在马)或沿胸主动脉的右侧(在牛)向前伸延，至第6胸椎附近，越过食管和气管的左侧面转而向腹侧伸延，至第1肋骨前缘汇注于前腔静脉或左颈静脉。胸导管的前端常略呈膨大，且有一对或一枚瓣膜。胸导管收集两后肢、盆腔器官、腹壁、腹腔内器官、胸壁左半部、胸腔内器官、左前肢以及头、颈左半部的淋巴。

②右淋巴导管　短而粗，在胸腔前口处紧靠气管，由右颈浅淋巴中心、右颈深淋巴中心、右腋淋巴中心的输出管和右气管干汇合而成，在第1肋骨附近汇注于前腔静脉或右颈静脉。右淋巴导管仅仅收集右前肢、右侧头颈部和胸壁右半部的淋巴。

10.1.2 淋巴结

淋巴结位于淋巴管的通路上，其大小不一，小的如黄豆，大的有鸡蛋大；形状有呈豆

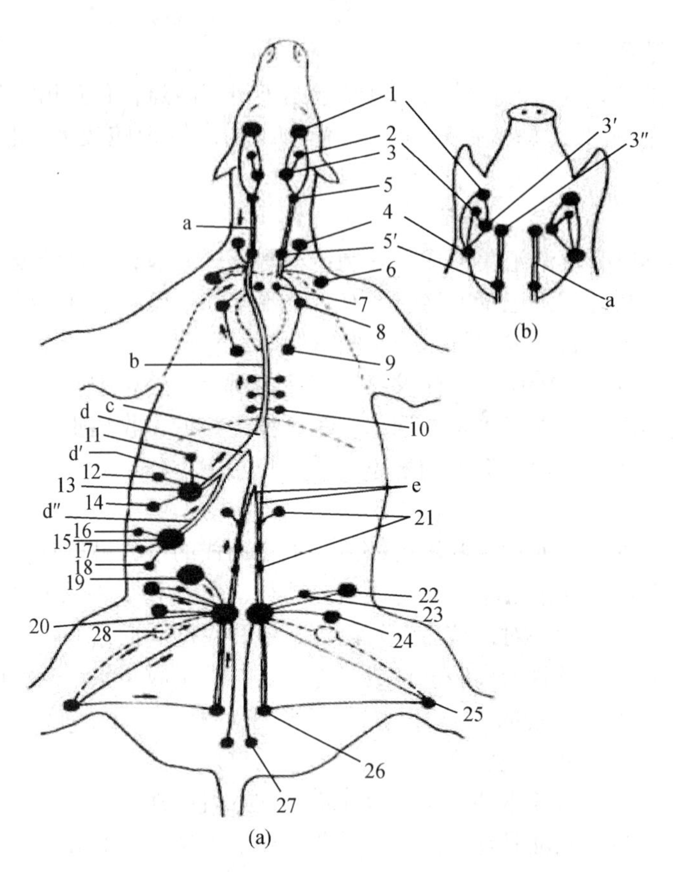

图 10-1 淋巴中心、淋巴干和淋巴导管分布模式图

(a)家畜全身淋巴中心和淋巴导管分布模式图 (b)猪头颈部淋巴中心模式图

a. 气管干 b. 胸导管 c. 乳糜池 d. 内脏干 d′. 腹腔干 d″. 肠干 e. 腰干

1. 下颌淋巴中心 2. 腮腺淋巴中心 3. 咽后淋巴中心 3′. 咽后外侧淋巴结 3″. 咽后内侧淋巴结 4. 颈浅淋巴中心 5. 颈深前淋巴结 5′. 颈深后淋巴结 6. 腋淋巴结 7. 胸腹侧淋巴结 8. 纵隔淋巴结 9. 支气管淋巴中心 10. 胸背侧淋巴中心 11. 肝淋巴结 12. 胃淋巴结 13. 腹腔淋巴中心 14. 脾淋巴结(牛无) 15. 肠系膜淋巴中心 16. 空肠淋巴结 17. 盲肠淋巴结 18. 升结肠淋巴结 19. 肠系膜后淋巴中心 20. 髂内淋巴结 21. 腰淋巴中心 22. 髂下淋巴结 23. 髂外淋巴结 24. 腹股沟淋巴结 25. 腘淋巴结 26. 坐骨淋巴中心 27. 肛门淋巴结 28. 腹股沟深淋巴结(马)

形、椭圆形或不规则形，常于一侧凹陷，称为淋巴结门，是血管、神经和淋巴管进出之处。淋巴结单独或成群存在，其颜色变异很大，在活体上呈粉红色或淡红棕色，死后则呈灰色或灰黄色。支气管淋巴结因灰尘的沉积而呈黑色，肠系膜淋巴结因乳糜通过而呈乳白色。与淋巴结交通的淋巴管有输入管和输出管两种：前者有若干条，收集身体一定部位的淋巴，从淋巴结的表面进入淋巴结内(猪的是从类似门部凹陷进入的)；后者只有 1 ~2 条，由淋巴结通出。当淋巴通过淋巴结时，其中携带的异物或细菌可被扣留或吞噬；在淋巴结内产生的淋巴细胞则进入淋巴而被运至血流；此外，淋巴结内还能产生抗体，是动物体内重要的防卫器官。所以，细菌入侵的部位，其附近的淋巴结常发生疼痛、肿胀、化脓等病理变化。淋巴管也是细菌蔓延的通道，因此，了解淋巴结的形态、位置以及淋巴的收集范围和流向，在诊断、尸体解剖和肉品检验上都具有重要的实践意义。

淋巴结(图10-2)由被膜和实质构成，被膜伸入实质内，形成小梁。

(1)被膜和小梁

被膜为包在淋巴结表面的一层致密结缔组织膜，内含少量弹性纤维和平滑肌纤维。小梁由被膜分出，伸入淋巴结内部彼此交织构成网状支架。

(2)实质

实质为淋巴组织(由网状组织和淋巴细胞组成)，位于被膜下和小梁之间，可分为皮质和髓质两部分。

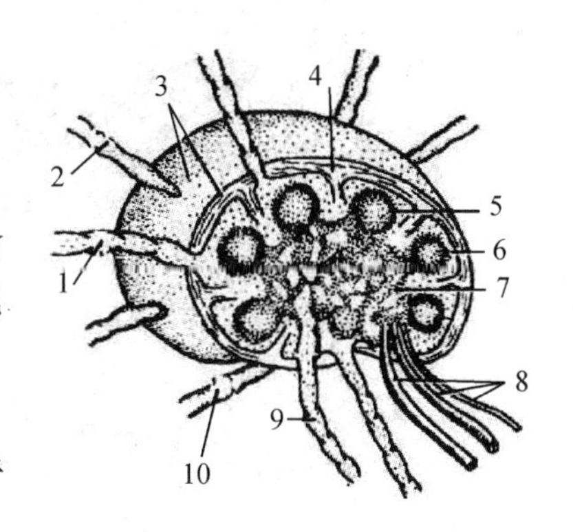

图10-2 淋巴结构造模式图

1. 淋巴输入管（剖开，示瓣膜） 2. 淋巴输入管 3. 被膜 4. 小梁 5. 淋巴小结 6. 淋巴窦 7. 髓索 8. 脉管、神经 9. 淋巴输出管（剖开，示瓣膜） 10. 淋巴输出管

①皮质　为位于被膜下的外周部分，包括淋巴小结、副皮质区和皮质淋巴窦3部分。

淋巴小结：呈圆形或椭圆形，由淋巴细胞集合而成。多数淋巴小结可明显地区分为着色浅淡的中央区和较深的周围区。中央区内除网状细胞外，主要为大、中型淋巴细胞和少量的小淋巴细胞、浆细胞。此处能产生新的淋巴细胞，所以称为生发中心。发炎时，生发中心有大量巨噬细胞出现，故又称反应中心。周围区主要为大量密集的小淋巴细胞。

副皮质区：是指分布在淋巴小结之间及其深面的一些弥散淋巴组织。

皮质淋巴窦：指位于被膜、小梁和淋巴小结之间互相连通的腔隙。窦壁内表面衬着由网状细胞构成的内皮。内皮细胞间有小孔，窦内淋巴经此小孔渗入淋巴小结，而淋巴小结中的淋巴细胞也经此小孔游走到皮质淋巴窦内。

②髓质　位于淋巴结的中央和门部，包括髓索和髓质淋巴窦两部分。

髓索与淋巴小结相连，为密集排列呈索状的淋巴组织，它们穿行于小梁之间，且彼此连接呈网状。髓质淋巴窦位于髓索之间或髓索与小梁之间，其结构与皮质淋巴窦相同。

输入管穿过被膜进入淋巴结内与皮质淋巴窦通连，经髓质淋巴窦汇合成输出管，由淋巴结门出淋巴结。淋巴通过淋巴窦时，其中的细菌和异物被网状细胞吞噬。

猪的淋巴结与上述淋巴结的组织学结构是不相同的。其特点是淋巴小结位于淋巴结的中央，而索状的淋巴组织则位于淋巴结的外周部。输入管只在一处(很少有数处)穿入被膜到淋巴结内，最后汇合成若干条输出管，在淋巴结表面的几处离开淋巴结。

10.2 家畜体内主要淋巴结和淋巴管

在家畜中，一个淋巴结或淋巴结群经常位于身体的相同部位，并接受几乎相同区域的输入管，这个淋巴结或淋巴结群，称为该区的淋巴中心(图10-1)。牛、羊、猪有18个淋巴中心，马有19个。这些淋巴中心，分属于以下7个部位：头部3个；颈部2个；前肢1个；胸腔4个；腹腔内脏3个；腹壁和骨盆壁4个；后肢1个(牛、羊、猪)或2个(马)。

10.2.1 头部淋巴中心

头部有3个淋巴中心，即腮腺淋巴中心、下颌淋巴中心和咽后淋巴中心(图10-3、图10-4)。

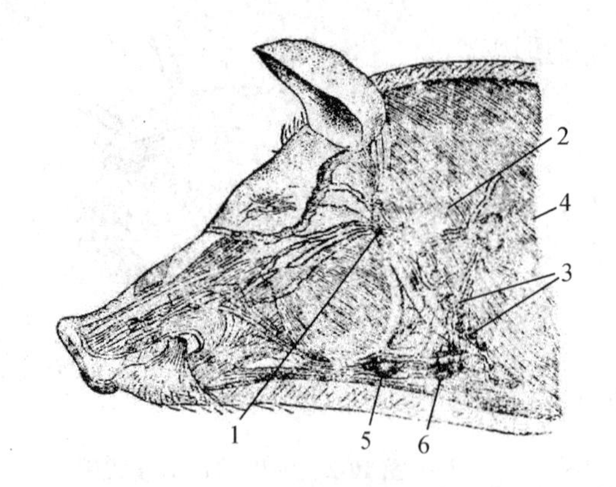

图 10-3 猪头部淋巴结

1. 腮腺淋巴结 2. 咽后外侧淋巴结 3. 颈浅腹侧淋巴结
4. 颈浅背侧淋巴结 5. 下颌淋巴结 6. 下颌副淋巴结

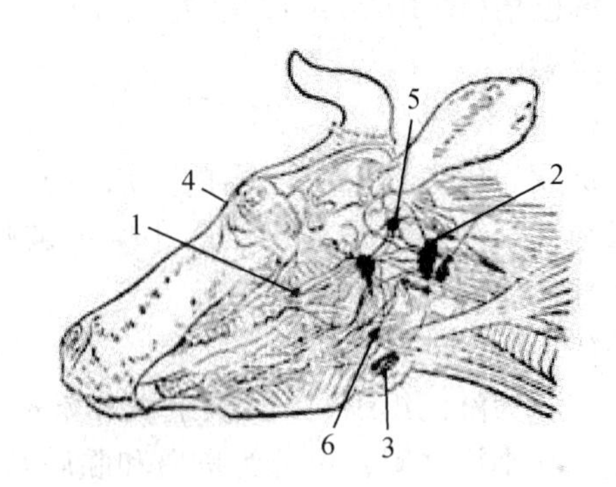

图 10-4 牛头部淋巴结

1. 翼肌淋巴结 2. 咽后外侧淋巴结 3. 下颌淋巴结
4. 咽后内侧淋巴结 5. 舌骨后淋巴结 6. 舌骨前淋巴结

10.2.1.1 腮腺淋巴中心

腮腺淋巴中心仅有一群，即腮腺淋巴结，位于下颌骨支后缘、在颞下颌关节的下方，部分或全部被腮腺前缘所覆盖。马的腮腺淋巴结不如牛、猪的发达。

输入管来自颅部、眼部(马、牛、猪)以及唇、颊、腭、鼻部和外耳周围(牛、猪)的皮肤和肌。输出管注入咽后外侧淋巴结(马、牛、猪)，少数注入颈浅淋巴结(猪)。

10.2.1.2 下颌淋巴中心

下颌淋巴中心包括下颌淋巴结(马、牛、猪)、下颌副淋巴结(猪)和翼肌淋巴结(牛)。

①下颌淋巴结　位于下颌间隙皮下。马的发达，在下颌舌骨肌与皮下之间，长 9 ~ 15cm，左、右下颌淋巴结排列呈顶端向前的“V”形；牛的呈卵圆形，在胸头肌(前端)与皮下之间，长 2.0 ~ 4.5cm；猪的也呈卵圆形，位于下颌腺前方皮下，长 2 ~ 3cm。输入管来自面部、鼻腔前半部、口腔和唾液腺。输出管注入咽后外侧淋巴结、颈浅背侧淋巴结或下颌副淋巴结(猪)。

②下颌副淋巴结　仅猪有，位于下颌腺下端后方、在舌面静脉干汇入颈外静脉处。输入管来自下颌淋巴结以及头、颈部腹侧的皮肤和浅层肌肉。输出管主要注入颈浅背侧淋巴结和颈浅腹侧淋巴结。

③翼肌淋巴结　位于上颌结节附近、在翼肌的外侧。输入管来自硬腭和齿龈。输出管注入下颌淋巴结。

10.2.1.3 咽后淋巴中心

咽后淋巴中心主要有两群，即咽后外侧淋巴结和咽后内侧淋巴结。此外，在牛还有舌骨前淋巴结和舌骨后淋巴结。

①咽后外侧淋巴结　又称咽旁淋巴结，位于咽后浅部、在寰椎翼的腹侧，部分或全部被腮腺和下颌腺覆盖(在猪通常不易与颈浅腹侧淋巴结的前组相区分)。

②咽后内侧淋巴结　在牛又称咽背侧淋巴结，位于咽壁后背外侧、在茎突舌骨内侧。

输入管来自腮腺区的皮肤和肌、颈前部的皮肤和肌、唾液腺、口腔、咽、喉、甲状腺、鼻腔后半部以及腮腺淋巴结和下颌淋巴结的输出管。输出管注入颈浅淋巴结(马)、气管干

（牛、猪）或颈浅背侧淋巴结（猪）。

③舌骨前淋巴结　位于甲状舌骨附近。输入管来自舌，输出管注入咽后外侧淋巴结。

④舌骨后淋巴结　位于茎突舌骨背端附近的外侧。输入管来自下颌，输出管注入咽后外侧淋巴结。

10.2.2　颈部淋巴中心

颈部有两个淋巴中心（图10-5），即颈浅淋巴中心和颈深淋巴中心。

10.2.2.1　颈浅淋巴中心

颈浅淋巴中心在马和牛、羊只有一群，即颈浅淋巴结；在猪分颈浅背侧、中和腹侧淋巴结3群。

①颈浅淋巴结　又称肩前淋巴结，呈长椭圆形，位于肩关节的前上方，在冈上肌前缘、臂头肌（在马）或臂头肌和肩胛横突肌（在牛、羊）的深面。输入管来自头后半部（马）、颈、胸壁和前肢皮肤以及肩、臂部的肌。右侧输出管注入右气管干；左侧输出管注入颈深淋巴结（在马）或胸导管（在牛）。

②颈浅背侧淋巴结　相当于马、牛的颈浅淋巴结，位于肩关节的前上方、在颈斜方肌和肩胛横突肌的深面、锁骨下肌前方。通常呈卵圆形，长3～4cm。输入管来自咽后外侧淋巴结和颈浅腹侧淋巴结、颈部和胸部前半部的皮肤和肌以及前肢内、外侧的皮肤和腕关节以下的肌肉、关节。输出管注入气管干或颈静脉。

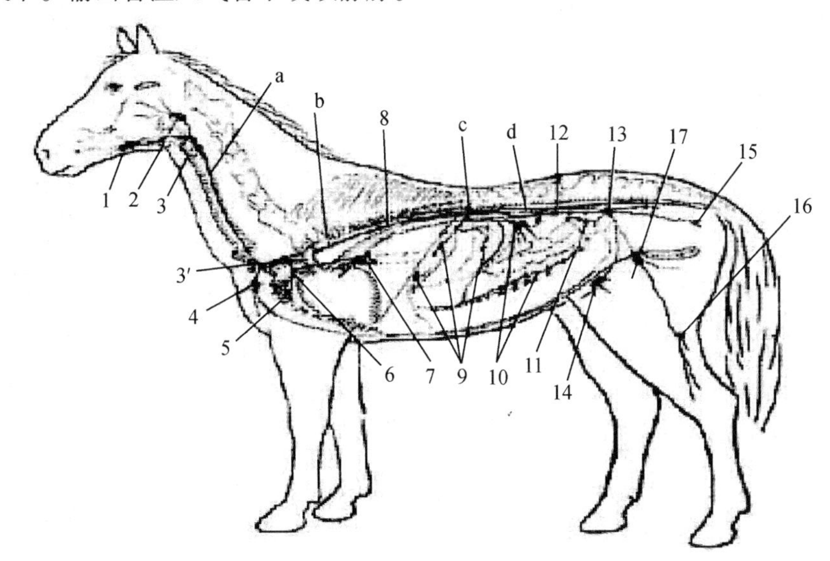

图10-5　淋巴中心分布模式图

a. 气管干　b. 胸导管　c. 乳糜池　d. 腰干

1. 下颌淋巴结　2. 咽后淋巴中心　3. 颈前淋巴结　3′. 颈后淋巴结　4. 腋淋巴结　5. 胸腹侧淋巴结　6. 纵隔淋巴结　7. 气管淋巴中心　8. 胸背侧淋巴中心　9. 腹腔淋巴中心　10. 肠系前膜淋巴中心　11. 肠系后膜淋巴中心　12. 腰淋巴中心　13. 髂内淋巴结　14. 腹股沟浅淋巴结　15. 坐骨淋巴中心　16. 腘淋巴中心　17. 腹股沟深淋巴结

③颈浅中淋巴结 不常存在，位于肩关节前方，在臂头肌深面、颈浅静脉的径路上。输入管来自颈浅背侧淋巴结；输出管注入气管干。

④颈浅腹侧淋巴结 位于颈静脉沟内，有5~8个形成一串，其背侧与咽后外侧淋巴结几乎相接，腹侧与下颌副淋巴结相接。输入管来自下颌淋巴结、下颌副淋巴结、腮腺淋巴结以及前肢、颈部、胸侧壁和胸底壁的浅淋巴管(在母猪包括前2~3个乳房的淋巴管)。输出管注入颈浅背侧淋巴结或气管干。

10.2.2.2 颈深淋巴中心

颈深淋巴中心位于气管径路上，包括颈深前、中、后3群淋巴结和肋颈淋巴结(牛、绵羊)。颈深淋巴结在马、牛、羊经常有前、后2群；在猪常有后群，前、中群较小或不常存在。

①颈深前淋巴结 位于甲状腺附近的气管侧面。输入管来自颈部肌肉、颈椎、气管、食管、甲状腺、胸腺以及下颌淋巴结和咽淋巴结等。输出管注入气管干(马、牛)；经颈深中、后淋巴结入气管干或直接注入颈静脉(在猪)。

②颈深中淋巴结 位于颈中部气管侧壁上。输入管同颈深前淋巴结；输出管注入颈深后淋巴结。

③颈深后淋巴结 位于第1肋骨前方、气管的腹侧，与腋淋巴结相接(在猪)，有时与颈浅淋巴结相接(在马)或在肋颈淋巴结附近(在牛、羊)。输入管同颈深前、中淋巴结以及肩、臂部的皮肤和皮肌。输出管注入气管干、胸导管或直接注入颈静脉。

④肋颈淋巴结 位于第1肋骨前内侧、肋颈动脉干起始处。输入管来自颈后部和肩带肌、肋胸膜、气管和纵隔前淋巴结的输出管。注入胸导管(左)或右气管干。

10.2.3 前肢淋巴中心

前肢只有一个淋巴中心，即腋淋巴中心(图10-6)。马的前肢长，由下而上依次有3个淋巴结群：肘淋巴结，固有腋淋巴结，第1肋腋淋巴结。牛的前肢较短，没有肘淋巴结(羊有时有)。猪的前肢最短，仅有第1肋腋淋巴结。

①肘淋巴结 在马和绵羊位于肘关节的内侧、在臂二头肌和臂三头肌内侧头之间。其输入管来自前肢肘关节以下的皮肤、肌肉、骨和关节；输出管注入固有腋淋巴结。

②固有腋淋巴结 位于肩关节后方、大圆肌远侧部的内侧。其输入管来自前肢(牛)、肘淋巴结输出管、肩臂部和胸壁(马)。输出管注入颈深后淋巴结或第1肋腋淋巴结。

③第1肋腋淋巴结 在胸深肌深面、位于第1肋骨与胸骨相连处的前外侧面。其输入管来自前肢和颈下部肌(在猪)或肩、臂部肌和固有腋淋巴结；输出管注入颈深后淋巴结(马)，气管干或胸导管(在牛、猪)。

图10-6 牛前肢淋巴中心

1. 第1肋腋淋巴结
2. 固有腋淋巴结

10.2.4 胸壁和胸腔内的淋巴中心

胸壁和胸腔内的淋巴中心有4个(图10-5)，即胸背侧淋巴中心、胸腹侧淋巴中心、纵隔淋巴中心和支气管淋巴中心。

10.2.4.1 胸背侧淋巴中心

胸背侧淋巴中心在马和牛、羊有两群，即肋间淋巴结和胸主动脉淋巴结(纵隔背侧淋巴结)；在猪仅有胸主动脉淋巴结。

①肋间淋巴结 位于各肋间隙近肋骨头的胸膜下、在交感神经干背侧的脂肪内。输入管来自背部肌肉、椎管、脊柱、膈、肋间肌和胸膜；输出管注入纵隔淋巴结或胸主动脉淋巴结。

②胸主动脉淋巴结 位于胸主动脉与胸椎椎体之间的脂肪内。输入管来自胸壁上半部的肌肉、胸膜、纵隔、肋间淋巴结和纵隔后淋巴结的输出管；输出管注入胸导管、纵隔淋巴结。

10.2.4.2 胸腹侧淋巴中心

胸腹侧淋巴中心包括胸骨淋巴结和膈淋巴结。胸骨淋巴结又分胸骨前淋巴结和胸骨后淋巴结。

①胸骨前淋巴结 位于胸骨柄背侧、在左右胸廓内动脉之间。

②胸骨后淋巴结 牛、羊常有，马不固定，猪无此淋巴结，位于胸骨中部、在胸廓横肌的深面，沿胸廓内动、静脉分布。胸腹侧淋巴中心的输入管来自胸底壁、腹底壁的肌肉、胸骨、肋骨、胸膜、心包、膈以及前数对乳腺(在猪)；输出管注入纵隔淋巴结(在马)、胸导管或右气管干(在牛、猪)。

③膈淋巴结 马、牛常见，位于膈胸腔面、在后腔静脉孔附近。输入管来自膈、纵隔；输出管注入纵隔后淋巴结。

10.2.4.3 纵隔淋巴中心

位于纵隔内，在牛、马有3群，即纵隔前、中、后淋巴结；绵羊常无纵隔中淋巴结；猪仅有纵隔前淋巴结，但偶尔也能见到纵隔后淋巴结或纵隔中淋巴结。

10.2.5 腹腔内脏的淋巴中心

腹腔内脏有3个淋巴中心(图10-5)，即腹腔淋巴中心、肠系膜前淋巴中心和肠系膜后淋巴中心。

10.2.5.1 腹腔淋巴中心

在牛、羊有4群，即腹腔淋巴结、胃淋巴结、肝淋巴结和胰十二指肠淋巴结。在马和猪还有一群脾淋巴结。

①腹腔淋巴结 位于腹腔动脉起始部周围。输入管来自胃、肝、脾和胰十二指肠淋巴结的输出管；输出管注入腹腔干。腹腔干注入乳糜池，或和肠淋巴干汇合成内脏干，注入乳糜池。

②胃淋巴结 在马、猪位于胃小弯贲门附近。输入管来自胃、胰、食管、纵隔和膈；输

出管注入腹腔淋巴结。

牛、羊的胃淋巴结位于浆膜下、沿胃各室血管分布，因其所在部位分下述淋巴结：

瘤胃淋巴结：分布于瘤胃。位于瘤胃前庭右侧、贲门后方的为前庭淋巴结，一般有3～4个；沿瘤胃右纵沟分布的为瘤胃右淋巴结，一般有4～5个；沿瘤胃左纵沟分布的为瘤胃左淋巴结，一般有1～2个；深位于瘤胃前沟内的为瘤胃前淋巴结，一般有4～5个。

网胃淋巴结：位于网胃上、在网胃与瓣胃连接部附近，一般有5～7个。

瓣胃淋巴结：位于瓣胃表面，沿瓣皱胃动脉背侧支分布。

皱胃背、腹侧淋巴结：分别沿皱胃小弯和大弯分布。

上述淋巴结的输入管来自胃的各相当部分，以及脾和十二指肠。输出管汇集成胃淋巴结总输出管，经肠总干注入乳糜池。

③肝淋巴结　位于肝门附近，沿肝动脉和门静脉分布。输入管来自肝、胆囊、十二指肠、胰和网膜等；输出管注入腹腔淋巴结。

④脾淋巴结　牛无此淋巴结，位于脾门附近，沿脾动、静脉分布。输入管来自脾、胃大弯、胰和网膜；输出管注入腹腔淋巴结或肠干。

⑤胰十二指肠淋巴结　位于十二指肠和胰之间。输入管来自十二指肠、胰、胃、结肠旋襻(牛)和网膜；输出管注入腹腔淋巴结。

⑥网膜淋巴结　仅马有，位于大网膜内、沿网膜动脉分布。输入管来自胃大弯和大网膜；输出管注入脾淋巴结。

10.2.5.2　肠系膜前淋巴中心

肠系膜前淋巴中心有4群，即肠系膜前淋巴结、空肠淋巴结、盲肠淋巴结和结肠淋巴结。

①肠系膜前淋巴结　位于肠系膜前动脉起始部附近。输入管来自空肠淋巴结、盲肠淋巴结、结肠淋巴结的输出管以及胰、肾上腺和腹主动脉；输出管汇合成肠干注入乳糜池。

②空肠淋巴结　在马位于空肠系膜根部，不易与肠系膜前淋巴结区分；在牛、羊位于空回肠系膜内、在结肠旋襻和空回肠肠环之间；在猪特别发达，位于空回肠系膜内，排成两行，其间由空肠动脉和脂肪隔开。输入管来自空肠和回肠、结肠旋襻(牛)；输出管注入肠系膜前淋巴结，或汇合成肠干注入乳糜池。

③盲肠淋巴结　在牛、羊和猪，位于回肠末部和盲肠之间的回盲襞内，数量较少；在马，沿盲肠带分布，数量多。输入管来自盲肠和回肠；输出管注入肠系膜前淋巴结或肠干。

④结肠淋巴结　在牛、羊和猪，位于结肠旋襻内，数量多；在马，位于上、下大结肠之间的系膜内。输入管来自结肠、盲肠和回肠；输出管注入肠系膜前淋巴结或肠干。

10.2.5.3　肠系膜后淋巴中心

牛、羊、猪只有一群，即肠系膜后淋巴结，随肠系膜后动脉及其分支分布于降结肠和直肠前部的系膜内。输入管来自降结肠、直肠；输出管注入髂内侧淋巴结和主动脉腰淋巴结。马除肠系膜后淋巴结外，在膀胱侧韧带还有膀胱淋巴结。

10.2.6　腹壁和骨盆壁的淋巴中心

腹壁和骨盆壁有4个淋巴中心，即腰淋巴中心、髂荐淋巴中心、腹股沟浅淋巴中心和坐骨淋巴中心。

10.2.6.1 腰淋巴中心

腰淋巴中心有4群，即主动脉腰淋巴结（腰淋巴结）、固有腰淋巴结（牛）、肾淋巴结和公猪的睾丸淋巴结（在母马为卵巢淋巴结）。

①主动脉腰淋巴结 沿腹主动脉和后腔静脉分布、在肾到旋髂深动脉分支部的腹膜下。输入管来自腰部和腹壁上半部的肌肉、腹膜、肾、肾上腺、生殖器官、髂内侧淋巴结和髂外侧淋巴结；输出管注入腰干或乳糜池。

②固有腰淋巴结 在牛，位于腰椎横突之间、椎间孔附近，为小的淋巴结，或没有。

③肾淋巴结 位于肾门附近，在肾动、静脉周围。输入管来自肾、肾上腺、输尿管和腹膜；输出管注入髂淋巴结（马）或乳糜池（牛、猪）。

④睾丸淋巴结 见于公猪，位于精索内、睾丸血管周围。输入管来自睾丸；输出管注入主动脉腰淋巴结。卵巢淋巴结：母马有此淋巴结，位于子宫阔韧带前部，卵巢动、静脉周围。输入管来自卵巢和子宫角；输出管注入主动脉腰淋巴结。

10.2.6.2 髂荐淋巴中心

髂骨和荐骨区域主要有4个淋巴结群，即髂内侧淋巴结、髂外侧淋巴结、荐淋巴结和肛门直肠淋巴结。

①髂内侧淋巴结 位于旋髂深动脉起始部和髂外动脉起始部附近，是身体后部的淋巴枢纽，也是左、右两条腰干的起点，它不但是髂荐淋巴中心的总汇，而且除腰淋巴中心和内脏干系统外，其他后躯的淋巴包括腰荐部的肌肉以及腹壁的后部、后肢的深部结构（肌肉、关节、腱和骨）都汇到这里，然后由腰干向前注入乳糜池。

②荐淋巴结 位于两侧髂内动、静脉的夹角内。输入管来自臀部和股部的肌肉，以及尾部和泌尿生殖器官；输出管注入髂内侧淋巴结。

③髂外侧淋巴结 靠近髋结节、位于旋髂深动脉分叉处附近。输入管来自腰荐部和腹部的肌肉以及后上部腹膜，也来自髂下淋巴结；输出管注入髂内侧淋巴结或荐淋巴结。

④肛门直肠淋巴结 有数个，位于直肠腹膜后部的背侧面。输入管来自肛门、会阴、直肠和尾肌；输出管注入荐淋巴结和髂内侧淋巴结。

此外，马还有闭孔淋巴结，位于闭孔动脉前缘、在髂股动脉起始部附近。

10.2.6.3 腹股沟浅淋巴中心

腹股沟浅淋巴中心主要有两大群，即腹股沟浅淋巴结和髂下淋巴结。

①腹股沟浅淋巴结 位于腹底壁皮下、大腿内侧，在腹股沟管皮下环附近。在公畜又称阴囊淋巴结，位于阴囊前下方、阴茎的两侧；在母畜又称乳房淋巴结，在母马和母牛位于乳房底后上方；在母猪则位于最后1～2对乳房的外侧。输入管来自腹腔底壁的皮肤、腹肌、大腿内侧、后方和小腿内侧的皮肤，公畜的阴茎、包皮和阴囊，母畜的乳房和外生殖器；输出管经腹股沟管入腹腔，入髂内侧淋巴结。

②髂下淋巴结 又称股前淋巴结或膝上淋巴结，位于髋结节和膝盖骨之间、在阔筋膜张肌前缘的皮下。输入管来自臀部、股部和腰腹部的皮肤，躯干皮肌、阔筋膜张肌、股二头肌（猪）；输出管注入髂内淋巴结和髂外淋巴结。

此外，在牛还有一些不固定的淋巴结，如位于腰旁窝皮下的腰旁窝淋巴结；位于髋关节屈面，股直肌前缘、沿旋股外侧动、静脉分布的髋副淋巴结。输入管来自髋关节及周围肌肉；输出管注入髂内淋巴结。

10.2.6.4 坐骨淋巴中心

坐骨淋巴中心即坐骨淋巴结和臀淋巴结。

①坐骨淋巴结　位于荐结节阔韧带的外侧面固着于荐骨的部分(在马)，或在坐骨大切迹部(在牛)。输入管来自臀淋巴结和腘淋巴结；输出管注入髂内淋巴结和主动脉腰淋巴结。

②臀淋巴结　在猪、牛有此淋巴结，位于荐结节阔韧带后缘的外侧面、在坐骨小切迹背侧，被股二头肌所覆盖。输入管来自臀部后背侧区的皮肤和皮下、肛门邻近的皮肤；输出管注入坐骨淋巴结和髂内淋巴结。

此外，在牛和绵羊还有结节淋巴结，位于荐结节阔韧带后缘、坐骨结节内侧，被皮肤覆盖。输入管来自骨盆部、尾部以及股二头肌；输出管注入臀淋巴结和荐淋巴结。

10.2.7 后肢淋巴中心

在猪、犬、牛、羊只有一个腘淋巴中心(图 10-7)；在马还有一个髂股淋巴中心。

10.2.7.1 腘淋巴中心

只有一群腘淋巴结，在股二头肌和半腱肌覆盖下、位于腓肠肌起点之后。输入管来自小腿部以下的肌肉和皮肤；输出管主要注入髂内淋巴结，其中一些先注入坐骨淋巴结(在牛、猪)或注入腹股沟深淋巴结(在马)。

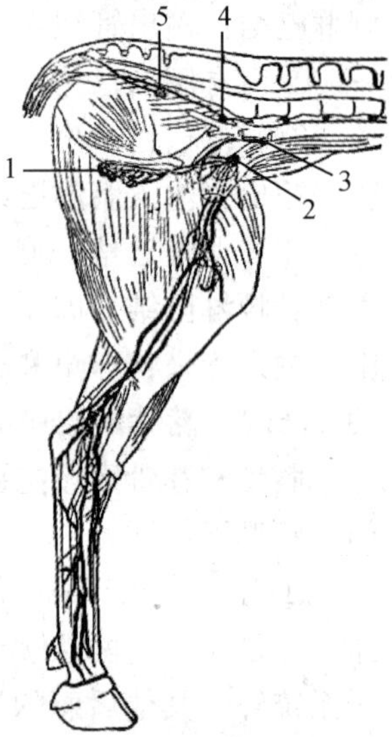

图 10-7 牛后肢淋巴中心

1. 腹股沟浅淋巴结　2. 髂骨淋巴结　3. 髂内淋巴结　4. 荐淋巴结　5. 直肠淋巴结

10.2.7.2 髂股淋巴中心

只有一个淋巴结，即腹股沟深淋巴结，又称髂股淋巴结，位于股管上部、在耻骨肌和缝匠肌之间，呈长形。输入管来自后肢、腹膜和腹壁肌以及腘淋巴结；输出管注入髂内淋巴结。

10.3 其他淋巴器官

淋巴器官除淋巴结外，还有淋巴小结、胸腺、脾和血淋巴结和扁桃体。

10.3.1 胸腺

胸腺(图 10-8)是重要的淋巴上皮器官，在胚胎发生时期，最早是一对实体的上皮细胞团，随着发育，不断增长，淋巴样细胞侵入，并由结缔组织包围，分隔而成小叶和叶，成为胸腺。

胸腺位于心前纵隔内，向前分成左、右两叶，沿气管两侧伸延至颈部。单蹄类和肉食类的胸腺主要在胸腔内；幼猪和犊牛的胸腺可向前伸达喉部。胸腺发育到一定年龄后就由前向

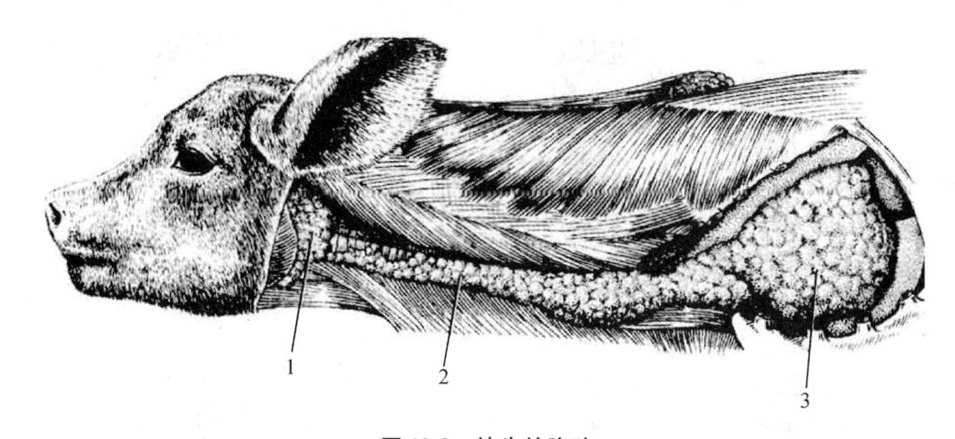

图10-8　犊牛的胸腺

1. 腮腺　2. 胸腺颈部　3. 胸腺胸部

后逐渐萎缩退化(开始退化年龄为：马2~3岁、牛4~5岁、羊1~2岁、猪1岁)。

胸腺退化后被结缔组织或脂肪组织所代替，但不完全消失。即使在老年期，在胸腺原位的结缔组织中，仍可找到活性的胸腺组织。

胸腺的表面被覆一层结缔组织膜。被膜组织向内伸入，将胸腺组织分隔成许多小叶。每个胸腺小叶都由皮质和髓质两部分组成，整个胸腺的髓质是互相连续的，构成所谓髓质树或髓质轴。皮质和髓质均以上皮性网状细胞作为支架，网眼中充满着淋巴细胞(又称胸腺细胞)。皮质内淋巴细胞密集，在染色切片上着色较深；髓质内淋巴细胞很少，着色较浅。此外，髓质内还有特殊的胸腺小体(小体)，它是由数层上皮性网状细胞做同心圆排列构成的圆形或卵圆形小体。

胸腺的功能主要与动物的细胞免疫有关。骨髓中的干细胞转移到胸腺后，受到胸腺激素的影响，分化和分裂成大量的胸腺淋巴细胞，后者在胸腺内大量死亡，只有少数进入血流转移到其他淋巴器官(如脾和淋巴结等)内，称为胸腺依赖细胞或T淋巴细胞，它们在那里定居，在抗原刺激下可继续增殖，参与细胞免疫活动。

10.3.2　脾

脾(图10-9)是体内最大的淋巴器官，有造血(产生淋巴细胞和单核细胞)、灭血(破坏衰老的红细胞)、储血和调节血量、滤过血液和参与机体免疫(细胞免疫和体液免疫)活动等功能。

10.3.2.1　脾的形态位置

各种家畜的脾均位于腹前部、在胃的左侧。

(1)马的脾

马的脾呈扁平镰刀形，质柔软，表面呈蓝紫色，断面呈紫褐色。位于左季肋区，借膈脾、肾脾、胃脾韧带分别与膈、左肾、胃大弯相连。脾的前缘锐而凹，后缘凸而钝；壁面(膈面)与膈接触，脏面(内侧面)由脾门分为前后两部。前部(胃面)狭窄，与胃大弯接触；后部(肠面)与大结肠、降结肠、小肠以及网膜等接触。脾的背侧端宽为脾头，位于最后2~3肋骨椎骨端和第1腰椎横突的下方；脾的腹侧端狭小为脾尾，斜向前下方达第9~11肋间

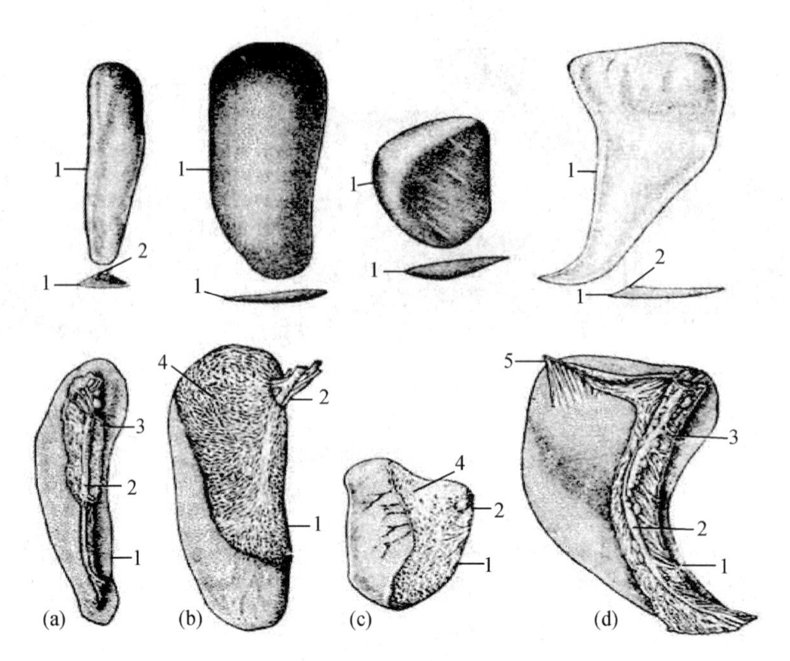

图 10-9 脾的形状

（上图为壁面、中图为中断横切、下图为脏面）

(a)猪 (b)牛 (c)绵羊 (d)马

1. 前缘 2. 脾门 3. 胃脾网膜 4. 脾和瘤胃的黏连区 5. 脾悬韧带

隙中点。脾的位置不固定，常随着胃容积的大小和脾的机能状态而改变。

(2)牛、羊的脾

牛的脾呈扁而长的椭圆形，被膜较厚，色较淡，呈灰蓝色或灰红色，质较软，位于左季肋区，壁面与膈相贴；脏面以疏松结缔组织与瘤胃背囊相连。脾门位于脏面上 1/3 近前缘处。脾头位于最后 2 肋骨椎骨端和第 1 腰椎横突的下方；脾尾伸达第 7 ~ 8 肋骨胸骨端之上约一掌宽。

羊的脾呈扁钝三角形，色紫红而质软，位于瘤胃左侧，由最后肋骨椎骨端向前下方伸至第 10 肋间隙中部。壁面凸，与膈相贴；脏面凹，与瘤胃接触，前半部附着于瘤胃。脾门位于脏面前上角处。

(3)猪的脾

猪的脾狭而长，色紫红而质软，长轴几乎呈上下方向，位于胃大弯左侧，两者之间有胃脾韧带相连。背侧端稍宽，与最后 3 个肋骨椎骨端相对；腹侧端较窄，位于脐区近腹底壁。壁面较平，与左腹壁接触；脏面形成一长嵴，为脾门所在处，嵴的前、后面，分别与胃、肠相接触。

(4)犬的脾

犬的脾长而狭窄，呈镰刀状，位于最后肋和第 1 腰椎的腹侧，在胃的左端和左肾之间。

10.3.2.2 脾的结构

脾的结构与淋巴结基本相似，也是由被膜、脾小梁和实质构成。

(1)被膜和脾小梁

被膜由致密结缔组织和平滑肌纤维构成，表面覆以浆膜(即腹膜)。由被膜伸入实质的脾小梁分支互相连接，构成脾的支架。

(2)实质

实质即脾髓，由网状组织和淋巴细胞组成，可分脾白髓和脾红髓两部分。

①脾白髓　为密集的淋巴细胞所形成的圆形或椭圆形淋巴小结，称为脾小体或脾淋巴小结。脾小体分散于脾髓中，其结构与淋巴结的淋巴小结相同，也有生发中心。但不同的是脾小体内有中央动脉通过。

②脾红髓　占脾髓的大部分，位于脾小梁和脾白髓之间，由脾索和脾窦组成。脾索为彼此吻合成网状的淋巴组织索，其中除有网状细胞和淋巴细胞外，还有各种血细胞、巨噬细胞和浆细胞。脾窦位于脾索之间，为含静脉血的窦状隙。窦腔大、不规则，窦壁由内皮细胞构成，这种细胞具有吞噬能力，属于巨噬细胞。窦壁内皮细胞有裂隙，内皮细胞的外面包有少量的网状组织。脾窦内充满血液时，血液成分可通过窦壁裂隙出入脾窦。

③脾的血管　脾动脉经脾门进入脾后，沿脾小梁分支形成小梁动脉。小梁动脉离开小梁进入脾白髓(脾小体)，称为中央动脉。中央动脉在脾白髓内分出许多毛细血管营养白髓。中央动脉经分支后，管径渐小，出脾白髓进入脾红髓，立即分为数支，形似笔毛，称为笔毛动脉。笔毛动脉可分为3段：第1段最长为髓动脉，有一层内皮和一层平滑肌的中膜；第2段为鞘动脉，中膜已消失，内皮外面环绕着由网状组织构成的较厚的椭圆形鞘(此鞘在马不明显)；第3段为动脉毛细血管，由内皮和少量结缔组织构成。动脉毛细血管有少数直接开口于脾窦，大多数终止于脾索，血液再通过脾窦内皮间裂隙进入脾窦。脾窦再逐步汇合成小静脉，进入小梁为小梁静脉，最后汇合成脾静脉从脾门出脾，注入门静脉。

10.3.3　血淋巴结

血淋巴结过去被认为是反刍动物特有的一种淋巴器官，但近来发现，在马和灵长类体内都有少量血淋巴结存在。血淋巴结较小，一般不大于豌豆，呈圆形或卵圆形，暗红色，主要分布于主动脉附近，在牛还分布于瘤胃表面和空肠系膜等处。血淋巴结与血液循环相联系，故有滤过血液的作用，也有一定的造血功能。

血淋巴结的结构与淋巴结和脾相似，但更接近于后者，也有被膜和小梁，淋巴组织排列呈索状或淋巴小结，没有输入管和输出管，血窦位于被膜下以及小梁与实质之间，直接与血管相通连。

10.3.4　扁桃体

扁桃体主要是指位于舌根和咽部上皮下的淋巴组织群。扁桃体的外表面是黏膜上皮，深部底面由结缔组织构成的包囊。上皮向扁桃体内部凹陷形成隐窝，上皮下及隐窝周围密集分布着淋巴小结和弥散淋巴组织。

扁桃体的功能主要是产生淋巴细胞和抗体，防御病菌和其他异物，对机体有重要的防护作用。

10.4 牛、羊、猪宰后常检的淋巴结及其位置

①牛、羊头部　被检淋巴结有腮淋巴结、颌下淋巴结、咽后内侧淋巴结和咽后外侧淋巴结4组。常检淋巴结是下列两组：颌下淋巴结(位于下颌骨角附近的下颌间隙内，下颌血管切迹的后方，下颌腺外侧)，咽后内侧淋巴结(位于咽的后方、两舌骨枝末端之间)。

②牛、羊肉尸　有7组被检淋巴结。常检淋巴结有3组：髂下淋巴结(位于膝壁内，髂关节与膝盖骨之间的前方，阔筋膜张肌的边缘，由脂肪所包围)，腹股沟深淋巴结(位于骨盆腔前口之旁，髂外动脉分出股深动脉起始部的上方，倒挂的肉尸，通常位于骨盆横经浅稍下方，骨盆边缘侧方2~3cm处，有时可向两侧上、下移位)，颈浅淋巴结(位于肩关节的稍上方，臂头肌和肩胛横突肌的下面，为脂肪层所包围)。

③猪头部淋巴结　如同牛、羊有4组，由于猪患炭疽和结核时，病变经常局限在头部的某些淋巴结内，必须检验的是颌下淋巴结。而且《肉品卫生检验试行规程》规定：猪在放血后，入池前先剖检下颌淋巴结。其位置在下颌间隙，颌下腺的前面，被耳下腺口侧端覆盖着。

④猪肉尸前半部　被选淋巴结有6组，常检的两组是：颈浅背侧淋巴结(位于肩关节前方，肩胛横突肌和斜方肌的下面，可收集整个头部、颈的上部、前肢上部、肩胛与肩胛部皮肤、深层浅层肌肉、骨骼、肋胸壁上部与腹壁前部1/3的组织淋巴结)，颈淋巴结(位于第1肋骨紧前方，不仅收集颈前、颈中淋巴结的淋巴液，还收集前肢绝大部分组织的淋巴液)。

⑤猪肉尸后半部　被选淋巴结有5组，但常检淋巴结是：腹股沟浅淋巴结(即母猪乳房淋巴结，位于下腹壁皮下脂肪内，最后一个乳头稍上方，收集猪后半部下方和侧方表层组织以及乳房、外生殖器官的淋巴液)，髂内淋巴结(位于腹主动脉分出髂外动脉的附近，髂深动脉起始部的前方，收集后肢和腰区骨、肌肉和皮肤的淋巴液)。

⑥内脏淋巴结　常检的有支气管淋巴结、肝门淋巴结和肠系膜淋巴结。

(白志坤 编写　张巧灵 校)

第11章 神经系统

11.1 概述

动物生活中，运动与平衡、内脏活动与血液的供应、代谢产物的排放等均受神经系统的控制和调节。神经系统能接受刺激，并将刺激转变为神经冲动进行传导，以调节机体各器官的活动，保持器官之间或机体与外界环境之间的平衡和协调一致，以适应环境变化。一旦神经系统发生异常，立即平衡失调，或肌肉松弛或代谢障碍等，甚至危及动物生命。因此，神经系统在调整动物体内外环境的平衡，进行生命活动中起主导作用。

11.1.1 神经系统的基本结构和活动方式

11.1.1.1 神经系统基本结构

神经系统是由神经细胞(神经元)和神经胶质所组成，动物机体有数以亿计的神经元。神经元(neuron)是一种高度特化的细胞，是神经系统在结构和功能上的基本单位。无脊椎动物和脊椎动物的神经元形态相似，都是由胞体和由胞体延伸的突起所组成。胞体的中央有细胞核，核的周围为细胞质，胞质内除有一般细胞所具有的细胞器(如线粒体、内质网等)外，还含有特有的神经元纤维(neurofilaments)及尼氏体(Nissl's bodies)。尼氏体呈颗粒状，可用碱性染料苯胺蓝或次甲基蓝染色而显示。尼氏体是粗面内质网和游离核糖体的混合物，神经元的各种蛋白质都是在这里合成的。细胞质中还有神经元纤维。有保持神经元形态、运输物质的功能。

神经元的突起分两种，即树突(dendrites)和轴突(axon)。树突短而多分支，每支可再分支，尼氏体可伸入树突中。树突和细胞体的膜都有接受刺激的功能，其表面富有小棘状突起，是与其他神经元的轴突相接连(突触)之处。轴突和树突在形态和功能上都不相同。每一神经元一般只有一个轴突，从细胞体的一个凸出部分伸出。轴突不含尼氏体，表面无棘状突起。轴突一般都比树突长，其功能是把从树突和细胞表面传入细胞体的神经冲动传出到其他神经元或效应器。所以，树突是传入纤维，轴突是传出纤维。神经元的轴突可长过1m。长颈鹿脊髓中神经元的轴突可一直伸到后肢趾尖，全长超过1m，鲸可达10m。神经元之间借突触彼此连接。

11.1.1.2 神经系统活动方式

神经系统的功能活动十分复杂，但其基本活动方式是反射。反射是神经系统对内、外环境的刺激所作出的反应。反射活动的形态基础是反射弧(reflex - arc)。反射弧由感受器、传入神经、神经中枢、传出神经和效应器5部分组成。反射弧中任何一个环节发生障碍，反射活动将减弱或消失。反射弧必须完整，缺一不可。因此，临床上常利用破坏反射弧完整性的办法来对动物进行麻醉，在实施外科手术时减少动物痛苦。脊髓能完成一些基本的反射活动。

11.1.2 神经系统的划分

神经系统由位于颅腔和椎管中的脑和脊髓，以及与脑和脊髓相连并分布于全身各处的周围神经所组成。神经系统是一个不可分割的整体，按照其结构和机能可分为中枢神经系和外周神经系。中枢神经系包括脑和脊髓。外周神经系是指脑和脊髓以外的神经成分，一端与脑或脊髓相连，另一端通过各种末梢装置与全身各器官、系统相连系。在外周神经系中分布于骨、关节、骨骼肌、体浅层和感觉器官的神经，称为躯干神经，其中与脑相连的，称为脑神经，同脊髓相连的称为脊神经；分布于内脏和血管平滑肌、心肌及腺体的神经，称为自主神经或植物性神经。自主神经又分为交感神经和副交感神经。

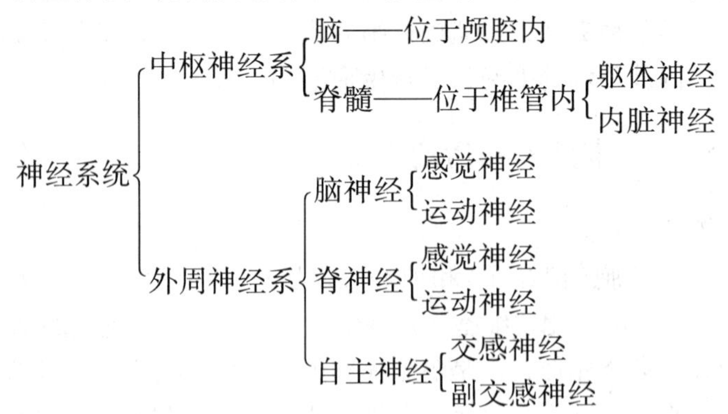

11.1.3 常用术语

在中枢和外周神经系统中，神经元的胞体和突起及神经胶质一起聚集排列而形成不同的结构，常给予这些结构不同的术语名称。

(1)灰质和皮质

在中枢神经系统内，神经元的胞体连同其树突集中的部位，在新鲜标本上色泽呈灰白色，称为灰质(gray matter)，如脊髓灰质。将位于大脑和小脑表层的灰质分别称为大脑皮质和小脑皮质(cortex)。

(2)白质和髓质

在中枢神经系统内，神经元轴突集中的部位因多数轴突具有髓鞘，颜色苍白，称为白质(white matter)。分布在小脑皮质深部的白质称为小脑髓质(medulla)。

(3)神经核和神经节

在中枢神经系统内，由形态和功能相似的神经元胞体聚集而形成的灰质团块称为神经核(nucleus)，也称神经核团。

神经元胞体在外周神经系统内集中形成神经节(ganglion)，其外面为结缔组织所包绕，并与一定的神经相联系。根据节内神经元的功能又可分为感觉性神经节和自主神经节。感觉性神经节为感觉神经元胞体的聚集地，自主神经节由交感或副交感神经的节后神经元胞体集中所形成。

(4)网状结构

网状结构(reticular structure)由中枢神经内白质和灰质相混合形成，即中枢神经内分散的神经元胞体位于神经纤维网眼内，主要分布在脑干内。网状结构的神经元在神经系发生史上相当古老，较低等动物的网状结构在神经系中占十分重要的地位，分布也广泛。在较高等的脊椎动物中，由于大脑的高度发展，其作用和分布有所减退 。

(5)神经和神经纤维束

在中枢神经系统白质内，起止、行程和功能相同的神经纤维集聚成束，称为纤维束或传导束。由脊髓向脑传递冲动的神经束称为上行束，由脑传导冲动至脊髓的神经束称为下行束。神经(nerve)是由周围神经内的神经纤维聚集而成。神经纤维集合成大小、粗细不等的集束(即神经纤维束)，由不同数目的集束再集合成一条神经。在每条纤维、集束及整条神经的周围包有结缔组织被膜。每条纤维、集束外的被膜称为神经内膜；整条神经的被膜称为神经外膜。

(6)神经末梢

神经纤维的末端在畜体各组织或器官内形成的特殊装置，称为神经末梢，分为感觉神经末梢和运动神经末梢。感觉神经末梢可分为游离神经末梢和有被囊神经末梢(也称被膜神经末梢)。分布于体表、浆膜和黏膜，可接受痛、温、触觉等刺激；有被囊神经末梢分布于体表、浆膜和黏膜，可接受触觉和本体感觉。通常将感觉神经末梢连同其特殊装置一起称为感受器。

运动神经末梢可分为运动终板和自主神经末梢。分布到骨骼肌上的末梢为运动终板，分布到心肌、平滑肌和腺体的为自主神经末梢，可引起骨骼肌、心肌和平滑肌收缩及腺体分泌。

11.2　中枢神经系

中枢神经系包括脑和脊髓，分别位于颅腔和椎管内，呈两侧对称的形式，由胚胎时期的神经管分化而成。脑和脊髓是各种反射弧的中枢部分，协调各种刺激以达到全身活动的平衡。

11.2.1　脊髓

11.2.1.1　脊髓的位置和外形

脊髓位于椎管内，自枕骨大孔后缘向后伸延至荐部，其发出一系列脊神经，广泛分布于躯干和四肢的肌肉和皮肤，使脊髓与各部直接联系，成为低级的反射中枢。同时，脊髓与脑的各部有广泛的传导径路，可把外周的信息通过脊髓传导到脑，也可将脑的冲动通过脊髓传至外周，引起各部的活动。

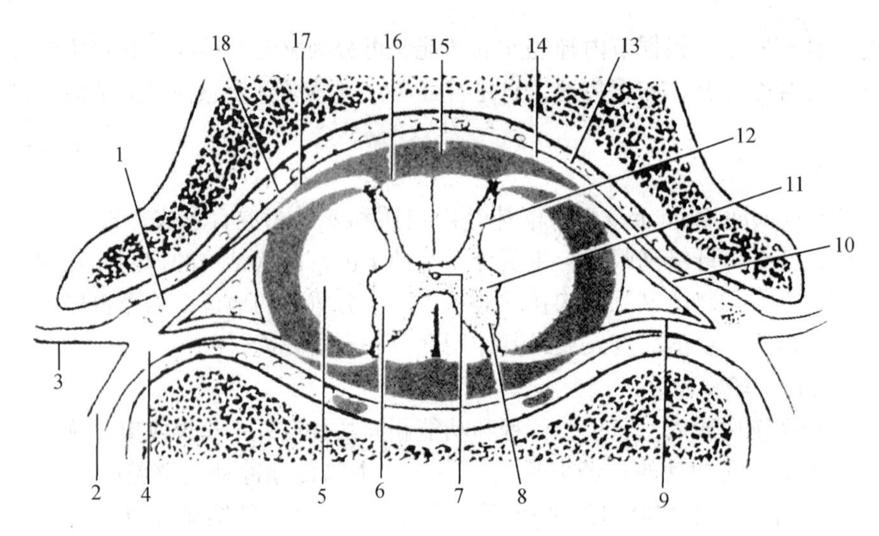

图 11-1 脊髓横断面模式图

1. 脊神经节 2. 腹侧支 3. 背侧支 4. 脊神经 5. 白质 6. 灰质 7. 中央管 8. 腹侧柱 9. 腹根 10. 背根 11. 外侧柱 12. 背侧柱 13. 硬膜外腔 14. 硬膜下腔 15. 蛛网膜下腔 16. 脊软膜 17. 蛛网膜 18. 脊硬膜

脊髓呈背腹向稍扁的圆柱状(图 11-1)，向后端逐渐缩细形成圆柱状称为脊髓圆锥(conus medullaris)，最后形成一根来自软膜的细丝称为终丝。终丝外面包以硬膜附着于尾椎椎体的背侧，有固定脊髓的作用。脊髓在颈胸段(颈后部和胸前部)之间和腰荐段之间由于有强大的神经干分布至四肢，其内部神经元的数量增加，在外形上形成两个膨大部，即颈膨大和腰膨大。颈膨大发出神经至前肢；腰膨大在脊髓圆锥的前方发出神经至后肢。

脊髓在的背侧正中有纵向的浅沟称为背正中沟，其深部有隔称为背正中隔。脊髓的腹侧正中有纵向的深裂称为腹正中裂。在背正中沟的两侧分别有一背外侧沟，脊神经背侧根的根丝经此沟进入脊髓。在腹正中裂的两侧，分别有一腹外侧沟，是脊神经腹侧根的根丝发出部位。

在胚胎发育晚期和出生后，脊柱比脊髓生长快，脊髓逐渐短于椎管。因此，在腰段脊髓以前的脊神经根与该节段的椎间孔相对；在腰段后部与荐部，荐神经根和尾神经根斜向后外侧，在椎管内伸延一段距离才出其相应的椎间孔。因而在脊髓圆锥和终丝的周围被荐神经和尾神经包围，一起形成所谓马尾(cauda equina)。

11.2.1.2 脊髓的内部结构

脊髓内部中央有细长纵走的中央管，前通第 4 脑室，内含脑脊髓液。在脊髓的横断面上，可以分出中央的灰质，外面的是白质。

(1)*灰质*

灰质位于脊髓中央管的周围。在脊髓的横断面上，灰质呈“H”形，其全长形成纵柱，每侧部的灰质分别向背、腹侧伸入白质，分别称为背侧柱和腹侧柱，柱的横断面呈角状也可称为角。在中央管周围连接两侧部的灰质连合。颈、胸、腰、荐各段脊髓灰质的大小形态均不同。胸段脊髓的灰柱比其他段小，但在胸段和前部腰段脊髓的外侧还有一个不太明显的小突起称为外侧柱。脊髓颈膨大和腰膨大的腹侧柱特别大，内含神经元的数量也较多。脊髓灰柱是由神经元的胞体、少量的神经纤维以及神经胶质细胞构成的。在背侧柱中主要是中间神经元的胞体；腹侧柱内为运动神经元的胞体；胸腰段脊髓的外侧柱为交感神经节前神经元的胞体；荐段脊髓的外侧柱内为副交感神经节前神经元的胞体；在背侧灰柱基部外侧尚有网状结构。

(2) 白质

白质位于灰质的周围，白质被脊髓的纵沟分为3个索，即背侧索、腹侧索和外侧索。背侧索为背正中沟至背外侧沟之间的白质；腹侧索是腹外侧沟至腹正中裂之间的白质。位于外侧柱和腹侧柱外侧的为外侧索。在灰质前连合的前方有纤维横越，称为白质前连合，在灰质后角基部外侧与白质之间，灰白质混合交织，称为网状结构。主要由纵走的神经纤维构成，为脊髓上、下传导冲动的传导径路。

背侧索内的神经束是由各段脊髓神经节内感觉神经元的中枢突所构成，向前伸向延髓，分为内侧的薄束和外侧的楔束，有传导本体感觉的作用。腹侧索内的神经束主要是传导运动的，有通向脊髓腹侧柱的皮质脊髓腹侧束和顶盖脊髓束，它们分别起于大脑皮质和中脑顶盖，通至脊髓腹侧柱的运动神经元，此外还有一些传入的神经束。在外侧索内的神经束中，位于浅部的是传导本体感觉，有通向小脑的脊髓小脑背侧束和脊髓小脑腹侧束，它们是由脊髓灰柱中的中间神经元的突起所组成，除此以外，还有通向间脑的脊髓丘脑束、通向中脑的脊髓顶盖束；位于外侧索较深部的神经束传导运动，有皮质脊髓外侧束、红核脊髓束和前庭脊髓束，它们分别由来自大脑半球皮质、中脑红核和延髓的前庭核神经元的轴突组成，通至脊髓灰质腹侧柱的运动神经元。

密接脊髓灰质的白质称为固有束。固有束主要由背侧柱内的中间神经元的轴突组成，上行或下行一段距离后又返回灰质，以联系脊髓的不同节段。感觉纤维进入脊髓后分为上行和下行支，沿途分出侧支进入背侧柱，与中间神经元相联系，一些中间神经元的纤维再联系同侧或对侧腹侧柱的运动神经元，因此刺激某一节段脊髓的感觉纤维，可引起本段或上、下各节段的反应。一些感觉纤维和中间神经元纤维形成远程的传导束传到脑，引起更复杂的反射。家畜在生活过程中，某些皮肤接受刺激时，可引起直接的反应。如皮肤的收缩就是以脊髓作为反射中枢；引起心跳变化的反射、呼吸变化的反射，则是更复杂的、反映范围更大的反射，此反射则需要脑的调节。

(3) 脊神经根

每一节段脊髓均接受来自脊神经的感觉神经纤维并发出运动神经纤维，分别形成背侧根和腹侧根。背侧根较长，是感觉性的，由脊神经节内感觉神经元的中枢突组成，它的根丝分散呈三角形进入脊髓的背外侧沟。背侧根的外侧有脊神经节，是感觉神经元胞体集结的部位。各段脊神经节的大小不完全相同。腹侧根是运动性的，由脊髓腹侧柱内运动神经元的轴突构成，其根丝也呈扇形出腹外侧沟。背侧根和腹侧根在椎间孔附近合并成脊神经，经椎间孔出椎管。

11.2.1.3 脊膜

脊髓外面被盖有3层结缔组织膜，总称为脊膜(meninges spinalis)。由内向外依次为脊软膜(pia mater spinalis)、脊蛛网膜(arachnoidea spinalis)和脊硬膜(dura mater spinalis)。

脊软膜薄，内含血管、紧贴在脊髓的表面。

脊蛛网膜亦很薄，细而透明，与软膜之间形成相当大的腔隙，称为蛛网膜下腔(cavum subarachnoidale)。该腔向前与脑蛛网膜下腔相通，内含脑脊髓液，用以营养脊髓。荐尾部的蛛网膜下腔较宽。

脊硬膜是白色致密的结缔组织膜。在脊硬膜与脊蛛网膜之间形成狭窄的硬膜下腔(cavum subdurale)，内含淋巴液，向前方与脑硬膜下腔相通。在脊硬膜与椎管之间有一较宽的腔隙，称为硬膜外腔(cavum epidurale)，内含静脉和大量脂肪，其内有脊神经通过。在临床上做硬膜外麻醉时，即是将麻醉剂注入硬膜外腔，阻滞脊髓(神经)的传导功能。

11.2.1.4 脊髓的功能

(1)反射

神经系统活动的基本方式是反射。反射就是机体在神经系统的调节下，对内、外环境的刺激作出的适宜反应。反射活动的形态基础是反射弧。脊髓可以独立完成一些反射活动。

(2)传导

身体各部(头、面部除外)受到刺激，其信息都要通过脊髓白质内的上行纤维束传送到脑，同时对身体各部(头、面部除外)的活动控制，要通过下行纤维束才能实现。

11.2.2 脑

脑(encephalon)为神经系统中的高级中枢，位于颅腔内，后端以枕骨大孔为界与脊髓相连。脑可分大脑(cerebrum)、小脑(cerebellum)和脑干(brain stem)3部分。大脑在前、脑干位于大脑和脊髓之间、小脑位于脑干的背侧。大脑和小脑之间有一大脑横裂将二者分开。12对脑神经自脑出入。

11.2.2.1 脑的外形和脑神经根

(1)脑的外形

脑的背侧面：有一横沟将大脑和小脑分隔开。大脑由一深的纵沟分为左、右两半球。每侧半球表面被盖着灰质层，称为大脑皮层。灰质凹入形成脑沟(sulei)，脑沟之间为脑回(gyri)(图11-2、图11-4、图11-6)。每一大脑半球可分为4个叶，外侧部为颞叶，后部为枕叶，背侧为顶叶，前部为额叶。一般认为，枕叶有视觉区；颞叶有听觉区；顶叶有感觉区；额叶有运动区。在纵沟的深部有连接两半球的胼胝体(corpus callosum)。小脑的表面也具有沟和回，并以较深的裂分为小叶。此外，还有两个纵向浅沟，将小脑分为中间的蚓部(vermis)和两侧的小脑半球(hemispherue cerebelli)。

脑的腹侧面：延髓位于脊髓的前面，后部较狭窄，前部稍宽(图11-3、图11-5、图11-7)。其腹侧正中有浅沟。沟的两侧稍突出，称为锥体。延髓之前为横向突出的脑桥。脑桥之前为纵走的左、右两大脑脚(crura cerebralis)向前外侧伸入两大脑半球。两大脑脚之间可见到丘脑下部。丘脑下部腹侧有脑垂体。在大脑脚的前方，有左、右两视束汇合而形成的视交叉；视交叉延伸向前成为一对视神经，即第2对脑神经。在大脑脚的外侧为一隆起，呈小丘状，称为梨状叶。脑腹侧面的最前方为一对嗅球，有嗅丝连接于嗅球，嗅丝是第一对脑神经，称为嗅神经。嗅球延续向后为嗅回，又分为内侧嗅回和外侧嗅回两支。内、外侧嗅回之间为嗅三角。外侧嗅回向后连于梨状叶。以上这些构造组成大脑半球的腹侧面；外侧缘以嗅沟与大脑皮质为界。

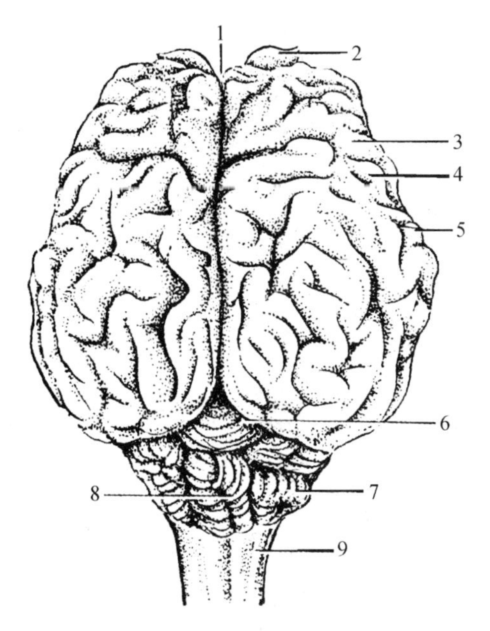

图 11-2　脑背侧面观(牛)

1. 大脑纵裂　2. 嗅球　3. 大脑半球　4. 大脑回　5. 大脑沟　6. 大脑横裂　7. 小脑半球　8. 小脑蚓部　9. 延髓

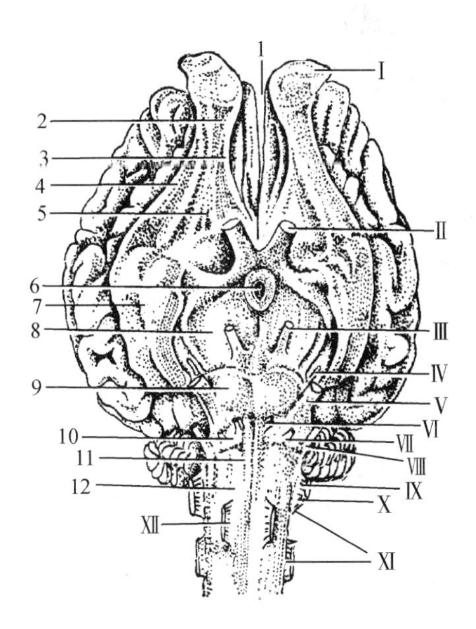

图 11-3　脑腹侧面观(牛)

Ⅰ. 嗅神经　Ⅱ. 视神经　Ⅲ. 动眼神经　Ⅳ. 滑车神经　Ⅴ. 三叉神经　Ⅵ. 外展神经　Ⅶ. 面神经　Ⅷ. 前庭耳蜗神经　Ⅸ. 舌咽神经　Ⅹ. 迷走神经　Ⅺ. 副神经　Ⅻ. 舌下神经

1. 大脑纵裂　2. 嗅束　3. 内侧嗅回　4. 外侧嗅回　5. 嗅三角　6. 漏斗和灰结节　7. 梨状叶　8. 大脑脚　9. 脑桥　10. 斜方体　11. 延髓　12. 延髓锥体

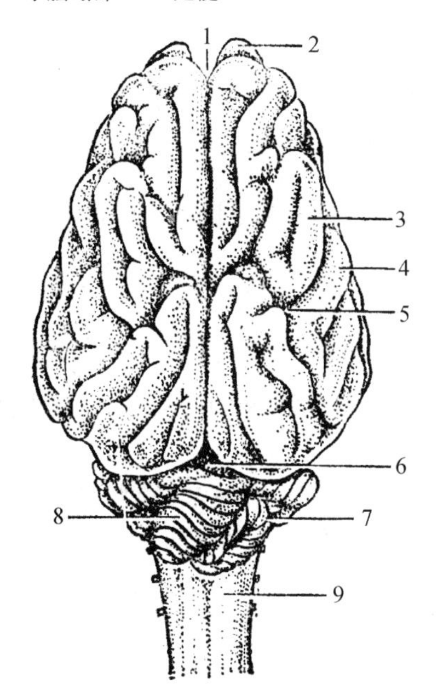

图 11-4　脑背侧面观(猪)

1. 大脑纵裂　2. 嗅球　3. 大脑半球　4. 大脑回　5. 大脑沟　6. 大脑横裂　7. 小脑半球　8. 小脑蚓部　9. 延髓

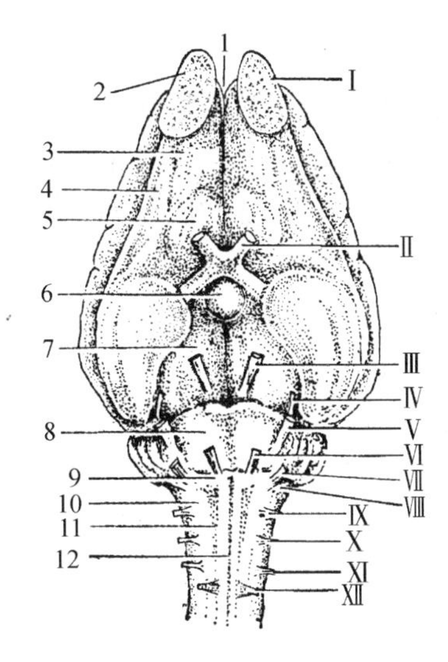

图 11-5　脑腹侧面观(猪)

Ⅰ. 嗅神经　Ⅱ. 视神经　Ⅲ. 动眼神经　Ⅳ. 滑车神经　Ⅴ. 三叉神经　Ⅵ. 外展神经　Ⅶ. 面神经　Ⅷ. 前庭耳蜗神经　Ⅸ. 舌咽神经　Ⅹ. 迷走神经　Ⅺ. 副神经　Ⅻ. 舌下神经

1. 大脑纵裂　2. 嗅球　3. 内侧嗅回　4. 外侧嗅回　5. 嗅三角　6. 脑垂体　7. 大脑脚　8. 脑桥　9. 斜方体　10. 延髓　11. 延髓锥体　12. 腹正中裂

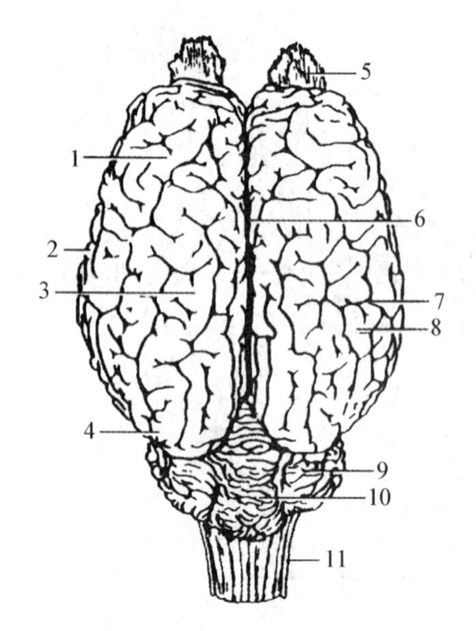

图 11-6 脑背侧面观(马)

1. 额叶 2. 颞叶 3. 顶叶 4. 枕叶 5. 嗅球 6. 大脑纵裂 7. 脑沟 8. 脑回 9. 小脑半球 10. 小脑蚓部 11. 延髓

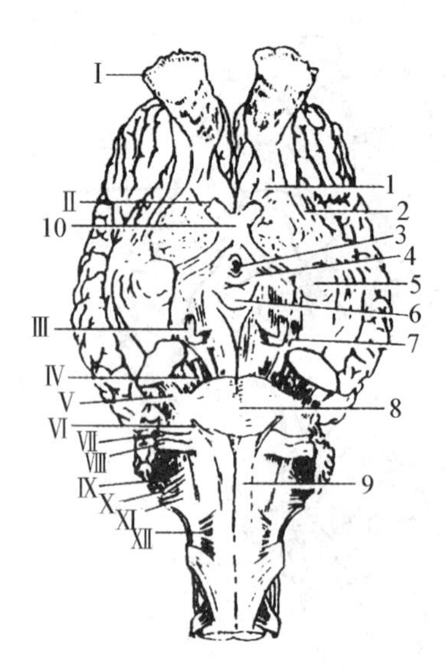

图 11-7 脑腹侧面观(马)

Ⅰ. 嗅神经 Ⅱ. 视神经 Ⅲ. 动眼神经 Ⅳ. 滑车神经 Ⅴ. 三叉神经 Ⅵ. 外展神经 Ⅶ. 面神经 Ⅷ. 前庭耳蜗神经 Ⅸ. 舌咽神经 Ⅹ. 迷走神经 Ⅺ. 副神经 Ⅻ. 舌下神经 1. 内侧嗅回 2. 外侧嗅回 3. 漏斗 4. 灰结节 5. 梨状叶 6. 乳头体 7. 大脑脚 8. 脑桥 9. 延髓锥体 10. 视神经交叉

(2)脑神经根

嗅球的前面与嗅丝(即嗅神经)相接。视束向前交叉之后延续为视神经。大脑脚的腹内侧有动眼神经根，滑车神经根在背侧。脑桥的两侧有三叉神经根，延髓前端的两侧有外展神经根、面神经根和前庭耳蜗神经根。外展神经根位于锥体前端的外侧。后部有舌咽神经、迷走神经和副神经根。延髓的腹侧面、锥体前端的后部有舌下神经根。

11.2.2.2 脑的内部构造

脑内有腔叫作脑室，与脊髓的中央管相通(图 11-8)。在脊髓中央管前方的脑室为第 4 脑室(ventriculus quarcus)，其顶壁为小脑，底壁为延髓和脑桥。第 4 脑室的前方接中脑导水管(aquaoductus mesencephalia)，即中脑的脑室，其顶壁为四叠体，底壁为大脑脚。中脑导水管的前方接第 3 脑室(ventriculus tertius)，即间脑的脑室。第 3 脑室呈环状的腔，侧壁为丘脑和丘脑下部，底壁为丘脑下部和垂体；顶壁有第 3 脑室脉络组织和松果体。第 3 脑室前上方各有一孔，为室间孔，通侧脑室。侧脑室的底壁有嗅脑和基底核，顶壁由大脑皮层形成。

(1)脑干

脑干由后向前依次分为延髓、脑桥、中脑和间脑，是脊髓向前的直接延续(图 11-8 ~ 图 11-10)。脑干中有生命活动的中枢，如延髓内有呼吸中枢、心跳中枢，丘脑下部有内脏器官活动的皮层下中枢。脑干还是脊髓与大脑及小脑间传导冲动的中间站。脑干从前向后依次发出第 3 ~ 12 对脑神经。大脑皮质、小脑脊髓之间通过脑干进行联系。脑干的结构与脊髓基本

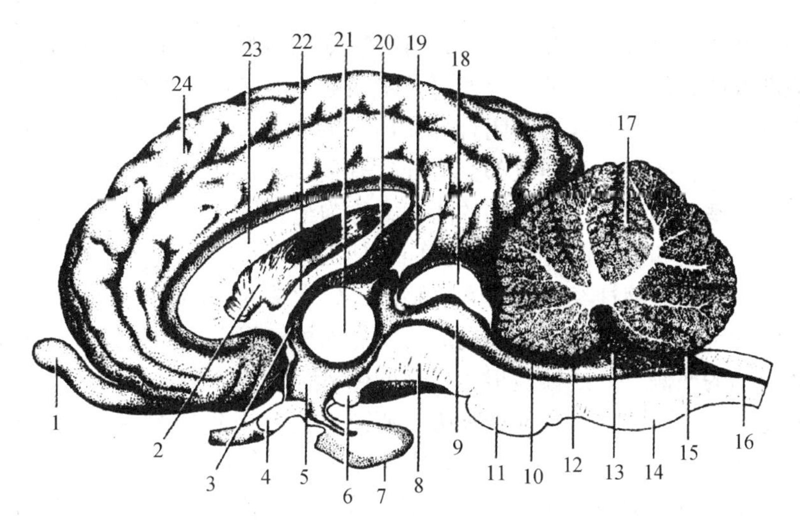

图 11-8　脑正中矢状面（马）

1. 嗅球　2. 透明隔　3. 室间孔　4. 视交叉　5. 第三脑室　6. 乳头体　7. 垂体　8. 大脑脚　9. 中脑导水管　10. 前髓帆　11. 脑桥　12. 第四脑室　13. 脉络丛　14. 延髓　15. 后髓帆　16. 中央管　17. 小脑　18. 四叠体　19. 松果体　20. 脉络丛　21. 丘脑黏合部　22. 穹窿　23. 胼胝体　24. 大脑半球

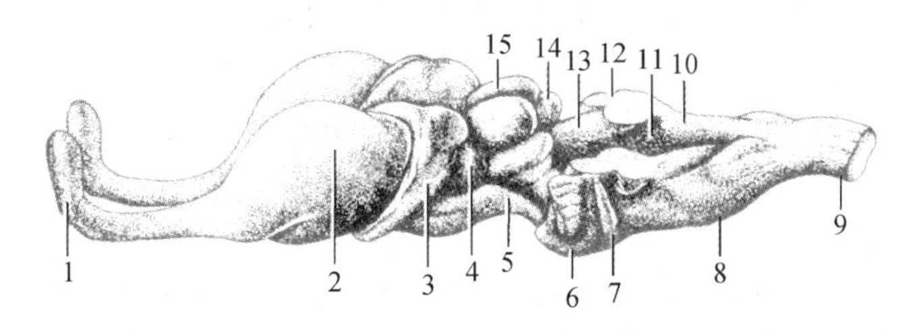

图 11-9　脑干（马）

1. 嗅球　2. 纹状体　3. 外侧膝状体　4. 内侧膝状体　5. 大脑脚　6. 脑桥　7. 斜方体　8. 延髓　9. 脊髓　10. 小脑后脚　11. 菱形窝　12. 小脑中脚　13. 小脑前脚　14. 后丘　15. 前丘

相似，也由灰质和白质构成，但灰质不像脊髓灰质那样形成连续的灰质柱，而是由功能相同的神经细胞集合成团状的神经核，神经核分散存在白质中。脑干内的神经核可分为两类：一类是与脑神经直接相连的神经核，其中接受感觉纤维的，称为脑神经感觉核，位于脑干外侧部；发出运动纤维称为脑神经运动核，位于感觉核内侧，并靠近中线处。另一类为传导径路上的神经核，是传导径上的联络站，如薄束核、楔束核、红核等。此外，脑干内还有网状结构，它是由纵横交错的纤维网和散在其中的神经细胞所构成，在一定程度上这些神经细胞也集合成团，形成神经核。网状结构是由一些散布的神经元胞体和一些不同方向的、互相交错成网的纤维形成，这些神经元既是上行和下行传导径的联络站，又是某些反射中枢。脑干的白质均为上、下行传导径。较大的上行传导径多为与脑干的外侧部和延髓靠近中线的部分；较大的下行传导径位于脑干的腹侧部。

①延髓（medulla oblongata）　为脑干的末段，其后端在枕骨大孔处接脊髓，两者之间没有明显界限；前端连脑桥。腹侧部位于枕骨基底部上，背侧部大部分为小脑所遮盖。延髓呈前宽后窄、背腹侧稍扁的四边形。在腹侧面的正中有腹正中裂，为脊髓腹正中裂的延续。腹正中裂的两侧各有一条纵行隆起，称为延髓锥体，它是由大脑皮质发出的运动纤维束构成。

在延髓的后端，锥体束的大部分纤维交叉，再向后则锥体消失。在延髓前端、锥体的两侧有横隆凸，称为斜方体，是由耳蜗神经核发出并走向对侧的横行纤维构成。延髓后部的形态与脊髓相似，也有中央管，称为延髓的闭合部；前部的中央管开放，形成第 4 脑室底的后部，称为延髓的开放部。在闭合部和开放部交界处，有呈“V”字白质薄板附着在中央管前端的背侧称为闩。第 4 脑室后部两侧走向小脑的隆起，称为绳状体或小脑后脚，它是一个粗大的纤维束，主要由来自脊髓和延髓的纤维组成，向前伸延进入小脑。

延髓内有第 6 ~ 12 对脑神经核、第 5 对脑神经感觉核的一部分、薄束核、楔束核、下橄榄核以及网状结构等。延髓的两侧由前向后依次有面神经根、舌咽神经根、迷走神经根和副神经根；椎体前端的两侧有外展神经根，后部两侧有舌下神经根。

延髓在机能上是生命中枢所在地，呼吸、心跳等直接由延髓控制，另外还有唾液分泌、吞咽、呕吐等中枢。

②脑桥(pons) 位于延髓的前端，在中脑的后方，小脑的腹侧。脑桥背侧面凹，构成第 4 脑室底壁的前部；腹侧有横行隆起。脑桥分背侧部和腹侧部。腹侧部(基底部)呈横行隆起，由纵行和横行纤维构成。横行纤维是主要的，自两侧向上伸入小脑形成小脑中脚或脑桥臂；纵行纤维为大脑皮质至延髓和脊髓的锥体束。在基底部的纤维中有神经元形成的脑桥核，发出横行纤维至对侧。背侧部与延髓的相似，其内有脑神经核、中继核和网状结构等。在脑桥背侧部的前端有联系小脑和中脑的小脑前脚(或称结合臂)。脑桥的两侧有粗大的三叉神经根。

第 4 脑室位于延髓、脑桥和小脑之间，前方通中脑导水管，后方通脊髓的中央管(图 11-8，图 11-11)，内充满脑脊髓液。第 4 脑室顶壁由前向后依次为前髓帆、小脑、后髓帆和第 4 脑室脉络丛。前、后髓帆系白质薄板，附着于小脑前脚和后脚。第 4 脑室脉络丛在后髓帆和菱形窝后部之间，由富含血管丛的室管膜和脑软膜组成，并伸入第 4 脑室内，它能产生脑脊髓液。该丛上有孔(一个正中孔和 2 个外侧孔)，第 4 脑室经此孔与蛛网膜下腔相通。第 4 脑室底呈菱形，也称菱形窝。菱形窝的前部属脑桥，后部属延髓的开放部。菱形窝被正中沟分为左右两半。

③中脑(medendephalon) 位于脑桥和间脑之间，其脑室是中脑导水管，前方通第 3 脑室，后方通第 4 脑室。中脑分为背侧的四迭(叠)体、中脑导水管和腹侧的大脑脚。

四迭(叠)体：又称顶盖，由前后两对圆丘组成。前面一对较大为前丘，后面一对较小，为后丘。前丘是视觉反射的联络站，为灰质和白质相间的分层结构，接受视神经的纤维，发出纤维至外侧膝状体，再至大脑皮质。前丘也接受后丘的纤维，发出纤维成顶盖脊髓束下行至脊髓，完成视觉和听觉所引起的反射活动。后丘是声反射的联络站，其表面为白质，深部为灰质的后丘核，主要接受耳蜗神经核纤维，发出纤维至内侧膝状体，再至大脑皮质；并有纤维至前丘，再经顶盖脊髓完成听觉的反射活动。

大脑脚：分背侧部和腹侧部。腹侧部称为大脑脚底，是由运动传导束组成的白质，该纤维来自大脑半球皮层，经丘脑外侧的内囊入大脑脚，为脑与脊髓之间的运动传导径路。背侧部及中脑导水管和大脑脚脚底之间的部分，称为被盖。被盖主要是网状结构，紧贴在导水管腹侧的灰质，内有脑神经核(如动眼神经核和滑车神经核)、中继核(如红核、黑质)、网状结构和一些上下行纤维。红核在被盖的前部，是一个相当重要的转换站，接受来自小脑齿状核的纤维，发出纤维上行到丘脑，下行到延髓的网状结构和脊髓的腹侧柱。

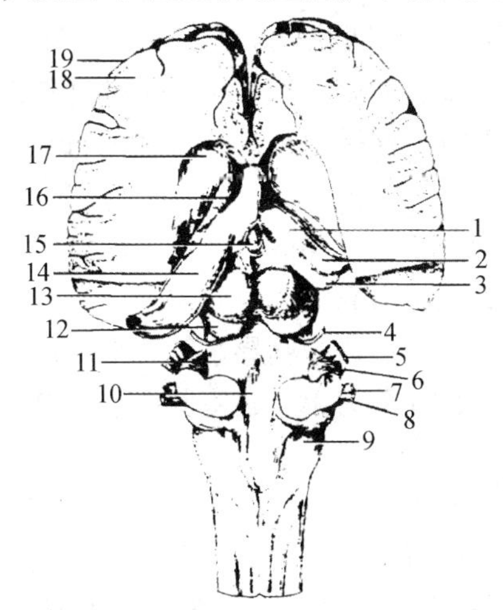

图 11-10 示海马、基底核和脑干背侧面

（马脑部分切除）

1. 丘脑 2. 外侧膝状体 3. 内侧膝状体 4. 滑车神经横 5. 三叉神经 6. 小脑中脚 7. 面神经 8. 前庭耳蜗神经 9. 小脑后脚 10. 第四脑室 11. 小脑前脚 12. 后丘 13. 前丘 14. 海马 15. 松果体 16. 侧脑室脉络丛 17. 尾状核 18. 大脑白质 19. 大脑灰质

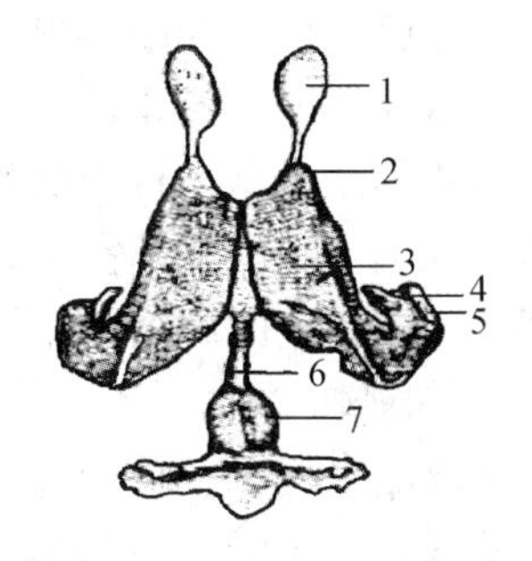

图 11-11 牛的脑室铸型

1. 嗅球室 2. 侧脑室前角 3. 侧脑室体部 4. 杏仁核压迹 5. 侧脑室腹角 6. 中脑导水管 7. 第四脑室

④间脑(diencephalon) 位于中脑的前方，前外侧被大脑半球的基底核覆盖。间脑由上丘脑、丘脑、丘脑下部(下丘脑)、后丘脑、底丘脑和第3脑室组成。

丘脑(thalami)：占间脑的最大部分，为一对卵圆形的灰质团块，由白质髓板分隔为许多不同机能的核群组成。丘脑是皮层下重要的感觉中枢，接受各种感觉的二级传入纤维及来自小脑的纤维，发出纤维经内囊分布到大脑皮质。左、右两丘脑的内侧部分相连，断面呈圆形，称为丘脑间黏合部，其周围的环状裂隙为第3脑室。

下丘脑(hypothalamus)：又称丘脑下部，位于间脑的下部，在第3脑室的底壁，是植物神经的重要中枢。从脑底面看，自前向后可将下丘脑分为视前部、视上部、灰结节部和乳头体部等4部分。视前部在视束的前方；视上部在视束的背侧；灰结节部位于视束与乳头体之间，其正中腹侧有垂体柄与垂体连接(垂体是内分泌腺)；乳头体呈小球状，位于脚间窝中，在灰结节的后方。

下丘脑内贯穿着两对粗大的纤维束：一对是来自穹窿的穹隆束，伸延至乳头体；另一对是乳丘束，由乳头体伸向丘脑和中脑，沿途有侧支入丘脑下部的其他部分。下丘脑被两对纤维束自内向外依次分为室周、内侧和外侧区。在下丘脑内灰质细胞大多呈弥散分布，有些较为集中形成了下丘脑的许多神经核团。在视束的背侧有一对扁平的核，称为视上核；另一对在脑室的外侧壁，位于穹隆与乳丘之间，称为室旁核。视上核与室旁核均有细的神经纤维组成垂体束，伸向垂体的神经部，是下丘脑向垂体内进行神经分泌的重要途径。

上丘脑：在左、右丘脑的背侧、中脑四迭(叠)体的前方，由丘脑髓纹、缰三角、缰连合、松果体等结构。松果体为内分泌腺。

后丘脑：在丘脑的后部背外侧有外侧膝状体和内侧膝状体(图 11-10)。外侧膝状体较大，位于前方较外侧，接受视束来的纤维，发出纤维至大脑皮质，是视觉冲动传向大脑皮质的联络站。内侧膝状体较小，位于外侧膝状体的下方，接受由耳蜗神经核的听觉纤维，发出纤维至大脑皮质，是听觉冲动传向大脑的联络站。

底丘脑：位于间脑与中脑的过渡区、内含丘脑底核。人类的一侧底丘脑核若受损，可产行对侧肢体不自主的舞蹈样动作，称为半身舞蹈病或半身颤搐。

第 3 脑室：呈环行围绕着丘脑间黏合部。第 3 脑室后通中脑导水管，前方以一对室间孔通两个大脑半球的侧脑室；腹侧形成一漏斗行凹陷；顶壁为第 3 脑室脉络丛，脉络丛向前经室间孔与侧脑室的脉络丛相接。

(2) 小脑

小脑略呈球形，位于大脑后方，在延髓和脑桥的背侧。小脑的表面有许多平的横沟，将小脑分成许多小叶；而两条近平行的纵沟将小脑分为 3 部分：两侧的小脑半球和中央的蚓部。蚓部由一系列的小叶组成，最后一小叶称为小结。小结向两侧深入小脑半球腹侧，与小脑半球的绒球合称绒球小结叶，是小脑最古老的部分，与延髓的前庭核相联系。蚓部的其他部分属旧小脑，主要与脊髓相联系。蚓部和绒球小叶主管平横和调节肌紧张。小脑半球是随大脑半球发展起来的，与大脑半球密切相联系，属新小脑，参与调节随意运动。

小脑的表面为灰质，称为小脑皮质；深部为白质，称为小脑髓质。髓质呈树枝状伸入小脑各叶，形成髓树。髓质内有 3 对核团，在两侧的称为小脑外侧核(齿状核)，中部外侧的称为小脑中位核，内侧正中的为顶核。小脑借助 3 对小脑脚(小脑后脚、小脑中脚、小脑前脚)分别与延髓、脑桥和中脑相连。

小脑表面皮质接受来自脊髓的体觉输入信息、来自大脑皮质的运动信息及来自内耳前庭器的与平衡有关的输出信息，对维持姿势、协调头眼运动起着重要作用，也同肌肉运动的调节和运动技能的学习有关。以往小脑被认为是单纯的运动结构，然而现代对人脑机能的影像学研究表明小脑同语言和其他的认知功能也有关系。从新皮层感觉联合区传递到脑桥核的实际输出信息是构成其功能基础。

(3) 大脑

大脑(cerebrum)或称端脑(telencephalon)，位于脑干前方，后端以大脑横裂与小脑分开，背侧以大脑纵裂分为左、右大脑半球。纵裂的底是连接两半球的横行宽纤维板，即胼胝体。每个大脑半球包括大脑皮质、白质、嗅脑和基底核和侧脑室等结构。

①大脑半球的外形　大脑表层被覆一层灰质，称为大脑皮质，其表面凹凸不平，凹陷处为沟，突起处为回，可以增加大脑皮质的面积。每侧大脑半球可分为背外侧面、内侧面和腹侧面。背外侧面的皮质为新皮质，可分为 4 叶。前部为额叶，是运动区；后部为枕叶，是视觉区；外侧部为颞叶，是听觉区；背侧部为顶叶，是一般感觉区。各区的面积和位置因动物种类不同而异。内侧面位于大脑纵裂内，与对侧半球的内侧面相对应。内侧面上有位于胼胝体背侧并环绕胼胝体的扣带回(图 11-12)。腹侧面又称底面，有构成嗅脑的各组成部分。

②嗅脑　包括嗅球、嗅回、嗅三角、梨状叶、海马、透明隔、穹窿和前联合等结构。

嗅球：略呈卵圆形，在左右半球的前端，位于筛窝中。嗅球中空为嗅球室，与侧脑室相通。来自鼻腔黏膜嗅区的嗅神经纤维通过筛板而终止于嗅球。嗅球的后面接嗅回。嗅回短而粗，自嗅球向后伸延并分为内侧嗅回和外侧嗅回。内侧嗅回较短，伸向半球的内侧面与旁嗅区相连，外侧嗅回较长，向后延续为梨状叶。内、外侧嗅回之间的三角区称为嗅三角。嗅三角的后部有大量小血管穿入的部位称为前穿质，它们的深部为基底核(纹状体)。

梨状叶(puriform lobe)的表面是灰质，称为梨状皮质。梨状叶内有腔，是侧脑室的后角。在梨状叶的前端深部有杏仁核，位于侧脑室的底面。梨状叶向背侧折转为海马回(海马旁回)。海马回再转至侧脑室成为海马。海马回在折转处，借助海马裂与内侧的齿状回相邻。海马呈弓带状，由后向前内侧伸延，在正中与对侧海马相接，形成侧脑室底壁的后部。海马的纤维向外侧集中形成海马伞。伞的纤维向前内侧伸延并与对侧的相连形成穹窿。穹窿在脑的正中面位于胼胝体腹侧，与胼胝体间有透明隔，向前下方终止于下丘脑的乳头体。海马与记忆有关。

透明隔(septus pellucidun)：又称端脑隔，为位于胼胝体和穹窿之间的两层神经组织膜(图11-13)。由神经纤维和少量的神经细胞体组成，构成左右侧脑室之间的正中隔。透明隔背侧缘隆凸，与胼胝体相连；腹侧缘稍凹。嗅脑中有的部分与嗅觉无关而属于"边缘系统"。大脑半球内侧面的扣带回和海马旁回等，因其位置在大脑和间脑之间，所以称为边缘叶。边缘系统是由边缘叶与附近的皮质(如海马和齿状回等)以及有关的皮质下结构，包括与扣带回前端相连的隔区(即胼胝体前部前方的皮质)、杏仁核、下丘脑、丘脑前核以及中脑被盖等组成的一个功能系统，与内脏活动、情绪变化及记忆有关。

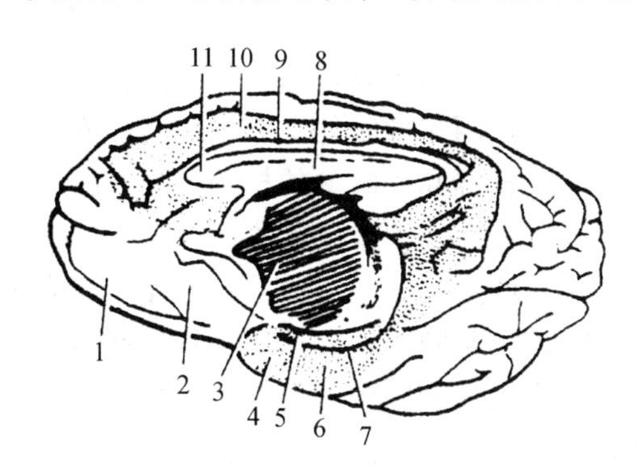

图11-12 大脑半球内侧面(示边缘系统)

1. 嗅回 2. 嗅三角 3. 丘脑切面 4. 梨状叶 5. 齿状回 6. 海马回 7. 海马裂 8. 穹窿 9. 胼胝体 10. 扣带回 11. 透明隔

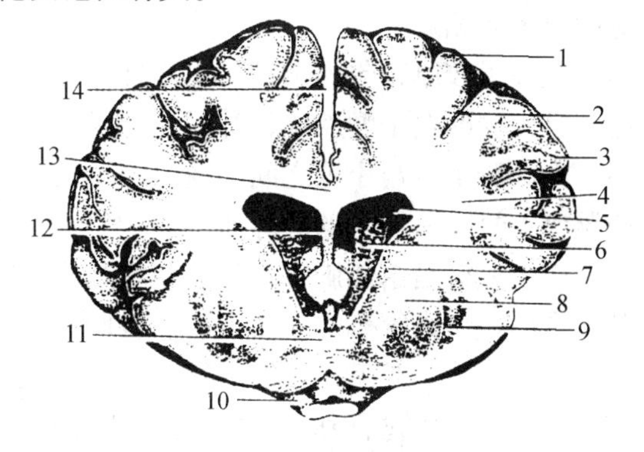

图11-13 大脑半球(横断面)

1. 脑回 2. 脑沟 3. 大脑皮质 4. 白质 5. 侧脑室 6. 侧脑室脉络丛 7. 尾状核 8. 内囊 9. 豆状核 10. 视束 11. 前连合 12. 透明隔 13. 胼胝体 14. 大脑纵裂

③大脑半球的内部结构　两侧大脑半球的表面覆盖着大脑皮质，皮质深面为白质，由各种神经纤维构成。在大脑基底部有一些灰质团块，称基底核。半球内各有一个内腔称侧脑室。

基底核(basal nuclei)：是皮质下运动中枢，与精细运动的控制有关。主要由尾状核和豆状核构成。尾状核较大，呈梨状弯曲，位于丘脑的前背侧，构成侧脑室前部的底壁，腹外侧面为内囊。豆状核较小，呈扁圆形，位于尾状核的腹外侧，内囊的外侧，可分为两部分，外侧部较大，称为壳；内侧部较小，色浅称为苍白球。尾状核、豆状核和位于其间的内囊横断面上呈灰、白质相间的条纹状，所以又称纹状体。纹状体接受丘脑和大脑皮质的纤维，发出纤维至红核和黑质，是锥体外系的主要联络站，有维持肌紧张和协调肌肉运动的作用。

大脑皮质的深面为白质。大脑半球内的白质有以下 3 种纤维构成。连合纤维是连接左右大脑半球的纤维，主要为胼胝体。胼胝体位于大脑纵裂底，构成侧脑室的顶壁，将左、右大脑半球连接起来。联络纤维是连接同侧半球各脑回、各叶之间的纤维。投射纤维是连接大脑皮质与脑其他各部分及脊髓之间的上、下行纤维，内囊就是由投射纤维构成。

④ 侧脑室　有 2 个，为每侧大脑半球中的不规则腔体，经室间孔与第 3 脑室相通，侧脑室的内侧壁是透明隔，位于胼胝体与穹隆之间；顶壁为胼胝体；底壁的前部为尾状核；后部是海马。内有侧脑室脉络丛，在室间孔处与第 3 脑室脉络丛相连，可产生脑脊髓液。侧脑室很不规则，其前部通嗅球腔，后部向腹侧到达梨状叶内。

(4) 脑膜和脑脊髓液循环

脑膜包在脑的外面，和脊膜一样分为脑硬膜、脑蛛膜和脑软膜。

脑软膜较薄，富含血管，紧贴于脑的表面并深入脑沟，并随血管分支入脑质中形成一鞘，包围在小血管的外面，并可进入侧脑室、第 3 脑室和第 4 脑室的脑软膜内，其内含大量的血管丝，形成脉络丛，能产生脑脊髓液。

脑蛛网膜也很薄，包于软膜的外面，并以纤维与软膜相连，但不深入脑沟内。位于蛛网膜与软膜之间的腔隙称为蛛网膜下腔，内含脑脊髓液。通过第 4 脑室脉络丛上的孔使脑室与蛛网膜下腔相通。

脑硬膜较厚，包围于蛛脑膜之外。位于硬膜与蛛网膜之间的腔系称为硬膜下腔，内含淋巴。脑硬膜紧贴于颅腔壁，其间无硬膜外腔存在。脑硬膜在两半球间的大脑纵裂内形成大脑镰，在大脑半球与小脑之间的横沟内形成一小脑幕。在大脑镰和小脑幕的根部内含有脑硬膜静脉窦，接受来自脑的静脉血。

脑脊髓液是由侧脑室、第 3 脑室和第 4 脑室的脉络丛产生的无色、透明的液体，充满于脑室和脊髓中央管和蛛网膜下腔。各脑室的脑脊液均汇入第 4 脑室，经第 4 脑室脉络丛上的孔进入蛛网膜下腔后，流向大脑背侧，再经脑蛛网膜粒投入硬脑膜中的静脉窦，最后回到血液循环中。这个过程称为脑脊髓液循环。脑脊髓液和位于硬膜下腔的淋巴有营养脑、脊髓和运输代谢产物的作用，还起缓冲和维持恒定的颅内压作用。若脑脊液循环障碍，可导致脑积水或颅内压升高。

(5) 脑脊髓传导径

脊髓的重要功能之一是传导功能，除头部的感觉之外，身体的大部分感觉是经脊髓传导到脑的；脑的许多神经冲动也经脊髓到达运动神经元。

①上行传导径　即指感觉传导径(图 11-14)，主要有本体觉传导径、痛温觉传导径、触压觉传导径。本体觉传导径又有意识性本体感觉传导径和反射性本体觉传导径。

意识性本体感觉传导径：起于肌肉、关节、韧带等深部的感受器，传导到端脑。由 3 级神经元接替传导。

反射性本体觉传导径：由脊髓小脑束传导，起于肌肉、关节、韧带等深部的感受器，传导到端脑，由 2 级神经元接替传导。

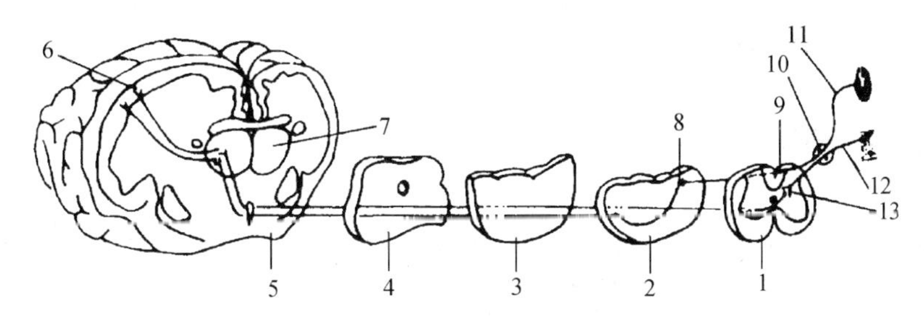

图 11-14　感觉传导径示意图

1. 脊髓　2. 延髓　3. 脑桥　4. 中脑　5. 间脑　6. 大脑皮层　7. 丘脑　8. 楔束核　9. 楔束　10. 脊神经节　11. 本体感觉神经元　12. 皮肤感觉神经元　13. 脊髓的背侧灰柱

痛、温觉传导径：由3级神经元接替传导到端脑，组成脊髓丘脑束，由丘脑发出纤维到达端脑。

触、压觉传导径：由3级神经元传导，第1级在脊神经节，第2级在脊髓背角，其发出的纤维交叉到对侧，到达丘脑后，由丘脑到达端脑。

②下行(运动)传导径　即为运动传导通路，包括如下径路(图11-15)：

锥体系：包括自大脑皮层发出直接控制随意运动的主要传导束。在家畜不如人的发达。由两级神经元构成，第1级在大脑皮质，第2级神经元即脊髓腹角的运动神经元。这些纤维束通过内囊、大脑脚底，一部分终止于对侧的脑神经运动核，另一部分经延髓的锥体继续下行，至延髓后端分为两段；一般通过锥体交叉后，经对侧的脊髓外侧索下行，终止于对侧的脊髓腹侧柱。当上运动神经元(锥体细胞和锥体束)损伤临床表现瘫痪特点：痉挛性，肌张力增高，深反射亢进，浅反射消失或减弱，肌萎缩不明显，病理反射阳性。而下运动神经元(脑神经运动核、脊髓前角、脑脊神经)损伤瘫痪特点：弛缓性，肌张力降低，深反射消失，浅反射消失，肌萎缩明显，病理反射阴性。

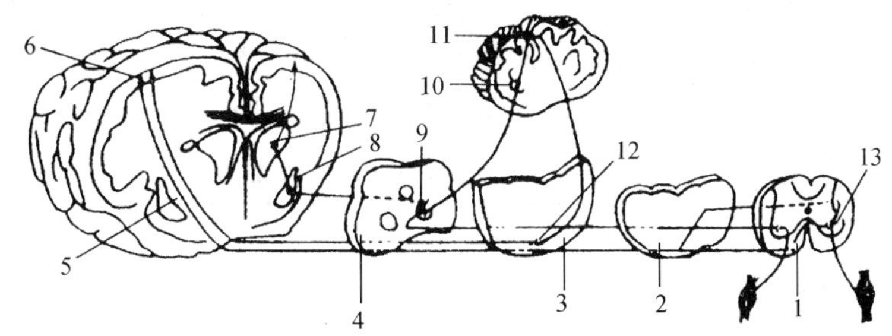

图 11-15　运动传导径路示意图

1. 脊髓　2. 延髓　3. 脑桥　4. 中脑　5. 内囊　6. 大脑皮层　7. 尾状核　8. 豆状核　9. 红核　10. 齿状核　11. 小脑皮质　12. 桥核　13. 脊髓腹侧柱

锥体外系：联系范围甚广，参与调节的神经元众多，主要的有皮质—纹体—苍白球系和皮质—小脑—红核系。皮质—纹体—苍白球系：由大脑皮质运动区发出的纤维先到达尾状核和壳，由尾状核和壳发出纤维到达苍白球，由苍白球发出纤维到红核和黑质，由红核和黑质发出纤维到延髓的腹内侧网状结构，由此再发出纤维到脊髓的腹角运动神经元。皮质—脑桥—小脑系：由大脑皮质发出纤维到脑桥的桥核，桥核发出纤维到小脑，由小脑发出纤维到红核，由红核发出纤维到脊髓腹角。

11.3　外周神经系

外周神经也叫周围神经，多为白色，呈带状或索状，是由联系中枢神经与外围器官之间的神经纤维及位于脑和脊髓之外的神经元及其纤维所组成，其中有运动神经元的轴突和感觉神经元的周围突。感觉神经元的胞体位于脑和脊髓以外的神经节内或感受器内，其周围突与感受器相连，中枢突至脊髓、脑干。运动神经元的胞体位于脑运动核或脊髓的腹侧柱内，其轴突接于效应器。

在光镜下观察，有的神经纤维有髓鞘，称为有髓纤维；另一些是无髓纤维，但在电镜下观察无髓纤维也有较薄的髓鞘。外周神经借神经根与中枢神经相联系。神经根有两类，一类为感觉根，由感觉神经元的中枢突组成，其神经元的胞体集中于感觉根上形成结节状，称为神经节。另一类为运动根，由脊髓的腹侧柱内或脑运动核的神经元发出的轴突组成。

根据神经的功能性质，可分为：感觉神经、运动神经和混合神经。将感觉冲动由感觉传向中枢的为感觉神经；将神经冲动由中枢传向效应器而引起肌肉收缩或腺体分泌的为运动神经；既有感觉神经纤维，又有运动神经纤维构成的为混合神经。根据分布的不同，可分为躯体(干)神经和内脏神经。躯体(干)神经分布于体表和骨骼肌，自脊髓发出的为脊神经，自脑发出的为脑神经。内脏神经分布于内脏、腺体和心血管，又称自主神经，根据其功能不同，可分为交感神经和副交感神经。

11.3.1　脊神经

脊神经为混合神经，含有感觉神经纤维和运动神经纤维。在椎间孔附近由背侧根和腹侧根聚集而成，它由椎间孔或椎外侧孔伸出，分为背侧支和腹侧支。背侧支分布于脊柱腹侧和四肢的肌肉和皮肤。分布于肌肉的称为肌支，分布于皮肤的称为皮支(图 11-16)。

脊神经按部位分为颈神经、胸神经、腰神经、荐神经和尾神经(表 11-1)。

表 11-1　各种家畜脊神经的对数

名　称	牛、羊	马	猪	犬
颈神经	8	8	8	8
胸神经	13	18	14 ~ 15	13
腰神经	6 ~ 7	6	7	7
荐神经	5	5	4	3
尾神经	5 ~ 7	5 ~ 6	5	4 ~ 7
合　计	37 ~ 40	42 ~ 43	38 ~ 39	35 ~ 38

11.3.1.1　颈神经

背侧支：又分为内侧支和外侧支，分别穿行于头半棘肌的内侧面，或头最长肌、颈最长肌和夹肌之间，最终分布于颈部背、外侧的肌肉和皮肤。

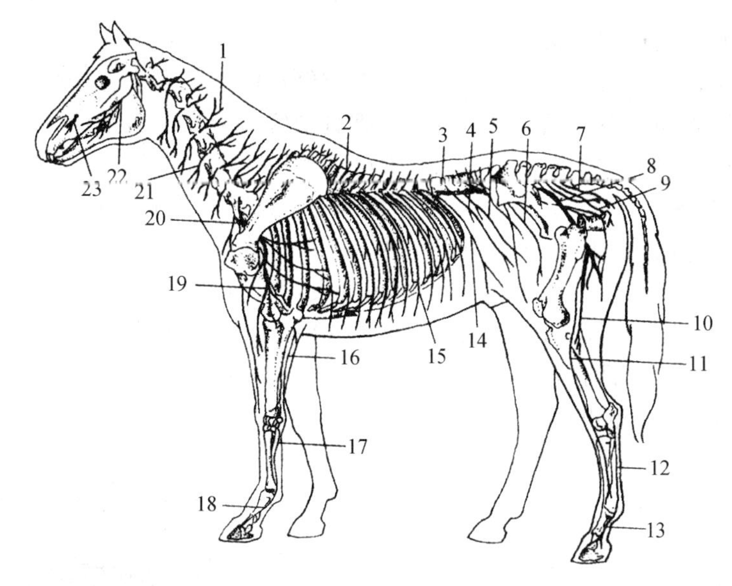

图 11-16　马的脊神经

1. 颈神经的背侧支　2. 胸神经的背侧支　3. 腰神经的背侧支　4. 髂腹下神经　5. 髂腹股沟神经　6. 股神经　7. 直肠后神经　8. 坐骨神经　9. 阴部神经　10. 胫神经　11. 腓神经　12. 足底外侧神经　13. 趾外侧神经　14. 最后肋间神经　15. 肋间神经　16. 尺神经　17. 掌外侧神经　18. 指外侧神经　19. 桡神经　20. 臂神经丛　21. 颈神经的腹侧支　22. 面神经　23. 眶下神经

腹侧支：自前向后逐渐变粗。前 4 ~5 对颈神经的腹侧支小，分布于颈部腹外侧的肌肉和皮肤。后 3 对颈神经的腹侧支较大，参与组成臂神经丛和膈神经。

耳大神经：为第 2 颈神经腹侧支的分支，在腮腺的表面沿腮耳肌向上延伸，分布于耳廓凸面。

膈神经：为膈的运动神经，来自第 5 ~7 脊神经的腹侧支。膈神经沿斜角肌的腹侧缘向下向后伸延，经胸前口入胸腔后，在心包和纵隔胸膜间继续向后伸延到膈的腱质部，分布到膈的肉质部。

11.3.1.2　胸神经

除最后一对胸神经外，统称为肋间神经。胸神经的背侧支又分为内侧支和外侧支，内侧支分布于背多裂肌等背部深层肌肉。外侧支分布于肋提肌、背最长肌和背髂肋肌以及胸壁上 1/3 部的皮肤。腹侧支较大，其伴随肋间动脉、静脉在肋间隙中沿肋骨后缘向下延伸，分布于肋间肌、膈肌、腹壁肌肉和皮肤。第 1、第 2 胸神经的腹侧支粗大，主要参与形成臂神经丛，由它们分出的肋间神经很小。最后胸神经的腹侧支沿最后肋骨后缘向下伸延，进入腹直肌，有浅支穿过腹斜肌形成皮神经，分布到腹部的皮肤，亦称肋腹神经。

11.3.1.3　臂神经丛

臂神经丛(brachial plexus)由第 6 ~8 颈神经的腹侧支与第 1 和第 2 胸神经的腹侧支组成，经斜角肌背腹侧两部之间穿出，位于肩关节的内侧。由此丛发出的神经有：胸肌前神经、胸背神经、胸长神经、胸外侧神经、胸肌后神经、肩胛上神经、肩胛下神经、腋神经、桡神经、尺神经、肌皮神经和正中神经(图 11-17、图 11-18)。前 5 支比较小，主要分布于胸肌、背阔肌、腹侧锯肌及附近的皮肤。

①肩胛上神经(nervus suprascapularis) 由臂神经丛的前部发出，纤维来自第6~8颈神经腹侧支，经肩胛下肌与冈上肌之间，绕经肩胛骨前缘，分布于冈上肌、冈下肌和肩关节。因位置关系，肩胛上神经常受损伤，临床上常可见动物发生肩胛上神经麻痹。

②肩胛下神经(nervus subscapulares) 在肩胛上神经的后方自臂神经丛发出，纤维来自第6~8颈神经腹侧支，有2~4支分布于肩胛下肌及肩关节。

③腋神经(nervus axillaris) 由臂神经丛中部发出，纤维来自第7、第8颈神经的腹侧支；穿过肩胛下肌与大圆肌之间的缝隙，在肩关节后方分出数个分支，分布于肩胛下肌、大圆肌、三角肌、小圆肌、臂肌以及关节囊等。腋神经在三角肌的深面分出前臂皮神经，分布于前臂近端背侧及前臂外侧的皮肤。

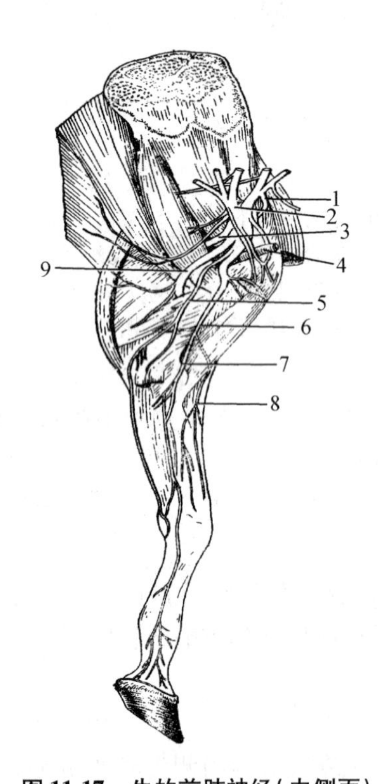

图11-17 牛的前肢神经(内侧面)

1. 肩胛上神经 2. 臂神经丛 3. 腋神经 4. 腋动脉 5. 尺神经 6. 肌皮神经和正中神经总干 7. 正中神经 8. 肌皮神经的皮支 9. 桡神经

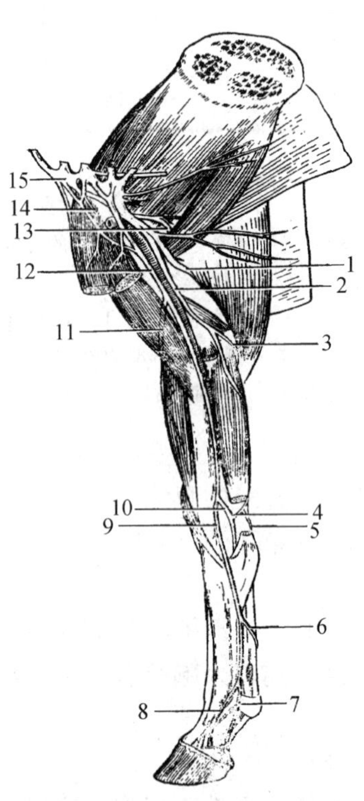

图11-18 马的前肢神经(内侧面)

1. 桡神经 2. 和3. 尺神经及其皮支 4. 尺神经深支 5. 尺神经浅支 6. 交通支 7. 指内侧神经掌侧支 8. 指内侧神经背侧支 9. 掌内侧神经 10. 掌外侧神经 11. 肌皮神经皮支 12. 正中神经和肌皮神经总干 13. 腋神经 14. 肩胛上神经 15. 臂神经丛

④胸肌神经(nervi pectorales) 有多支，分布于胸浅肌、胸深肌、肩关节囊、胸腹侧锯肌、背阔肌、胸腹皮肌和皮肤。

⑤肌皮神经(nervus musculocutaneous) 在肩胛下神经的后方，自臂神经丛的中部分出，经腋动脉的外侧以一粗交通支在腋动脉的腹侧与正中神经相连(牛、马)，形成腋襻。在肩关节附近分出至喙臂肌和臂二头肌的近端，本干与正中神经合并，沿臂神经前缘向下伸延，

至臂中部与正中神经分开，并分出肌支到臂二头肌、臂肌、肘关节囊和前臂背侧的皮肤。

⑥桡神经(nervus radial) 纤维来自第8颈神经和第1胸神经的腹侧支。自臂神经丛的后部分出，与尺神经一起沿臂动脉的后缘向下伸延，在臂内侧中部，经臂三头肌长头与内侧头之间，进入臂肌沟，沿臂肌后缘向下伸延，分出肌支分布于臂三头肌和肘肌之后，在臂三头肌外侧头的深面分为深、浅2支。深支分布于腕和指的伸肌。浅支在马分布于前臂外侧的皮肤；此浅支在牛较粗，经腕桡侧伸肌前面，沿指伸肌腱内侧至腕部和掌部，分布于第3/4指的背侧面。桡神经由于位置和径路原因，易受压迫、牵引而损伤，在临床上常见桡神经麻痹。

⑦尺神经(nervus ulnar) 在臂内侧，纤维来自第1和第2胸神经的腹侧支，沿臂动脉后缘和前臂部尺沟向后下方伸延，经肱骨内侧髁与肘突之间进入前臂，沿腕外侧屈肌与腕尺侧屈肌之间继续向下伸延到腕部。尺神经在臂中部分出皮支，分布于前臂后面皮肤。在臂部远端分出肌支，分布于腕尺侧屈肌和指深屈肌和指浅屈肌。

马的尺神经在腕关节上方分为一背侧支(浅支)和一掌侧支(深支)。背侧支分布于腕、掌部的背外侧和掌侧的皮肤。掌侧支合并于掌外侧神经。

牛的尺神经在腕关节上方分为一背侧支和一掌侧支；背侧支沿掌部的背外侧面向下伸延，分布于第4、第5指背外侧面；掌侧支在掌近端分出一深支分布于悬韧带后，沿指浅屈肌腱的外侧缘向指端伸延。分布于悬蹄和第4指掌外侧面。

⑧正中神经(nervus median) 由第8颈神经和第1和第2胸神经的腹侧支构成。牛和马的正中神经在臂内侧与肌皮神经合成一总干，随同臂动脉、静脉向下伸延。正中神经在臂中部分出肌皮神经后，沿肘关节内侧进入前臂骨和腕桡侧屈肌之间的正中沟中。它在前臂近端分出肌支分布于腕桡侧屈肌和指深屈肌；在正中沟内还分出骨间神经进入前臂骨间隙，分布于骨膜。

马的正中神经的主干在前臂远端掌侧，分为掌内侧神经和掌外侧神经两支。掌内侧神经和掌心浅动脉一起沿指深屈肌腱的内侧缘向下伸延，在掌中部分出一交通支，绕过指屈腱掌侧面合并于掌外侧神经，然后在掌远端分为一背侧支(指内侧神经背侧支)和一掌侧支(指内侧神经掌侧支)，分布于指内侧的皮肤和关节。掌外侧神经与尺神经会合后，沿指深屈肌腱外侧缘向下延伸，在掌近端分出一深支，分布于悬韧带和系关节；在掌部下1/3处接受来自掌内侧神经的交通支，其在指部的分支和分布情况与掌内侧神经相同，但仅分布于指外侧。

牛的正中神经在分出肌支分布于腕、指屈肌之后，继续沿指浅屈肌向下伸延，通过腕管，在掌部下1/3处分出一内侧支和一外侧支。内侧支分为两支，分布于悬蹄和第3指内侧。外侧支也分为两支，一支合并于尺神经的掌侧支，分布于第4指掌外侧；另一支在指间隙分布于第3、4指。

11.3.1.4 腰神经

腰神经在牛马均为6对(图11-19、图11-20)。前3~4对腰神经的腹侧支分别称为髂腹下神经、髂腹股沟神经和精索外神经与生殖股外侧皮神经；后3对腰神经的腹侧支较粗，主要参与构成腰荐神经丛。它们都有小分支分布到腰下肌肉。驴只有5对腰神经，第1腰神经相当于马的第1和第2腰神经，第2~5腰神经相当于马的第3~5腰神经。

腰神经的背侧支又分为内侧支和外侧支。内侧支在背腰最长肌深面分布于多裂肌等。外侧支有肌支至背腰最长肌，主干穿出背腰最长肌和臀中肌分布于腰臀部的皮肤。腹侧支形成下列神经支：

①髂下腹神经(nervus iliohypogastricus) 也称髂腹下神经。来自第1腰神经的腹侧支。在腰大肌与腰方肌之间穿出，马的向后向外，行经第2腰椎横突末端腹侧；牛的行经第2腰椎横突腹侧及第3腰椎横突末端的外侧缘，分为浅、深2支。浅支最初沿腹横肌外侧面向后下方伸延，以后穿过腹内、外斜肌，分布于腹侧壁及膝关节外侧的皮肤，且有分支分布于腹内、外斜肌；深支先后在腹膜与腹横肌之间以及腹横肌和腹内斜肌之间，向下伸延，到达腹股沟部，分支到腹横肌、腹直肌、腹内斜肌，或与髂腹股沟神经内侧支相连，或直接分布到包皮、阴囊及乳房。

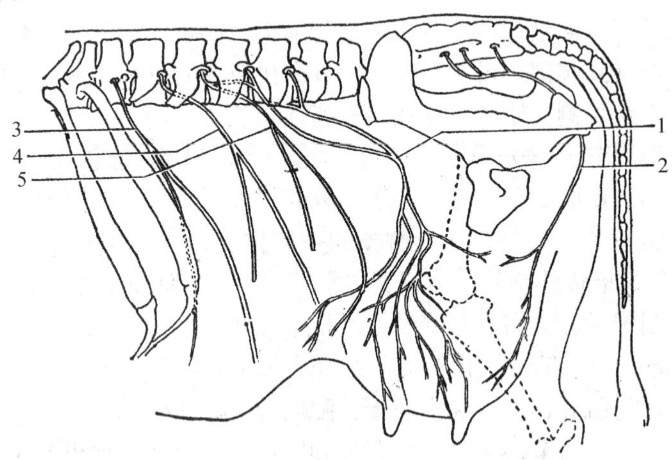

图11-19 牛的腹壁的神经

1. 精索外神经 2. 会阴神经的乳房支 3. 最后肋间神经 4. 髂下腹神经 5. 髂腹股沟神经

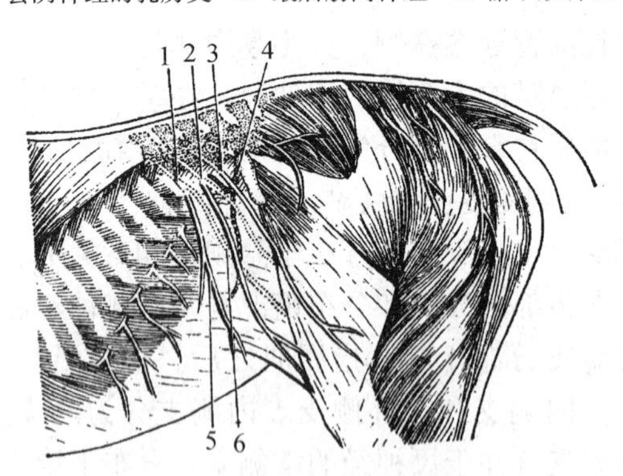

图11-20 马腹壁的神经和血管

1. 最后肋间神经 2. 髂下腹神经 3. 髂腹股沟神经 4. 旋髂深动脉 5. 深支 6. 浅支

②髂腹股沟神经(nervus ilioinguinalis) 来自第2腰神经的腹侧支，在腰大肌与腰小肌之间向外侧伸延，马的行径第3腰椎横突末端，牛的行经第4腰椎横突末端外侧缘，分为深浅两支。浅支分布到膝外侧的皮肤和髋结节下方的皮肤；深支分布的情况与髂腹下神经的相似，分布到腹横肌和腹内斜肌。

③精索外神经(nervus spermaticus externus) 又称为生殖股神经，来自第2～4腰神经的

腹侧支，沿腰肌间下行，分为前、后2支，均向下伸延穿过腹股沟管，与阴部外动脉一起分布，公畜分布于睾丸提肌、阴囊和包皮；母畜分布于乳房。

④ 股外侧皮神经(nervus eutaneus femoralis lateralis)　纤维来自第3和第4腰神经的腹侧支，经腰大肌与腰小肌间向后外侧伸延，与旋髂深动脉的后支伴行，在髂结节的后方穿出腹壁，分布于膝关节和股前、股外侧部的皮肤。

11.3.1.5　荐神经

荐神经的背侧支经荐背侧孔出椎管，分布于臀部的皮肤以及尾基的肌肉、皮肤。第1、第2荐神经的腹侧支参与构成腰荐神经丛。第3、第4对荐神经的腹侧支形成阴部神经与直肠神经，最后1对荐神经的腹侧支分布于尾的腹侧(图11-21、图11-22)。

①阴部神经(nervus pudendus)　来自第3、第4(马)或第4、第5(牛)荐神经的腹侧支、开始沿荐结节阔韧带的内侧面向下后方伸延，分出侧支分布于尿道、肛门、会阴及股内侧皮肤以后，绕过坐骨弓到达阴茎的背侧，而成为阴茎背神经，沿阴茎背侧缘向前延伸，分布于阴茎和包皮。在母畜则为阴蒂背神经，分布于阴唇和阴蒂。

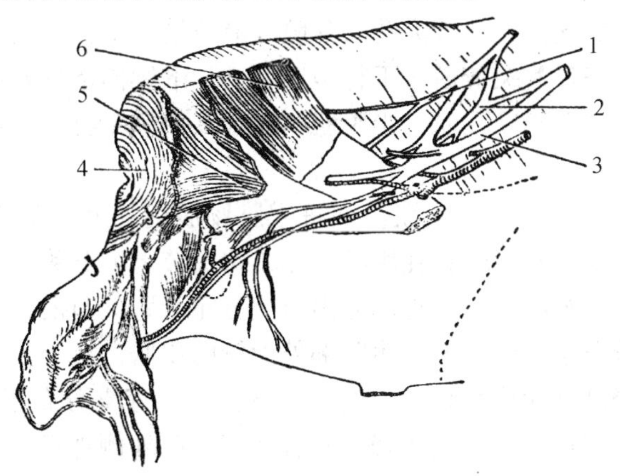

图11-21　牛的会阴部神经

1. 直肠后神经　2. 盆神经　3. 阴部神经　4. 肛门括约肌　5. 肛提肌　6. 尾骨肌

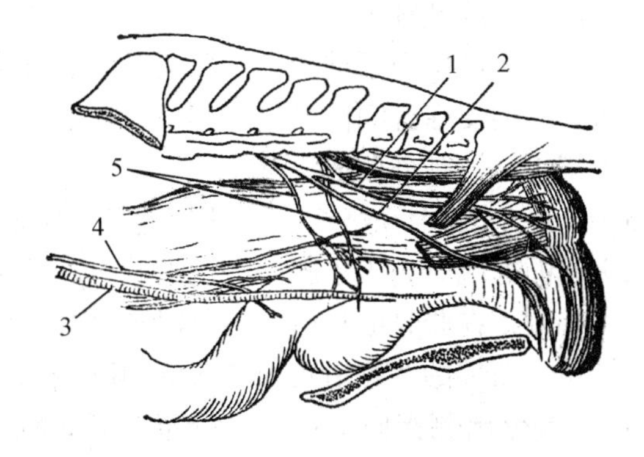

图11-22　马的盆腔和会阴部的神经

1. 直肠后神经　2. 阴部神经　3. 输尿管　4. 腹下神经　5. 盆神经

②直肠后神经(nervus haemorrhoidalis caudalis) 来自第4、第5(牛)或第3、第4(马)荐神经的腹侧支，有1~2支，在阴部神经背侧沿荐结节阔韧带内侧面向后向下伸延，分布于直肠和肛门。母畜还分布于阴唇。

11.3.1.6 腰荐神经丛

腰荐神经丛(lmbossacral plexus)由第4~6腰神经和第1~2荐神经的腹侧支构成，位于腰荐部腹侧。由此神经丛发出股神经、闭孔神经、坐骨神经、臀前神经和臀后神经。

①股神经(nervus femoral) 由腰荐神经丛前部发出，其纤维主要来自第4、第5腰神经的腹侧支，经腰大肌与腰小肌之间向后外向下伸延，穿出腹腔，股神经在缝匠肌的深面分出至髂腰肌的肌支及隐神经后，本干与股前动脉一起进入股直肌与股内肌之间，分数支分布于股四头肌。

隐神经：在缝匠肌覆盖下由股神经分出，沿股动脉的前缘向下伸延，分布于膝关节，小腿和趾内侧面的皮肤。

②坐骨神经(nervus sciatic) 为全身最粗、最长的神经，扁而宽。纤维主要来自第6腰神经和第1荐神经的腹侧支。自坐骨大孔出盆腔，沿荐结节阔韧带的外侧向后下方伸延，经大转子与坐骨结节之间绕过髋关节后方下行至股后部，继续向下伸延在股二头肌、半膜肌和半腱肌之间，沿途分支分布于闭孔肌、半膜肌、股二头肌和半腱肌。约在股骨中部分为腓总神经和胫神经。

胫神经(nervus tibial)：沿股二头肌深面进入腓肠肌内、外侧头之间，沿腓肠肌和趾深屈肌的内侧缘向下伸延至小腿远端，在跟腱背侧，跗关节上方分为足底内侧神经和足底外侧神经，继续向下伸延。胫神经在小腿近端分出肌支分布于跗关节的伸肌和趾关节的屈肌，并在股远端分出皮支，分布于小腿后面和跗跖部外面侧的皮肤。

马的足底内侧神经沿趾深屈肌腱的内侧缘向下伸延，分支分布于趾内侧皮肤及趾关节。在跖部分出一交通支，绕过趾屈肌腱的表面，合并于足底外侧神经。然后在球节处分出一背侧支和一腹侧支，分布于趾内侧的皮肤和关节。足底外侧神经沿趾深屈肌腱的外侧缘向下伸延，在跖近端分出一支进入到悬韧带，在跖远端接受足底内侧神经的交通支后，分为一背侧支和一跖侧支，分布于趾外侧的皮肤及趾关节。

牛的足底内侧神经沿在跖内侧沟中向下伸延，在系关节上方分为内侧支和外侧支：内侧支分布于第3趾的跖内侧面，外侧支在趾间隙分布于第3、4趾。足底外侧神经沿趾屈肌腱的外侧缘向下伸延，分布于第4趾的趾外侧面。

腓总神经(nervus peroneal)：较胫神经略细，在股二头肌的深面经在股部远端分出一小腿外侧皮神经，穿过股二头肌的远端分布于小腿外侧的皮肤。然后经股二头肌与腓肠肌之间向前下方伸延到小腿近端的外侧，在腓骨的近端分为腓浅神经和腓深神经。

牛的腓浅神经较粗，经跗、跖部的背侧沿趾长伸肌腱向趾端伸延，在二趾间隙分支，分布于第3、第4趾。并在跖近端分出侧支向下伸延，分布于第3趾背内侧和第4趾背外侧。腓深神经沿胫骨的背侧腓肠肌和外侧伸肌的背侧正中沟中向下伸延，至趾间隙合并于腓浅神经和足底内侧神经。

马的腓浅神经较小，沿趾长伸肌与趾外侧伸肌之间的腓沟向下伸延，分布于趾外侧伸肌以及小腿和趾外侧皮肤。腓深神经进入趾长伸肌深面，分出肌支分布于小腿背外侧肌肉后，与胫前动脉一起向下伸延，分布于跗、跖及趾背内侧和趾背外侧的皮肤。

③闭孔神经(nervus obturator) 纤维来自第4～6腰神经的腹侧支，沿髂骨内侧面向后下方伸延，穿出闭孔，分支分布于闭孔外肌、耻骨肌、内收肌和股薄肌。

④臀前神经(nervus glutaeus cranialis) 纤维来自第6腰神经和第1荐神经的腹侧支，与臀前动、静脉一起出坐骨大孔，分数支分布于臀肌和股阔筋膜张肌。

⑤臀后神经(nervus glutaeus caudalis) 纤维来自第1、第2荐神经的腹侧支，沿荐结节阔韧带外侧面向后伸延，分支分布于股二头肌、臀浅肌和半腱肌，还有一支分布于股后部的皮肤。

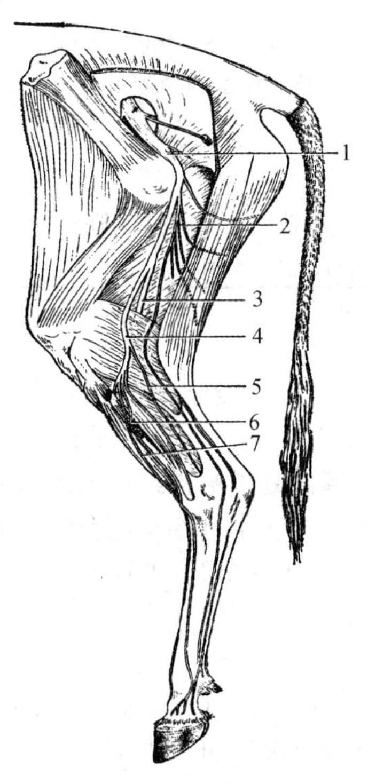

图11-23 牛的后肢神经(外侧面)

1. 坐骨神经 2. 肌支 3. 胫神经 4. 腓神经 5. 小腿外侧皮神经 6. 腓浅神经 7. 腓深神经

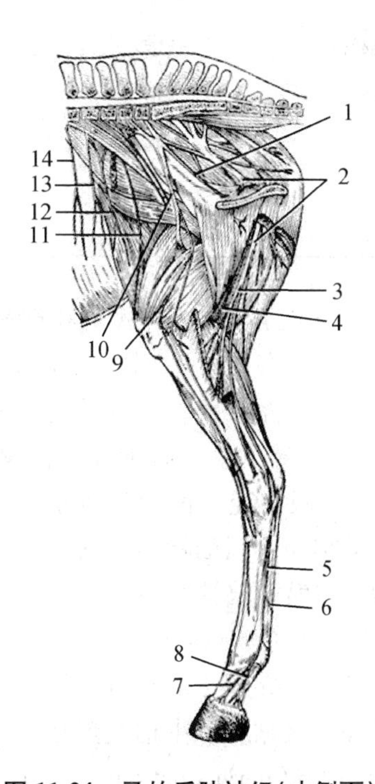

图11-24 马的后肢神经(内侧面)

1. 闭孔神经 2. 坐骨神经 3. 胫神经 4. 腓神经 5. 足底内侧神经 6. 交通支 7. 趾内侧神经背侧支 8. 趾内侧神经跖侧支 9. 隐神经 10. 股神经 11. 股外侧皮神经 12. 髂腹股沟神经 13. 髂下神经 14. 最后肋间神经

11.3.1.7 尾神经

尾神经(nervus coccygeus)包括背侧支和腹侧支，分别分布于尾背侧、腹侧肌肉和皮肤。

11.3.2 脑神经

脑神经(nervi cranial)是与脑相连的周围神经，共有12对，按其与脑相连的前后顺序及功能、分布和行程而命名。它们通过颅骨的一些孔出颅腔，其中有的是感觉神经，有的为运动神经，有的是含有感觉纤维和运动纤维的混合神经。现根据先后次序、出入脑的部位、神经纤维的成分以及分布情况列于表11-2。

表 11-2 脑神经的纤维成分以及分布情况

名 称	出入脑的部位	纤维成分	分 布
Ⅰ 嗅神经	嗅球	感觉纤维	嗅黏膜
Ⅱ 视神经	间脑外侧膝状体	感觉纤维	视网膜
Ⅲ 动眼神经	中脑的大脑脚	运动纤维	眼球肌、瞳孔括约肌
Ⅳ 滑车神经	中脑四叠体后丘	运动纤维	眼上斜肌
Ⅴ 三叉神经	脑桥	混合纤维	面部皮肤和咀嚼肌
Ⅵ 外展神经	延髓	运动纤维	眼外直肌、眼球退缩肌
Ⅶ 面神经	延髓	混合纤维	面部皮肤肌肉、耳和部分味蕾
Ⅷ 前庭耳蜗神经	延髓	感觉纤维	耳蜗、前庭及半规管
Ⅸ 舌咽神经	延髓	混合纤维	舌、咽
Ⅹ 迷走神经	延髓	混合纤维	咽、喉、腺体、内脏
Ⅺ 副神经	延髓和脊髓	运动纤维	斜方肌、胸头肌及臂头肌
Ⅻ 舌下神经	延髓	运动纤维	舌肌及舌骨肌

11.3.2.1 脑神经名称、顺序和机能分类

脑神经一共有 12 对，由前向后分别为嗅神经、视神经、动眼神经、滑车神经、三叉神经、外展神经、面神经、前庭耳蜗神经、舌咽神经、迷走神经、副神经、舌下神经(图 11-25)。其中，纯感觉性的脑神经为：Ⅰ嗅神经、Ⅱ视神经、Ⅷ前庭耳蜗神经；纯运动性的脑神经为：Ⅲ动眼神经、Ⅳ滑车神经、Ⅵ外展神经、Ⅺ副神经、Ⅻ舌下神经；混合性的脑神经为：Ⅴ三叉神经、Ⅶ面神经、Ⅸ舌咽神经、Ⅹ迷走神经(图 11-26 ~ 图 11-29)。

11.3.2.2 纯感觉脑神经

(1) 嗅神经(nervus olfactorius)

嗅神经为传导嗅觉的感觉神经，起于鼻腔嗅区黏膜中的嗅细胞。嗅细胞为双极神经元，其周围突伸向嗅黏膜；中枢突聚集成许多嗅丝，经筛板小孔入颅腔，止于嗅球。

(2)视神经(nervus opticus)

视神经为传导视觉的感觉神经，由眼球视网膜节细胞的轴突穿过巩膜集合而成，经视神经孔入颅腔，两侧部分视神经在脑底面部分纤维互相交叉，形成视神经交叉，以视束止于间脑的外侧膝状体，将视觉冲动传至大脑皮质或对光反射中枢。视神经在眶窝内被眼球退缩肌包围。

(3)前庭耳蜗神经(nervus vestibulocochleares)

前庭耳蜗神经属感觉神经，因有听觉和平衡觉，也称位听神经，由前庭神经根和耳蜗神经根共同组成。在面神经后方与延髓的侧面相连。

前庭神经为传导平衡觉的感觉神经，其神经元的胞体位于内耳道底部的前庭神经节，其周围突分布于内耳前庭和半规管中的膜迷路的位置感受器，中枢突构成前庭神经，经内耳道入颅腔与延髓相连，止于延髓的前庭神经核。

耳蜗神经传导听觉，感觉神经元位于内耳的螺旋神经节，周围突随螺旋骨板分布于内耳膜迷路的听觉感觉器，其中枢突组成耳蜗神经，也经内耳道入颅腔与延髓相连，止于延髓的

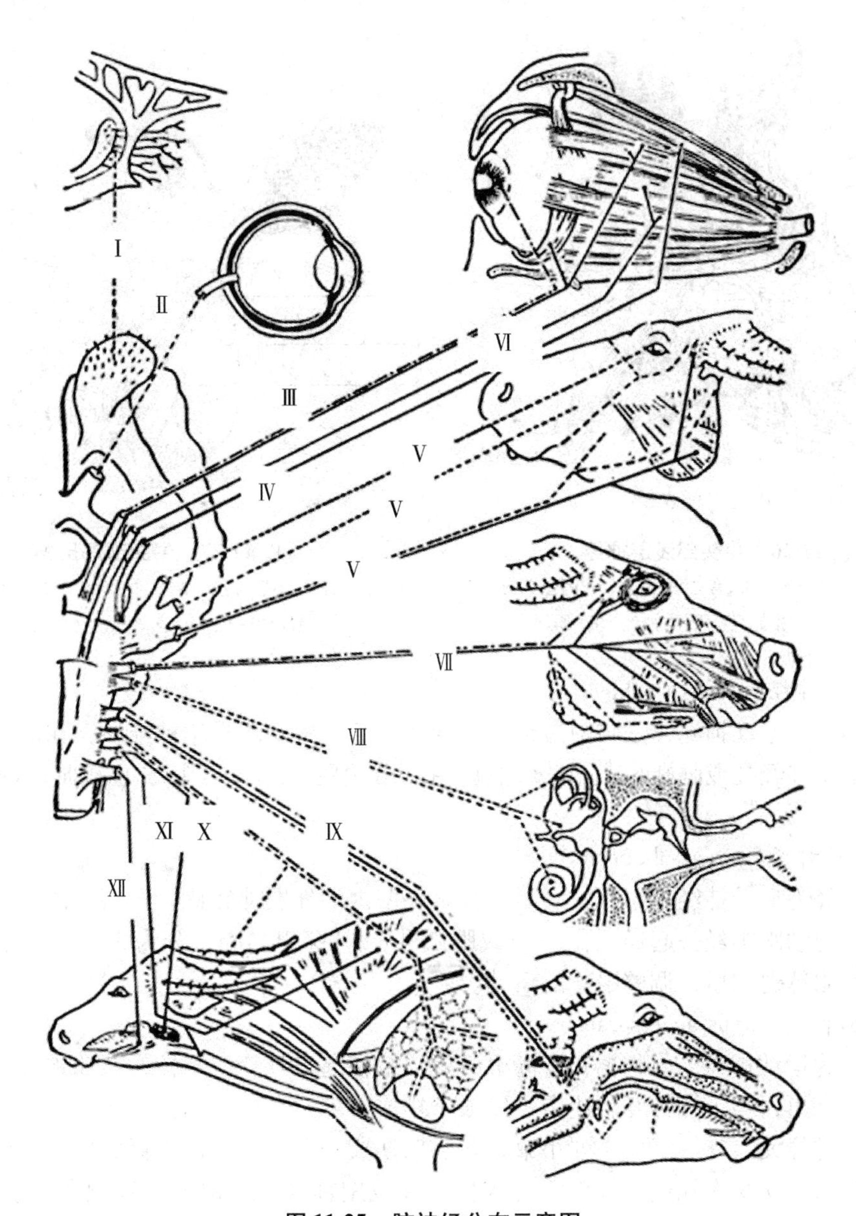

图 11-25　脑神经分布示意图

--------感觉纤维　——运动纤维　—·—·—副交感纤维

耳蜗神经核。

11.3.2.3　纯运动脑神经

(1)动眼神经(nervus oculomotorius)

动眼神经含有运动神经纤维和自主神经的副交感神经纤维。运动神经纤维起于中脑的动眼神经核，自大脑脚的脚间窝外缘出脑，经眶孔(马)或眶圆孔(牛)至眼眶，立即分为一背侧支和一腹侧支。背侧支短，分支分布于眼球上直肌和上睑提肌，腹侧支较长，除有纤维至睫状神经节(该节位于腹侧支起始部上，为副交感神经节)外，分支分布于眼球内直肌、眼球下直肌和眼球下斜肌。

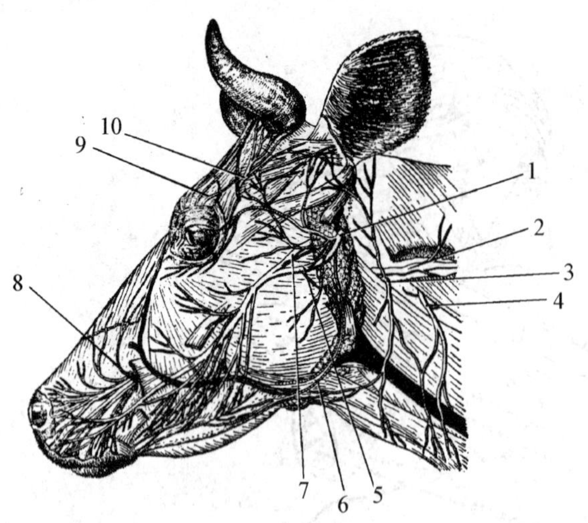

图 11-26 牛头部浅层神经

1. 面神经 2. 副神经 3. 第二颈神经 4. 第三颈神经 5. 颊背侧支 6. 下颌支 7. 颞浅神经 8. 眶下神经 9. 额神经 10. 角神经

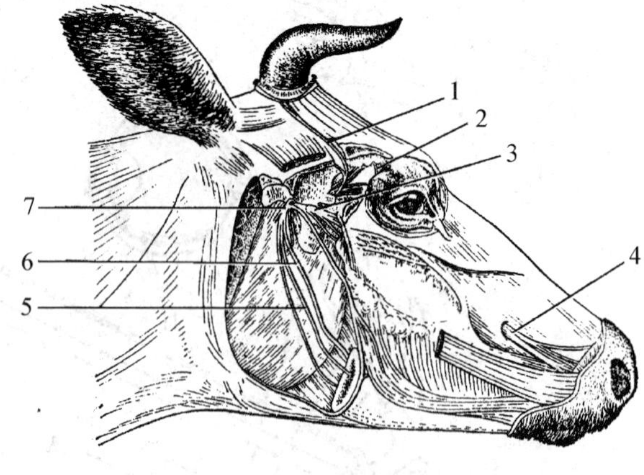

图 11-27 牛头部深层神经

1. 角神经 2. 额神经 3. 眼神经和上颌神经 4. 眶下神经 5. 下颌齿槽神经 6. 舌神经 7. 下颌神经

(2)滑车神经(nervus trochlearis)

滑车神经为运动神经，是脑中最细小的神经，起于中脑的滑车神经核，在前髓帆的前缘出脑，经滑车神经孔或眶孔(马)或眶圆孔(牛)出颅腔，分布于眼球上斜肌，调节眼球的运动。

(3)外展神经(nervus abducens)

外展神经为运动神经，起于延髓第4脑室底壁内的外展神经核，在斜方体之后、椎体的两侧出脑，与动眼神经一起经眶孔(马)或眶圆孔(牛)穿出颅腔，分为2支，分别分布于眼球外直肌和眼球退缩肌，调整眼球的运动。

(4)副神经(nervus accessorius)

副神经为运动神经，由脑根和脊髓根组成。脑根起自延髓的疑核，自迷走神经之后自延髓腹外侧缘穿出，与舌咽神经和迷走神经根丝排成一列。脊髓根起自前6节颈段脊髓灰质腹侧柱的运动神经元，纤维组成一列小束，各小束连成一干，在颈神经背侧根和腹侧根之间向前伸延，最后经枕骨大孔进入颅腔，与脑根合并成副神经。副神经自破裂孔(马)或颈静脉孔(牛)穿出颅腔，但脑根纤维在穿出颅腔之前即加入迷走神经，分布于咽肌和喉肌。副神经穿出颅腔后，在寰椎翼腹侧分为一背侧支和一腹侧支。背侧支分布于斜方肌和臂头肌，腹侧支分布到胸头肌。

(5)舌下神经(nervus hypoglossus)

舌下神经为运动神经，起自延髓的舌下神经核，根丝在锥体后部外侧与延髓相连，经舌下神经孔穿出颅腔，经颅腔腹侧向下向后伸延穿过迷走神经和副神经之间伸至颈外动脉的外侧面，并沿舌面干的后缘伸至舌根，沿舌骨舌肌的外侧向前伸延，分布于舌肌和舌骨肌。

11.3.2.4 混合脑神经

(1)三叉神经(nervus trigeminus)

三叉神经为最粗大的脑神经，属混合神经，也是头部分支最多，分布范围最广的神经，

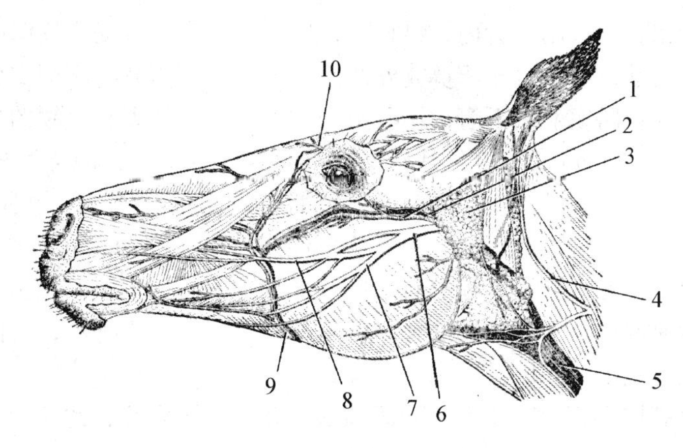

图 11-28　马头部浅层神经

1. 面横动脉　2. 颞浅神经　3. 腮腺　4. 第二颈神经　5. 颈静脉　6. 面神经　7. 下颌支　8. 上颌支　9. 面动脉　10. 额神经

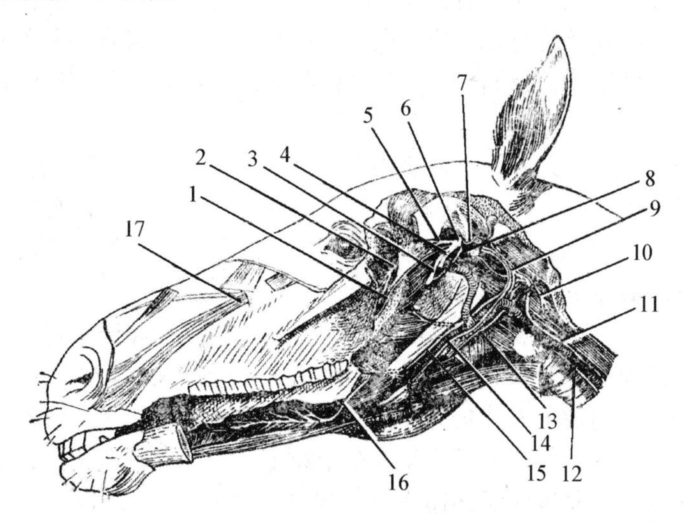

图 11-29　马头部深层神经

1. 颊肌神经　2. 蝶腭神经　3. 舌神经　4. 下颌齿槽神经　5. 下颌神经肌支　6. 下颌神经　7. 颞浅支　8. 鼓索神经　9. 迷走神经　10. 副神经　11. 迷走交感干　12. 面神经　13. 喉前神经　14. 舌下神经　15. 舌咽神经　16. 舌神经　17. 眶下神经

由大的感觉根和较小的运动根连于脑桥的外侧部。感觉根上有一大的半月形三叉神经节，其纤维在脑干内止于三叉神经感觉核；运动根较细，起自脑桥三叉神经运动核，三叉神经在颅腔内分为眼神经、上颌神经和下颌神经三大支。

① 眼神经(nervus ophthalmicus)　为3支中最细的一支，属感觉神经，较细，出颅腔后分为3支，即泪腺神经、额神经和鼻睫神经。泪腺神经分布于泪腺、上睑、颞区和额区的皮肤。牛的泪腺神经分出一角神经，沿额嵴腹侧向后伸延，分布于角。额神经分布于上睑、颞区和额区的皮肤。鼻睫神经分为数支，分布到眼球、眼睑结膜、泪阜和鼻黏膜。

②上颌神经(nervus maxillaris)　为感觉神经，出颅腔后分为3支，即颧神经、眶下神经和蝶腭神经。颧神经分布于下睑及其附近皮肤。蝶腭神经分为数支，分布于软腭、硬腭、鼻

黏膜。眶下神经较粗，行经眶下管内，出眶下孔后，在上唇固有提肌的深面分为3支：背侧支分布于鼻背侧的皮肤；中支分布于鼻翼外侧部和鼻前庭的皮肤；腹侧支分布于上唇的皮肤和黏膜。眶下神经在蝶腭窦和眶下管内还分出侧支分布于上额窦、上颌的牙齿和齿龈。

③下颌神经(nervus mandibulis) 是3支中最粗大的分支，为混合性神经，自卵圆孔出颅后，在翼外肌的深面分为2支。运动神经形成肌支，如咬肌神经、颊肌神经、翼肌神经，它们分布于咀嚼肌，可支配咀嚼运动。主支经下颌齿槽管，向前出孔，称为下颌齿槽神经，分布于下颌的牙齿、齿龈和颏部，还分布于颞耳区和面颊部的皮肤、颊黏膜、口腔底及舌黏膜等处。分布于舌黏膜前2/3和口腔底壁黏膜的神经支，称为舌神经，自面神经分出的鼓索神经合并于舌神经支内。

颞浅神经：穿腮腺上行分布于颞区和面颊部，并分支至腮腺，此支含有来自舌咽神经副交感性分泌纤维，控制腮腺分泌。

颊神经：沿颊肌外面前行，分布于颊部皮肤和黏膜。

舌神经：在下颌支内侧下降，沿舌骨舌肌外侧，呈弓状越过下颌下腺上方向前达口腔底黏膜深面，分布于口腔底及舌前2/3的黏膜。舌神经行程中有来自面神经的鼓索(含有副交感性分泌纤维和味觉纤维)与其结合，后者的味觉纤维，接受舌前2/3的味觉，分泌纤维至下颌下神经节。

下颌齿槽神经：为混合性神经，在舌神经后方，沿翼内肌外侧下行，经下颌孔入下颌管，在管内分支组成下牙丛，分支分布于下颌牙龈和牙。其终支自额孔浅出称为颏神经，分布于颏部及下唇的皮肤和黏膜。下牙槽神经中的运动纤维支配下颌舌骨肌和二腹肌前腹。

(2)面神经(nervus facialis)

面神经属混合神经。由延髓斜方体的前外侧经面神经管出颅腔，运动核位于延髓内，感觉神经节位于颞骨的面神经管内。面神经出颅腔(或穿过腮腺)，在颞下颌关节的下方绕过下颌骨而到咬肌表面，向前下方伸延，分布于唇、颊和鼻侧的肌肉。面神经在面神经管内分出鼓索神经。由副交感神经的节前纤维和分布于味蕾的感觉纤维所构成，分布于下颌腺和舌下腺、舌前部的味蕾。在腮腺的深部还分出一侧支，分布于二腹肌后腹、枕下颌肌、耳肌、眼睑肌以及颈皮肌。其主要分支有：

①鼓索神经和岩大神经 两者均含感觉神经纤维和副感觉神经纤维，由位于面神经管内的神经节分出，分布于下颌腺、舌下腺和泪腺等，司腺体的分泌。鼓索神经分支合并于下颌神经的舌神经内，分布于舌前2/3，司味觉。

②面神经主支 在下颌关节下方横过下颌骨支后缘到咬肌表面，分为颊背侧支和颊腹侧支，分布于上、下唇和面部肌肉。在腮腺深面还分出肌支，分布于二腹肌、枕下颌肌、耳肌、眼睑和颈皮肌等。

(3)舌咽神经(nervus glossopharyngeus)

舌咽神经为混合神经，经破裂孔出颅腔，运动核在延髓内与迷走神经的运动核连在一起。感觉神经节位于破裂孔附近。舌咽神经出颅腔后在咽外侧沿舌骨大支向前下方伸延，分为咽支和舌支。咽支分布于咽和软腭；舌支分布于舌根。在此之前还分出一支窦神经分布至颈静脉窦。窦神经为感觉神经。舌咽神经的感觉神经分布于舌后1/3、软腭、咽、颈动脉窦，有味觉和一般感觉。运动神经分布于咽肌，司咽的运动。

（4）迷走神经（nervus vagus）

迷走神经为混合神经，含有感觉传入纤维和躯体传出与内脏传出纤维。其根丝附着于延髓的侧面，是脑神经中行程最远、分布区域最广的神经。详见自主神经系。

11.3.3　自主神经系

自主神经系（autonomic nervous system）又名植物性神经系（vegetative nervous system），是指分布到内脏器官、血管和皮肤的平滑肌以及心肌、腺体等处的神经，有的学者也称其为内脏神经。

11.3.3.1　自主神经的一般特征

自主神经与躯体神经的运动神经相比较，具有下列一些功能与形态结构上的特点：

自主神经支配平滑肌、心肌和腺体，躯体神经则支配骨骼肌。自主神经支配内脏正常有节律的活动，如呼吸、消化、循环、排泄等，以调解机体的新陈代谢；并在环境突变时，使机体能应付急情况。而躯干神经则能使横纹肌产生迅速适宜的运动。

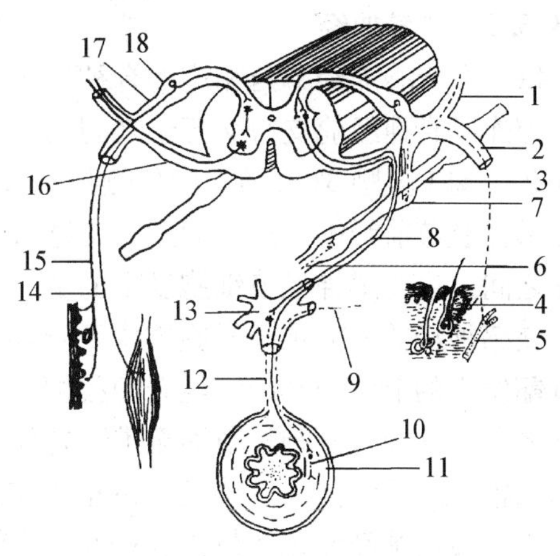

图 11-30　脊神经和自主神经反射径路示意图

1. 脊神经背侧支　2. 脊神经腹侧支　3. 交感神经干　4. 椎神经节　5. 椎神经节节后纤维　6. 竖毛肌　7. 血管　8. 交感节前神经纤维　9. 副交感节前神经纤维　10. 副交感节后神经纤维　11. 消化管　12. 交感节后神经纤维　13. 椎下神经节　14. 脊神经运动纤维　15. 脊神经感觉纤维　16. 腹侧根　17. 背侧根　18. 脊神经节

自主神经也分为传入（感觉）和传出（运动）纤维，其传入纤维传导内脏来的冲动，它对机体内在环境的调节起重要作用。躯体传入纤维是传导来自体表浅部感觉和躯体深部感觉的刺激，以调节机体的运动和平衡。

从中枢到效应器的神经元数目不同。躯体神经由中枢到效应器只有一个神经元，而自主神经则要经过两个神经元（图 11-30）。位于脑干和脊髓灰质外侧柱均称为节前神经元，由它发出的轴突称为节前纤维；位于外周神经系自主神经的称为节后神经元，由它发出的轴突称为节后纤维。节后神经元的数目较多，一个节前神经元可与多个节后神经元在自主神经节内形成突触，这有利于许多效应器同时活动。根据位置可将自主神经节分为 3 类：一类位于椎骨两侧，沿脊柱排列，称为椎神经节或椎旁神经节，如交感神经干上的神经节；第 2 类在脊柱的下方，主动脉的腹侧，称为椎下神经节，如腹腔肠系前神经节和肠系膜后神经节等；第 3 类位于内脏器官附近或器官的壁内，称为终末神经节，如副交感神经节的盆神经节和壁内神经节。自主神经的节前神经纤维，可以通过两个或两个以上自主神经节，但只能在其中的一个神经节中交换神经元。

躯体运动神经由脑干和脊髓全长的每个节段向两侧对称地发出；而自主神经由脑干及第 1 胸椎至第 3 ~4 腰椎段脊髓的外侧柱和荐部脊髓发出。

躯体运动神经纤维一般是较粗的有髓纤维，通常以神经干的形式分布到效应器。而自主神经的节前纤维是细的有髓纤维，节后纤维是细的无髓纤维。常攀附于脏器或血管表面，形成神经丛，再由神经丛发出分支分布于效应器。

躯体运动神经一般都受意识支配，而自主神经在一定程度上不受意识的直接控制，具有相对的自主性，又称为植物性神经。自主神经根据形态和机能的不同，分为交感神经(sympathetic nerve)和副交感神经(parasympathetic nerve)，它们都有中枢部和外周部。分布于器官的自主神经，一般来说是双重的，既有交感神经又有副交感神经(但也有一些器官只由一种自主神经支配)。它们对一种器官的作用是不同的，在中枢的调节下，既相互对抗，又相互统一，如交感神经使心跳加强，血压升高；而副交感神经是心跳减慢，血压降低，以维持心脏正常活动。

11.3.3.2 交感神经

每一个交感神经节与相应的脊神经之间有交通支相连，含有内脏运动神经的交感神经纤维，为连于脊神经前支与交感干之间的细支。其中，发自脊神经连于交感干的为白交通支，只存在于胸1至腰3(脊髓中间外侧核)发出的各脊神经前支与相应的交感干神经节之间，是由交感神经节前纤维组成。而发自交感干连于脊神经的称为灰交通支，连于交感干与脊神经前支之间，由交感神经节细胞发出的节后纤维组成(图11-31)。

交感神经的节前神经元胞体位于胸段至第1～3腰节段的脊髓灰质外侧柱内又称胸腰系。自脊髓发出的节前神经纤维经脊髓腹侧根至脊髓神经，出椎间孔后经白交通支到相应部位的椎神经节，或经过椎神经节而至椎下神经节，与其中的节后神经元形成突触，另一些节前纤维通过椎神经节向前、后伸延，终止于前、后段的椎神经节，因而在脊柱两侧形成两条交感神经干。节后神经元胞体位于椎神经节和椎下神经节内。椎神经节发出的节后神经纤维或经灰交通支返回脊神经，随脊神经分布于躯体的血管、汗腺和竖毛肌，或围绕动脉形成丛，随动脉至其所分布的器官。椎下神经节的节后纤维形成神经丛分布于它支配的器官。

交感神经干位于脊柱的腹外侧，左右成对，自寰椎向后伸至尾部，有一系列椎神经节和两神经节间的神经节间支组成。交感神经干按部位可分为颈部、胸部、腰部和荐尾部。

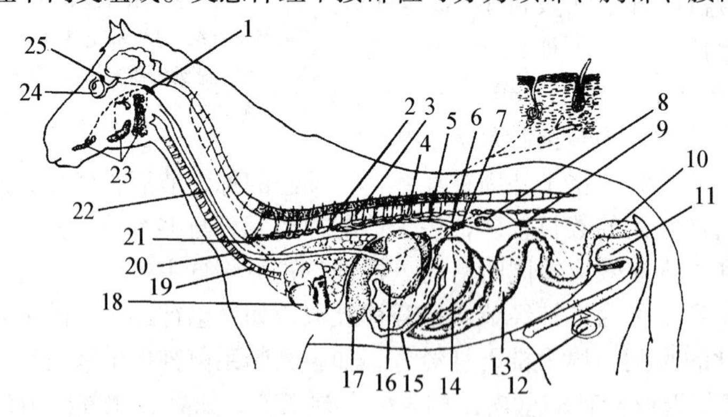

图11-31 交感神经分布示意图

1. 颈前神经节 2. 白交通支 3. 灰交通支 4. 交感神经干 5. 内脏大神经 6. 内脏小神经 7. 腹腔肠系膜前神经节 8. 肾 9. 肠系膜后神经节 10. 直肠 11. 膀胱 12. 睾丸 13. 大结肠 14. 盲肠 15. 小肠 16. 胃 17. 肝 18. 心 19. 气管 20. 食管 21. 星状神经节 22. 颈部交感干 23. 唾液腺 24. 眼球 25. 泪腺

(1)颈部交感神经干

颈部交感神经干由前部胸段脊髓发出的节前神经纤维构成，沿气管的背外侧向前伸延至颅腔底面，常与迷走神经并行，称为迷走交感干，与颈总动脉包在一个鞘内。颈部交感干上有颈前、颈中和颈后3个椎神经节。

①颈前神经节　呈菱形，位于颅底腹侧面。发出节后神经纤维(灰交通支)连于附近的脑神经和第1颈神经，形成颈内、外动脉神经丛，并随动脉分布于唾液腺、泪腺、虹膜的开大肌和头部的血管、汗腺、竖毛肌。

②颈中神经节　位于颈后部，有时与颈后神经节合并，右侧的颈中神经节常独立。颈中神经节的节后神经纤维(灰交通支)分布于主动脉、心、气管和食管。

③颈后神经节　常与颈中神经节、第1和第2胸神经节合并成星状神经节。星状神经节位于胸前口内，在第1肋骨的椎骨端的内侧，紧贴于颈长肌的外侧面。神经节呈星芒状，向四周发出节后神经纤维(灰交通支)：向前上方发出椎神经，伴随椎动脉伸延，连第2～8颈神经；向背侧发出交通支，与第1或第1～2胸神经相连；向后下方发出心支，参与构成心神经丛，分布于心和肺。

(2)胸部交感神经干

胸部交感神经干紧贴于胸椎的腹外侧，在每一椎间孔附近都有一个胸神经节。每个神经节均有白交通支和灰交通支与脊髓相连。灰交通支返回胸神经，分布于胸壁的皮肤；另一些节后神经纤维形成小支，至主动脉、食管、气管和支气管，并参与心和肺神经丛。胸干还发出内脏大神经和内脏小神经。

①内脏大神经　由胸部交感干后段发出，由节前神经纤维构成，在胸腔内与交感干并行，分开后穿过膈脚的背侧入腹腔，在腹腔动脉的根部连于腹腔肠系膜前神经节。

②内脏小神经　由最后胸部脊髓和第1～2腰段脊髓的节前神经纤维构成，在内脏大神经的后方连腹腔肠系膜前神经节，还有分支参与构成肾神经丛。

(3)腰部交感神经干

腰部交感神经干沿腰小肌内侧缘向后伸延，每一节均有一椎神经节。每个节均有白交通支和灰交通支与脊神经相连。前3个节有灰白交通支，后数节只有灰交通支。腰部交感干发出的内脏支称为腰内脏神经，腰内脏神经自腰部交感干连于肠系膜后神经节。

腹腔内有两个主要神经节：腹腔肠系膜前神经节和肠系膜后神经节。

①腹腔肠系膜前神经节　由两个腹腔神经节和一个肠系膜神经节构成，位于腹腔动脉根部的两侧和肠系膜前动脉根部的后方，由节间纤维连在一起，因其呈半月形故也称半月状神经节。它们接受内脏大神经和内脏小神经的纤维，迷走神经食管背侧干的纤维也由其通过，从此神经节发出的节后纤维构成腹腔肠系膜前神经丛，沿动脉的分支分布到肝、胃、脾、小肠、大肠和肾等器官，但支配肾上腺髓质的纤维属节前纤维。腹腔肠系膜前神经节与肠系膜后神经节之间有节间支，沿主动脉腹侧伸延。

②肠系膜后神经节　在肠系膜后动脉根部两侧，位于肠系膜后神经丛内，接受来自交感神经干的腰内脏神经和来自腹腔肠系膜前神经节的节间支。从肠系膜后神经节发出的节后神经纤维沿动脉分布到结肠后段、精索、睾丸、附睾或通向卵巢、输卵管和子宫角。还分出一对腹下神经，向后伸延到盆腔内，参与构成盆神经丛，腹下神经内含有节后神经纤维和节前

神经纤维。

(4)荐尾部交感神经干

荐尾部交感神经干沿荐骨骨盆面向后伸延逐渐变细，第 1 对荐神经节较大，后部的变小，均以由节后神经纤维组成灰交通支与荐神经和尾神经相连。

11.3.3.3 副交感神经

副交感神经的节前神经元胞体位于中脑、延髓和荐部脊髓，又称颅荐系(图 11-32)。分为颅部和荐部副交感神经。节后神经元胞体多数位于器官壁内的终末神经节，少数位于器官附近的终末神经节。因其位于支配的器官内或附近，故节后神经纤维较短。自脑发出的节前神经纤维加入动眼神经、面神经、舌咽神经和迷走神经，自荐段脊髓发出的节前神经纤维形成盆神经丛。

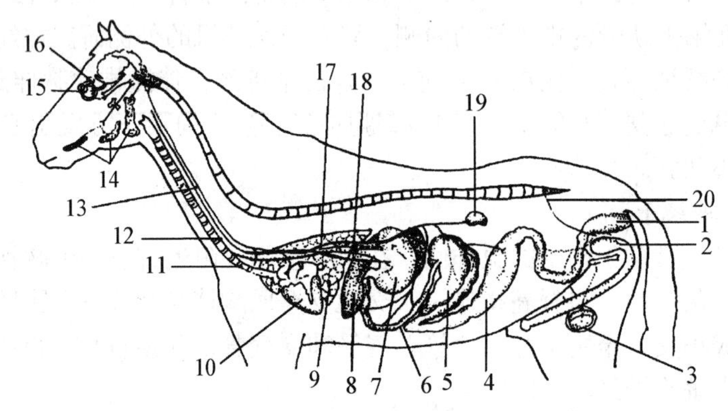

图 11-32 副交感神经分布示意图

1. 直肠 2. 膀胱 3. 睾丸 4. 大结肠 5. 盲肠 6. 小肠 7. 胃 8. 肝 9. 肺 10. 心 11. 气管 12. 食管 13. 迷走神经 14. 唾液腺 15. 眼球 16. 泪腺 17. 迷走神经食管背侧干 18. 迷走神经食管腹侧干 19. 肾 20. 盆神经

(1)动眼神经内的副交感神经

动眼神经内的副交感神经节前纤维，起于中脑的动眼神经副交感核(缩瞳核)，伴随动眼神经至眼眶内的神经节(睫状神经节)交换神经元，由此发出的节后纤维分布于虹膜和瞳孔括约肌。

(2)面神经内的副交感神经

面神经内的副交感神经节前纤维，起于脑桥的面神经副交感神经核(泌涎核)，一部分至上颌神经上的翼腭神经节更换神经元，由此发出的节后纤维伴随上颌神经的分支分布于泪腺、腭腺、颊腺和鼻黏膜腺；另一部分通过鼓索神经和舌神经而到舌根外侧的下颌神经节交换神经元，其节后纤维分布于舌下腺和颌下腺。

(3)舌咽神经内的副交感神经

舌咽神经内的副交感神经起于延髓的舌咽神经副交感核，节前纤维在颅底附近的耳神经节更换神经元，其节后纤维分布于腮腺。

(4)迷走神经

迷走神经为混合性神经，是行程最长、分布范围最广的脑神经，含有 4 种纤维成分：①副交感纤维 起于迷走神经背核，主要分布到颈、胸和腹部的多种脏器，控制平滑肌、心肌和腺体的活动。

②一般内脏感觉纤维 其胞体位于下神经节(结状神经节)内，中枢突终于孤束核，周围突分布于颈、胸和腹部的脏器。

③一般躯体感觉纤维 其胞体位于上神经节内，其中枢突止于三叉神经脊束核，周围突主要分布于耳廓、外耳道的皮肤和硬脑膜。

④特殊内脏运动纤维 起于疑核，支配咽喉肌。

迷走神经经破裂孔出颅腔，与交感干合并而行，形成迷走交感干。迷走交感干在颈部位于颈静脉沟内，在颈内静脉与颈内动脉或颈总动脉之间的后方下行达颈根部，经锁骨下动脉腹侧进入胸腔，在纵隔中继续向后伸延，分为支气管背侧支和一食管腹侧支。左、右迷走神经的食管背侧支合成粗大的食管背侧干，腹侧支合成较细的食管腹侧干，分别沿食管的背侧缘和腹侧缘向后伸延，穿过膈的食管裂孔进入腹腔。食管腹侧干分布于胃、幽门、十二指肠、肝和胰；食管背侧干除分布于胃外，还向后伸延，通过腹腔肠系膜前神经节参与构成腹腔肠系膜前神经丛，分布于胃、肠、肝、胰、脾、肾等器官。迷走神经分出的侧支有咽支、喉前神经、喉返神经、心支、支气管支及一些分布于外耳的小支。咽支在咽外侧分出，分布于咽和食管前端。喉前神经在咽支后分出，分布于咽、喉和食管前端。喉返神经又称喉后神经，在胸腔中分出，绕过主动脉弓(左侧)或右锁骨下动脉(右侧)，沿气管向前伸延，分布于喉肌，沿途还分出侧支分布于食管和气管。心支常有2~3支，在胸腔内分出，参与构成神经丛，分布于心和附近大血管。支气管支在胸腔中分出，参与构成肺神经丛，分布于肺。迷走神经的副交感节前纤维在心神经丛、肺神经丛及其他内脏器官的神经丛进入终末神经节，并在这些神经节内更换神经元，其节后神经纤维分布在这些神经节所在的器官。

迷走神经的主要分支如下：

①喉上神经 起自下神经节，在颈内动脉内侧下行，在舌骨大角处分内、外支。外支支配环甲肌。内支与喉上动脉一同穿甲状舌骨膜入喉，分布于声门裂以上的喉黏膜以及会厌、舌根等。

②喉返神经 右喉返神经是在右迷走神经经过右锁骨下动脉前方处发出，并勾绕此动脉，返回至颈部。左喉返神经在左迷走神经经过主动脉弓前方处发出，并绕主动脉弓下方，返回至颈部。在颈部，两侧的喉返神经均上行于气管与食管之间的沟内，至甲状腺侧叶深面、环甲关节后方进入喉内称为喉下神经，分数支分布于喉。其运动纤维支配除环甲肌以外所有的喉肌，感觉纤维分布至声门裂以下的喉黏膜。喉返神经在行程中发出心支、支气管支和食管支，分别参加心丛、肺丛和食管丛。

③支气管支和食管支 是左、右迷走神经在胸部分出的一些小支，与交感神经的分支共同构成肺丛和食管丛，自丛发细支至气管、肺及食管，除支配平滑肌和腺体外，也传导脏器和胸膜的感觉。

④腹腔支 发自迷走神经后干，向右行，与交感神经一起构成腹腔丛，伴随腹腔干、肠系膜上动脉及肾动脉等分布于脾、小肠、盲肠、结肠、横结肠、肝、胰和肾等大部分腹腔脏器。

迷走神经主干损伤所致内脏活动障碍的主要表现为脉速、心悸、恶心、呕吐、呼吸深慢和窒息等。由于咽喉感觉障碍和肌肉瘫痪，可出现声音嘶哑、语言困难，发呛、吞咽障碍、软腭瘫痪及腭垂偏向患侧等。

(5)盆神经

盆神经(pelvic nerve)来自第3、第4荐神经的腹侧支,有1~2支,盆神经沿骨盆侧壁向腹侧伸延或直肠阴道外侧,与腹下神经一起构成盆神经丛,盆神经的副交感节前纤维在盆神经丛中的终末神经节内更换神经元,由终末神经节(盆神经节)发出的节后纤维分布于结肠末段、直肠、膀胱、前列腺和阴茎(公畜)或子宫和阴道(母畜)。

(黄丽波 编写 尹逊河 校)

第12章 感觉器官

感觉器官是机体的感受装置，为感受器和辅助装置的总称。感受器是感觉神经末梢在其他组织器官形成的特殊结构，是反射弧的一个重要组成部分，它能感受机体内外环境中的各种刺激。不同类型的刺激，首先由相应的感受器来接受，并通过感受器的换能作用，将刺激转化为神经冲动，然后经感觉神经和中枢神经系统内的传导通路把冲动沿神经传导路传至大脑皮质，从而产生各种感觉。

感受器的种类很多，结构简繁不一。有的感受器结构很简单，如位于皮肤内的游离神经末梢和环层小体等；有的感受器形态结构比较复杂，具有各种对感受器起保护作用和使感受器的功能充分发挥作用的辅助装置，如视觉器官和位听器官等。

感受器根据其所在的部位和所接受刺激的来源，分为三大类：

①外感受器　接受来自外界环境中的各种刺激，分布于皮肤、黏膜、视觉器官和听觉器官等，感受触觉、压觉、温觉、痛觉、视觉、嗅觉、味觉等的刺激。

②内感受器　分布于心脏、血管等处，接受物理或化学刺激，如压力、渗透压、温度、离子和化合物浓度等刺激。

③本体感受器　分布于肌肉、肌腱、关节、韧带和内耳平衡器等处，接受机体在运动过程中和在空间的平衡刺激。

12.1　视觉器官——眼

视觉器官能感受光波的刺激，经视神经传到视中枢而产生视觉。视觉器官由眼球和辅助器官两部分组成(图12-1、图12-2)。

12.1.1　眼球

眼球(bulbus oculi)是视觉器官的主要部分，位于眼眶内，近似球形，前部稍凸，后部由视神经连于脑。其构造由眼球壁和眼球内容物两部分组成。

12.1.1.1　眼球壁

眼球壁为神经组织，是脑的外延部分。由3层构成：外层为纤维膜，中层为血管膜，内层为视网膜。

(1)纤维膜

纤维膜(tunica fibrosa bulbi)主要为致密纤维结缔组织膜，厚而坚韧，形成眼球的外壳，有保护眼球内容物和维持眼球外形等作用。可分为前部的角膜和后部的巩膜。

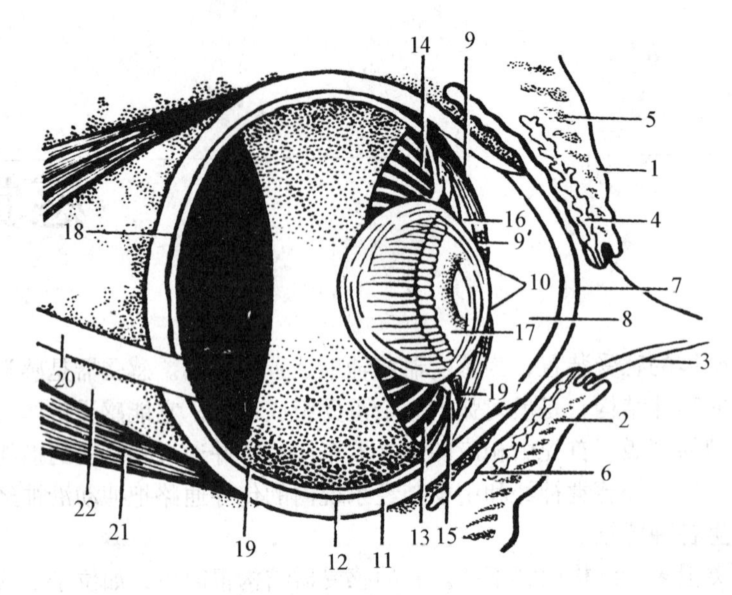

图 12-1 眼球纵切面模式图

1. 上眼睑 2. 下眼睑 3. 睫毛 4. 睑板腺 5. 眼轮匝肌 6. 结膜 7. 角膜 8. 眼前房 9. 虹膜 9′. 瞳孔括约肌 10. 瞳孔 11. 巩膜 12. 脉络膜 13. 睫状体 14. 睫状肌 15. 晶状体悬韧带 16. 眼后房 17. 晶状体 18. 照膜 19. 视部 19′. 盲部 20. 视神经 21. 眼肌 22. 眶内脂肪

角膜(cornea)，约占纤维膜的1/5，为无色透明的凹凸透镜，具有折光作用，是眼球的主要趋光介质，构成眼前房的前壁；角膜内无血管和淋巴管，其所需营养由眼房水提供，所需氧则由角膜表面泪液中的大气提供。但有丰富的神经末梢，感觉灵敏。角膜上皮再生能力很强，损伤后易恢复，但若损伤严重，则形成疤痕或因炎症而不透明，严重影响视力。

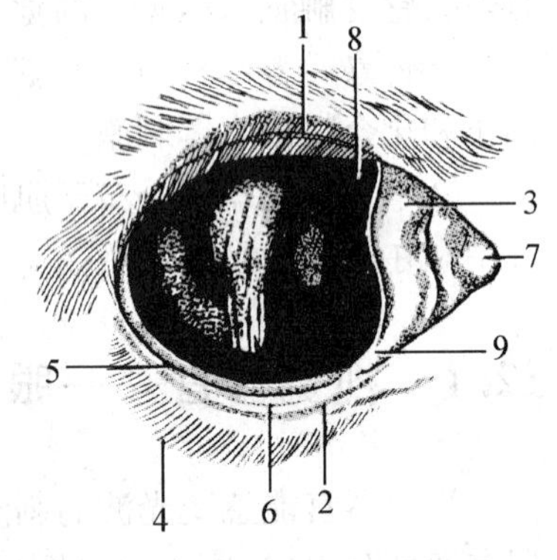

图 12-2 眼球和眼睑的前面

1. 上眼睑 2. 下眼睑 3. 第三眼睑 4. 睫毛 5. 结膜 6. 睑板腺孔 7. 泪阜 8. 角膜 9. 巩膜

巩膜(sclera)，约占纤维膜的4/5，不透明，呈乳白色。主要由相互交织的胶原纤维束构成，含有少量的弹性纤维。巩膜前接角膜，其与角膜交界处深面有一环形巩膜静脉窦，是眼房水流出的通道；后下部有巩膜筛板，为视神经纤维的通路，巩膜在视神经穿出部最厚。

(2)血管膜

血管膜(tunica vasculosa bulbi)是眼球壁的中层，位于纤维膜和视网膜之间，富含血管和色素细胞，有营养眼内组织、调节进入眼球光亮和产生眼房水的作用，从而有利于视网膜对光和色的感应。血管膜由前向后可分为虹膜、睫状体和脉络膜3部分。

虹膜(iris)，是血管膜前部的环形薄膜，位于角膜与晶状体之间。虹膜中央有一孔，为瞳孔(pupilla)。瞳孔呈椭圆形，其游离缘有一些小颗粒。从眼球前面透过角膜可看到瞳孔和虹膜。虹膜富含血管、平滑肌和色素细胞，其颜色常因色素细胞的种类而有差异。牛通常呈暗褐色，绵羊呈黄褐色，山羊呈蓝色。虹膜内有两种不同方向排列的平滑肌，一种环绕瞳孔周围，受副交感神经支配，叫作瞳孔括约肌；另一种呈放射性排列，受交感神经支配，叫作瞳孔开大肌。它们分别缩小或开大瞳孔，在弱光下瞳孔开大，强光下瞳孔缩小。

睫状体(corpus ciliare)，位于巩膜与角膜移行部的内面，是血管膜呈环形的增厚部分。其内面前部有许多呈放射排列的皱褶，称为睫状突；后部平坦光滑，称为睫状环。睫状突以晶状体悬韧带和晶状体相连。睫状体的外面为平滑肌构成的睫状肌(m. ciliaris)，受副交感神经支配。睫状肌收缩或舒张，可使晶状体悬韧带松弛或拉紧，从而改变晶状体的凸度而调节视力。

脉络膜(chorioidea)，占血管膜后方大部，富有血管和色素细胞，呈棕褐色。外面与巩膜疏松相连，内面紧贴视网膜的色素层，后方有视神经穿过。其后壁有呈青绿色带金属光泽的三角区，称为照膜(tapetum lucidum)，反光很强，有助于动物在暗环境下对光的感应。

(3)视网膜

视网膜(retina)紧贴在血管膜的内面，可分为视网膜视部和盲部两部分，二者交界处呈锯齿状，称为锯齿缘。视部位于脉络膜内侧，即通常所说的视网膜，由高度分化的神经组织构成，活体时平滑而透明，颜色呈淡红色，具有感光作用，死后呈灰白色。视部由两层构成，外层为色素层，由单层色素上皮构成，具有储存营养物质和感光物质及吞噬和消化作用。具体表现为：①支持感光细胞，储存并传递视觉活动所必需的物质；②传送营养物质给视网膜外层；③再生和修复作用；④吞噬和消化视网膜的代谢产物；⑤遮光和散热作用。内层为神经层，主要由3层神经细胞构成。其中，外层为接受光刺激的感光细胞，即视杆细胞和视锥细胞，是构成视觉器官的最主要部分；中层为传递神经冲动的双极细胞；内层为节细胞。节细胞的轴突在视网膜中央区的腹外侧集结成束，并形成白色圆盘形的隆起，称为视神经乳头或视神经盘，其表面略凹，是视神经穿出视网膜的地方，此处只有神经纤维，无感光能力，又称盲点。视网膜中央动脉由此分支，呈放射状分布于视网膜。在眼球后端的视网膜中央区是视觉最敏锐的地方，相当于人的黄斑。色素层和视网膜感觉层在病理状态下可分开，称为视网膜脱落。盲部贴附在虹膜和睫状体的内面，无感光作用。

12.1.1.2 眼球内容物

眼球的内容物包括晶状体、玻璃体和眼房水。它们均无血管，呈无色透明状，和角膜一起构成眼球的折光装置，使物体在视网膜上映出清晰的物像，对维持正常视力有重要作用。

(1)眼房水

眼房水为充满眼前房和眼后房的无色透明液体。眼房位于晶状体和角膜之间，被虹膜分为前房和后房，两房借瞳孔相通。眼房水由睫状体产生，具有折光、营养角膜和晶状体、维持眼内压的功能。眼房水自眼后房经瞳孔到眼前房，再渗入巩膜静脉窦至眼静脉；如眼房水产生过多或循环发生障碍，滞留眼房中，可引起眼内压增高而影响视力，临床上称为青光眼。

(2)晶状体

晶状体(lens)为富有弹性的双凸透镜状透明体，后面的凸度较前面的大。位于虹膜和玻璃体之间，以晶状体悬韧带和睫状突相连。其内无血管、神经分布；外面包有一层透明且具有弹性的被膜，称为晶状体囊，其实质由许多平行排列的晶状体纤维组成。晶状体周围部较软，称为皮质。中央较硬，质地均匀，称为晶状体核。晶状体因年老、疾病或创伤而变得不透明，临床上称为白内障。晶状体屈度可随所视物体远近而改变。当看近物时，睫状肌收缩，使睫状突内伸，靠近晶状体，睫状小带放松，晶状体因本身弹性而变厚，折光率加强；视远物时相反，睫状肌放松，睫状小带拉紧，晶状体因受其牵拉而变薄，折光率减弱。晶状体在睫状肌的调节下，随时改变其折光能力，使进入眼内的光线集中于视网膜上，形成精确的映象。随着年龄的增长，晶状体逐渐变硬，弹性减低，调节能力减弱。

(3)玻璃体

玻璃体(corpus vitreum)位于晶状体与视网膜之间，为无色透明的胶状物质，外包一层透明的玻璃体膜，具有折光和支撑视网膜的作用。玻璃体前面凹，容纳晶状体，称为晶状体窝。若玻璃体混浊，则影响视力。

12.1.2 眼球的辅助装置

眼球的辅助装置主要对眼球起保护、运动和支持作用，包括眼睑、结膜、泪器和眼球肌等(图12-3)。

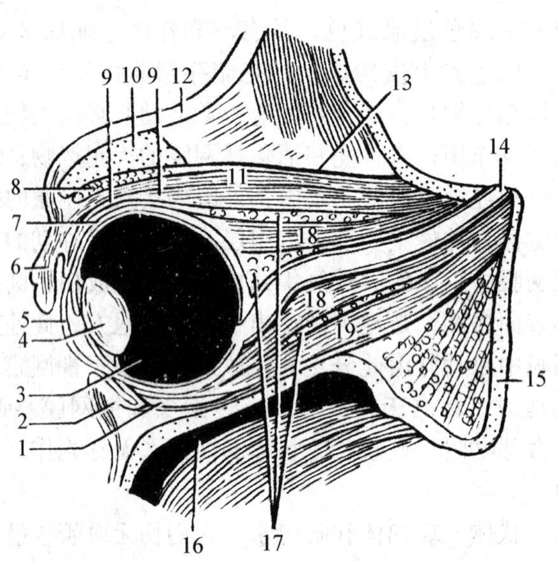

图12-3 眼球的辅助器官

1. 眼球下斜肌 2. 下眼睑 3. 玻璃体 4. 晶状体 5. 角膜 6. 上眼睑 7. 巩膜 8. 泪腺 9. 上直肌 10. 额骨颧突 11. 上眼睑提肌 12. 皮肤 13. 眶骨膜 14. 视神经 15. 骨质壁 16. 上颌窦 17. 眶内脂肪 18. 眼球退缩肌 19. 下直肌

12.1.2.1 眼睑

眼睑(palpebrae)俗称眼皮，是位于眼球前方的皮肤褶，分上睑和下睑，有保护眼球免受伤害的作用。上下眼睑之间的裂隙称为睑裂，睑裂的内侧角称为内眦，外侧角称为外眦。在内眦附近的上、下眼睑缘上各有一小孔，称为泪点，是泪小管的开口。睑由浅入深区分为皮肤、皮下组织、肌层、睑板和睑结膜5层结构。皮肤与睑结膜移行部称为睑缘，睑缘上长有睫毛。睫毛的根部有睫毛腺，此腺的急性炎症称为麦粒肿，为眼科常见病。眼睑的皮肤细薄，皮下组织疏松，可因积水或出血而肿胀。眼睑中层为眼轮匝肌，近游离缘处有一排睑板腺，导管开口于睑缘，分泌脂性物质，有润泽睑缘的作用。

第3眼睑也叫瞬膜，是位于眼内角的半月状结膜褶，常见有色素，内有一块T型软骨，无肌肉控制，内含许多小的淋巴结，软骨深部有第3眼睑腺(哈德氏腺)，因感染造成第3眼睑增生，俗称“樱桃肿”。

12.1.2.2 结膜

结膜为连接眼球和眼睑的光滑而富有血管的薄膜，分睑结膜和球结膜。贴附在上、下眼睑内面的称为睑结膜(conjunctiva palpebralis)；睑结膜折转覆盖在巩膜前部表面的称为球结膜(conjunctiva bulbi)；二结膜的移行部分分别形成上、下结膜穹。二者之间的裂隙称为结膜囊(saccus conjunctiva)，牛的眼虫常寄生于此囊内。结膜内有黏液腺，能分泌黏液润滑眼球，减少睑结膜与角膜的摩擦。正常情况下结膜呈淡红色，在贫血、黄疸、发痫时则显示不同的颜色，常作为临床诊断的依据。

12.1.2.3 泪器

泪器(apparatus lacrimalis)包括泪腺和泪道。

泪腺(glandula lacrimalis)位于眶外上方的泪腺窝内，呈扁平的卵圆形，借10多条导管开口于上眼睑结膜囊内。可分泌泪液，借眨眼运动分布于眼球表面，有清洁和湿润眼球的功能。多余泪液流向内眼角处，经泪道入鼻腔。

泪道是泪液排出的通道，由泪点、泪小管、泪囊、鼻泪管组成 。泪点是位于眼内侧角附近上、下睑缘的缝状小孔。泪小管是连接泪点与泪囊的小管，有两条，分别始于眼内侧角处的两个缝状小孔，即泪点。泪囊位于泪骨的泪囊窝内，是鼻泪管起始端的膨大部，呈漏斗状。鼻泪管是将泪液从眼运送至鼻腔的膜性管，近侧部包埋在骨性管腔中，远侧部包埋于软骨或黏膜内，沿鼻腔侧壁向前向下延伸，开口于鼻前庭或下鼻道后部(猪)，泪液在此随呼吸的空气蒸发。鼻泪管受阻时，泪液不能正常排出，就会从睑缘溢出，时间常久可刺激眼睑发生炎症。

12.1.2.4 眼球肌

眼球肌(musculi bulbi)包括运动眼球的骨骼肌和运动眼睑的骨骼肌。所有这些眼球肌均属于横纹肌，活动灵活且不易疲劳。

运动眼球的肌肉有7条，包括上、下、内、外4条直肌，上、下2条斜肌和1条眼球退缩肌。其中前6条肌肉除下斜肌外，其余的都起自视神经孔周围的总腱环，上、下、内、外直肌分别止于眼球的上面、下面、内侧面和外侧面。眼球退缩肌起始于视神经孔周围，由上、下、内侧和外侧4条肌束组成，呈锥形包于眼球的后部和视神经周围，止于巩膜，其作用是后退眼球。

运动眼睑的肌肉有上睑提肌，位于上直肌背侧，起始于筛孔附近，止于上眼睑，其作用是提举上眼睑。

12.1.2.5 眶筋膜

眶筋膜包括眶骨膜、肌筋膜和眼球鞘，主要对眼球起保护作用。

眶骨膜：位于骨性眼眶内，是包围眼球、眼球肌、泪腺、血管和神经等的致密而坚韧的纤维膜，呈圆锥形。锥顶附着于视神经孔周围，锥基附着于眶缘。眶骨膜的内外填充有许多脂肪，与眶骨膜共同起着保护眼睛的作用。

眼肌筋膜：位于直肌和斜肌周围，有深浅两层，两层间借肌间隔相连。其后方附着于视神经孔周围，前方附着于眼睑纤维层和角膜缘。

眼球鞘：又名眼球筋膜，位于眼球退缩肌和眼球周围，向前伸至角膜缘，向后延续形成视神经外鞘。眼眶内存储的大量脂肪组织称为眶脂体。

12.1.3 眼的血管

牛的眼球及其辅助器官的血液供应主要来自于上颌动脉的眼外动脉和颧动脉及颞浅动脉的分支。眼外动脉分出泪腺动脉；颧动脉分出第三眼睑动脉、下睑内侧动脉和眼角动脉；颞浅动脉分出上睑外侧动脉、下睑外侧动脉和泪腺支，这些分支分别分布于眼的各个部位。

眼静脉主要经颞浅静脉汇入上颌静脉。

12.1.4 光在眼内的传导

光线通过眼球的折光装置(角膜、房水、晶状体、玻璃体)，到达视网膜后穿过不能感光的节细胞和双极细胞层，最后达到能感光的视细胞层，由视锥细胞和视杆细胞感受光刺激并产生神经冲动，沿相反方向将神经冲动传递给双极细胞、节细胞，通过视神经离开眼球。

12.2 位听器官——耳

位听器官，也称前庭蜗器，俗称耳，主要包括感受体位变化的前庭器和感受声波的蜗器。这两种感受器功能虽不同，但其结构密切相关。位听器官按部位可分为外耳、中耳和内耳。其中，外耳和中耳是收集和传导声波的装置，内耳则是听觉感受器和平衡觉感受器，兼具接受声波和平衡刺激的作用(图12-4)。

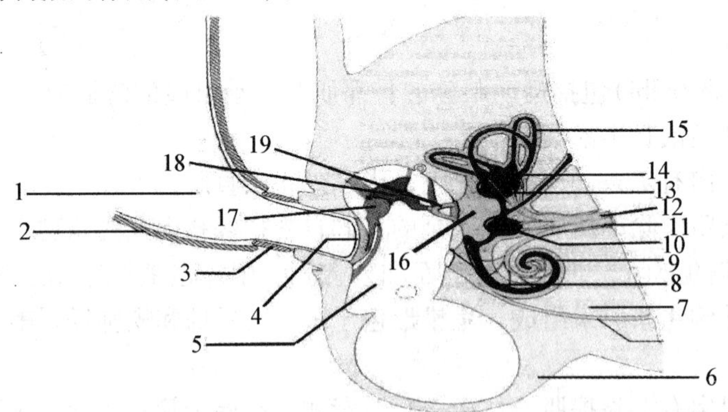

图12-4 耳的构造模式图

1. 外耳道 2. 耳廓 3. 软骨性外耳道 4. 鼓膜 5. 鼓室 6. 鼓泡 7. 颞骨 8. 耳蜗管 9. 耳蜗 10. 球囊 11. 耳蜗神经 12. 前庭神经 13. 椭圆囊 14. 半规管壶腹 15. 膜半规管 16. 前庭 17. 锤骨 18. 砧骨 19. 镫骨和前庭窗

12.2.1　外耳

外耳包括耳廓、外耳道、鼓膜3部分，有收集和传导声波的功能。

12.2.1.1　耳廓

耳廓(auricula)又称耳壳，位于头部的两侧，和外耳道一起共同组成收集声波的漏斗状结构。耳廓以弹性软骨为支架，内外被覆皮肤，皮下组织很少，血管、神经丰富。

不同家畜耳廓形态不同，一般呈圆筒状，上端较大，开口向前，下端较小，连于外耳道。牛的耳廓斜向外侧。耳廓由耳廓软骨、皮肤和肌肉组成。耳廓软骨为弹性软骨，构成耳廓的支架，内、外被覆皮肤，皮下组织很少。内面皮肤薄，与软骨连接紧密，皮肤内含丰富的皮脂腺。耳廓具有2个面、2个缘、耳廓尖和耳廓基。凸面即背面，朝向内侧，中部最宽。凹面即耳舟(scapha)，有4条纵嵴。前缘即耳屏缘；后缘即对耳屏缘，薄而凸；前、后缘向上汇合于耳廓尖。耳廓基较小，连于外耳道。耳廓基部周围具有脂肪垫，并附着有10多块耳廓外肌和内肌，能使耳廓灵活运动，便于收集声波。

12.2.1.2　外耳道

外耳道(meatus acusticus externus)是从耳廓基部到鼓膜的弯曲管道，全长2.0～2.5cm，由软骨性外耳道和骨性外耳道两部分组成。其中，外部的软骨性外耳道占1/3，由环状软骨作支架，外侧端与耳廓软骨相连，内侧端以致密结缔组织与骨性外耳道相连；其内面的皮肤具有短毛、皮脂腺和特殊的耵聍腺(glandulae ceruminosae)。耵聍腺的构造和汗腺相似，能分泌耵聍，又称耳蜡，具有保护外耳道的功能。脱落的上皮细胞等与耵聍混合，干燥后形成耳垢；内部的骨性外耳道即颞骨岩部的外耳道，占2/3，其断面呈椭圆形，外口大，内口小(约为外口的1/2)，有鼓膜环沟，鼓膜嵌入此沟内。

12.2.1.3　鼓膜

鼓膜(membrane tympani)位于外耳道底部，介于外耳与中耳之间，周围嵌入鼓膜环沟内，为一椭圆形的半透明纤维膜，坚韧而有弹性，在传导声波中具有重要的作用。鼓膜分两部分，松弛部小，略呈长方形；紧张部大，略呈卵圆形，内面附着锤骨柄。鼓膜可分为3层，外层为外耳道皮肤的延续，中层为纤维层，内层为鼓室黏膜的延续。

12.2.2　中耳

中耳(auris media)位于外耳与内耳之间，是传导声波的主要部分，由鼓室、咽鼓管和听小骨3部分组成。

12.2.2.1　鼓室

鼓室(cavum tympani)位于颞骨岩部内，是鼓膜与内耳之间的含气小腔，内面被覆黏膜，腔内有听小骨、韧带、肌肉、血管和神经。分鼓室上隐窝、固有部和腹侧部。鼓室腔壁及其内部结构的表面均覆以黏膜，并与咽鼓管和乳突小房的黏膜相延续。鼓室上隐窝位于鼓膜平面上方，锤骨上部及砧骨大部分位于此隐窝内。固有部位于鼓膜内侧，腹侧部位于鼓泡内。

鼓室具有6个壁：外侧壁为鼓膜，与外耳道隔开；内侧壁为内耳的外侧壁，壁上有前庭窗和蜗窗，与内耳相连通。前庭窗有镫骨封闭；蜗窗在活体上有膜封闭，称为第二鼓膜，对声波起减震器的作用。前壁为颈动脉壁，有咽鼓管的开口，通向咽腔。后壁为乳突壁，有孔与乳突小房相通。顶壁为盖壁，其内侧部有面神经通过。底壁为颈静脉壁，顶壁和底壁均为薄层骨板。

12.2.2.2 咽鼓管

咽鼓管(tuba auditiva)又称耳咽管，是连通鼻咽部与鼓室固有部的扁管，空气经此管进入鼓室，使鼓室与外耳道的大气压相等，以维持鼓膜内、外侧大气压的平衡，从而保证鼓膜的正常振动。咽鼓管由骨部和软骨部组成，骨部较短，为咽鼓管的后上部，位于颞骨岩部肌突根部内侧；软骨部呈凹槽状，由内外侧板组成，构成咽鼓管的大部分。咽鼓管有两个开口，前端开口于咽侧壁，称为咽鼓管咽口，后端开口于鼓室前下壁，称为咽鼓管鼓口；管壁内面被覆黏膜，分别与咽和鼓室黏膜相延续。

12.2.2.3 听小骨

听小骨(ossicula auditus)共有3块，由外向内为锤骨(malleus)、砧骨(incus)和镫骨(stapes)。它们彼此借关节相连形成听小骨链，外侧端以锤骨柄附着于鼓膜，内侧端以镫骨底的环状韧带附着于前庭窗，使鼓膜与前庭窗连接起来。当声波振动鼓膜时，听小骨链随之运动，使镫骨底在前庭窗上来回摆动，将声波的振动传入内耳。听小骨链的活动与鼓室的鼓膜张肌和镫骨肌有关，鼓膜张肌的作用为紧张鼓膜，镫骨肌调节声波振动时对内耳的压力。

12.2.3 内耳

内耳(auris interna)位于颞骨岩部骨质内，鼓室与内耳道底之间，为前庭蜗器的主要部分。内耳由构造复杂、形状不规则的弯曲管腔组成，故又称迷路(labyrinthus)，可分骨迷路和膜迷路两部分。骨迷路由致密骨质构成；膜迷路由膜性小管和小囊构成，位于骨迷路内，形状与之相似，小部分附着于骨迷路上，大部分与骨迷路之间形成腔隙，腔内充满外淋巴。膜迷路内含有内淋巴，内、外淋巴互不相通。这些淋巴主要起营养和传递声波的功能。

12.2.3.1 骨迷路

骨迷路(labyrinthus osseus)由致密骨质构成。由前向后沿骨岩部的长轴依次分为耳蜗、前庭和骨半规管3部分。

①耳蜗(cochlea) 位于前庭的前方，为骨迷路的前部，由一中空的骨性管道(即蜗螺旋管)绕圆锥形的蜗轴盘旋3.5圈(牛、羊)而形成，外形似蜗牛壳。蜗螺旋管的起端和前庭相通，另一端以盲端终于蜗顶。蜗顶朝向前外方，蜗底朝向后内方的内耳道。在耳蜗的纵切面上，蜗轴位于中央，由骨松质构成，轴底相当于内耳道底的耳蜗区，有许多小孔供耳蜗神经和血管通过。由蜗轴发出骨螺旋板突入骨螺旋管内，此板未达骨螺旋管的外侧壁，只是不完全地将蜗螺旋管分为上、下两部分。上部为起始于前庭窗的前庭阶，下部为起始于蜗窗的鼓阶。两者均充满外淋巴，并在蜗顶经蜗孔相通。可见，耳蜗内共有3条管道，即上方的前庭阶，中间的膜耳蜗管，下方的鼓阶。

②前庭(vestibulum) 是位于耳蜗与骨半规管之间的不规则的卵圆形腔。前下方有一较大的孔通耳蜗；外侧壁即鼓室的内侧壁，有前庭窗和蜗窗；内侧壁即内耳道底，壁上有一斜嵴，称为前庭嵴，有前庭神经通过。嵴前方有容纳膜迷路的较小的球囊隐窝；嵴后方有容纳膜迷路的较大的椭圆囊隐窝。隐窝附近有几群供前庭和耳蜗神经通过的小孔，称为筛斑。后上方有5个小孔，通骨半规管。

③骨半规管(canales semicirculares ossei) 位于前庭的后上方，为3个相互垂直排列的

"C"形弯曲小管，按其位置分上半规管、后半规管和外侧半规管。每个骨半规管有两个骨脚，均呈弧形，约占圆周的2/3，一端细，称为单骨脚，另一端膨大，称为壶腹骨脚，壶腹骨脚膨大部称为骨壶腹(ampullae osseae)。上半规管和后半规管的单骨脚合并为一总骨脚。因此，3个骨半规管仅5个孔开口于前庭，即5个骨脚。

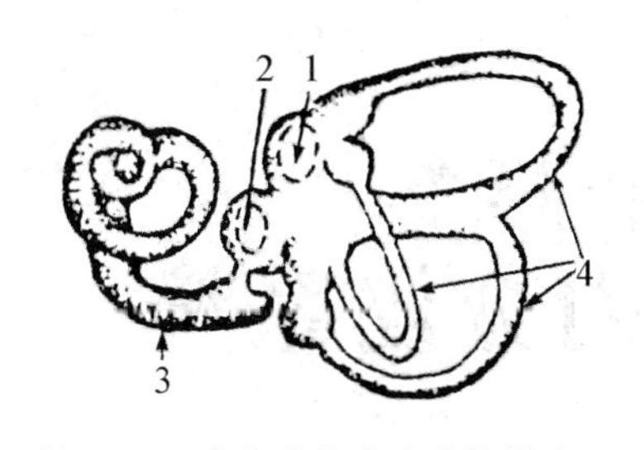

图12-5 哺乳动物膜迷路的模式图

1. 椭圆囊斑 2. 球囊斑 3. 膜耳蜗 4. 膜半规管

12.2.3.2 膜迷路

膜迷路(labyrinthus membranaceus)是套在骨迷路内的膜性管，由椭圆囊、球囊、膜半规管和耳蜗管4部分组成。管壁上有位觉和听觉感受器(图12-5)。

①耳蜗管 是位于耳蜗内的螺旋形细管。一端连于球囊，另一端位于蜗顶，两端均为盲端。耳蜗管横断面呈三角形，位于前庭阶与鼓阶之间，内角连于骨螺旋板。有3个壁，上壁为前庭膜，从骨螺旋板斜向伸至蜗螺旋管外侧壁，分隔前庭阶与蜗管，前庭阶与前庭窗相通。外侧壁为增厚变形的骨膜，上皮下的结缔组织含有丰富的血管，称为血管纹，可产生内淋巴。下壁为螺旋膜，有的也称为鼓壁，分隔蜗管与鼓阶，由骨螺旋板和螺旋膜构成。螺旋膜上皮局部增厚形成隆起，称为螺旋器或柯蒂氏器，为听觉感受器。

②椭圆囊 位于前庭后上方的椭圆囊隐窝内，其后壁有5个开口通膜半规管；前壁有一椭圆形球囊管通球囊，椭圆形球囊管再发出内淋巴管，穿经前庭至脑硬膜间的内淋巴囊，内淋巴由此渗出至周围血管丛。外侧壁上有增厚的椭圆囊斑，为平衡觉感受器。椭圆囊斑可感受头部位置变动或直线变速运动，对水平方向的位移和重力刺激起反应。

③球囊 位于球囊隐窝内，较小，在前下方，其下部有连合管与耳蜗管相通。后部借椭圆球囊管与椭圆囊相通，也为平衡觉感受器。球囊内侧壁上有增厚的球囊斑，是感受头部位置变动或直线变速运动的感受器。结构与椭圆囊斑大致相同，由毛细胞和支持细胞组成。椭圆囊和球囊内的内淋巴通过前庭水管到脑硬膜两层之间的静脉窦。

④膜半规管 位于骨半规管内，形状类似骨半规管，分前膜半规管、后膜半规管和外膜半规管。在骨壶腹内，膜半规管有类似的膨大称为膜壶腹，几乎占据骨壶腹管腔，但膜半规管其余部分仅占据骨半规管管腔的1/4。其壁的一侧黏膜增厚形成乳白色的半月形隆起，称为壶腹嵴，是感受头部旋转变速运动的感受器。

12.2.4 声波在耳内的传导

声波通过外耳道振动鼓膜，经听骨链传递，作用于前庭窗，引起前庭阶的外淋巴波动；通过蜗孔，鼓阶的外淋巴随之波动，到达蜗窗后，第二鼓膜突向中耳，缓冲淋巴液波动，此波动消失。由于外淋巴的波动，引起内淋巴的波动和螺旋膜振动，螺旋器受刺激而兴奋，神经冲动经听觉传导路至大脑皮质听觉中枢，产生听觉。

(张巧灵 编写　冯新畅 校)

第 13 章

内分泌系统

内分泌系统是机体的一个重要的功能调节系统，以体液调节的形式，对畜体的新陈代谢、生长发育和繁殖等起着重要的调节作用。各种内分泌腺的功能活动相互联系、相互制约，它们在中枢神经系统的控制下分泌各种激素，激素又反过来影响神经系统的功能，从而实现神经体液的调节，维持机体的正常生理活动，保持内环境的动态平衡，以适应外界环境的变化。内分泌腺发生病变，常导致激素分泌过多或不足，造成内分泌功能亢进或低下，从而出现机体发育异常或行为障碍等症状。

畜体的腺体可分为两大类，即外分泌腺和内分泌腺。外分泌腺的分泌物(如酶、黏液、胆汁)一般由导管送至黏膜和皮肤表面，故也称有管腺，如肝、胰、肠腺等。相反，内分泌腺无导管，其分泌物直接进入血液和淋巴，故也称无管腺。

内分泌系统包括内分泌腺和内分泌组织。内分泌腺指结构上独立存在，肉眼可见的内分泌器官，如垂体、松果体、肾上腺、甲状腺和甲状旁腺等。内分泌组织指散在于其他器官之内的内分泌细胞团块，如胰岛、间质细胞、卵泡细胞和黄体等。此外，体内许多器官兼有内分泌功能，包括神经内分泌、胃肠内分泌、肾内分泌、胎盘内分泌等。

内分泌腺分泌的物质称为激素(hormone，荷尔蒙)，通过毛细血管和毛细淋巴管直接进入血液循环，然后转运到全身各处，作用于靶器官和靶细胞。某种激素只对特异的器官或细胞起作用，这些器官和细胞称为靶器官和靶细胞。内分泌腺分泌的激素种类一般与该腺体的内分泌细胞种类有关。有的内分泌腺只分泌一种激素，有的可分泌多种激素，内分泌腺在结构上的共同特点是腺细胞排列成索状、块状和泡状，血管丰富。

13.1　垂体

垂体又名脑垂体，为一扁圆形小体，位于蝶骨构成的垂体窝内，借漏斗与下丘脑相连。

垂体(hypophysis)是一重要的内分泌腺，可释放多种激素，影响其他内分泌腺的活动。由腺垂体和神经垂体构成(图 13-1)。腺垂体起源于口腔背侧部外胚层的外囊，分为远侧部、结节部和中间部；神经垂体起源于间脑腹侧囊，包括神经部和漏斗。远侧部是垂体最大的部分，中间部位于远侧部和神经部之间，结节部主要位于漏斗柄周围。其中，远侧部和结节部称为前叶，中间部和神经部称为后叶。前叶已确定能分泌生长激素、催乳激素、黑色细胞刺激素、促肾上腺皮质激素、促甲状腺激素、促卵泡激素、促黄体激素或促间质细胞激素 7 种激素。这些激素除与机体骨骼和软组织的生长发育有关外，还能影响其他内分泌腺的功能。

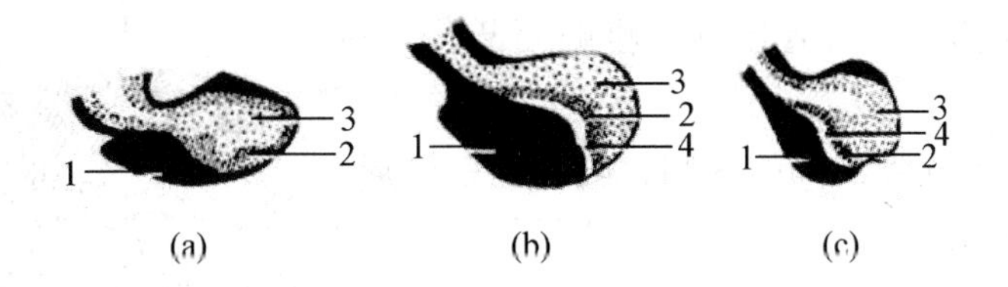

图13-1　垂体构造模式图

(a)马　(b)牛　(c)猪

1. 远侧部　2. 中间部　3. 神经部　4. 垂体腔

而神经部是一个储存激素的地方，接受下丘脑视上核和室旁核所分泌的加压素和催产素。

牛的垂体窄而厚，漏斗长而斜向后下方，后叶位于垂体的背侧，前叶位于腹侧。前叶和后叶之间为垂体腔。

马的垂体呈卵圆形，上下压扁，垂体前叶位于浅层，包围着后叶，前叶和后叶之间无垂体腔。

猪的垂体位于蝶骨脑面的垂体窝中，略呈杏仁状，背腹侧压扁，背面正中有纵向的凹沟，腹侧面稍隆凸，漏斗与垂体背侧前部相连，由漏斗向后的正中狭窄区及腹侧面的中间部为神经部，呈灰色；其余大部分为腺部，呈粉红色。

犬的垂体呈圆形，远侧部呈红黄色，从前方和两侧包围神经部；远侧部呈淡黄色。

13.2　甲状腺

甲状腺(thyroid gland)位于喉的后方，前3～4个气管环的两侧和腹侧，可分为左、右两个侧叶和连接两个侧叶的腺峡(图13-2)。甲状腺是一个富含血管的实质性器官，呈红褐色或红黄色，由结缔组织支架和实质构成。其表面被覆有结缔组织的被膜，被膜伸入实质内将腺组织分隔成许多腺小叶。甲状腺能合成和释放甲状腺素，其主要作用是促进机体的新陈代谢，维持机体的正常发育，尤其是对骨骼和神经系的发育影响更大。

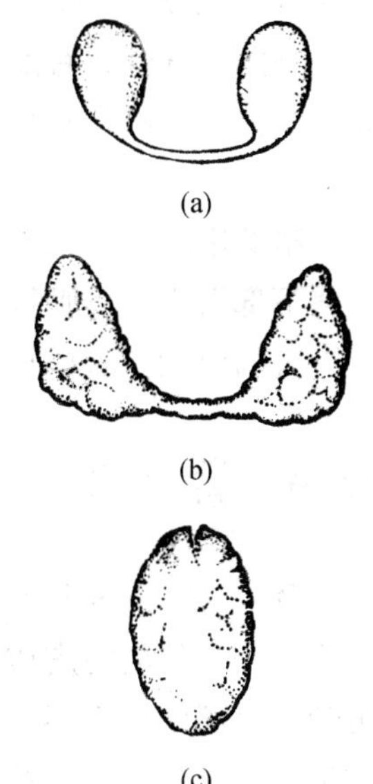

图13-2　甲状腺

(a)马　(b)牛　(c)猪

牛的甲状腺较其他家畜的发育较好，颜色较浅，侧叶呈不规则的扁三角形，长6～7cm，宽5～6cm，腺小叶明显，腺峡由腺组织构成，较发达，宽约1.5cm。

绵羊的甲状腺呈长椭圆形，位于气管前端两侧与胸骨甲状肌之间，腺峡不发达。

山羊的甲状腺左右两侧叶不对称，位于前几个气管环的两侧，腺峡较小。

马的甲状腺侧叶呈红褐色，呈卵圆形，长3.4～4.0cm，宽约2.5cm，厚约1.5cm。腺峡细窄，由结缔组织构成。驴和骡的腺峡较发达。

猪的甲状腺位于胸骨柄前上方，第6～8气管环的腹侧，呈暗红色，在颈外静脉和胸骨甲状肌的背侧。小猪甲状腺和颈外静脉之间还有胸腺。左右腺叶以腺峡连成一整块，形如贝壳，背侧有纵向的槽，为气管压迹；腹侧面凸，大猪甲状腺重 10 ~ 30g。

犬的甲状腺位于气管前部的两侧，侧叶呈扁桃形，红褐色，腺峡不发达。

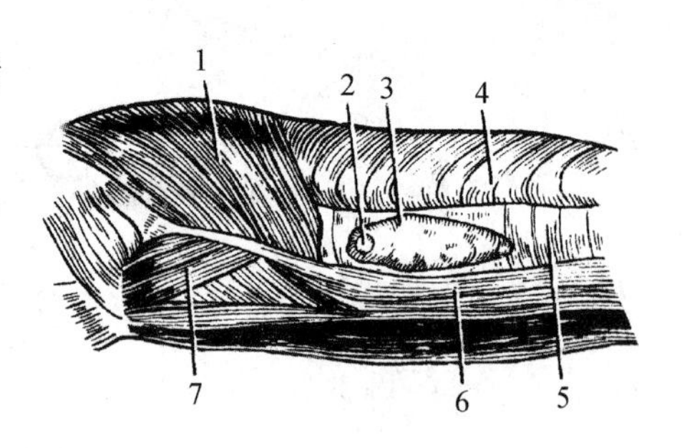

图 13-3 犬甲状腺及甲状旁腺

1. 甲咽肌 2. 甲状旁腺 3. 甲状腺 4. 食管 5. 气管 6. 胸骨甲状肌 7. 舌骨甲状肌

13.3 甲状旁腺

甲状旁腺(parathyroid gland)是圆形或椭圆形的小腺体，位于甲状腺附近或埋于甲状腺组织中(图 13-3)，主要分泌甲状旁腺素，调节钙、磷代谢，维持血钙平衡。一般家畜有两对甲状旁腺。

牛有内外两对甲状旁腺，外甲状旁腺位于甲状腺前方，靠近颈总动脉，大小 5 ~ 12mm；内甲状旁腺较小，位于甲状腺的内侧，靠近甲状腺的背缘和后缘。

马的甲状旁腺有前后两对，前甲状旁腺呈球形，很小，多数位于甲状腺前半部与气管之间，少数位于甲状腺的背侧缘和甲状腺内；后甲状旁腺呈扁椭圆形，常位于颈后部气管的腹侧。

猪的甲状旁腺只有 1 对，呈球形，赤褐色，直径 2 ~ 4mm，重 0.05 ~ 0.15g，位于颞骨乳突下部后方，肩胛舌骨肌和胸头肌之间的三角区内。对于小猪，常被包于胸腺组织中。

犬的甲状旁腺也只有 1 对，形如粟米，位于甲状腺前端附近或包于甲状腺内。

13.4 肾上腺

肾上腺(adrenal gland)位于肾的前内侧，成对，外包被膜，其实质可分为外层的皮质和内层的髓质(图 13-4、图 13-5)，皮质呈黄色，分泌多种激素，参与调节机体的水盐代谢和糖代谢等；髓质呈灰色或肉色，分泌肾上腺素和去甲肾上腺素，其机能相当于交感神经的作用，能使心跳加快，心肌收缩力加强，血压升高。

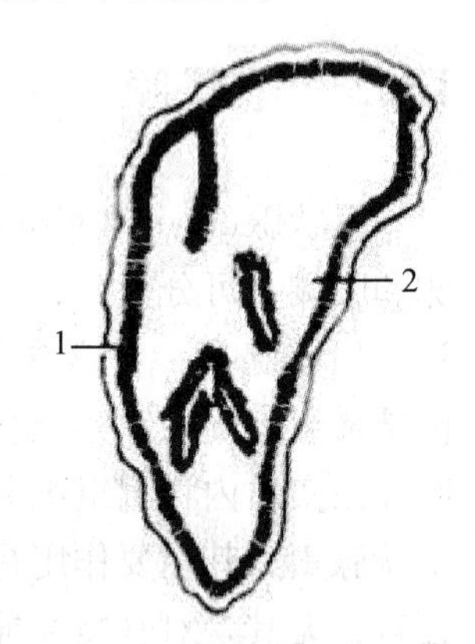

图 13-4 肾上腺横断面

1. 皮质 2. 髓质

牛的肾上腺呈心形，位于右肾的前内侧；左肾上腺呈肾形，位于左肾前方。

羊的左右肾上腺均为扁椭圆形。

马的肾上腺呈长扁圆形，红褐色，长 4 ~ 9cm，宽 2 ~ 4cm，位于肾的前内侧。

猪的肾上腺位于肾内侧前半下面，左肾上腺呈三棱形，前小后大，外侧稍凹陷，内侧稍隆凸；右肾上腺前半部呈三棱形，且半宽而薄，后端常有椎状突起。两肾上腺共重 2.4 ~ 12.6g。

犬两侧肾上腺形态和位置有所不同，右肾上腺略呈梭形，位于右肾前内侧和后腔静脉之间；左肾上腺稍大，为扁梭形，前宽后窄，背腹侧扁平，位于左肾前内侧与腹主动脉之间。

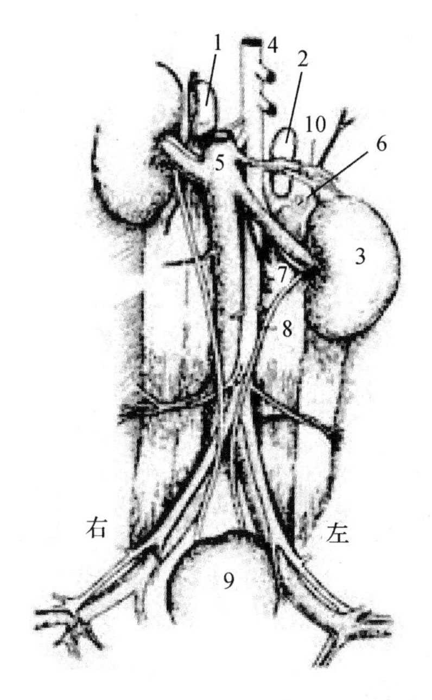

图13-5　犬肾上腺的局部解剖(腹侧观)

1. 右肾上腺　2. 左肾上腺　3. 左肾　4. 主动脉　5. 后腔静脉　6. 肾血管
7. 卵巢静脉　8. 输尿管　9. 膀胱　10. 膈的血管

且皮质部和髓质部颜色不同，髓质部呈深褐色，皮质部呈黄褐色。

13.5　松果体

松果体(popineal gland)又称脑上腺，是红褐色的卵圆形小体，位于四迭体和丘脑之间，以柄连于丘脑上部。松果体主要由松果体细胞和神经胶质形成，外包脑软膜，随着年龄的增长，松果体内结缔组织增多，成年后不断有钙盐沉积，形成大小不等的颗粒，称为脑砂(acervuli)。松果体分泌褪黑激素，有抑制促性腺激素释放、防止性早熟等作用。但光照可抑制松果体合成褪黑激素，促进性腺活动。此外，松果体内还有去甲肾上腺素等物质。

猪的松果体呈红褐色，长锥形体，大猪长约10mm，重100～200mg。

（张巧灵 编写　冯新畅 校）

第四篇

禽类解剖学特征

家禽在系统发生上属脊椎动物鸟纲。禽体结构与畜体虽有相似之处，但禽类由于适应飞翔发生了许多变化，在器官结构上形成了与畜体结构不同的一系列固有特征。同时，由于环境、生活方式等因素，各种禽类的身体结构与生理机能又有许多不同之处。

第 14 章

家禽解剖学特征

14.1 运动系统

14.1.1 骨

禽类骨骼具有两种适应飞翔特性：轻便性和坚固性。大多数骨骼内具有与肺及气囊相通的容纳空气的腔体，有利于减轻体重，增加浮力。同时，禽类骨骼致密，关节坚固；骨块间愈合程度较高，如颅骨、腰荐骨、盆带骨和跗骨等，有利于增强机体对力量的承受能力和稳固性。禽类骨骼的发育具有与卵生相适应的特点。雌禽的长骨，在产蛋前形成类似松质骨的髓质骨，髓质骨由骨内膜伸出的骨针组成，是钙盐的储存库，与蛋壳形成有关。有资料表明产蛋高峰期鸡关节软骨与骺软骨同时变薄，骺软骨与骨形成骨性结合。随着年龄的增长，骨重占体重百分比下降，骨中无机物含量增加，成年后维持在一定水平。

家禽骨骼由躯干骨、头骨、前肢骨和后肢骨组成(图 14-1)。

14.1.1.1 躯干骨

躯干骨包括脊柱、两侧的肋骨和腹侧的胸骨。脊柱由颈(C)、胸(Th)、腰(L)、荐(S)、尾(Cy)椎 5 部分组成。

(1)颈椎

禽类颈椎数目较多，鸡有 14 枚，鸭有 14～15 枚，鹅有 17～18 枚、鸽有 12～13 枚。寰椎，呈狭环状，与头骨之间转动灵活。枢椎，侧扁，棘突与腹嵴明显，齿状突发达。第 3 颈椎至最后颈椎的形态基本相似。椎体较长，横突短厚，基部有横突孔。横突向后逐渐变细的颈肋(肋的遗迹)。第 6～11 颈椎椎体腹侧有血管沟，供颈总动脉通过。

(2)胸椎

各种禽类胸椎数目不一，且有不同程度的愈合，鸡有 7 枚，鸭有 9 枚，鹅有 9 枚、鸽有 7 枚。鸡第 1 和第 6 胸椎游离，第 2～5 胸椎愈合成一整体，第 7 胸椎与腰荐椎和前 6 个尾椎骨愈合。成年鸡的胸椎棘突几乎愈合成垂直骨板。椎体的前外侧部和横突的游离缘分别有与肋骨成关节的小关节面(图 14-2)。

(3)腰荐部椎骨

禽类的腰椎、荐椎和尾椎的愈合程度较高。鸡有 3 枚腰椎，5 枚荐椎。因其愈合程度高，全部腰、荐椎和第 1～6 尾椎在发育早期愈合而成单块的腰荐骨，因而有人认为鸡的腰荐椎有 14 枚，尾椎 5～6 枚。鸭有 4 枚腰椎，7 枚荐椎，10 枚尾椎。鹅有 12～13 枚腰椎，2

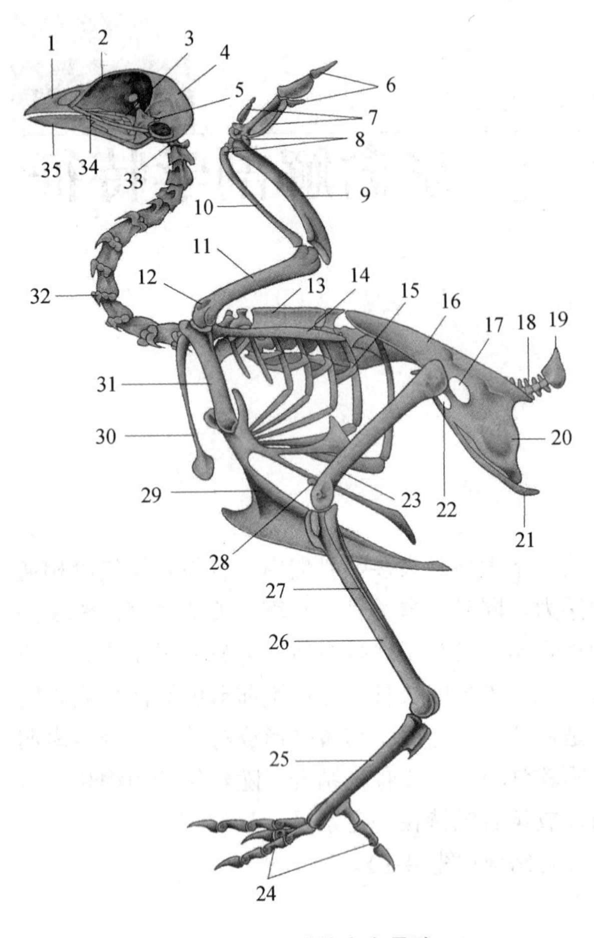

图 14-1 鸡的全身骨骼

1. 颌前骨 2. 筛骨 3. 腭骨 4. 颅骨 5. 方骨 6. 指骨 7. 掌骨 8. 腕骨 9. 尺骨 10. 桡骨 11. 肱骨 12. 气孔 13. 胸椎 14. 肩胛骨 15. 肋骨及钩突 16. 髂骨 17. 坐骨孔 18. 尾椎 19. 尾综骨 20. 坐骨 21. 耻骨 22. 闭孔 23. 股骨 24. 趾骨 25. 大跖骨 26. 胫骨 27. 腓骨 28. 髌骨 29. 胸骨 30. 锁骨 31. 乌喙骨 32. 颈椎 33. 寰椎 34. 颧骨 35. 下颌骨

枚荐椎，8 枚尾椎。鸽有 6 枚腰椎，2 枚荐椎，8 枚尾椎(图 14-2)。

(4)尾椎

鸡有 11 ~ 13 枚尾椎，游离尾椎有 6 枚，有时 5 枚。椎体短厚，前后关节突均已退化。最后一个尾椎称为尾综骨。鸭有 10 枚尾椎，游离尾椎有 7 枚。鹅有 8 枚尾椎。鸽 8 枚尾椎。

(5)肋骨

鸡有 7 对肋骨，第 1、第 2 对肋骨是浮肋，第 3 ~ 第 7 对肋骨与胸骨相接，可分为椎肋和胸肋两部分。胸肋与胸骨相接，较短。椎肋与胸椎相接，较长；第 2 ~ 第 6 对椎肋中部发出钩突，覆盖在后一相邻椎肋的外表面，有韧带相连。鸡、鸽的最后二对胸肋不与胸骨相接，而与前一胸肋相连，鸭、鹅的最后 3 对胸肋不与胸骨相接。

(6)胸骨

胸骨是构成胸底壁和腹底壁的骨质基础。禽类的胸骨坚固，胸骨突起短小，龙骨突发达，由胸骨体和几个突起组成。突起包括向前方的肋突和喙突，背侧的后外侧突又分出斜突和后内侧突，腹侧为强大的龙骨突。鸭的胸骨比鸡宽大。

14.1.1.2 头部骨

禽类头骨的显著特征是大而明显的眶窝，把头部骨分为颅骨和面骨两部。颅骨包括不成对的枕骨、蝶骨和成对的顶骨、额骨和颞骨，整体呈圆形，颅腔很小。颅腔明显的分为 3 部分：位于前背部容纳大脑和嗅叶的大脑窝；后部的小脑窝；后下部容纳视叶的半球形窝。面骨包括不成对的筛骨和成对的颌前骨、上颌骨、鼻骨、泪骨、犁骨、腭骨、翼骨、颧骨、方骨、下颌骨、舌骨、鼻甲骨、巩膜骨。面骨是形成各种禽类头部特征的主要骨质基础之一。在鸡呈小圆锥形，在鸭呈前方钝圆的长方形。方骨是禽类特有的面骨，分别与下颌骨、颧骨、翼骨等以关节相连。鼻骨与额骨间也形成可动关节。所以当禽类开口时，不仅下降下喙，而且同时抬起上喙，张口大而自如。禽类的外耳突短，鼓室和外耳道宽而浅，由枕骨外侧部、颞骨和蝶骨形成。眶窝由额骨、颞骨、泪骨、颧骨等围成，骨质底壁缺如，左、右眶窝被眶间隔分开。鼻外孔呈大卵圆形，位于喙和眼中间，由鼻骨和颌前骨围成。

14.1.1.3 前肢骨

禽类的翼是由前肢适应飞翔而演变形成，也分为肩带部和游离部。肩带部由肩胛骨、乌喙骨和锁骨组成，三骨以韧带、肌肉牢固地联结在一起，并形成肩臼支持和连接游离部。游离部由臂部、前臂部和前脚部(腕部、掌部和指部)骨骼组成，分别构成翼部的 3 段，折叠成“Z”形，紧贴胸廓，飞翔时，完全伸展(图 14-3)。

(1)*肩带部*

肩胛骨：稍弯曲的扁平带状骨，位于胸廓背侧壁。一端游离，关节端参与构成肩臼。

乌喙骨：柱状，位于胸腔入口两侧。一端参与构成肩臼，胸骨端与胸骨成关节。

锁骨：稍弯曲的细棒状。锁骨体斜向内下方伸延至体中线与对侧锁骨愈合成“V”形，称为叉骨。鸭的锁骨强大，两侧愈合成“U”形。

乌喙骨的钩突、肩胛骨近端、锁骨的臂骨端共同形成三骨孔。

(2)*游离部*

臂部：臂骨亦称肱骨，为长骨。近端粗大，臂骨头呈卵圆形。骨体弯曲。远端宽扁内髁较小，呈球形；外髁较大。鸭的臂骨较长。

前臂部：由桡骨和尺骨组成。桡骨近端粗大，骨体直而细；远端弯向尺骨，有关节面与尺骨相接。尺骨较粗大，骨体向桡骨稍弯曲。二骨间的前臂骨间隙宽大。

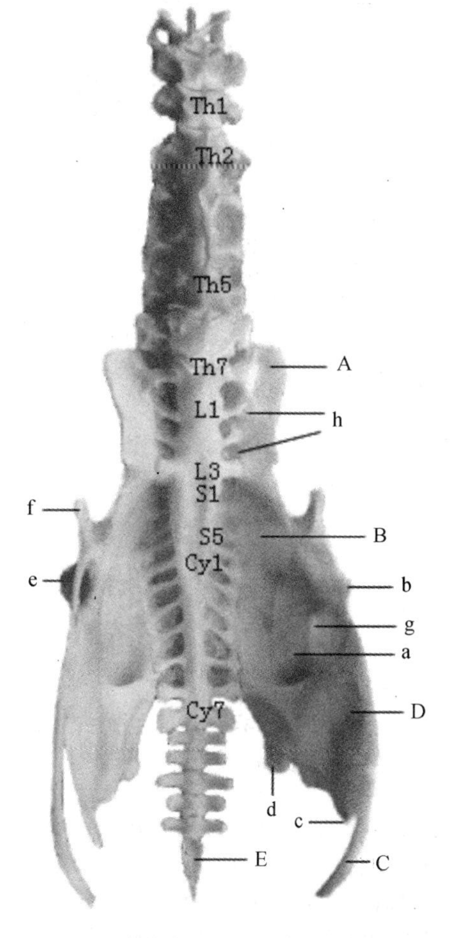

图 14-2 鸡的脊柱后部和骨盆(腹侧观)

A. 髂骨前部 B. 髂骨后部 C. 耻骨 D. 坐骨 E. 尾综骨 a. 肾窝 b. 抗转子 c. 坐骨角 d. 后突 e. 髋臼 f. 梳状突 g. 闭孔 h. 髂神经管的入口

前脚部骨：由腕骨、掌骨和指骨组成。在翼的演变过程中，有不同程度的退化。

腕部：由 2 块近列腕骨组成。桡腕骨和中央腕骨愈合形成桡侧腕骨，为四边形短骨。尺腕骨和副腕骨愈合形成尺侧腕骨，具有两个发达角突，形成“V”形切迹。远列腕骨与掌骨近端愈合，亦称腕掌骨。

掌部：有 3 块，分别为第 2、3、4 掌骨。第 3 掌骨最大，第 2 掌骨退化为第 3 掌骨近端外侧的小突起，其远端接第 2 指。第 3、4 掌骨两端分别愈合，骨体间形成宽大的掌骨间隙。其远端与第 3、4 指成关节。

指部：第 2、3、4 指发育不全的，分别有 2、2、1 个指节骨。鸭、鹅的第 2、3、4 指则分别有 2、3、2 个指节骨。

14.1.1.4 后肢骨

禽类后肢发达，分为盆带部和游离部，有支持身体、行走和栖息等作用。盆带部由髂

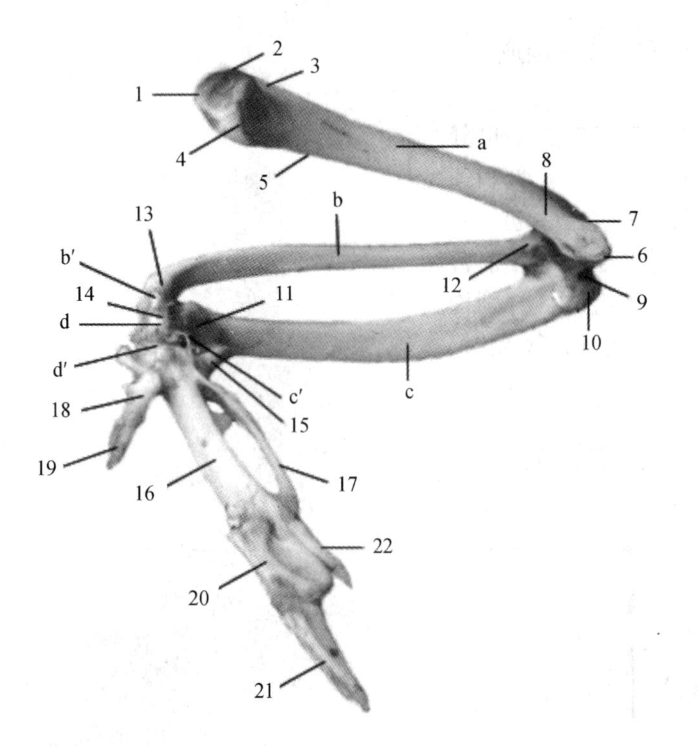

图 14-3 鸡的左前肢游离部骨(侧面观)

a. 肱骨 b. 桡骨 b′. 桡腕关节 c. 尺骨 c′. 腕尺关节 d. 腕骨 d′. 腕掌关节

1. 肱骨头 2. 外侧结节 3. 外侧结节嵴 4. 内侧结节 5. 内侧结节嵴 6. 肱骨滑车 7. 尺侧髁 8. 尺侧上髁 9. 尺骨关节窝 10. 肘突 11. 尺骨滑车关节 12. 桡骨小头 13. 桡骨滑车关节 14. 桡腕骨 15. 尺腕骨 16. 第3腕掌骨 17. 第4腕掌骨 18. 第2腕掌骨 19. 第2指骨 20. 第3指的第1指节骨 21. 第3指的第2指节骨 22. 第4指骨

骨、坐骨和耻骨组成，三骨愈合形成髋臼，呈壳状，亦称髋骨。髋骨未与对侧形成骨盆联合，形成禽类特有的开放性骨盆，有利于产蛋。游离部由股部、小腿部和后脚部组成(图14-4)。

(1)盆带部

髂骨：不正长方形的板状骨，三骨中最大。髂骨背面分为前、后两部，前部相当于臀肌面；骨盆面极不规则。

坐骨：位于髋骨后腹侧，呈三角形的骨板，前部与髂骨间形成坐骨孔。

耻骨：细长，从髋臼沿坐骨腹缘向后延伸，末端向内弯曲并突出于坐骨后方。

(2)游离部

股部：包括股骨和髌骨。股骨为柱形长骨，近端股骨头及大转子基部与髋臼形成关节。髌骨是不正三角形大籽骨，与股骨远端滑车成关节。

小腿部：由胫骨和腓骨构成。胫骨发达，近端粗大，呈三角形；远端与近列跗骨愈合，也称胫跗骨。腓骨已退化，近端为腓骨头，骨体向下逐渐变细，呈细长骨针样。

后脚部：由跖部和趾部构成。跖部有两块跖骨。第1跖骨较小，为小跖骨，位于大跖骨内侧下部。第2、3、4跖骨愈合成大跖骨，近端与远列跗骨愈合，也称跗跖骨。远端有三个髁，分别以滑车与第2、3、4趾形成关节。禽类趾部一般有4趾，第1趾最短，伸向后下方。第2、3、4趾向前，第3趾最长。第1～第4趾分别有2、3、4、5个趾节骨。末端趾节骨分为基部和爪突，爪突为角质爪包裹。

14.1.2 骨的连结

禽类的骨连结与其骨骼的发育、飞翔、栖息、卵生等生理特点密切相关。成年禽类骨骼的愈合程度较高，其骨连结，尤其是关节形成了其特有的结构。

14.1.2.1 头部骨连结

禽类头部骨连结，除下颌关节外，大部分属于不动连结，或微动连结。

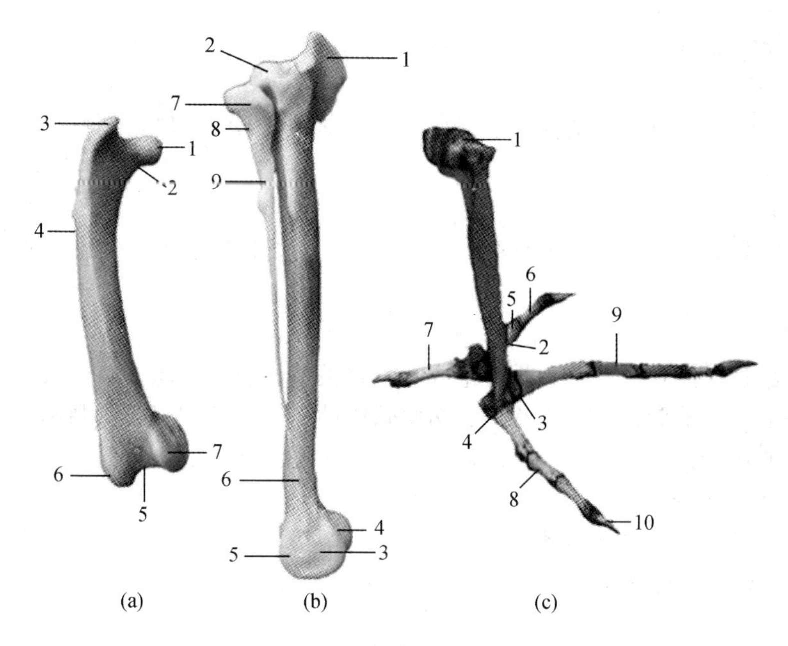

图 14-4　鸡的左侧后肢骨

(a)股骨(前面观)：1. 股骨头　2. 股骨颈　3. 大转子　4. 嵴　5. 股骨滑车　6. 外侧髁　7. 内侧髁
(b)胫跗骨和腓骨(前面观)：1. 横嵴　2. 内侧嵴　3. 内侧髁　4. 滑车关节　5. 外侧髁　6. 沟　7. 腓骨头　8. 外侧嵴　9. 腓骨体
(c)跗跖骨和趾骨(背面观)：1. 跗跖骨近端关节面　2. 跗跖骨第 2 趾对应髁　3. 跗跖骨第 3 趾对应髁　4. 跗跖骨第 4 趾对应髁　5. 第 1 跖骨　6. 第 1 趾　7. 第 2 趾　8. 第 3 趾　9. 第 4 趾　10. 爪

14.1.2.2　躯干骨连结

寰椎分别与枕骨、枢椎之间形成寰枕关节和寰枢关节。脊柱的椎体之间，除愈合椎骨为不动连结，其他各部分椎体间的连结是微动连结，相邻的后、前关节突之间形成滑动关节。椎肋的椎骨端以肋骨头和肋骨结节分别与相应的椎体和横突形成关节，胸肋分别与椎肋、胸骨间形成屈戌关节。

14.1.2.3　前肢骨连结

禽类的前肢骨与躯干骨通过胸骨喙突与乌喙骨胸骨端的鞍状关节面形成胸喙关节，将翼与躯干骨相连。

(1)肩关节

肩关节由肩胛骨、乌喙骨及臂骨头形成，关节囊较大，主要起内收和外展翼的作用，也有一定的转动和伸屈作用。

(2)肘关节

肘关节由臂尺关节和尺桡关节形成的复合关节，可进行伸屈运动和有限的转动运动。

(3)腕关节

腕关节包括尺骨、桡骨、腕骨间关节和腕掌关节，可进行伸屈运动和一定的滑动。

(4)掌指关节和指间关节

掌指关节和指间关节均为屈戌关节，可进行一定的伸屈运动。

14.1.2.4 后肢骨连结

(1)髂腰荐连结

禽类髋骨与腰荐骨以骨性结合和韧带联合形成骨盆。髂骨内侧与腰荐骨的横突愈合形成骨性结合。

(2)髋关节

髋关节由髋骨的髋臼和股骨头组成。关节囊大，主要进行屈伸运动，内收及外展运动受到限制。

(3)髌关节

髌关节由股骨、髌骨、胫骨和腓骨组成的复合关节，包括股髌关节、股胫关节和股腓关节3个主要关节。关节囊大，呈袋状，有两块软骨性的半月板位于股骨髁和胫骨之间。髌关节主要进行屈伸运动，也能作一定的旋转，以补偿髋关节转动的不足。

(4)飞节(胫跖关节)

飞节由胫跗骨和大跖骨近端构成，有前、后关节囊。

(5)跖趾关节和趾间关节

同前肢。

14.1.3 肌肉

禽类全身骨骼肌的分布、发达程度和构成与身体结构以及各部位的功能活动相适应。不同种属之间也有较大的差异。禽类的骨骼肌纤维可以分为白肌纤维和红肌纤维以及中间型的肌纤维。如鸭、鹅等水禽和擅飞的禽类红肌纤维较多。按身体结构特点禽体各部的肌肉亦包括：皮肌、头部肌、躯干肌、前肢肌和后肢肌(图14-5、图14-6)。

14.1.3.1 皮肌

禽体的皮肌薄而发达，主要分布于颈部、翼部和胸腹部。一部分皮肌以平滑肌网止于皮肤羽区的羽囊，起控制羽毛活动和支持嗉囊的作用，如颈部的锁背、腹侧皮肌；另一部分皮肌止于翼的皮肤褶(翼膜)，以辅助翼的伸展，飞翔时有紧张翼膜的作用，如前、后翼膜肌。

14.1.3.2 头部肌肉

禽类因缺唇、颊、耳廓，外耳等，面部肌系未能发育。而禽类特有的方骨参与开闭上、下颌，因此形成了发达的咀嚼肌和起止于方骨的肌肉，作用于上、下颌，参与采食等活动。舌的固有肌虽不发达，但有一系列舌骨肌，使舌在采食、吞咽时灵敏而迅速。

14.1.3.3 躯干肌

躯干肌包括脊柱肌、胸壁肌和腹壁肌。

(1)脊柱肌

禽类头部运动灵活，发达的头后肌群起自前部颈椎，止于颅骨或寰椎，如头夹肌、头背直肌、头外侧直肌、头腹直肌和颈屈肌等。颈部长而灵活，多裂肌、棘突间肌、横突间肌等肌束也相应增多，肌系发达。颈背侧部的腹肌和颈二腹肌，起伸展、上提和头部转向的作用。颈侧部的颈外侧肌伸展于颈的全长，可偏转头颈。禽类缺胸头肌等颈腹侧肌，颈腹侧长肌是唯一的颈椎腹侧肌，可屈曲颈部。在第6～11颈椎颈动脉位于此肌深层。禽类脊柱中胸、腰、荐椎已愈合而固定，所以此段肌肉不发达，仅有胸棘肌、背最长肌和髂肋肌参与上提胸部和颈部。尾部肌肉发达，参与尾部功能，如动尾肌群有提尾、降尾、摆尾和竖立尾羽等作用。此外，尾部还有与泄殖腔有关的肌肉，协助完成交配、产蛋、排粪等。

(2)胸壁肌(呼吸肌)

胸壁肌主要位于胸廓侧壁，参与呼吸。吸气肌主要有肋间外肌、斜角肌和肋提肌。呼气肌主要有肋间内肌和肋胸肌。禽类无哺乳动物完整的膈，因而无膈肌，但有肋肺肌止于肺膈，参与呼气。

(3)腹壁肌

禽类腹壁肌肉与哺乳动物相似，亦由浅层至深层分为 4 层：腹外斜肌、腹内斜肌、腹横肌、腹直肌。4 层肌肉形成整体，收缩时，可减少腹部体积，压迫内脏和气囊，参与呼气、排粪、产蛋等。

14.1.3.4　前肢肌

禽类前肢肌的方位用语以翼完全展开，即飞翔时为标准，亦可分为肩带肌、臂部肌和前臂部及前指部肌。禽类的臂部肌和前臂部及前指部肌群在飞翔时伸展各关节张开并维持翼的伸展；静息时则屈曲各关节将翼收拢，因而也称为翼肌。

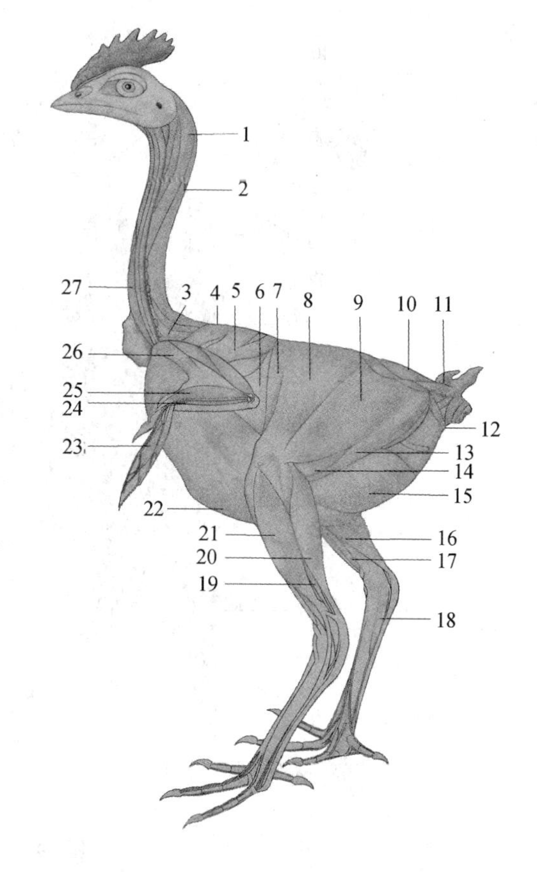

图 14-5　鸡的体表肌肉

1. 复肌　2. 颈二腹肌　3. 颈最长肌　4. 斜方肌　5. 背阔肌　6. 下锯肌　7. 髂胫前肌　8. 髂胫外侧肌前部　9. 髂胫外侧肌后部　10. 尾提肌　11. 尾外侧肌　12. 提肛肌　13. 股外侧屈肌　14. 股内侧屈肌　15. 腹外斜肌　16. 胫骨前肌　17. 趾长伸肌　18. 拇短屈肌　19. 趾浅及趾深屈肌　20. 腓肠肌　21. 腓骨长肌　22. 胸浅肌　23. 骨间背侧肌　24. 腕尺侧伸肌　25. 腕桡侧伸肌　26. 长翼膜张肌　27. 颈长肌

(1)肩带肌

禽类前肢肩带部 3 骨发育完全，肩带肌较为复杂，可通过肩关节作用于翼。禽类无臂头肌，起于躯干骨的肩带肌主要有斜方肌、背阔肌、菱形肌、深(上)锯肌、浅锯肌等。起于胸骨的肩带肌主要有胸肌、胸乌喙肌和乌喙上肌等，其中胸肌是禽体最大的肌肉，也是飞翔的主要肌肉。起自带部 3 骨的肩带肌主要有肩臂前肌、肩臂后肌、喙臂前肌、喙臂后肌、肩胛下肌、乌喙下肌、大三角肌、小三角肌等。

(2)臂部肌

臂部肌位于肱骨周围，主要屈伸肘关节，包括臂三头肌、臂二头肌、臂肌。此外还有次级翼羽张肌位于臂三头肌后缘浅层，分布于后翼膜皮肤，有协助维持后翼膜张力的作用。

(3)前臂部及指部肌

前臂部及前指部肌主要包括肌腹位于前臂部的前臂背侧(外侧)肌群和前臂腹侧(内侧)肌群以及分布于掌指骨间的指部肌群。

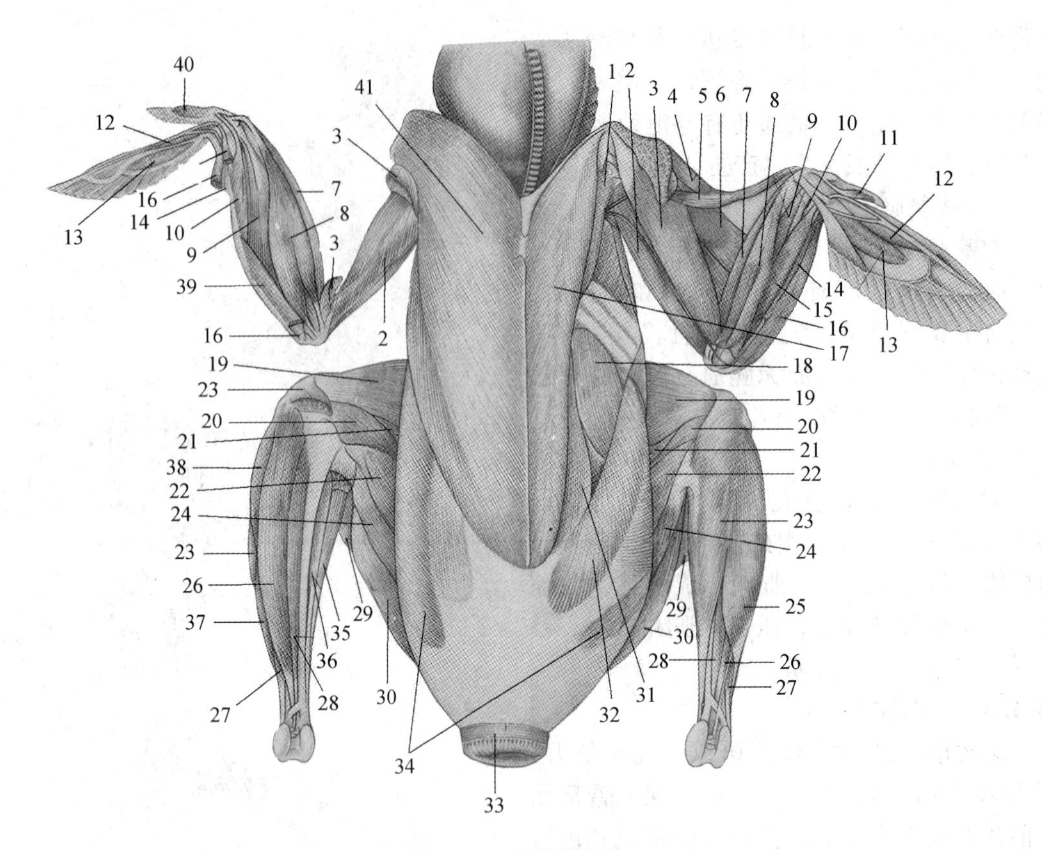

图 14-6 鸡腹侧面肌

1. 喙臂肌 2. 臂三头肌 3. 臂二头肌 4. 长翼膜张肌 5. 长翼膜短肌 6. 短翼膜张肌 7. 腕桡侧伸肌 8. 旋前浅肌 9. 第 2 指长伸肌 10. 尺掌腹侧肌 11. 翼膜内收肌 12. 第 3 指展肌 13. 骨间掌侧肌 14. 指浅屈肌 15. 指深屈肌 16. 腕尺侧屈肌(断端) 17. 胸深肌 18. 腹横肌 19. 髂胫前肌 20. 股胫肌 21. 栖肌 22. 耻坐股肌 23. 腓肠肌 24. 股内侧屈肌 25. 腓骨长肌 26. 胫骨前肌 27. 腓骨短肌 28. 趾长伸肌 29. 髂腓肌 30. 股外侧屈肌 31. 腹直肌 32. 腹内斜肌 33. 肛门(泄殖孔)括约肌 34. 腹外斜肌 35. 足部趾深屈肌 36. 胫骨后肌 37. 趾浅屈肌 38. 趾深、趾浅屈肌 39. 臂肌 40. 翼膜外展肌 41. 胸浅肌

前臂背侧(外侧)肌群是伸肌和旋后肌，浅层由前向后的顺序是掌桡侧伸肌、指总伸肌和掌尺侧伸肌。在掌桡侧伸肌的深层，是第 2 指长伸肌、第 3 指长伸肌和旋后肌，在掌尺侧伸肌的深层，是发达的肘肌。

前臂腹侧(内侧)肌群是屈肌和旋前肌。浅层有 5 块肌肉，从前向后是旋前浅肌、旋前深肌、指深屈肌、指浅屈肌和腕尺侧屈肌。深层 2 块肌肉，即肘内侧肌和尺掌腹侧肌。

指部肌群位于各掌骨与指骨之间的背或腹侧，起伸、屈、外展作用，如尺掌背侧肌、第 3 指外展肌、骨间背侧肌、尺侧外展肌、尺侧屈肌等。

14.1.3.5 后肢肌

禽类的后肢主要完成下蹲栖息时的屈曲动作。髋骨与腰荐骨愈合，因此禽体的盆带肌不发达，仅有相当于哺乳动物臀肌的髂转子肌以及髂肌，作用于髋关节。

禽体后肢肌肉主要分布于股部和小腿部，肌肉发达，亦称腿肌。股部肌群主要有髂胫前肌、髂胫外侧肌、髂腓肌、股外侧屈肌、股内侧屈肌、耻坐股肌、股胫肌等，肌腹位于股骨周围，主要起伸展、屈曲髋关节和膝关节，外展或内收股骨的作用。栖肌是此肌群中两栖类和鸟类特有的肌肉，相当于哺乳动物的耻骨肌，起于髂耻突起和髋臼前腹侧，以一薄腱斜跨膝关节前外侧至小腿后面，与趾屈浅肌腱合并，栖息时肌肉收缩屈曲趾、内收大腿。

小腿部肌群肌腹位于胫、腓骨周围，成年时跖部的屈肌腱常发生骨化，在栖息时屈曲跗关节和趾关节，从而牢固地攀住栖木，消耗能量极少。该肌群主要包括腓骨长肌、腓骨短肌、胫骨前肌、趾长伸肌、跖肌以及趾屈肌群和趾伸肌群等。

14.2　内脏

禽类体腔内无哺乳动物完整的膈，胸腔和腹腔未完全隔开。禽类体腔被肺隔和斜隔以及附着于体壁和体腔内器官的浆膜分隔成不同的浆膜腔，即1个心包腔，1对胸膜腔和腹膜腔。腹膜腔又分隔为左、右背侧肝腔，左、右腹侧肝腔和单一的肠浆膜腔。禽类体腔从胸腔入口延伸到盆腔后端，容纳大部分内脏器官，以及禽类特有的呼吸器官——气囊(图14-7、图14-8)。

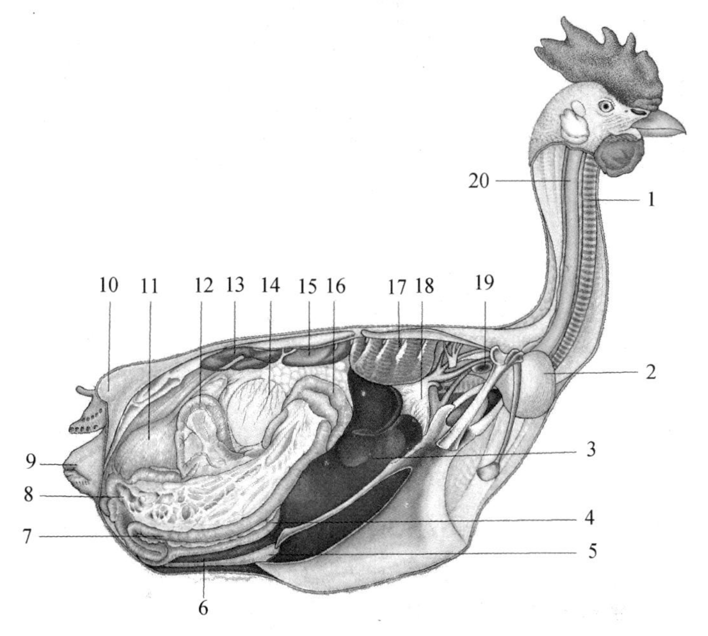

图14-7　母鸡内脏(右侧观)

1. 气管　2. 嗉囊　3. 肝右叶　4. 十二指肠升部　5. 降部　6. 胰　7. 回肠　8. 右盲肠　9. 肛门　10. 尾脂腺　11. 输卵管子宫部　12. 空肠及系膜　13. 右肾后叶　14. 卵巢　15. 右肾前叶　16. 空肠　17. 右肺　18. 心　19. 甲状腺　20. 食管

14.2.1 消化系统

14.2.1.1 口腔、咽

(1)口腔

禽类口腔内没有软腭、唇和齿，上、下颌形成喙，颊短小。各种家禽喙的形态各异。鸡喙相合后呈圆锥形，边缘光滑而坚硬，适于采食细小饲料和撕裂大块食物；鸭喙长而宽扁，末端钝圆，上、下喙具有角质板，参与形成过滤结构，利于水中采食过滤食物。

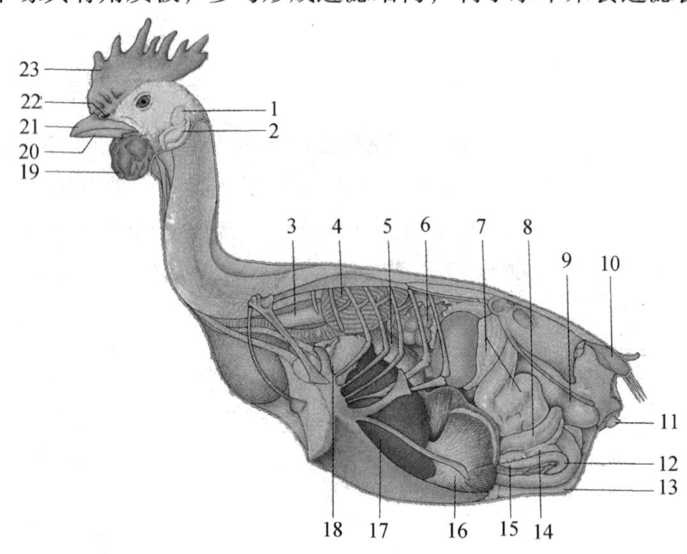

图 14-8 母鸡内脏(左侧观)

1. 外耳道 2. 耳叶 3. 食管 4. 左肺 5. 腺胃 6. 卵巢 7. 输卵管 8. 左盲肠 9. 子宫 10. 尾脂腺 11. 肛门 12. 空肠 13. 十二指肠 14. 回盲韧带 15. 回肠 16. 肌胃 17. 肝左叶 18. 心 19. 肉垂 20. 下喙 21. 上喙 22. 鼻孔 23. 冠

由于没有软腭，通常以舌表面的横排乳头和硬腭最后一排乳头作为口腔与咽腔的分界。口腔顶壁为硬腭。鸡的硬腭黏膜上有两条纵嵴及五排横排乳头，其正中有一纵行腭裂，前狭后宽，是鼻后孔裂。鸭硬腭前部黏膜形成纵行正中嵴和若干条短宽并向前外侧斜行的侧嵴。鼻后孔裂较短，边缘黏膜形成尖端向后的乳头。

口腔底壁大部分被舌占据，底壁黏膜形成舌系带，向前伸展但未达舌尖。舌是肌性器官。鸡舌外形与喙相似，分舌尖和舌根。舌尖尖细，游离于口腔内。舌根固着于舌骨上。舌背前段有一正中沟，舌根有 30 余个横排舌乳头。鸭舌长而柔软，舌尖略微缩小，舌背正中沟可容纳硬腭正中嵴。舌背黏膜上有许多大小不一的舌乳头，舌根处形成两排横行乳头。禽类舌黏膜上无味觉乳头，仅有少量结构简单的味蕾，介于鱼类和哺乳类之间的中间类型，能感知咸、苦、酸。因而味觉不敏感，对水温敏感。

(2)咽

咽腔与口腔没有明显的界限。鸡咽腔顶壁有一短的耳咽管孔，位于鼻后孔裂后方，通中耳。耳咽管孔后方黏膜形成十余个横排咽乳头，为与食管之间的分界。鸭耳咽管裂周围以及与食管连接部之间分布有许多小的尖端向后的横排咽乳头。咽腔底壁有喉突，上有喉口，其附近咽黏膜有许多短小的咽乳头。

(3)唾液腺

禽类唾液腺种类多，体积小，比较发达，主要位于口咽部黏膜上皮深层，几乎形成一连续层。上颌腺、腭腺、蝶翼腺、咽鼓管腺等位于口咽腔顶壁；下颌腺、舌腺、喉腺、口角腺位于底壁。唾液腺导管数量多，开口于黏膜表面，肉眼可见。

14.2.1.2 食管和嗉囊

禽类食管管腔较大，管壁薄，易扩张，便于吞咽较大食团。食管可分为颈段和胸段，长度因禽类颈部长度而异。颈段食管起始于气管背侧，同气管一起向后偏至颈右侧，位于皮下，与颈段脊柱间有一定的活动性，其背侧结缔组织内有颈静脉、迷走神经和胸腺伴行。在胸前入口前食管又回到颈椎腹侧正中。食管胸段进入胸腔，位于左、右两肺之间，气管和心基背侧，向后依次伸延于颈气囊、锁骨间气囊和前胸气囊之间，至肝脏面与腺胃相接(图14-9、图14-10)。

大多数禽类食管在颈段与胸段之间形成袋状膨大的嗉囊，如鸡和鸽。但鸭、鹅等水禽和

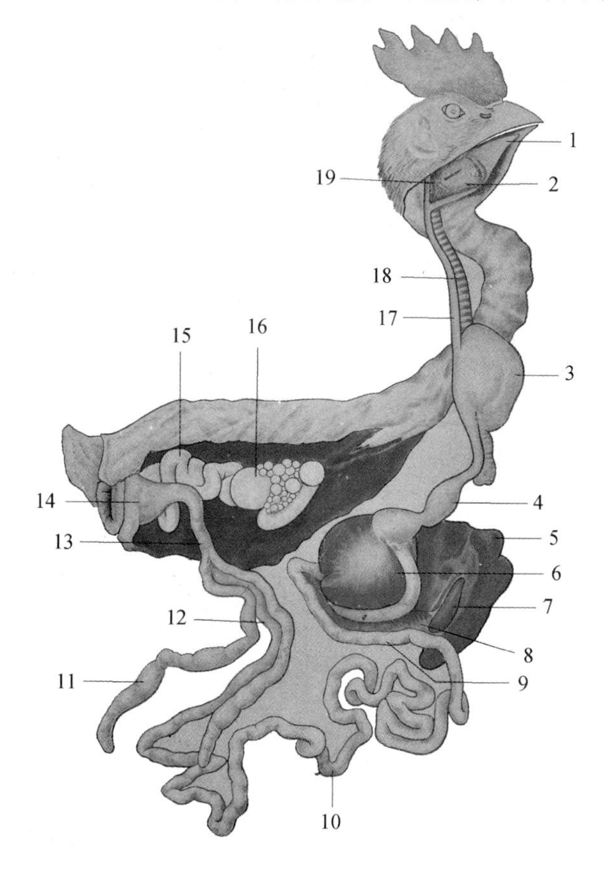

图14-9 鸡的消化器官

1. 口腔 2. 喉 3. 嗉囊 4. 腺胃 5. 肝 6. 肌胃 7. 胆囊 8. 胰 9. 十二指肠 10. 空肠 11. 盲肠 12. 回肠 13. 直肠 14. 泄殖腔 15. 输卵管 16. 卵巢 17. 食管 18. 气管 19. 咽

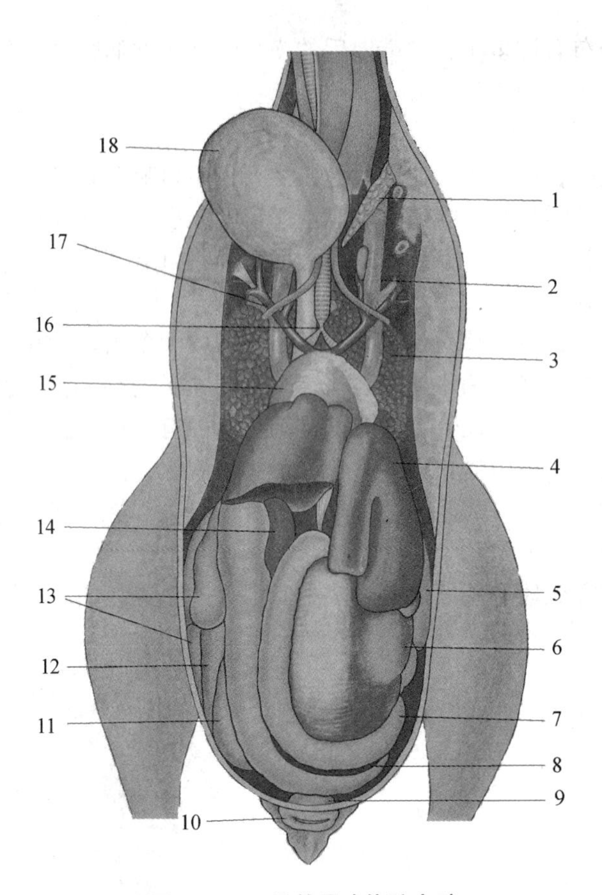

图 14-10 4 月龄母鸡体腔内脏

1. 胸腺 2. 左前腔静脉 3. 肺 4. 肝左叶 5. 空肠 6. 肌胃 7. 十二指肠
8. 胰 9. 直肠 10. 肛门 11. 盲肠 12. 回肠 13. 空肠 14. 胆囊 15. 心脏
16. 鸣管 17. 右臂头动脉 18. 嗉囊

食肉禽类无真正嗉囊，但食管颈段末端可扩大成长纺锤形。嗉囊(ingluvies)是食物暂时储存处，有利于食物的发酵和软化。为食管的膨大部，位于叉骨之前，直接在皮下，鸡的嗉囊偏于右侧，略呈球形。鸽的嗉囊分为对称的两叶，在育雏期，雌、雄鸽嗉囊的上皮细胞可增生、并发生脂肪变性，脱落后与分泌的黏液形成嗉囊乳(鸽乳)，用以哺乳幼鸽。

14.2.1.3 胃

禽胃分前、后两部分：腺胃和肌胃。

(1)腺胃

腺胃亦称前胃(proventriculus)，呈纺锤形膨大，位于肝左、右两叶之间的背侧，略偏腹腔左侧。腺胃前端以贲门与食管相接，末端变窄为峡，与肌胃相接。腺胃内腔比食管管腔略大，胃壁较厚。胃壁黏膜与食管黏膜有明显分界。黏膜层形成许多隐窝，如单管状腺，称为腺胃浅腺。黏膜固有层内有复管状腺集合成的腺小叶，为深腺导管开口于黏膜表面，形成圆形粗矮的腺胃乳头，相当于哺乳动物的胃底腺，分泌盐酸和胃蛋白酶原。腺胃容积小，储存食物数量有限，主要是分泌胃液。

(2)肌胃

家禽肌胃发达，为质地坚实的近圆形的双凸体，位于腹腔右侧，其前端在肝左、右两叶之间。肌胃胃体分别自背侧和腹侧形成前背盲囊和后腹盲囊。肌胃以峡部紧接腺胃，以幽门与十二指肠相接，两开口位置相距很近，均开口于肌胃前背盲囊及其附近。肌胃的肌层发达，形成一对强大的背侧肌和腹侧肌与较薄的中间肌，位于前背盲囊和后腹盲囊之间。胃体表面形成致密而闪光的中央腱膜，亦称腱镜。肌胃内常有吞食的砂砾，又称砂囊，其内表面附着一层坚硬的褐黄色类角质膜，俗称肫皮，药名鸡内金。类角质膜与黏膜上皮之间结合不十分牢固，能耐蛋白酶、稀酸、稀碱及有机溶剂的腐蚀。肌胃以发达的肌层和胃内砂砾，以及粗糙而坚韧的类角质膜(俗称肫皮)对吞入食物起机械性磨碎作用。以肉食和浆果为食的禽类，肌胃很不发达。

14.2.1.4　肠

与哺乳动物相比，禽类的肠道较短，亦包括小肠和大肠。

(1)小肠

小肠分为十二指肠、空肠和回肠3段。

十二指肠：位于腹腔右侧，沿肌胃右侧和右腹壁之间形成一较直的U形肠袢，向后伸达肌胃后端。十二指肠分为前段的降支和后段的升支。两支平行，以狭窄的肠系膜襞相连，襞内夹有胰腺，肠袢前部与肌胃和肝脏之间以韧带连接，后3/4游离。胰腺导管和胆囊管开口在十二指肠升支末段。鸭十二指肠比鸡的长，肠袢呈双层马蹄状弯曲，降支与升支间的系膜较宽大，两支很少相邻接触。

空肠：颜色较暗，大部分空肠排列成一定数量的花环状肠袢，位于背系膜游离端，悬吊于腹腔右侧。大多数禽类个体在空肠中部仍有一小突起，称为卵黄囊憩室，是胚胎期卵黄囊柄的遗迹。

回肠：短而直。空肠与回肠没有明显界限，其连接处位于体中线、直肠与泄殖腔背侧。回肠两侧紧靠左、右盲肠，以自背系膜向盲肠延伸形成的回盲韧带相连。回肠管壁略厚，与直肠连接处有环形括约肌，黏膜形成一环形皱襞。

(2)大肠

禽类大肠通常可分为盲肠和直肠。

盲肠左、右各一，是一对细长的盲管，可分为盲肠基、盲肠体和盲肠尖3部分。盲肠基较细，起自回盲直肠结合部。盲肠体长，管径较大，管壁薄，沿回肠两侧向前伴行。盲肠基的壁内分布有丰富的淋巴组织，称盲肠扁桃体。鸡较明显。鸽的盲肠很不发达。肉食禽类盲肠很短，仅1~2cm。

禽类没有明显的结肠，只有一较短的直肠，也称结直肠，向后逐渐变粗，与泄殖腔相接处略窄。

14.2.1.5　泄殖腔

泄殖腔是肠管末端膨大形成的腔道，为消化、泌尿、生殖3个系统的共同通道(图14-11)。泄殖腔内以粪泄殖襞和泄殖肛襞两个不完整的环形黏膜襞，把泄殖腔分成粪道、泄殖道和肛道3部分，以泄殖孔与外界相通。粪道为直肠的末端，管径突然膨大，可暂时性储存粪。泄殖道较短，背侧壁上有一对输尿管和生殖道的开口。母鸡的左输卵管开口于左输尿管

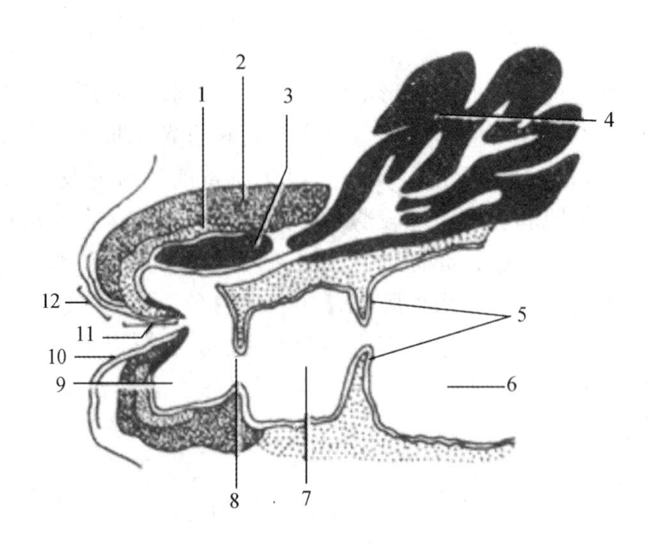

图 14-11 鸡泄殖腔(性未成熟)正中矢状切面模式图

1. 泄殖孔括约肌(纵肌) 2. 泄殖孔括约肌(环肌) 3. 背侧肛腺 4. 腔上囊
5. 粪泄殖襞 6. 粪道 7. 泄殖道 8. 泄殖肛襞 9. 肛道 10. 泄殖孔腹唇
11. 泄殖孔背唇黏膜区 12. 泄殖孔背唇皮肤区

口的腹外侧。公鸡的输精管末端呈乳头状，开口于输尿管口的腹内侧。肛道背侧壁正中线有腔上囊(法氏囊)的开口，各种禽类的开口大小不一。鸡的呈横裂隙状。有的禽类腔上囊的开口较大，腔上囊腔与肛道管腔之间无明显分界，如鸵鸟。腔上囊带后部泄殖腔的两侧壁内，有淋巴组织和上皮管形成的长约 3mm 的一对副腔上囊。在肛道背侧和外侧壁内有背侧肛腺和外侧肛腺，是黏液腺，其中分布有淋巴组织。泄殖孔(vent)，亦称为肛门，由背唇、腹唇围成，内有环形括约肌带，其附近还有一些纵肌和肛提肌。

14.2.1.6 肝和胰

(1)肝

肝的体积相对较大，红褐色，质地较脆。位于腹腔前部，胸骨背侧，前方与心脏接触。肝分为左、右两叶，背部以峡相连，右叶较大，呈“心”形，左叶较小，呈棱形。肝左、右两叶前腹侧部有心压迹，包围心室后部。肝壁面朝向胸骨，凸而平滑。脏面不规则，有许多脏器压迹。两叶各有一肝门，肝管、血管、淋巴等由此出入。

鸡的胆囊呈长椭圆形，位于肝右叶脏面，胆囊管只与右叶肝管相连，开口于十二指肠末端。肝左叶的肝管直接与胆囊管共同开口于十二指肠末端。在肝实质内，左右肝管有交通支相连。鸭的胆囊近似三角形。

(2)胰

胰呈长条形分叶状腺体，淡黄色或淡红色，位于十二指肠袢内。鸡的胰腺可分为背叶、腹叶和很小的脾叶 3 部分，2 ~ 3 条胰管，与胆囊管共同以一总乳头开口于十二指肠末端。鸭、鹅胰腺包括背叶和腹叶，2 条胰管分别来自背叶和腹叶，只来自与胆囊管一起开口于十二指肠升支终部。

14.2.2 呼吸系统

禽的呼吸器官发达，具有许多与哺乳动物截然不同的特点，如鸣管、肺和气囊等。禽的呼吸系统包括：鼻、咽、喉、气管、鸣管、支气管等呼吸道与肺，以及禽类特有的气囊。部分气囊还可进入骨骼内形成含气骨。禽的咽与口无明显界限，已在消化系统内介绍。

14.2.2.1 鼻

禽类鼻位于上喙基部后方，口腔后部和咽的背侧。鼻腔以位于上喙基部的鼻外孔与外界相通，以底壁的鼻后孔裂与咽相接。

鸡的鼻外孔呈狭长裂隙状，其背侧皮肤角质化向腹侧伸延形成鼻盖，边缘附生小羽毛。鸭的鼻外孔呈狭长卵圆形，无鼻盖，边缘皮肤形成柔软的蜡膜覆盖。鸡的鼻腔较狭，呈角锥形。鼻中隔由软骨构成。鸡的鼻中隔向后与眶间隔相接。鸭的鼻中隔不完整，上有一狭长的孔连通左右鼻外孔。每侧鼻腔内被3个以软骨为支架的鼻甲占据，将鼻腔分为各个鼻道。前鼻甲与鼻外孔相对，中鼻甲较大，后鼻甲较小，有孔通眶下窦。鸽无后鼻甲。

鸡的鼻腺细长，不发达，位于鼻腔侧壁后部，主导管沿鼻腔底壁向前延伸开口于鼻前庭的鼻中隔。鸭、鹅等水禽的鼻腺较发达，呈半月形，有两个主导管，分别开口于鼻中隔腹侧和前鼻甲腹侧。鼻腺的分泌物是氯化钠水溶液，可调节机体渗透压，亦称盐腺。

眶下窦(sinus infraorbitalis)又称上颌窦，是禽唯一的鼻旁窦，位于上颌外侧和眼球下方，略呈三角形的小腔。鸡的较小，鸭、鹅的较大。眶下窦以较宽的口与后鼻甲腔相通，而以狭窄的口通鼻腔，其外侧壁为皮肤等软组织。

14.2.2.2 喉

禽喉也称前喉，位于咽的底壁后方，食管起始部腹侧的前方，向背侧突出，亦称喉突。前喉无会厌软骨、甲状软骨和声带，只有环状软骨和勺状软骨形成支架(图14-12)。喉口由勺状软骨支持的两片肌性瓣构成呈尖端向前的心形。此瓣平时开放。仰头时关闭，故鸡吞食、饮水时常仰头下咽。鸭的喉软骨较鸡的圆而长。禽的喉活动性较大，喉肌较为复杂，包括喉内肌群和喉外肌群。

14.2.2.3 气管与支气管

(1)气管

禽的气管相对较长而粗，与食管伴行。在颈部位于皮下，与颈段脊柱间有一定的游离性。气管伴随食管后行，进入胸腔后在心基上方分为两个支气管，分叉处形成鸣管。大天鹅、鹤等禽类的气管伸入胸骨龙骨突骨板之间，发声时引起骨板共振，声大而传的远。气管软骨环呈卵圆形，在背侧有小的缺刻。相邻软骨环互相套叠，可以伸缩，适应颈部灵活运动。气管黏膜下层富含血管，可借以蒸发散热调节体温。

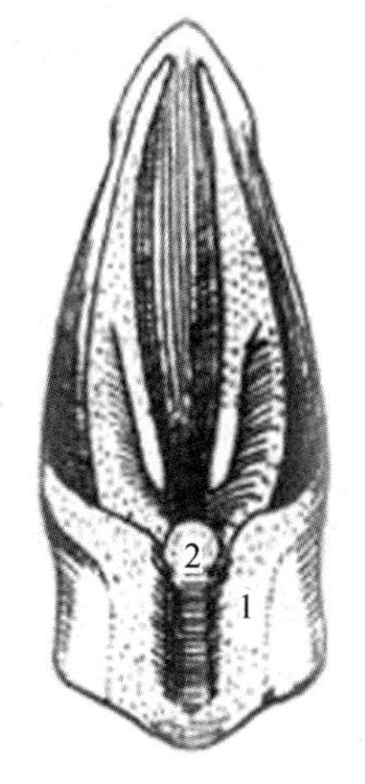

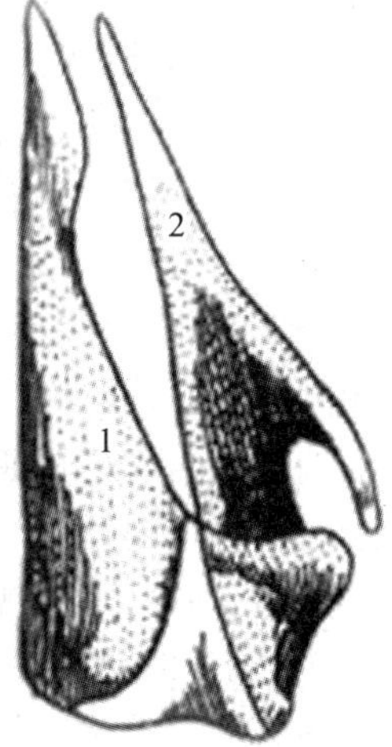

图14-12 鹅喉软骨(背侧面和外侧面观)

1. 环状软骨 2. 勺状软骨

(2)鸣管

鸣管又称后喉，是禽类的发音器官，位于胸腔入口后方，气管末端左右支气管分叉处，参与构成气管杈。鸣管由气管末端的几个气管软骨环、支气管软骨环以及一块鸣骨构成支架(图 14-13)。鸣骨呈楔形，在鸣管腔分叉处，将气管环形成的鸣腔分为两个。鸣管的内侧壁和外侧壁覆以两对弹性薄膜，分别为内、外鸣膜。两鸣膜形成一对狭缝，呼吸时空气振动鸣膜而发声。鸭的鸣管雌雄有别。公鸭鸣管在左侧形成一膨大的骨质鸣管泡(图 14-14)，无鸣膜，故发声嘶哑。鸣禽的鸣管还有一些复杂的小肌肉，能发出悦耳多变的声音。

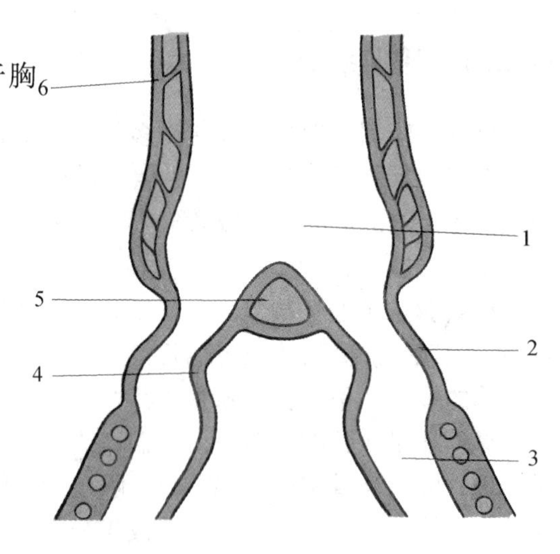

图 14-13 家禽的鸣管

1. 鸣管 2. 外侧鸣膜 3. 主支气管 4. 内侧鸣膜 5. 鸣骨 6. 气管

(3)支气管

支气管经心基的上方而入肺。支气管软骨环为“C”形，内侧壁由结缔组织膜相连。

14.2.2.4 肺

禽肺体积较小，略呈扁平四边形，色泽粉红，不分叶，位于胸腔背侧，自第 1 或第 2 肋骨向后延伸到最后肋骨。呼吸时禽肺体积的被动变化不明显。肺的背侧面，即肋面有若干条较深的肋沟，是相应椎肋骨嵌入后形成的压迹。肺的腹侧面平而微凹，与肺膈相接，亦称膈面，其中部偏前有肺门。在肺门周围及肺的前后端还有气囊口与气囊相通。鸡肺前端略小，背侧面有 5 条肋沟。鸭肺尖而长，其上有 6 条肋沟。

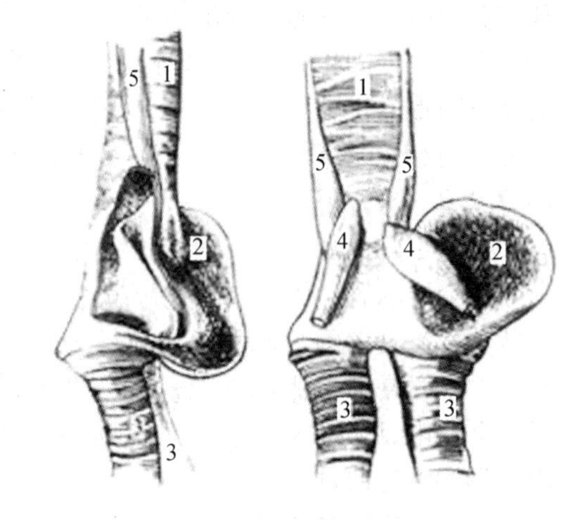

图 14-14 公鸭鸣管膨大部

(背侧面和腹侧面)

1. 气管 2. 膨大部 3. 支气管起始部 4.“V”形气管 5. 胸骨甲状肌

禽肺实质由导管系统和呼吸性结构组成(图 14-15)。支气管入肺后纵贯全肺，管径渐细，为初级支气管，其末端出肺而连结于腹气囊。初级支气管沿途发出 4 组粗细不一的次级支气管，其末端分别与气囊相通。次级支气管分出许多 3 级支气管，又叫旁支气管，呈袢状，连结两群次级支气管之间。3 级支气管管壁上与许多肺房相连通。肺房是不规则的球形腔，其侧壁形成一些小漏斗样结构，发出许多呼吸毛细管。一条 3 级支气管及其相联系的气体交换区(包括肺房、漏斗和肺毛细管)，构成一个肺小叶，包被薄层结缔组织膜。

14.2.2.5 气囊

气囊是禽类特有的呼吸器官，由肺初级支气管和次级支气管末端出肺后形成的膜性囊。气囊有前、后两群。前气囊包括 1 个锁骨间气囊和成对的颈气囊与前胸气囊。后气囊包括成

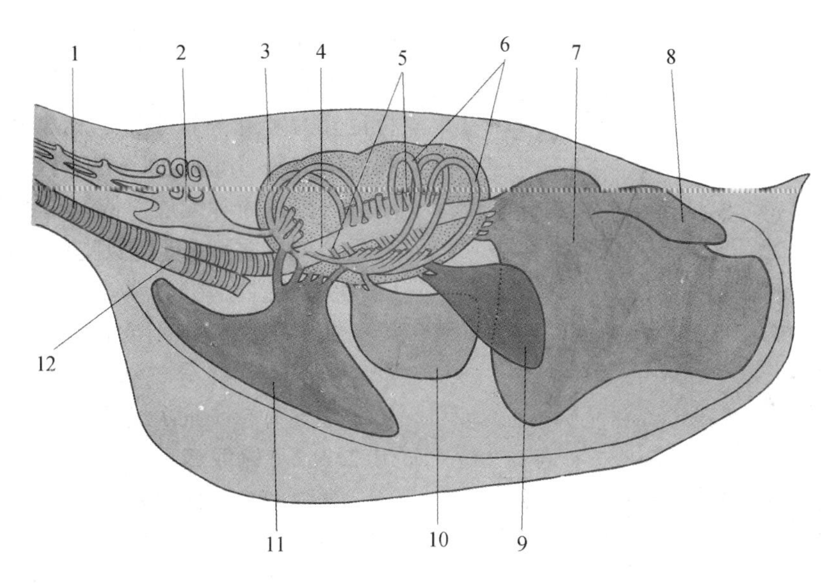

图 14-15 禽气囊及支气管分支模式图

1. 气管 2. 颈气囊 3. 肺 4. 初级支气管 5. 次级支气管 6. 三级支气管 7. 腹气囊 8. 肾憩室 9. 后胸气囊 10. 前胸气囊 11. 锁骨间气囊 12. 鸣管

对的后胸气囊和腹气囊。颈气囊、锁骨气囊和腹气囊由气囊主室和憩室组成，部分憩室伸延至相应骨骼形成含气骨。前、后胸气囊无憩室，不参与形成含气骨。

前气囊与腹内侧次级支气管相通；后胸气囊与腹外侧次级支气管相通；腹气囊与初级支气管相通。此外，除颈气囊外，所有气囊与若干3级支气管相通，称为返支气管。

气囊作为暂时的空气储存器官装置，除增强肺的气体交换能力的主要作用外，还有多种生理功能，如减少体重，平衡体位，加强发音气流，发散体热以调节体温，并因大的腹气囊紧靠睾丸，而使睾丸能维持较低温度，保证精子的正常生成。禽类肺和气囊的结构，使得不论吸气或呼气，肺内均可进行气体交换，以适应禽体新陈代谢的需要。

14.2.3 泌尿器官

禽类的泌尿系统由肾脏、输尿管及消化、泌尿和生殖系统末端的共同通路——泄殖腔组成，无膀胱和尿道(图14-16)，有利于减少禽体飞翔时不必要的能量消耗。泌尿系统产生的蛋白质代谢终产物与哺乳动物不同，为尿酸盐，可形成结晶，有利于满足禽体对水的需求。

14.2.3.1 肾

禽肾脏呈红褐色的狭长豆荚状，质地柔软，脆而易破碎，体积相对较大。肾脏表面无脂肪囊包裹。肾脏包括前、中、后3部分，嵌入腰荐骨、前位尾椎和髂骨形成的陷凹内，自最后椎肋向后伸延至腰荐骨后端。鸡的肾前部略圆钝。肾中部较狭长，有时腹侧还有一突出的侧部。肾后部略微膨大。鸭肾前尖后圆，肾前部最窄，肾后部最宽。肾背侧面与腰荐骨和髂骨之间以腹气囊相隔，上有髂外动脉形成的压迹沟，并以此作为肾前部与肾中部的分界。肾腹侧与腹腔内脏相邻，腹侧面上有坐骨动脉、髂外静脉、肾后静脉、后肾门静脉和输尿管形成的压迹，其中坐骨动脉的压迹沟作为肾中部与肾后部的分界。进出肾脏的血管、神经和输

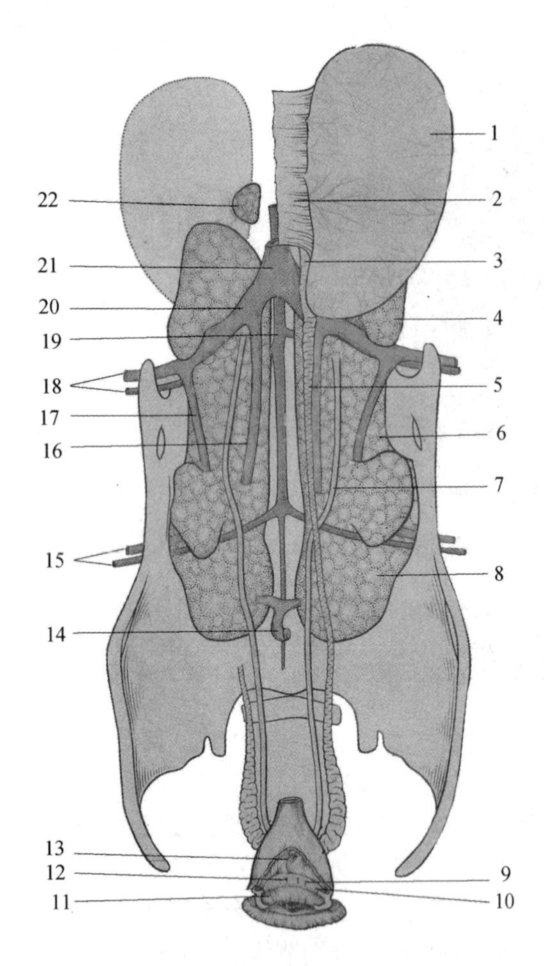

图 14-16 公鸡的泌尿器官和生殖器官

1. 睾丸 2. 睾丸系膜 3. 睾丸旁导管系统 4. 肾前部 5. 输精管 6. 肾中部 7. 输尿管 8. 肾后部 9. 输精管乳头 10. 泄殖道 11. 肛道 12. 输尿管口 13. 粪道 14. 尾肠系膜静脉 15. 坐骨动脉、静脉 16. 肾后静脉 17. 肾门后静脉 18. 股动脉、静脉 19. 主动脉 20. 髂总静脉 21. 后腔静脉 22. 肾上腺

尿管分别与肾的不同部位相连，故无肾门。

肾表面被覆薄层结缔组织膜，深入实质，将肾分为肾叶与肾小叶。肾小叶也分为皮质和髓质。因肾小叶的分布有浅有深，整个肾不能分出皮质和髓质。依据肾单位有无髓袢，禽肾分为皮质型肾(类似爬行动物)和髓质型肾(类似哺乳动物)两种类型。

肾内不形成肾盂或肾盏，输尿管在肾内形成若干条初级分支和次级分支。鸡的每一初级分支上有 5 条次级分支。

14. 2. 3. 2 输尿管

禽输尿管两侧对称，起自肾髓质集合管，沿肾内侧后行达骨盆腔，开口于泄殖道背侧，接近输卵管或输精管开口的背侧。输尿管呈白色，包括输尿管肾部和输尿管骨盆部。

14. 2. 4 生殖器官

家禽是卵生动物，体内受精，早期胚胎发育过程在母体内完成，并由母体分泌物与卵子共同形成蛋，以维持胚胎继续发育。禽生殖系统形成了许多与此有关的特点。

14. 2. 4. 1 雄性生殖器官

公禽生殖系统由睾丸、睾丸旁导管系统、输精管和交媾器组成，无阴囊、副性腺和精索等结构(图 14-16)。

(1)睾丸

睾丸位于腹腔内，在最后两个椎肋上部以短的睾丸系膜悬吊在背系膜两侧。睾丸大小和质量随品种、年龄和性活动期的不同有很大差异。鸡的睾丸呈豆形，乳白色，左右对称，通常左侧略大。雏鸡的睾丸有米粒大，60 日龄莱航鸡睾丸重 0. 2 ~ 0. 3g，至性成熟，睾丸重达 85 ~ 100g。鸭的睾丸呈不规则的圆筒形，在性活动期间，其体积大为增加，最大者可长达 5cm，宽约 3cm。

睾丸表面包被腹膜和薄的白膜，系膜连接处无腹膜。白膜向深处分出的结缔组织不发达。结缔组织小梁形成支架网，为间质。睾丸实质由精细管构成。精细管是起自盲端的细长而弯曲小管，管间有吻合支吻合成网，汇合形成精直小管。精直小管注入睾丸背内侧缘的睾丸网。

(2)睾丸旁导管系统

睾丸旁导管系统由睾丸网、输出小管、附睾小管和附睾管组成，类似于哺乳动物的附睾。睾丸旁导管系统位于睾丸背内侧缘，并与之紧密连结的长纺锤形的膨大物。睾丸网呈网状腔隙，位于睾丸背内侧缘的结缔组织内，向前后伸延。输出小管自睾丸网发出，起始部管腔较大，向后逐渐变小，数量减少，形成附睾小管，开口于附睾管。附睾管很短，出附睾后延续为长而迂曲的输精管。睾丸网和附睾管具有分泌酸性磷酸酶、糖蛋白和脂类的作用。

(3)输精管

输精管是一对弯曲的细管极度旋卷状的索状结构。输精管前接附睾管沿着肾前部内侧腹面伸延至肾中部与同侧的输尿管在同一结缔组织鞘内向后伴行。在肾脏后端越过输尿管腹侧进入腹腔后部，直行一定距离后，呈略粗的圆锥形膨大，埋于泄殖腔壁内，形成输精管乳头，突出于泄殖道腹外侧壁的输精管开口的腹内侧。末端处环肌特别发达，形成括约肌，强大的射精力量可能与此有关。输精管是精子储存和成熟的场所，可分泌较多的酸性磷酸酶。

(4)交配器

公禽虽无阴茎，但有一套完整的交配器，位于泄殖腔末端，肛门腹侧唇内侧。性静止期，隐匿在泄殖腔内。各种禽类的交配器发育程度不同。鸽无交配器，鸡的也不发达，鸭、鹅的较发达(图 14-17)。鸵鸟交配器发达，有似哺乳动物的阴茎，但二者并非同源器官。

公鸡交配器由输精管乳头、脉管体、阴茎体、淋巴襞 4 部分组成。输精管乳头有 1 对，

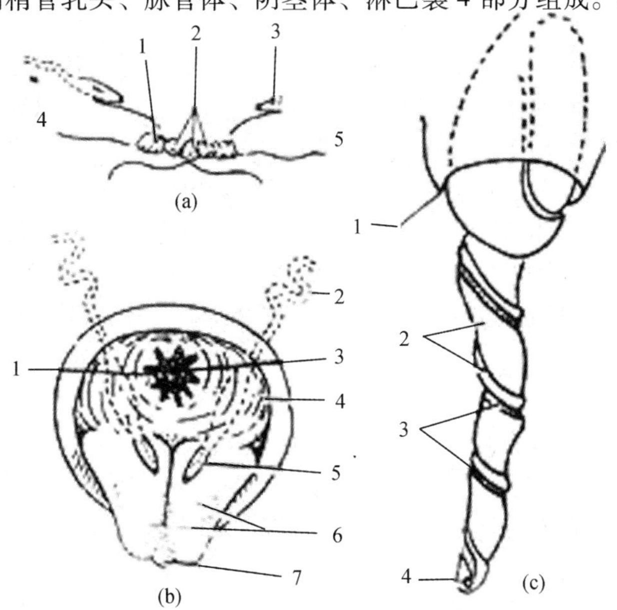

图 14-17　雄禽交配器

(a)成年雄鸡交配器官腹底壁后部后面观(交媾器)：1. 淋巴褶　2. 阴茎体　3. 输精管乳头　4. 输精管　5. 输尿管口

(b)成年雄鸡交配器官腹底壁后部后面观(交媾器勃起时)：1. 肌褶　2. 输精管　3. 泄殖孔　4. 环行褶　5. 输精管乳头　6. 左、右外侧阴茎体　7. 正中阴茎体

(c)雄鸭交媾器官(勃起时)：1. 肛门　2. 纤维淋巴体　3. 阴茎沟　4. 腺管开口

呈圆锥形突起，位于泄殖道输尿管开口的腹内侧。脉管体有 1 对，红色的扁平纺锤形体，位于泄殖道和肛道腹外侧壁，由上皮细胞和窦状毛细血管组成。阴茎体由正中阴茎体(白体)和 1 对外侧阴茎体(圆襞)组成，位于肛门腹侧唇内侧肛道腹侧壁正中线。刚孵出的雄性幼雏有明显膨大，可用以性别鉴定。淋巴襞为红色卵圆形小体，位于外侧阴茎体与输精管乳头之间，内有丰富的淋巴管。

公鸭和公鹅的交配器由 1 对输精管乳头和阴茎体组成。阴茎较发达，位于肛道腹侧壁，略偏左，长达 6 ~ 9cm。阴茎的结构复杂，主要有两种纤维淋巴体、脉管体和阴茎腺部由结缔组织连接组成。纤维淋巴体分别形成阴茎根和阴茎游离部。纤维淋巴体在游离部呈螺旋状排列，并在阴茎表面形成螺旋形的阴茎沟。勃起时，淋巴体充满淋巴，阴茎变硬并加长因而伸出，阴茎沟则闭合成管，将精液导入鸭和鹅阴道内。

14.2.4.2 雌性生殖器官

母禽生殖系统主要由卵巢和输卵管组成。在成体，仅左侧的卵巢和输卵管发育正常(图 14-18)，右侧卵巢和输卵管在早期个体发生过程中，停止发育并逐渐退化。

(1) 卵巢

卵巢以短的卵巢系膜悬吊于背系膜左侧腹腔顶部。卵巢前端与左肺紧接。背侧面平滑，前方内侧与左肾上腺紧密相邻，二者被纤维结缔组织包围。卵巢门位于背侧面。卵巢腹侧与其他内脏和腹壁之间有腹气囊隔开。

卵巢表面被覆生殖上皮，其深层为薄层结缔组织，结缔组织伸入卵巢形成卵巢基质。卵巢髓质以富含血管的结缔组织为主，位于深层。皮质内有大量的各级卵泡和间质细胞，位于外周。禽卵泡无卵泡腔和卵泡液，不在基质内，突出于卵巢表面，以卵泡柄相连。

鸡卵巢的体积和外形随年龄和机能状态不同而有很大变化。刚孵出的幼禽卵巢呈扁椭圆形，表面较为平坦。因卵泡发育呈珠白色葡萄样的小卵泡，卵巢表面渐成呈桑葚状。至性成熟时，卵巢的前后径可达 3cm，横径约 2cm，重 2 ~ 6g。进入产蛋期时，其体积进一步增大，形状不规则，重达 50g，常见 4 ~ 6 个体积依次递增的大卵泡，最大的充满卵黄的卵泡直径可达 4cm。同时，卵巢腹侧面还有成串似葡萄样的小卵泡以极短的柄与卵巢紧接。产蛋期将结束时，卵巢又恢复到静止期时的形状和大小。再次产蛋期到来时，卵巢的体积和质量又大为增加。

鸭的卵巢悬吊于腰椎体腹侧、左肾内缘，卵泡数量远比鸡少。

(2) 输卵管

成体输卵管仅有左侧充分发育，为一长而弯曲的粗大管状器官，位于背系膜左侧腹腔顶部，以开放性输卵管伞起自卵巢后方，沿腹腔顶壁向后弯曲伸延，止于泄殖道背侧壁。输卵管通过双层腹膜鞘悬吊于腹腔顶壁，此鞘分别于输卵管背侧和腹侧形成背韧带和腹韧带。背、腹韧带内有较多的平滑肌，与输卵管内的外纵肌融合，并可形成坚实的肌肉索。收缩时，有助于输卵管的排空。输卵管的长度和形态因年龄和生理状态而异。幼禽时，右输卵管较小，左输卵管为一条直行的细小管道，壁很薄。13 周龄以前的小母鸡输卵管发育较慢，全长不足 10cm。右输卵管进一步退化。20 周龄以后左输卵管发育较迅速，呈细长形管道。产蛋前小母鸡，输卵管长度可达 15cm。产蛋母鸡输卵管进一步弯曲变长并迅速增大，长度可达 80cm 左右。背韧带和腹韧带随输卵管的发育而发育。

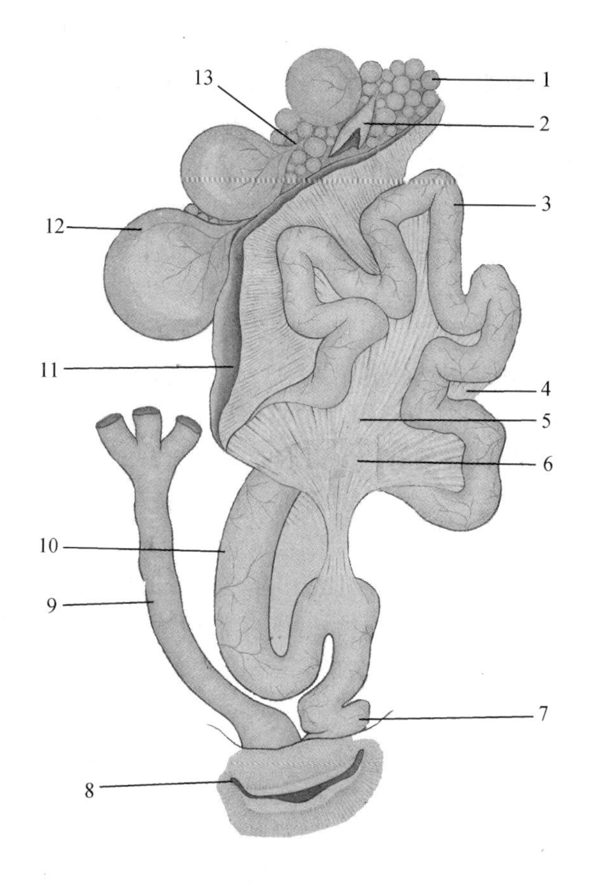

图 14-18　母鸡生殖器官

1. 卵巢　2. 排卵后卵泡膜　3. 膨大部　4. 背侧韧带　5. 腹侧韧带　6. 峡部　7. 阴道部　8. 肛门　9. 直肠　10. 子宫部　11. 漏斗部　12. 成熟卵泡　13. 卵泡带

输卵管根据其形态结构和功能特点，由前向后依次分为漏斗部、蛋白分泌部、峡部、子宫和阴道5个区段。

①漏斗部　位于卵巢正后方，前端扩大形成漏斗样的输卵管伞，向后缩细为狭窄的颈部。输卵管腹腔口呈长裂隙状，可收集卵子。漏斗部是卵子和精子受精的场所，其分泌物参与形成卵黄系带。

②蛋白分泌部或膨大部　长而弯曲，管径大、管壁厚。产蛋期，管壁黏膜形成高且宽大的纵行皱襞，管腔成一狭隙，壁内存在大量腺体。该部的作用是分泌物形成浓稠的白蛋白，一部分参与形成系带。

③峡部　较短略细，管壁薄而坚实，黏膜呈淡黄褐色。分泌物形成卵内、外壳膜。

④子宫或壳腺部　在性成熟前和未产蛋时是较窄小的管道。产蛋后，子宫扩张成一膨大的永久性囊状结构。子宫壁厚且多肌肉，管腔大。黏膜淡红色，其皱襞长而复杂，多为横行，间有环形，故呈螺旋状。子宫前端有括约肌样的环形肌分布，与峡部相接。子宫末端逐渐变细，呈峡环状与阴道连接。子宫部可分泌水分和盐类形成稀蛋白，分泌钙盐形成蛋壳，并在蛋壳中沉着色素。

⑤阴道部　呈特有的“S”状弯曲。阴道部壁厚，肌层发达，尤其是内环肌。阴道黏膜呈灰白色，形成长筒状的纵行初级皱襞，并有排列较为整齐的次级皱襞。皱襞内有阴道腺。阴道部有暂时储存精子的作用，分泌物内有少量葡萄糖和果糖，对为精子提供能量来源有关。精子在阴道内可贮留10～14d或更长时间，并可在一定时间内陆续释放，维持受精作用的持续进行。蛋形成后在阴道部翻转方向，钝端先出，并形成气室。

14.3　脉管系

14.3.1　心血管系统

14.3.1.1　心脏

禽类心脏和体重的相对比例较大。心脏是圆锥形的肌性器官，位于胸腔前下方的心包腔内。心基朝向前方，与第1肋骨相对；心尖夹于肝脏的左、右叶之间，与第5肋骨相对。心脏前腹侧与胸骨相接，稍圆而凸；后背侧较平，与肝脏相邻；心基部背侧与肺腹侧面之间以肺膈为界。在心脏表面，心房与心室以环状的冠状沟为分界。室间沟不明显，因相对位置，锥旁室间沟在左侧偏前腹侧，亦称腹侧室间沟；窦下室间沟在右侧偏后背侧，亦称背侧室间沟。背侧室间沟向心尖延伸至心尖切迹。心尖切迹是左右心室在心尖处的分界。左心室下部构成心尖(图 14-19)。

禽心脏内部结构与哺乳动物也有些不同。有的禽类右心房静脉窦不明显。静脉窦由左、右前腔静脉和后腔静脉汇合形成，左、右肝静脉加入后腔静脉末端，有时也参与构成静脉窦。此外，心背静脉和心左静脉分别开口于左前腔静脉周围。静脉窦壁突入右心房，交界处形成左、右窦房瓣，均为肌性结构。右房室口呈半圆形，其外界附着一片右房室瓣。右房室瓣呈新月形的肌性瓣。右心室壁内较平滑，缺乳头肌和腱索结构。左心房比右心房小。左、右肺静脉合并成肺总静脉突入右心房，其右侧靠近房间隔处有一镰刀形的肺静脉瓣。右房室口呈圆形，有 3 片大小不一的膜性房室瓣附着。左心室较大，呈圆筒状，心肌肉柱、乳头肌发达，腱索较短。

鸡的窦房结位于两前腔静脉口之间，在心房的心外膜下或右房室瓣基部的心肌内。房室结位于房中隔的后上方，在左前腔静脉口的稍前下方。房室结向后逐渐变窄移行为房室束，分为左、右两支。禽的房室束及其分支无结缔组织鞘包裹，和心肌纤维直接接触，兴奋易扩散到心肌。

14.3.1.2 肺循环血管

肺动脉干自右心室动脉圆锥发出，根部膨大，略呈球形。肺动脉在主动脉左侧向左背侧延伸，在接近臂头动脉的背侧分为左、右肺动脉，肺动脉通过肺隔，在肺的腹面稍前方进入肺门。肺静脉属支起自肺内气体交换区的毛细血管，逐级汇合成左、右两支肺静脉，穿出肺隔，进入心包，在左前腔静脉前方共同注入左心房。

14.3.1.3 体循环血管

(1)体循环动脉血管

主动脉是体循环动脉主干，其上分出至全身各处的动脉血管。主动脉自左心室发出，可分为升主动脉、主动脉弓和降主动脉 3 段(图 14-21)。

①升主动脉及其分支　升主动脉由胚胎期右主动脉弓形成。自主动脉口向前右侧斜升，然后弯向背侧，出心包移行为主动脉弓。左、右冠状动脉分别自主动脉窦壁发出，在冠状沟伸延，分支分布于心肌。

②主动脉弓及其分支　主动脉弓自心包弯向右肺动脉背侧，穿过心包和肺隔，位于右肺前端内侧，远段移行为降主动脉(约在第 4 胸椎处)。左、右臂头动脉在主动脉弓起始部前面分出，是分布到头部和翼部的血管主干，向前外侧延伸较短距离后，分出颈总动脉后，延续为左、右锁骨下动脉。

颈总动脉：自同侧臂头动脉发出，与同侧迷走神经和颈静脉并行，在胸腔入口颈总动脉向颈部腹侧正中向偏移，途中分支分布于食管、嗉囊、甲状腺等，并发出椎动脉迷走动脉干分布于颈部器官，椎动脉降支还发出前 3 对肋间背侧动脉。颈总动脉与对侧动脉靠拢，在颈长肌深层沿中段颈椎的血管沟向前延伸，至颈前部(约第 4 至第 5 颈椎处)由肌肉深处穿出，各自向下颌角延伸，分出颈外动脉和颈内动脉分支分布于颈前部和头部。

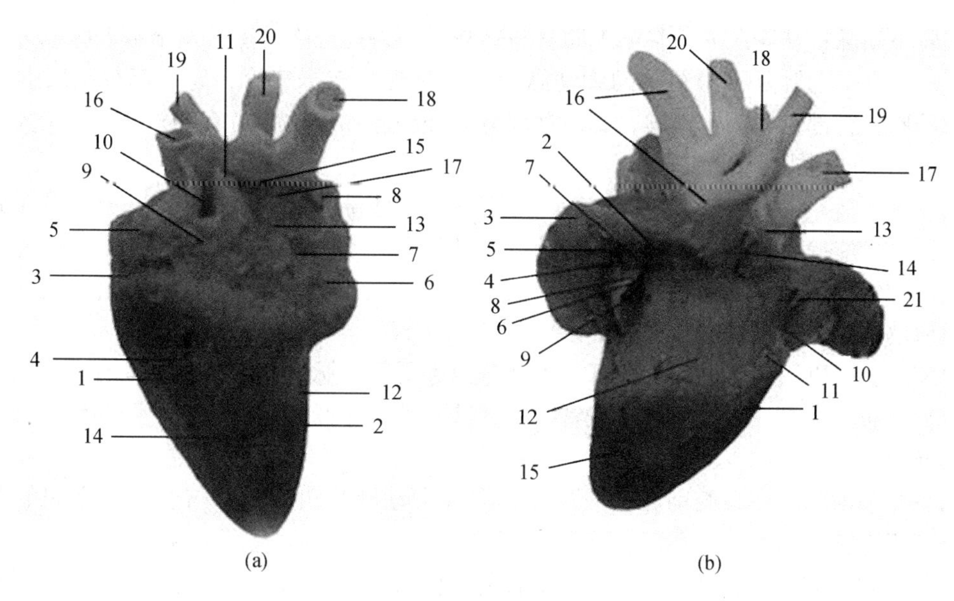

图 14-19　鸡的心脏

(a)背面观：1. 左侧　2. 右侧　3. 冠状沟　4. 窦下室间沟　5. 左心房　6. 右心房　7. 后腔静脉　8. 右前腔静脉　9. 左前腔静脉　10. 左肺静脉　11. 右肺静脉　12. 右心室　13. 心包膜折转处　14. 左心室　15. 肺干　16. 左肺动脉　17. 右肺动脉　18. 主动脉　19. 左臂头动脉　20. 右臂头动脉

(b)腹面观(右心房及右心室已切开)：1. 锥旁室间沟　2. 右心房　3. 梳状肌　4. 肌束　5. 右前腔静脉口　6. 后腔静脉口　7. 左前腔静脉　8. 后腔静脉右侧瓣膜　9. 后腔静脉左侧瓣膜　10. 右房室口　11. 右心室　12. 室间隔　13. 肺干　14. 肺动脉半月瓣　15. 左心室　16. 主动脉　17. 左肺动脉　18. 右肺动脉　19. 左臂头动脉　20. 右臂头动脉　21. 右房室瓣

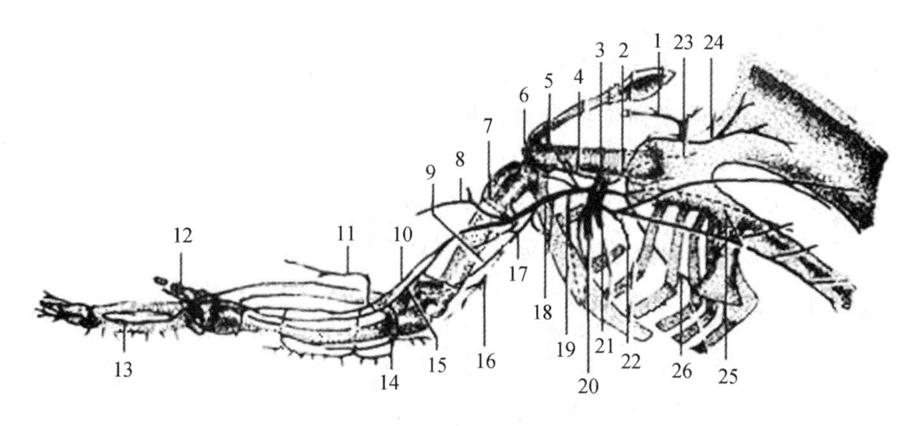

图 14-20　鸡锁骨下动脉分支

1. 锁骨动脉　2. 胸锁动脉　3. 锁骨下动脉　4. 肩峰动脉　5. 腋动脉　6. 乌喙动脉　7. 臂深动脉背旋支　8. 到臂二头肌和皮肤翼膜褶的动脉　9. 桡侧副动脉　10. 桡动脉　11. 桡浅动脉　12. 第2指动脉　13. 掌腹侧动脉　14. 尺返动脉　15. 尺动脉　16. 尺侧副动脉　17. 臂深动脉　18. 臂动脉　19. 肩胛下动脉　20. 胸后动脉　21. 胸前动脉　22. 胸动脉干外皮支　23. 胸锁动脉支　24. 胸骨动脉　25. 胸内动脉腹支　26. 胸内动脉背支

锁骨下动脉：从胸腔入口自第1肋骨与乌喙骨间裂孔出胸腔后，发出腋动脉成为翼的动脉主干。锁骨下动脉延续为粗大的胸动脉，二者分支分布于气管、肩带部与胸廓的肌肉皮肤。腋动脉在臂部延续为臂动脉，到前臂部分为桡动脉和尺动脉，沿途分支分布于翼各部骨骼、肌肉、皮肤(图14-20)。

③降主动脉　沿脊柱腹侧中线后行，经过胸部和腹部，直到尾部，沿途分支分布到体壁和内脏器官。体壁支包括成对的肋间动脉、腰动脉和荐动脉，主要分布于胸部、腹部、骨盆部和尾部的脊髓、脊柱和体壁的骨骼、肌肉和皮肤等。脏支包括腹腔动脉、肠系膜前动脉、肠系膜后动脉和肾前动脉等，成对或不成对。

腹腔动脉：以短干降主动脉前部，主要分出腺胃背动脉、腹腔动脉左、右支3条大的血管，分支分布于食管下段、腺胃、肌胃、肝、脾、胰、小肠和盲肠，其中肝动脉有两支，到肝的两叶。

肠系膜前动脉：在腹腔动脉起点后方，自降主动脉发出，在脾与肝右叶之间的背系膜内，分布于空肠、回肠。

肾前动脉：成对，在肾前部，自肠系膜前动脉后约1cm处，由降主动脉分出至肾前部，肾前动脉还分出肾上腺动脉、睾丸或卵巢动脉。

肠系膜后动脉：在肾后端处，自降主动脉末端发出，分支分布于回肠末段、盲肠、直肠和泄殖腔的一部分。

后肢的动脉：禽类分布于后肢的动脉有成对的髂外动脉和坐骨动脉两支，分别自降主动脉发出。

髂外动脉：自肾前部与中部之间分出，向外侧延伸，穿过肾组织，然后经髂骨的外侧缘出腹腔，延续为股动脉。在腹腔内，髂外动脉还分出耻骨动脉分支分布于腹壁。股动脉进入大腿内侧，主要分为髋前动脉、股内动脉和旋支，分布于腹壁腹侧和外侧、股前部和髋臼前的骨骼、肌肉和皮肤等。

坐骨动脉：在肾中部与肾后部之间的腹侧面自降主动脉分出，并向外侧延伸，在腹腔内分出肾中和肾后动脉，分布于肾中部、肾后部和输尿管，公禽还分布于输精管。母禽左坐骨动脉还发出输卵管动脉。坐骨动脉穿过坐骨孔到后肢，成为后肢动脉主干。坐骨动脉及其同名静脉与坐骨神经伴行，到髌关节后方移行为腘动脉。腘动脉发出胫后动脉，转为胫前动脉，穿过胫腓骨间隙至小腿部。胫前动脉沿胫骨前面下行，到跖部移行为跖背侧总动脉，最后分为几支趾动脉至趾部。

尾动脉：主动脉在分出一对细的髂内动脉后，延续为尾动脉，分布于尾部。

(2)体循环静脉血管分布的特点

体循环的深静脉基本与同名动脉伴行。

前腔静脉：有左、右两支共同或分别注入右心房。在胸腔入口处，左、右前腔静脉分别与同侧的颈静脉和锁骨下静脉汇集而成。头颈部血液主要汇流到左、右颈静脉。颈静脉在颈部皮下沿气管两侧延伸于颈的全长。此外，颈静脉还接受来自椎内静脉窦的血液。锁骨下静脉主要汇集翼、胸肌、胸壁的静脉属支，其特点和动脉极为相似，多伴行。臂静脉位于臂部内侧，亦称翼下静脉，是鸡静脉注射的部位。

椎内静脉窦是颅腔内静脉窦的延续，自枕骨大孔向后延伸至髋关节处，呈一细管向后继续延续。颈部发达，与枕内静脉、枕正中静脉、椎静脉间有吻合支相连。腰荐部的椎内静脉窦可与髂内静脉形成吻合支，还接受前肾门静脉。

后腔静脉：是体内最大的静脉，由左、右髂总静脉汇合而成主要接受来自尾部、后肢、腹部与骨盆部及泌尿系统、生殖系统和消化肝、胃、肠等消化器官的静脉血液。后腔静脉形成后，在起始部接受来自肾上腺静脉、睾丸或卵巢静脉的血液。后腔静脉较粗大，略偏右前行，在近心包处，接受左肝静脉和多支右肝静脉与小的中肝静脉的血液。

肝门静脉：有左、右两支肝门静脉分别进入肝门。鸡的右肝门静脉较大，主要属支有肠系膜总静脉、胃胰十二指肠静脉和腺胃脾静脉。左肝门静脉的属支有胃腹静脉、胃左静脉和腺胃后静脉。此外，肠系膜后静脉汇入肠系膜总静脉，前者与髂内静脉相连，借此体壁静脉与内脏静脉相沟通。

髂总静脉：在髋关节前方肾中部和肾后部的交界处，髂总静脉由后肾门静脉与同侧的髂外静脉汇合而成。髂总静脉还接受肾前静脉、肾后静脉和输卵管前静脉等属支分别汇集肾前部、肾中部、肾后部和输尿管输精管或输卵管等内脏与其两侧脊柱的脊髓、骨骼、肌肉和被皮的小静脉血液。在髂总静脉分出前支(前肾门静脉)的近心端，有禽类特有的括肌样圆筒状肾门瓣，可调节血流方向。

髂内静脉：由许多尾部和骨盆壁的小静脉汇集成左、右髂内静脉，位于脊柱后部椎体和尾中动脉两侧，向前至骨盆肾窝后端延续为后肾门静脉：其属支主要有阴部静脉、尾外侧静脉和尾中静脉。左、右髂内静脉由横行的髂间静脉吻合连接，肠系膜后静脉尾支在正中矢状面与髂间静脉吻合腹侧面连接。

后肢的静脉：后肢的小静脉分别汇集形成股静脉和坐骨静脉。股静脉与股动脉伴行，经腹股沟裂孔入腹腔移行为髂外静脉。坐骨静脉是后肢的静脉主干，沿股骨后方上行，通过髂坐孔与后肾门静脉吻合。

肾门静脉 在肾门瓣远心端，每侧髂总静脉前、后缘分别发出管径近似的前、后肾门静脉。后肾门静脉始于髂间静脉吻合，沿途汇集许多来自肾中部和肾后部的小静脉和坐骨静脉。前肾门静脉始于髂总静脉前缘，沿途汇集来自肾前部的小静脉，至肾前部前端，穿椎间孔与椎内静脉窦吻合。

14.3.2　淋巴系统

家禽的淋巴系统由淋巴器官和淋巴管构成。淋巴器官包括胸腺、腔上囊、脾脏、淋巴结。腔上囊是禽类特有淋巴器官。此外，禽体内还有丰富的淋巴组织分布各器官中。

14.3.2.1　淋巴器官

(1)胸腺

家禽胸腺呈黄色或灰红色的分叶状腺体，鸡约有14叶、鸭有10叶。胸腺小叶排列成长链状，从颈前部到胸部沿着颈静脉延伸。在近胸腔入口处，后部胸腺常与甲状腺、甲状旁腺及鳃后腺紧密相接并穿入其中，彼此间无结缔组织隔开。幼龄时，胸腺逐渐发育，体积增大，到接近性成熟时达到最高峰，随后，由前向后逐渐退化，到成鸡时仅留下残迹，退化时表现为皮质消失。

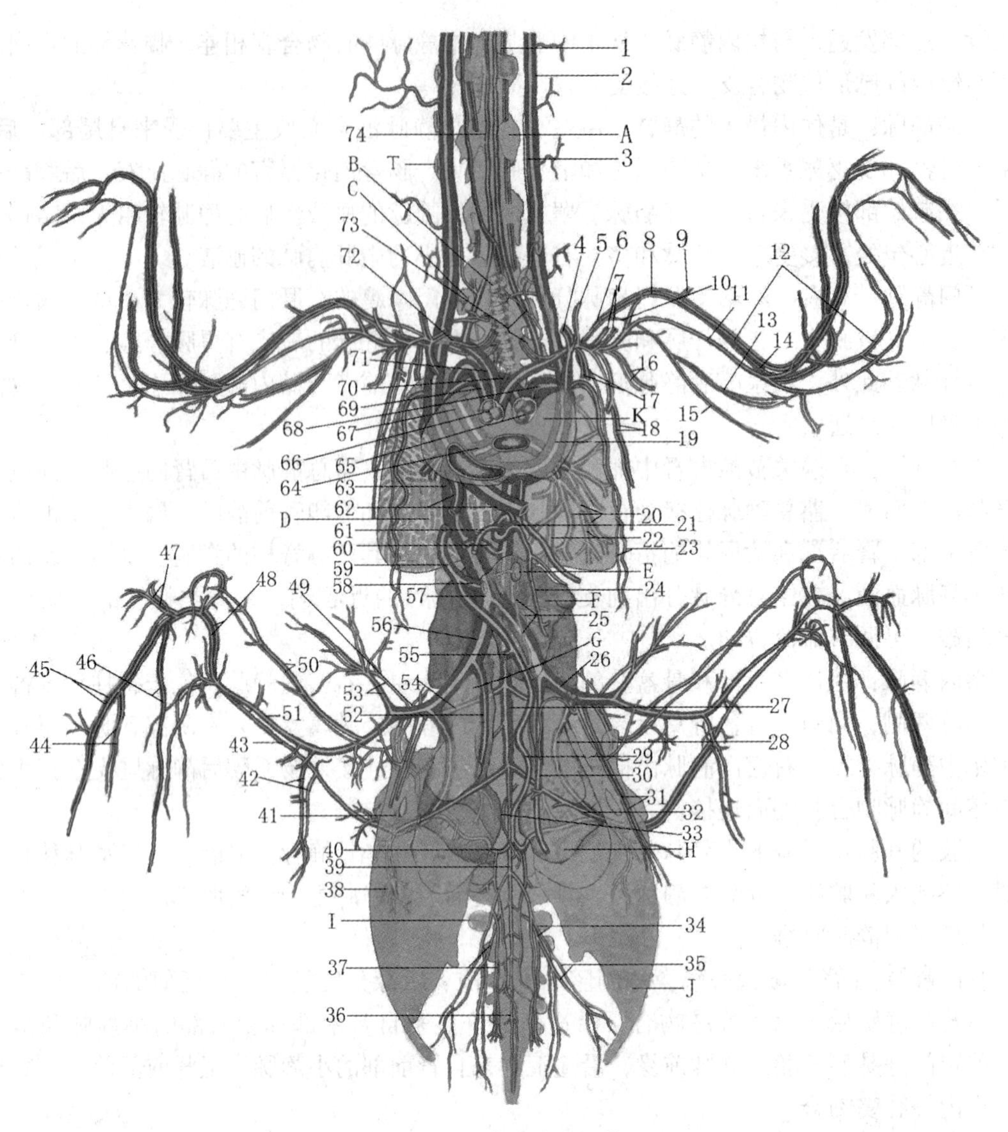

图 14-21 禽类全身血管

1. 椎动、静脉 2. 颈静脉 3. 迷走动脉 4. 肩峰动、静脉 5. 锁骨动、静脉 6. 腋动、静脉 7. 胸前动脉 8. 臂动、静脉 9. 臂二头肌动脉 10. 臂深动、静脉 11. 贵要静脉 12. 桡动、静脉 13. 桡侧副动、静脉 14. 尺动、静脉 15. 尺侧副动、静脉 16. 胸后动脉 17. 胸内动脉 18. 胸动脉 19. 前腔静脉 20. 肺内静脉 21. 腹腔动脉 22. 肺内动脉 23. 胸内动脉腹支 24. 腹腔动脉右支 25. 肾上腺动脉 26. 髂外静脉 27. 降主动脉 28. 肾门后静脉 29. 尾肠系膜后静脉 30. 输卵管中静脉 31. 耻骨动、静脉 32. 坐骨动脉 33. 肠系膜后动脉 34. 髂内动、静脉 35. 尾外侧动、静脉 36. 尾中动脉 37. 阴部动、静脉 38. 闭孔动、静脉 39. 荐中动脉 40. 髂间吻合 41. 转子动脉及静脉 42. 股深动、静脉 43. 坐骨动、静脉 44. 胫后动、静脉 45. 胫前动、静脉 46. 胫内动、静脉 47. 膝外动、静脉 48. 腘动、静脉 49. 股动脉 50. 股内动、静脉 51. 股静脉 52. 肾后静脉 53. 髋前动、静脉 54. 髂外动脉 55. 肠系膜前静脉 56. 髂总静脉 57. 后腔静脉 58. 胃胰十二指肠静脉 59. 右肝门静脉(肠系膜总静脉) 60. 肠系膜前动脉 61. 肝右动脉 62. 左、右肝静脉 63. 后腔静脉 64. 左、右肺静脉 65. 肺动脉窦与半月瓣 66. 主动脉窦与半月瓣 67. 主动脉弓 68. 左肺动脉干 69. 升主动脉 70. 右肺动脉干 71. 臂头动脉 72. 锁骨下动脉 73. 甲状腺动脉
A. 颈椎 B. 气管 C. 甲状腺 D. 肺 E. 肾上腺 F. 肝左叶 G. 肾前部 H. 肾后部 I. 尾椎 J. 坐骨 K. 心 T. 胸腺

(2)腔上囊

腔上囊，又名法氏囊(bursa Fabricius)，位于泄殖腔背侧，开口于肛道背侧壁。鸡的腔上囊为椭圆形盲囊，具有短柄样导管，开口裂隙状。鸭、鹅的法氏囊呈长卵圆形，肛道背侧壁的开口较大，囊腔与肛道直接相连。1月龄鸡的腔上囊较大(1.2～1.5g)，此后略变小。至性成熟前(约4～5月龄)达到最大体积，10月龄退化，仅余遗迹，或消失。鸭的3～4月龄时达到最大体积，1年时退化消失。腔上囊的构造与消化道构造相似，但黏膜层形成多条富含淋巴小结的纵行皱襞。

(3)脾脏

脾脏呈棕红色，位于腺胃与肌胃交界处的右背侧。鸡脾脏呈球形，鸭脾脏呈三角形，背面平，腹面凹。脾脏，外被薄层结缔组织被膜，脾小梁不发达，或无。脾脏的白髓和红髓的区域近乎相等，二者间轮廓不明显。

(4)淋巴结

淋巴结仅见于鸭、鹅等水禽，鸡无淋巴结。水禽有两对淋巴结。一对是颈胸淋巴结，呈纺锤形，长1.5～3cm，宽2～5mm，位于颈基部，颈静脉与椎静脉所形成的夹角内，紧靠颈静脉。一对是腰淋巴结，呈长条状，长约2.5cm，宽约5mm，位于肾与腰荐骨之间的主动脉两侧、胸导管起始部附近。

(5)淋巴组织

淋巴组织广泛分布体内，从咽部到泄殖腔的消化管黏膜固有层或黏膜下层内，具有弥散性淋巴组织集结。较大而明显的有如下两种：

①回肠淋巴集结　几乎普遍存在于鸡的回肠后段，约在与其平行的盲肠中部，可见直径约1cm的弥散性淋巴团。

②盲肠扁桃体　位于回—盲—直肠连结部的盲肠基部。鸡的发达，外表略膨大。

禽体内许多器官组织内也有丰富的淋巴组织团分散存在，如眶骨膜深处眼旁器官(第3瞬膜腺或哈德氏腺)、鼻旁器官、骨髓、皮肤、心脏、肝脏、胰腺、喉、气管、肺、肾以及内分泌腺和周围神经等处。淋巴管的壁内也存在淋巴小结，是弥散性淋巴组织。

14.3.2.2　淋巴管

禽体内的淋巴管和淋巴瓣较哺乳动物的少。有的禽类，如鹅及一些海鸟位于第1尾椎，尾静脉处有一对淋巴心。鸡在胚胎发育期也有一对淋巴心，但孵出后不久即消失。禽类较大的淋巴管通常伴随血管而行，在体腔内淋巴管主要与动脉伴行，其他部位则与静脉伴行。直接注入静脉的较大淋巴管有左右颈静脉淋巴管、左右锁骨下静脉淋巴管和一对胸导管。此外来自胸腔内脏的小淋巴管亦直接注入左或右前腔静脉。

颈静脉淋巴管主要汇集头、颈部的小淋巴管，注入颈静脉。锁骨下静脉淋巴管汇集翼部的小淋巴管，注入锁骨下静脉终末部。胸导管有一对，沿主动脉两侧前行，最后分别注入左、右前腔静脉。左右胸导管之间有许多吻合支相连。分布于躯干以及腹腔、骨盆腔的内脏和后肢的淋巴管最终汇入主动脉淋巴管。主动脉淋巴管通常成对，在主动脉两侧伴行，直接汇入胸导管。

14.4 神经系统

14.4.1 中枢神经系统

14.4.1.1 脊髓

禽类脊髓位于椎管内，从枕骨大孔与延髓连结处起向后延伸，达尾综骨，末端不形成马尾。脊髓的腰荐膨大比颈膨大发达，其背侧向左右分开，形成菱形窝。窝内有胶质细胞团，称为胶状体，富含糖原。腰荐段脊髓两侧相邻神经根之间，白质内分散存在一些灰质细胞，形成节段间突出物，称为副叶。脊髓两侧的齿状韧带在腰荐膨大处很发达。

脊髓的内部结构与哺乳动物类似，自内向外依次为脊髓中央管、灰质、白质，背、腹表面分别形成背正中沟和腹正中裂。禽类脊髓各节段横断面上，白质与灰质的比例及其形状有很大差别。灰质内，神经元胞体聚集成柱，其位置大小和结构各不相同。有的纵贯脊髓全长，有的只存在于某些节段。

脊髓膜有脊硬膜、蛛网膜和脊软膜 3 层，其中背侧脊硬膜内含静脉窦。脊硬膜在颈胸段与椎管的骨膜分开，形成硬膜外腔，胸后段至尾段二者合为一层，无硬膜外腔。

14.4.1.2 脑

禽类的脑由端脑、间脑、中脑、小脑和延髓组成(图 14-22)。大脑的纹状体、中脑、小脑、脑桥和延髓发达，大脑皮质不发达，无明显的脑桥隆突。颅腔较小，形成 3 个窝，大脑半球和嗅球位于前脑窝；中脑的视叶和视交叉居于中脑窝；延髓和小脑位于后脑窝。

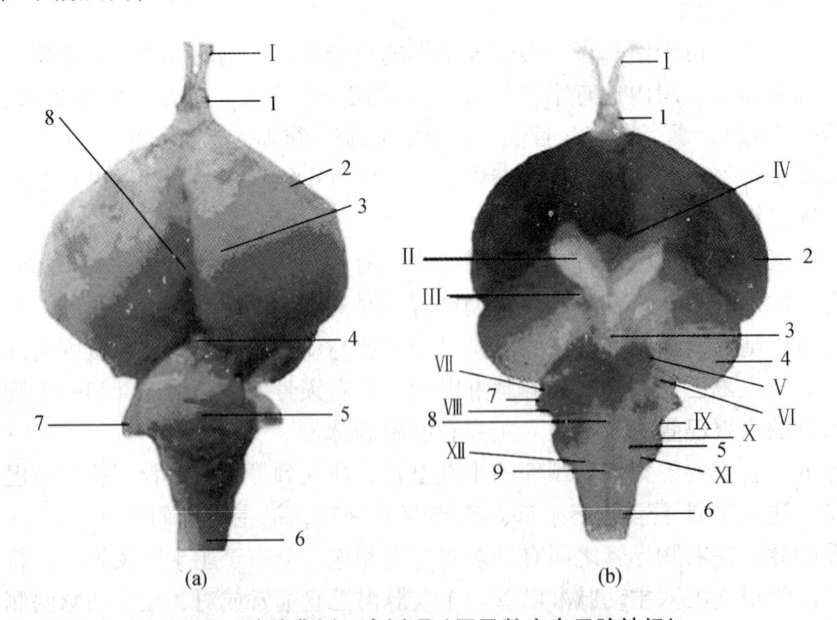

图 14-22 鸡脑背侧、腹侧观（罗马数字表示脑神经）

(a)：1. 嗅球 2. 大脑半球 3. 矢状隆起 4. 小脑横裂 5. 小脑 6. 脊髓 7. 绒球 8. 大脑纵裂

(b)：1. 嗅球 2. 大脑半球 3. 垂体 4. 视叶 5. 延髓 6. 脊髓 7. 绒球 8. 腹正中裂 9. 锥体交叉

(1)端脑

端脑包括大脑和嗅叶。大脑由两个背侧弯曲的棱锥形半球组成，包括纹状体和大脑皮质。大脑半球表面平滑，其吻侧有一浅沟，称为谷(vallecula)。大脑枕叶发达，新皮质不发达，仅形成薄层灰质。大脑半球背内侧和内侧皮质层属古皮质，为海马复合体，是二级嗅觉中枢。嗅叶位于半球吻侧，包括嗅球、嗅前核、嗅结节。禽类嗅觉相关结构不发达。

禽脑具有高度发达的纹状体簇，被薄层白质髓板分成新纹状体、古纹状体、高纹状体和副高纹状体。纹状体是禽脑的最重要的中枢结构，参与本能性活动如行为、防御、觅食，求偶等。

(2)间脑

间脑位于大脑半球的腹侧。腹侧面自视交叉前缘向后至动眼神经根与中脑相邻。间脑的第3脑室成三角形裂隙状，底部接漏斗腔。间脑主要包括上丘脑、丘脑和下丘脑。上丘脑位于间脑后背侧，主要由内、外侧缰核与髓纹组成。其背侧与松果体柄相连。丘脑位于间脑的背外侧部，占据间脑的大部分区域，后缘接中脑顶盖，内含圆核、三角核、卵圆核、丘脑背内侧核、丘脑背外侧核、外侧膝状体核、脚内核等核团。下丘脑位于丘脑和大脑脚内侧，第3脑室周围。下丘脑灰质结构复杂，自前向后可分为前、中、后区，每区又自内向外分室周、内侧和外侧部分，已鉴定核团多达20余个。在禽类间脑与纹状体簇是最高感觉、运动整合中枢。

(3)中脑

中脑位于间脑和脑桥之间，分界不明显。腹侧面可分别以动眼神经根后缘和三叉神经根前缘为界。中脑无四叠体样结构，有1对发达的视叶，相当于哺乳动物的视丘，亦称视顶盖。视叶内腔为中脑室，与中脑导水管相连，形似"T"形。脑导水管背腹扁宽，居于中脑正中。中脑内部可分为顶盖前区、室周灰质、被盖区、大脑脚和视顶盖等区域。视顶盖是禽中脑较为突出的神经结构，为一对大的丘状结构。视顶盖外部浅层灰质细胞成层排列，内部深层形成了峡核、半月状核、半圆丘核等核团，为视、听、平衡和各种特异刺激的整合站。

(4)脑桥

禽类脑桥腹侧隆突不突出，腹侧与中脑和延髓之间无明显分界。腹侧面可分别以三叉神经根前缘和面神经根后缘为界。与哺乳动物相似，禽类脑桥内部也可分为被盖部和基底部。被盖部居于背侧，相对发达，包括中缝核群、网状结构、第Ⅴ～Ⅷ对脑神经核群以及背外侧的结合臂内的蓝斑核群。基底部居于腹侧，小而薄，内有脑桥核、斜方体核及桥小脑纤维等。

(5)小脑

小脑相对发达，位于中脑、脑桥和延髓前半部的背侧。小脑底面与前、后髓帆共同构成第四脑室顶壁。小脑表面有脑沟和脑回，可分为小脑蚓部和小脑耳，无小脑半球。小脑蚓部发达，以表面较深的脑沟：原裂和锥前裂为界分为前、中、后叶3个部分。小脑皮质与哺乳动物相似，位于浅层，包括分子层、蒲金野氏细胞层和颗粒层。白质位于深层，内有成对的小脑核。

(6)延髓

延髓位于脑的末段，以枕骨大孔为界，后接脊髓。延髓前部背侧正中沟开放形成第四脑室底壁后侧半。延髓腹侧锥体不明显。延髓内部灰质包括三叉神经及第 IX ~ 第 XII 脑神经核群、中缝核群、网状结构以及下橄榄核、薄束核、楔束核、外楔核等中继核群。延髓内上下行纤维种类繁多，与灰质之间交错分布。

14.4.2　周围神经系

14.4.2.1　脊神经

鸡的脊神经包括颈神经 15 对(比颈椎多 1 对)，胸神经 7 对，腰神经 3 对，荐神经 5 对，尾神经 10 对(比尾椎少 2 对)，即 C15，Th7，L3，S5，Cy10 共 40 对(图 14-25)。第 1 到第 2 对脊神经没有背根，腹根内有脊神经节细胞。

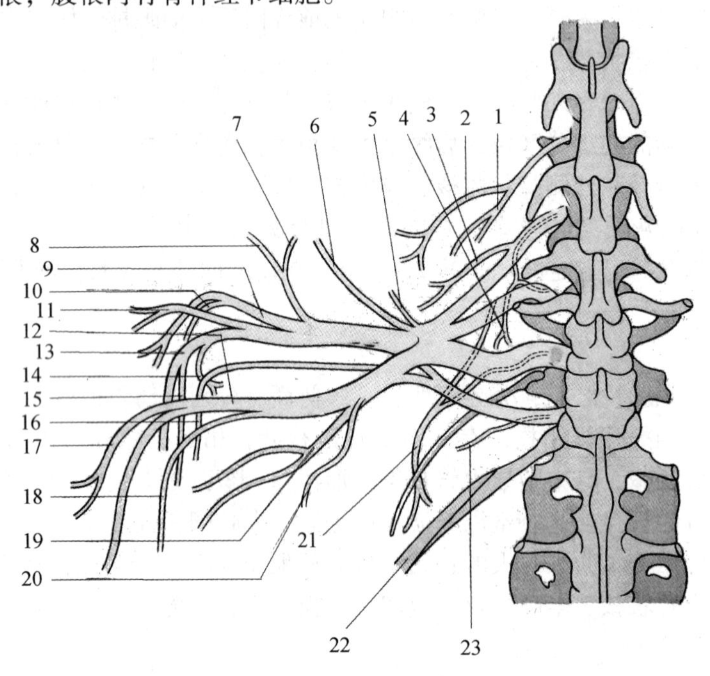

图 14-23　鸡右侧臂神经丛(腹面观)

1. 到菱形肌的神经　2. 到颈翼膜的皮神经　3. 到菱形肌和深锯肌的神经　4. 到斜角肌的神经　5. 到胸乌喙肌的神经　6. 到乌喙上肌的神经　7. 到乌喙下肌和肩胛下的神经　8. 到肩臂肌的神经　9. 腋神经　10. 腋皮神经　11. 到臂三头肌的神经　12. 正中尺神经　13. 桡神经　14. 到腘肌的神经　15. 肘神经　16. 背侧臂皮神经　17. 臂二头肌神经　18. 腹侧臂皮神经　19. 胸神经　20. 到喙臂后肌的神经　21. 到浅锯肌的神经　22. 第 2 肋骨　23. 第一肋间神经

臂神经丛自脊髓颈膨大发出，由最后 3 对颈神经和第 1、第 2 胸神经的腹支组成。依据其发出神经分布区域可分为背索和腹索和许多到颈部与肩带部的细小神经支。背索分支主要分布于支配翼的伸肌和皮肤，其大的分支主要有腋神经和桡神经。背索先发出腋神经后，延续至臂部成桡神经。腹索分支主要分布于支配翼的屈肌和皮肤，大的分支主要有正中尺神经和胸神经干二支。正中尺神经在肘窝近端分为正中神经和尺神经。胸神经干在胸腔内分为胸背神经、胸前神经和胸后神经，分布至背阔肌、胸肌、乌喙上肌等(图 14-23)。

腰荐神经丛自脊髓腰荐膨大部发出，由腰神经和荐神经的腹支组成，可分为腰丛和荐丛。腰丛来自腰神经和前3对荐神经，主要形成两条神经干。腰丛前干分布于髂胫前肌和股外侧皮肤。腰丛后干主要发出较大股神经和闭孔神经，分布于髋臼前髂骨背侧肌群、髂胫前肌(缝匠肌)、髂胫外侧肌(股阔筋膜张肌)、股胫肌、髌关节及股内侧皮肤。荐丛来自后3对荐神经，主要形成粗大的坐骨神经，延伸至股部远端分为胫神经和腓总神经，分布于股外、后、内侧肌群及皮肤、小腿、跖、趾的肌肉、关节和皮肤。鸡患马立克氏病时坐骨神经水肿、变性、颜色灰黄(图14-24)。

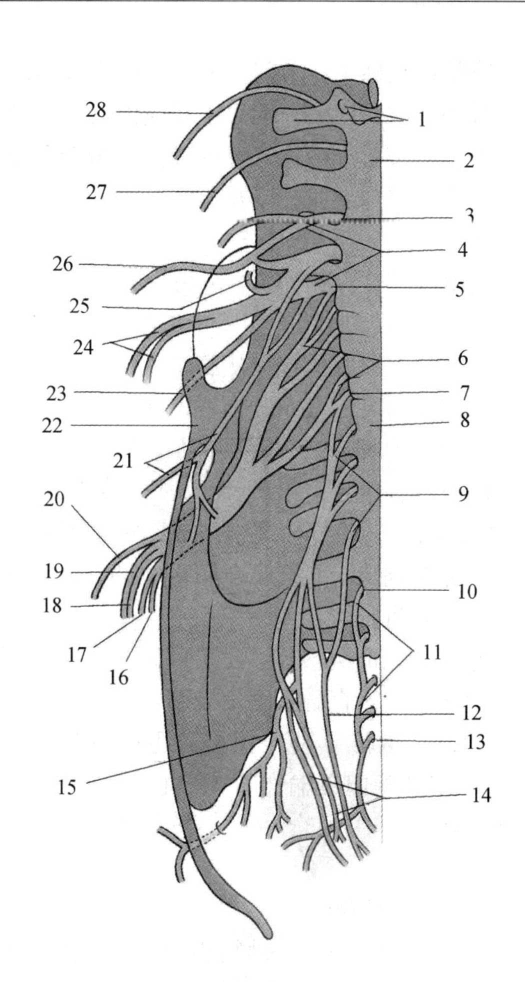

图14-24　鸡的腰丛、荐丛、阴部丛和尾丛

1. 最后肋关节面　2. 腰荐骨　3. 第23对脊神经　4. 腰丛　5. 第25对脊神经　6. 荐丛　7. 第30对脊神经　8. 腰荐骨　9. 阴部丛　10. 第35对脊神经　11. 尾丛　12. 尾皮神经　13. 第39对脊神经　14. 阴部神经　15. 尾外侧神经　16. 股后神经及髋后神经干和到尾髂股肌的神经　17. 髂腓神经　18. 胫神经腰丛　19. 腓总神经　20. 髂胫神经　21. 闭孔神经　22. 髋臼平面　23. 股内侧皮神经　24. 股神经阴部神经　25. 髋前神经　26. 髂胫前肌神经和股外侧皮神经干　27. 肋下神经　28. 最后肋关节面间神经

14.4.2.2　脑神经

脑神经有12对，与哺乳动物基本相似，有的脑神经也形成自身特点。三叉神经的眼神经较为发达，分布范围广，如眼球、额区被皮(包括冠)、上眼睑、结膜、眶腺、鼻腔前背侧和上喙前部等。禽类面神经不发达，无面肌支。舌咽神经形成舌神经、喉咽神经和食管降神经3支。食管降神经沿颈静脉后行，分布于气管、食管和嗉囊，末端可与迷走神经返支会合。副神经与迷走神经一起出颅腔，分出一小支支配颈皮肌，部分神经纤维则伴随迷走神经分布。舌下神经发出舌支和气管支。舌支细小，支配喉和舌的横纹肌，如舌骨肌；气管支细长，沿两侧气管延伸，支配气管肌和鸣管固有肌。

14.4.2.3　植物性神经

(1)交感神经

交感神经干成对，起自颅底后部，沿着脊柱两侧排列，后方直达尾综骨。交感干神经节相对较粗大，与节间支相互串连，形如链状。鸡有交感干神经节37个(C14，Th7，L3，S5，Cy8)。

颈部交感干形成两支。一支与椎升动脉一起延伸于颈椎横突管内，较粗；另一支沿颈总动脉延伸，较细，又称颈动脉神经。颈前神经节位于颅骨底部、舌咽神经与迷走神经之间、颈内动脉前方，发出的分支随枕动脉、颈内动脉、颈外动脉分布至头部皮肤、血管平滑肌和腺体。如口腔和鼻腔的黏膜、冠、髯、耳叶等处的血管网，与体温调节有关。

胸腰部交感干：节间支分为背腹两支，绕过肋骨头或椎骨横突，汇集于相应的胸交感干神经节，其节后纤维进入臂神经丛，分布到血管平滑肌和翼部羽肌，以及分布至肺和心脏的心支。

内脏大神经：由第2~5胸段脊髓发出的节前纤维组成，加入胸交感干或腹腔神经节，形成腹腔丛。腹腔丛接受从腺胃后部两侧迷走神经来的交通支，分布肝、胃、脾、胰十二肠丛和腺胃等器官。

内脏小神经：由第5~7胸段脊髓和第1~2腰段脊髓发出的节前纤维组成，加入肠系膜前丛，分布到从十二指肠空肠弯曲部至回肠之间的小肠和盲肠。

荐部和尾部交感干：发出内脏支，形成肠系膜后丛，进入直肠系膜，沿肠系膜后动脉分支延伸，并与肠神经链相接。还可发出卵巢(或睾丸支)到卵巢输卵管(睾丸)。交感干末段在尾椎基部腹侧合并为一条交感干，上有3~4个神经节。

(2)副交感神经

副交感神经与哺乳动物相似，颅部副交感纤维通过第Ⅲ、Ⅶ、Ⅸ、Ⅹ对脑神经离开颅腔。荐部副交感纤维包含第1~4尾脊神经内，参与构成阴部神经丛，加入阴部神经。

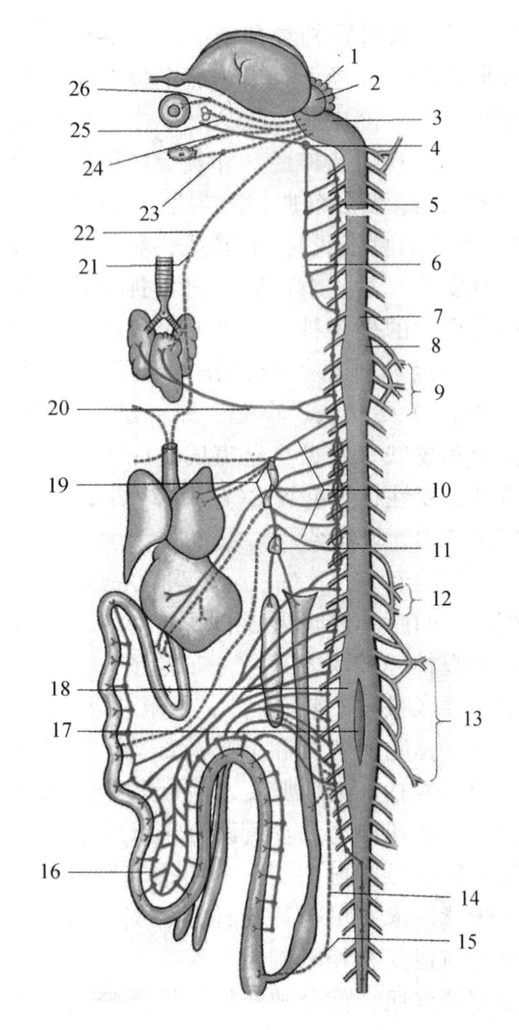

图14-25 禽神经系统模式图

1. 小脑 2. 视叶 3. 延髓 4. 颈前神经节 5. 颈交感神经干椎动脉支 6. 颈交感神经干颈动脉支 7. 脊髓 8. 颈膨大 9. 臂神经丛 10. 内脏大神经 11. 肾上腺丛 12. 腰神经丛 13. 荐神经丛 14. 盆神经 15. 泄殖腔神经节 16. 肠神经 17. 菱形窦 18. 腰荐膨大 19. 腹腔丛及肠系膜前丛 20. 心神经 21. 结状神经节 22. 迷走神经 23. 眶鼻神经节 24. 筛神经节 25. 蝶腭神经节 26. 睫状神经节

颅部副交感神经的节后神经元多小而分散，主要形成睫状神经节、筛神经节、蝶腭神经节和眶鼻神经节，无耳神经节。筛神经节主要接受来自三叉神经眼神经支和蝶腭神经节来的纤维，分布至眶部、鼻腔黏膜和鼻腺。眶鼻神经节背腹侧各有短支与眼神经和蝶腭神经节相连，分布于泪腺、鼻腺和腭前部的腺体。

迷走神经较为发达，出颅腔后，发出分支分布至咽、喉、嗉囊前食管和大部分气管，并有1~2个短交通支至颈前神经节(近神经节)。在颈部神经干伴颈静脉后行，在胸入口处，形成一纺锤形膨大部，称为干神经节(远神经节)。从干神经节处发出4~5支细支分布到颈部内分泌腺，另有分支分布至颈总动脉分叉处的颈动脉体。在远神经节后面发出返神经，返神经主要沿食管两侧上行，左返神经绕过动脉韧带，右返神经绕过主动脉根。返神经发出肺—食管神经，分布至支气管、嗉囊和食管。在体腔内，迷走神经继续发出心前神经、肺支和心后神经，分布到心和肺。在心脏背侧，左、右迷走神经合并成一总干，称为奇迷走神经。奇迷走神经为一短干，连于腹腔神经丛。在腺胃肌胃连接处，奇迷走神经的左、右支又各自分开，进入腹腔丛。右迷走神经发出分支至肌胃和十二指肠前部，发出胰支到胰腺。左迷走神经分布至肌胃左侧、腺胃左侧，肝支与肝左动脉伴行到肝。

(3)肠神经(Remark 氏神经)

肠神经为禽类特有，呈一纵长神经节链，在背系膜内，自直肠与泄殖腔连结处至十二指肠远段，与肠管并列延伸，沿途发出细支通过血管横支分布至肠管和泄殖腔。肠神经接受来自肠系膜前神经丛、主动脉神经丛、肠系膜后神经丛和骨盆神经丛来的交感神经纤维，也与从泄殖腔神经节和阴部神经来的荐部内脏副交感纤维相连结。在十二指肠前段，迷走神经纤维与肠神经有交通支。

14.5 内分泌系

14.5.1 脑垂体

家禽脑垂体呈扁长卵圆形，位于蝶骨颅面的蝶鞍内，由腺垂体和神经垂体两部分组成。腺垂体的体积较大，由远侧部(前叶)和结节部组成。神经垂体较小，由漏斗柄、灰结节正中隆起和神经叶组成，结节部与漏斗柄共同形成垂体柄，与间脑连结。

(1)腺垂体

腺垂体是一个分泌多种激素的内分泌腺体。丘脑下部对腺垂体的控制是通过其产生的多种释放激素或抑制激素，经过血管即垂体门脉系统进入远侧部，把丘脑下部和腺垂体连结成一个功能整体。腺垂体分泌的激素有促肾上腺皮质激素(ACTH)，生长激素，促甲状腺分泌激素(TH)等，对生长发育、生殖、代谢起重要作用。

(2)神经垂体

下丘脑视上核和室旁核的神经内分泌细胞分泌催产素和加压素，并通过下丘脑垂体束运至神经垂体。前者有促进输卵管、子宫部肌肉收缩作用，后者可使血管收缩，血压上升，并促进肾小管对水分的重吸收，具有抗利尿作用，又称抗利尿素。

丘脑下部垂体束是支配垂体的主要神经，经过垂体柄，止于神经叶，有少量神经纤维分布到结节部，但不分布到远侧部。远侧部只存在一些与血管伴行的神经纤维。

14.5.2 松果体

家禽的松果体呈钝的圆锥形实心体，淡红色，位于大脑两半球与小脑之间的三角形区内。当孵出后随着年龄的增长松果体的质量也增加，直至性成熟为止，成年鸡松果体重5mg。

松果体对家禽的生长、性腺发育和产蛋生理功能有密切关系。从视觉来的光刺激可经植物性神经传至松果体，松果体可能是家禽对一天之内的明暗进行生物学节律调节的生物钟。

14.5.3 甲状腺

禽甲状腺呈椭圆形，色暗红，成对位于胸腔入口处的气管两侧、颈总动脉与锁骨下动脉汇集处的前方，紧靠颈总动脉和颈静脉。

甲状腺的血液供应丰富。颈总动脉起始部发出多条侧支，其中有甲状腺前、后动脉，分布到甲状腺和甲状旁腺。甲状腺静脉血液汇入颈静脉。

甲状腺可分泌甲状腺素，功能主要是调节机体新陈代谢，故与家禽的生长发育、繁殖及换羽等生理功能密切相关。小鸡切除甲状腺后，其性腺保持幼年状态，鸡冠、肉垂体体积均小，生长缓慢。成年鸡的甲状腺切除后，性腺萎缩，产蛋率下降，停止或延缓换羽，同时还影响羽毛的生长，使其变窄而稀，甚至其色泽也发生变化。

14.5.4 甲状旁腺

甲状旁腺有两对，左右各一对，常融合成一个腺团，外包结缔组织，直径约 2mm，呈黄色至淡褐色。位于甲状腺紧后方，其位置可有很大变动。

甲状腺后动脉和食管支气管动脉发出分支分布于甲状旁腺。日粮中缺乏维生素、矿物质或紫外线照射不足，均可使甲状旁腺肥大、细胞增生。

14.5.5 腮后腺

腮后腺亦称腮后体，一对，淡红色，呈球形，在鸡约 2～3 mm，位于颈后部甲状腺和甲状旁腺的后方，紧靠颈动脉与锁骨下动脉分叉处，右侧的位置可有所变动。腮后腺分泌降钙素，与禽的髓质骨发育有关。

14.5.6 肾上腺

禽肾上腺有 1 对，呈卵圆形、锥形或不规则形，为黄色或橘黄色，位于肾的前端，左、右髂总静脉和后腔静脉汇集处的前方。成体家禽的每个腺体重 100～200mg。肾上腺的体积因家禽的种类、年龄、性别、健康状况和环境因素的不同有很大的差别。

肾上腺是禽体生命活动不可缺少的内分泌腺，摘除肾上腺后，短时间就会致死。肾上腺分泌的肾上腺皮质激素主要作用是调节电解质平衡，促进蛋白质和糖的代谢，影响性腺、腔上囊和胸腺等的活动并与羽毛脱落有关。

14.6 感觉器官

14.6.1 视器官

14.6.1.1 眼球的构造

禽类眼球比较大，视觉敏锐(图 14-26)。眼球较扁，角膜较凸，巩膜坚硬，其后部含有软骨板；角膜与巩膜连结处有一圈小骨片形成巩膜骨环。虹膜呈黄色，中央为圆形的瞳孔，虹膜内的瞳孔开大肌和瞳孔括约肌均为横纹肌，收缩迅速有力，睫状肌除调节晶状体外，还能调节角膜的曲度。视网膜层较厚，在视神经入口处，视网膜呈板状伸向玻璃体内，并含有丰富的血管和神经，这一特殊结构称为眼梳或栉膜。因禽的视网膜没有血管分布，栉膜可能与视网膜的营养和代谢有关。晶状体较柔软，其外周在靠近睫状突部位有晶状体环枕，也称外环垫，与睫状体相连。

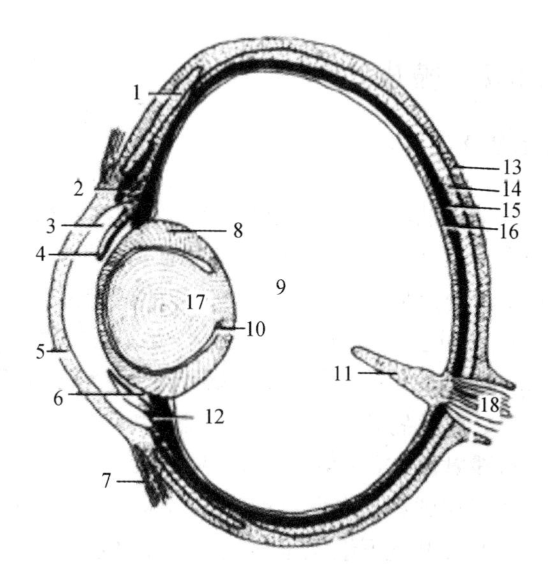

图 14-26　禽类眼球纵切面半模式图

1. 骨性巩膜环　2. 梳状韧带　3. 眼前房　4. 虹膜　5. 角膜　6. 眼后房　7. 结膜　8. 外环垫　9. 玻璃体　10. 晶状体间隙　11. 栉膜　12. 睫状体　13. 巩膜　14. 巩膜软骨　15. 脉络膜　16. 视网膜　17. 晶状体　18. 视神经

14.6.1.2　眼的辅助器官

禽类的眼肌有8块，为小而薄的眼外肌。眼球运动范围小，缺眼球退缩肌。

禽类眼睑缺睑板腺。下眼睑大而薄，较灵活，第三眼睑（瞬膜）发达，为半透明薄膜，由两块小的横纹肌控制，即瞬膜方肌和瞬膜锥状肌，受动眼神经支配。瞬膜活动时，能将眼球前面完全盖住。

泪腺较小，位于下眼睑后部的内侧。瞬膜腺亦称哈德氏腺（Harderian gland）较发达。鸡的呈淡红色，位于眶内眼球的腹侧和后内侧，分泌黏液性分泌物，有清洁、湿润角膜的作用，腺体内含淋巴细胞参与免疫功能。

14.6.2　位听器官

14.6.2.1　外耳

禽类无耳廓，外耳孔呈卵圆形，周围有褶，被小的耳羽遮盖。外耳道较短而宽向腹后侧延伸，其壁上分布有耵聍腺。鼓膜向外隆凸，是凸向外耳道的半透明膜。

14.6.2.2　中耳

中耳由充满空气的鼓室、耳咽管和听小骨组成。除以咽鼓管与咽腔相通外，还以一些小孔与颅骨内的一些气腔相通。听小骨只有一块，称为耳柱骨（columella），其一端以多条软骨性突起连于鼓膜，另一端膨大呈盘状嵌于内耳的前庭窗。

14.6.2.3　内耳

内耳由骨迷路和膜迷路（内耳由于结构复杂故称迷路）构成。骨迷路是骨性遂道，膜迷路位于其中，骨迷路与膜迷路之间充满外淋巴。耳蜗属于膜迷路，其中充满内淋巴。3个半规管很发达。耳蜗则不形成螺旋状，是一个稍弯曲的短管。

14.7 被皮

14.7.1 皮肤

禽皮肤较薄。表皮薄。真皮分为浅层和深层：浅层除少数无羽毛的部位外不形成乳头，而形成网状的小嵴；深层具有羽囊和羽肌(mm. pennales)。皮下组织疏松，有利于羽毛活动。皮下脂肪仅见于羽区，在其他一定部位形成若干脂肪体(corpora adiposa)，营养良好的禽较发达，特别在鸭、鹅。禽皮肤没有汗腺和皮脂腺，在尾部背侧有尾脂腺(gl. uropygialis)，分两叶，鸡为圆形，水禽为卵圆形，较发达。腺的分泌部为单管状全浆分泌腺，分泌物含有脂质，排入腺叶中央的腺腔，再经一(或二)支导管开口于尾脂腺乳头上。但极少数陆禽(如某些鸽类)无此腺。据近年研究，禽的整个表皮几乎都有分泌作用，在表皮生发层的细胞内形成类脂质小球，至浅层则逐渐增多并溶解于角质层的各层之间。

真皮和皮下组织里的血管形成血管网。母鸡和火鸡在孵卵期，胸部皮肤形成特殊的孵区(area incubationis)，又称孵斑(brood patch)。此处羽毛较少，血管增生，有利于体温的传播。孵区的血液供应来自胸外动脉的皮支和一条特殊的皮动脉，又称孵动脉(a. incubatoria)，是锁骨下动脉的分支，伴随有同名静脉。

禽皮肤形成一些固定的皮肤褶，在翼部为翼膜(patagia)，在趾间为蹼，水禽的蹼很发

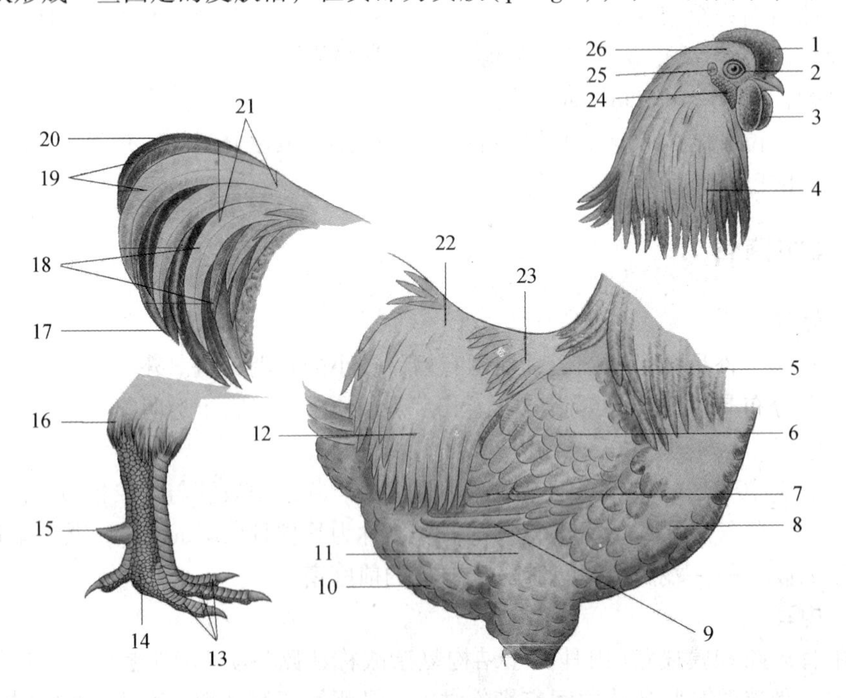

图 14-27 鸡体各部位名称与被皮

1. 冠 2. 眼 3. 肉髯 4. 颈羽 5. 肩 6. 翼 7. 副翼羽 8. 胸 9. 主翼羽 10. 腹 11. 小腿 12. 鞍羽 13. 趾 14. 脚 15. 距 16. 跗关节 17. 主尾羽 18. 主尾羽之小镰羽 19. 主尾羽之大镰羽 20. 主尾羽 21. 覆尾羽 22. 鞍 23. 背 24. 耳叶 25. 耳 26. 头

达。皮肤的颜色与所含的黑素颗粒和类胡萝卜素有关。

14.7.2　羽毛

羽毛是禽皮肤特有的衍生物，基本可分3类：正羽、绒羽和纤羽(图14-27)。正羽(pennae contourae)又叫廓羽，构造较典型。主干为一根羽轴(scapus)，下段为基翮(calamus)，着生在羽囊内；上段为羽茎(rachis)，两侧具有羽片(vexilla)。羽片是由许多平行的羽枝(barbae)构成的，每一羽枝又向两侧分出两排小羽枝(barbulae)，近侧(即下排)小羽枝末端卷曲，远侧(即上排)小羽枝具有小钩，相邻羽枝即借此互相钩连。羽根的下端有孔，称为下脐，内有真皮乳头；在羽片腹侧(即内侧)有上脐，有些禽类如鸡，在此还有小的下羽(hypopenna)或称副羽(afeerfeather)。正羽覆盖在禽体的一定部位，叫羽区(pterylae)，其余部位为裸区(apterylae)，以利肢体运动和散发体温。

14.7.3　皮肤的其他衍生物

在头部有冠、肉髯和耳叶，均由皮肤褶衍生而成。冠(crista carnosa)的表皮很薄，真皮厚，浅层含有毛细血管窦，中间层为厚的纤维黏液组织，能维持冠的直立，冠中央为致密结缔组织，含有较大的血管。肉髯(palea)的构造与冠相似，但中央层为疏松结缔组织。耳叶的真皮不形成纤维黏液层；浅层无窦状毛细血管，但耳叶呈红色者除外。

喙、距和爪的角质都是表皮角质层增厚，同时角蛋白钙化而形成，因此颇为坚硬。脚部的鳞片也是表皮角质层加厚形成。尾脂腺(glandulae uropyrous)分两叶，卵圆形，位于尾综骨背侧，分泌物含脂肪、卵磷脂、可润泽羽毛。

（徐永平 编写　范光丽 校）

参考文献

安徽农学院. 1977. 家畜解剖图谱[M]. 上海：上海人民出版社.

董常生. 2010. 家畜解剖学 [M]. 4 版. 北京：中国农业出版社.

范光丽 . 1995. 家禽解剖学[M]. 西安：陕西科学技术出版社 .

林辉. 1992. 猪解剖图谱[M]. 北京：农业出版社.

刘济五 . 2002. 北京鸭脑立体定位图谱[M]. 北京：科学出版社 .

马仲华. 2002. 家畜解剖学及组织胚胎学[M]. 3 版. 北京：中国农业出版社.

内蒙古农牧学院，安徽农学院. 1978. 家畜解剖学[M]. 上海：上海科学技术出版社.

彭克美 . 2009. 畜禽解剖学[M]. 北京：高等教育出版社 .

沈和湘. 1997. 畜禽系统解剖学[M]. 合肥：安徽科学技术出版社.

《中国水牛解剖》研究协作组. 1984. 中国水牛解剖[M]. 郑州：河南科学技术出版社.

Horst Erich Konig, Hans - Georg Liebich. 2009. 家畜兽医解剖学教程与彩色图谱[M]. 陈耀星，刘卫民，译. 北京：中国农业大学出版社 .

Jesse F Bone. 1982. Animal Anatomy and Physiology [M] . 2nd Edition. Virginia: Reston Publishing Company, Inc. A Prentice - Hall Company Reston.

G C Skerritt, J Mc Lelland. 1984. An Introduction to the Functional Anatomy of the Limbs of the Domestic Animals [M]. England 823 - 825 Bath Road, Bristol BS45NU: John Wright & Sons Limited.

K M Dyce, W O Sack, C J G Wensing. 2002. Textbook of Veterinary Anatomy [M] . 3rd Edition. Pennsylvania 19106 : Saunders An Imprint of Elsevier, The Curtis Center Independence square west philadelphia.

Septimus Sisson, S B, V S, D V Sc. 1953. Anatomy of the Domestic Animal [M]. 4th Edition . U. S. A: W. B. , Saunders Company.